机械专业"十三五"规划教材

机械基础

主　编　王婷　李萌　陈友伟
副主编　杨翠青　董亚男　刘建军
参　编　赵柏阳　栾长雨　吴　奇
　　　　周记红　邱　林　孙昊鹏

兵器工业出版社

内容简介

本书是将传统的《工程力学》《机械设计》《互换性与技术测量》和《工程材料》四门课程有机地结合在一起。本书主要介绍了机械中构件的受力分析、强度分析，平面机构中的连杆机构、凸轮机构等，机械传动中的齿轮传动、带传动、链传动、蜗杆传动、轮系等，机械中的键连接、螺纹连接、轴、轴承，联轴器、离合器、制动器，金属材料的性能、钢铁材料、钢的热处理，液压传动、气压传动，以及孔、轴结合的极限与配合、几何公差、表面粗糙度等内容。

本书可作为应用型本科院校、职业院校、成人教育等学校的“机械基础”课程教材，也可供工程技术管理人员参考。

图书在版编目（CIP）数据

机械基础/王婷，李萌，陈友伟主编. -- 北京：兵器工业出版社，2015.8

ISBN 978-7-5181-0126-9

Ⅰ. ①机… Ⅱ. ①王… ②李…③陈… Ⅲ. ①机械学－高等职业教育－教材 Ⅳ. ①TH11

中国版本图书馆 CIP 数据核字（2015）第 175149 号

出版发行：兵器工业出版社
发行电话：010-68962596，68962591
邮　　编：100089
社　　址：北京市海淀区车道沟 10 号
经　　销：各地新华书店
印　　刷：冯兰庄兴源印刷厂
版　　次：2022 年 8 月第 1 版第 2 次印刷
印　　数：3001 - 6000

责任编辑：陈红梅
封面设计：赵俊红
责任校对：郭　芳
责任印制：王京华
开　　本：787×1092　1/16
印　　张：18
字　　数：420 千字
定　　价：48.00 元

前 言

本书是根据教育部有关机械设计基础课程的教学基本要求，以及新发布的有关国家标准编写而成的。本书采用创新的教材编写方式，将传统的《工程力学》《机械设计》《互换性与技术测量》《工程材料》四门课程有机地结合在一起，主要介绍机械中构件的受力分析、强度分析，平面机构中的连杆机构、凸轮机构等，机械传动中的齿轮传动、带传动、链传动、蜗杆传动、轮系等，机械中的键连接、螺纹连接、轴、轴承，联轴器、离合器、制动器，金属材料的性能、钢铁材料、钢的热处理，液压传动、气压传动，孔、轴结合的极限与配合、几何公差、表面粗糙度等。

本书在结构上进行了较大的改革，删除了难于理解的公式推导、原理分析等内容，突出了知识点的应用，侧重实例的引用，通过实例引出概念，使读者容易理解。

本书中的相关链接为学生提供了直观、易理解的实例，使学生加深对机械基础中知识点的理解，并较好地应用到后续课程和今后岗位中，从而实现教学内容与工作岗位的对接。

本书由王婷、李萌、陈友伟担任主编，杨翠青、董亚男、刘建军担任副主编，参加本书编写的还有赵柏阳、栾长雨、吴奇、周记红、邱林、孙昊鹏。本书的相关资料和售后服务可扫封底的微信二维码或与登录 www.bjzzwh.com 下载获得。

本书可作为应用型本科院校、职业院校、成人教育等学校的“机械基础”课程教材，也可供工程技术管理人员参考。

由于编者水平有限，书中难免出现疏漏与不足，敬请读者提出批评和改进意见。

编 者

目 录

第一篇 机械动力

人们的生活离不开机械，机械就是能帮人们降低工作难度或省力的工具装置。我们可以从解决刚体受力的角度来分析和研究机械设备，掌握其运动规律，使其更好地为人类服务。而静力学就是研究物体的平衡规律。在工程中，把物体相对于地球静止或作匀速直线平移运动的状态，称为平衡，然后通过动力突破平衡状态实现动力驱动。本篇的主要任务是确定物体在系统中各个构件的外部和内部的机械作用。

任务一 静力学

【知识目标】

- 掌握力的定义及其三要素；
- 掌握力的公理及其推论；
- 掌握物体的受力分析。

【知识点】

- 力的三要素；
- 刚体和平衡的状态；
- 力的四个公理；
- 刚体的受力分析。

【相关链接】

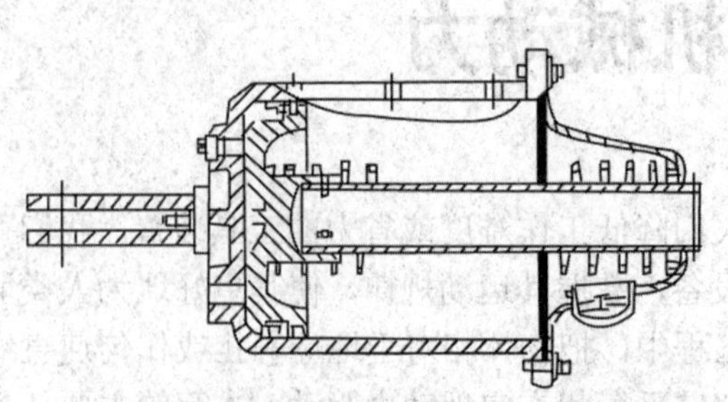

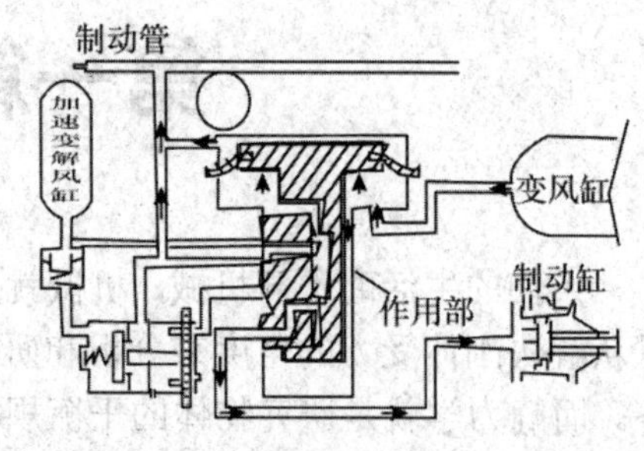

力学与我们的生活息息相关，在机械、铁路运输等工程技术上的应用更是屡见不鲜。例如，铁道车辆的车底架下部均设有制动缸，利用压缩空气推动制动缸活塞，压缩缓解弹簧，再通过基础制动装置的作用将制动缸活塞杆的推力传递到制动梁，使闸瓦压紧车轮，产生摩擦力而起制动作用。这里的制动缸活塞杆从力学的角度来讲就是一个典型的二力杆。那么，什么是二力杆，静力学都有哪些性质呢？下面让我们来进一步地认识。

【知识拓展】

一、静力学基本概念

静力学是研究物体在力系作用下平衡规律的科学。力系是指作用于同一物体上的一组力。物体的平衡一般是指物体相对于地面静止或作匀速直线运动。它主要解决两类问题：一是将作用在物体上的力系进行简化，即用一个简单的力系等效地替换一个复杂的力系；二是建立物体在各种力系下的平衡条件，并借此对物体进行受力分析。

力在物体平衡时所表现出来的基本性质，也同样表现于物体作一般运动的情形中。在静力学里关于力的合成、分解与力系简化的研究结果，可以直接应用于动力学。静力学在工程技术中具有重要的实用意义。

1. 力

力的概念产生于人类从事的生产劳动当中。当人们用手握、拉、掷及举起物体时，由于肌肉紧张而感受到力的作用，这种作用广泛存在于人与物及物与物之间。例如，奔腾的水流能推动水轮机旋转，锤子的敲打会使烧红的铁块变形等。

（1）力的定义。力是物体之间相互的机械作用，这种作用将使物体的机械运动状态发生变化，或者使物体产生变形。前者称为力的外效应；后者称为力的内效应。

（2）力的三要素。实践证明，力对物体的作用效应，决定于力的大小、方向（包括方位和指向）和作用点的位置，这三个因素称为力的三要素。在这三个要素中，如果改变其中任何一个，也就改变了力对物体的作用效应。例如，用扳手拧螺母时，作用在扳手上的力，因大小不同或方向不同，或作用点不同，它们产生的效果就不同，如图 1-1-1a 所示。

（3）力是矢量。力是一个既有大小又有方向的量，而且又满足矢量的运算法则，因此力是矢量（或称向量）。矢量常用一个带箭头的有向线段来表示，如图 1-1-1b 所示，线段长度 *AB* 按一定比例代表力的大小和方位。如图 1-1-1 所示箭头表示力的方向，其起点或终点表示力的作用点。此线段的延伸称为力的作用线，用 **F** 代表力矢。

（4）力的单位。力的国际制单位是牛顿或千牛顿，其符号为 N 或 kN。

图 1-1-1　受力分析

a）扳手；b）力的简图

2. 力系

物体处于平衡状态时，作用于该物体上的力系称为平衡力系。力系平衡所满足的条件称为平衡条件。如果两个力系对同一物体的作用效应完全相同，则称这两个力系互为等效力系。当一个力系与一个力的作用效应完全相同时，把这一个力称为该力系的合力，而该力系中的每一个力称为合力的分力。必须注意，等效力系只是不改变原力系对于物体作用的外效应，至于内效应显然将随力的作用位置等的改变而有所不同。

3. 刚体

所谓刚体是指在受力状态下保持其几何形状和尺寸不变的物体。显然，这是一个理想化的模型，实际上并不存在这样的物体。但是，工程实际中的机械零件和结构构件，在正常工作情况下所产生的变形，一般都是非常微小的。这样微小的变形对于研究物体的外效应的影响极小，是可以忽略不计的。当然，在研究物体的变形问题时，就不能把物体看作是刚体，否则会导致错误的结果，甚至无法进行研究。

二、静力学公理

人们在长期的生活和生产实践中，发现和总结出一些最基本的力学规律，又经过实践的反复检验，证明是符合客观实际的普遍规律，于是就把这些规律作为力学研究的基本出发点。这些规律称为静力学公理。

公理一　二力平衡公理

当一个刚体受到两个力的作用而处于平衡状态时，其充分且必要的条件是：这两个力大小相等，且作用于同一直线上，方向相反，如图 1-1-2 所示。

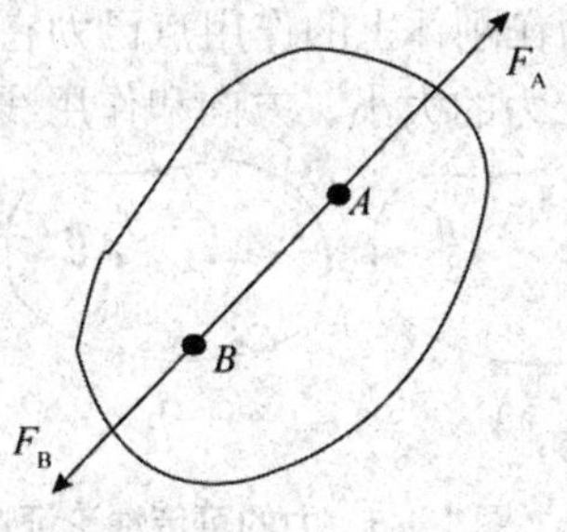

图 1-1-2　力的平衡

这个公理揭示了作用于物体上的最简单的力系在平衡时所必须满足的条件，它是静力学中最基本的平衡条件。只受两个力作用而平衡的物体称为二力体。机械和建筑结构中的二力体常常统称为“二力构件”。它们的受力特点是：两个力的方向必在二力作用点的连线上。应用二力体的概念，可以很方便地判定结构中某些构件的受力方向。如图 1-1-3 所示三铰拱中 *AB* 部分，当车辆不在该部分上且不计自重时，它只可能通过 *A*、*B* 两点受力，是一个二力构件，故 *A*、*B* 两点的作用力必沿 *AB* 连线的方向。

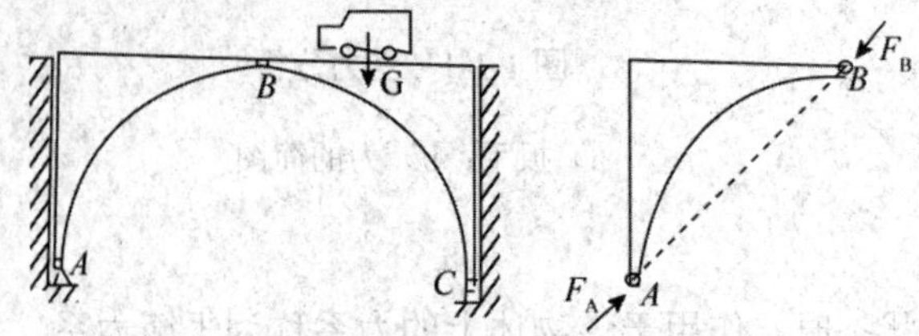

图 1-1-3　二力构件

公理二　加减平衡力系公理

在刚体的原有力系中，加上或减去任一平衡力系，不会改变原力系对刚体的作用效应。

这一公理的正确性是显而易见的，因为一个平衡力系是不会改变物体的原有状态的。这个公理常被用来简化某一已知力系。依据这一公理，可以得出一个**重要推论：力的可传性。**原理作用于刚体上的力可以沿其作用线移至刚体内任一点，而不改变原力对刚体的作用效应。例如，图 1-1-4 中在车后 *A* 点加一水平力推车，与在车前 *B* 点加一水平力拉车，其效果是一样的。

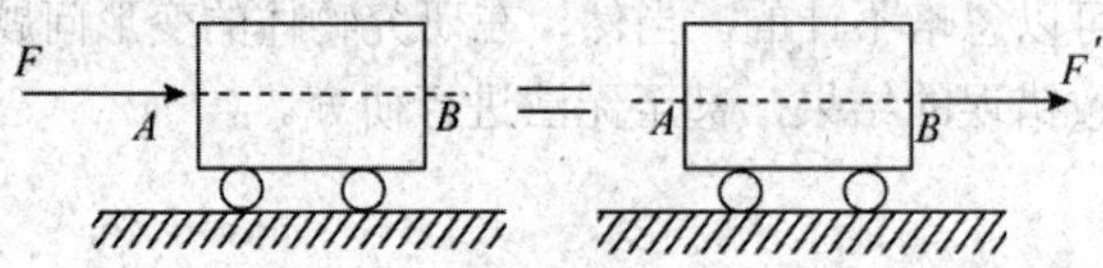

图 1-1-4　力的可传性

这个原理可以利用上述公理推证如下（见图 1-1-5）：

（1）设 $\boldsymbol{F}$ 作用于 *A* 点（见图 1-1-5a）。

（2）在力的作用线上任取一点 *B*，并在 *B* 点加一平衡力系（$\boldsymbol{F}_1$，$\boldsymbol{F}_2$），使 $\boldsymbol{F}_1=-\boldsymbol{F}_2=-\boldsymbol{F}$（见图 1-1-5b）；由加减平衡力系公理知，这并不影响原力 $\boldsymbol{F}$ 对刚体的作用效应。

（3）从该力系中去掉平衡力系（$\boldsymbol{F}$，$\boldsymbol{F}_1$），则剩下的 $\boldsymbol{F}_2$（见图 1-1-5c）与原力 $\boldsymbol{F}$ 等效。

这样就把原来作用在 *A* 点的力 $\boldsymbol{F}$ 沿其作用线移到了 *B* 点。

根据力的可传性原理，力在刚体上的作用点已为它的作用线所代替，所以作用于刚体上的力的三要素又可以说是：力的大小、方向和作用线。这样的力矢量称为滑移矢量。

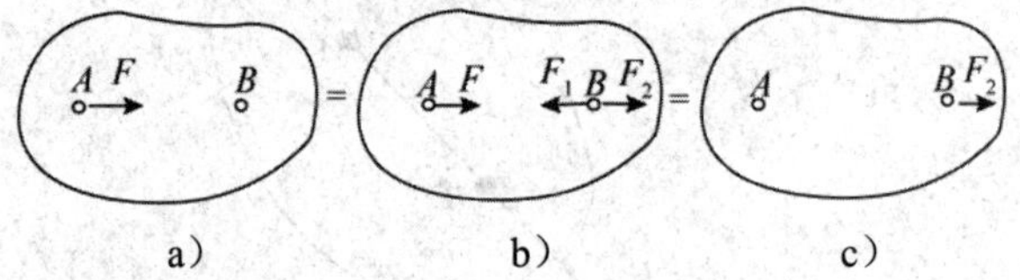

图 1-1-5　力的可传性论证过程

a）设 $\boldsymbol{F}$ 作用于 *A* 点；b）在 *B* 点加一平衡力系（$\boldsymbol{F}_1$，$\boldsymbol{F}_2$）；　c）去掉平衡力系（$\boldsymbol{F}$，$\boldsymbol{F}_1$）

应当指出，力的可传性原理只适用于刚体，对变形体不适用。

公理三 力的平行四边形法则

作用于物体同一点的两个力可以合成为一个合力，合力也作用于该点，其大小和方向由以这两个力为邻边所构成的平行四边形的对角线所确定，即合力矢等于这两个分力矢的矢量和，如图 1-1-6 所示。

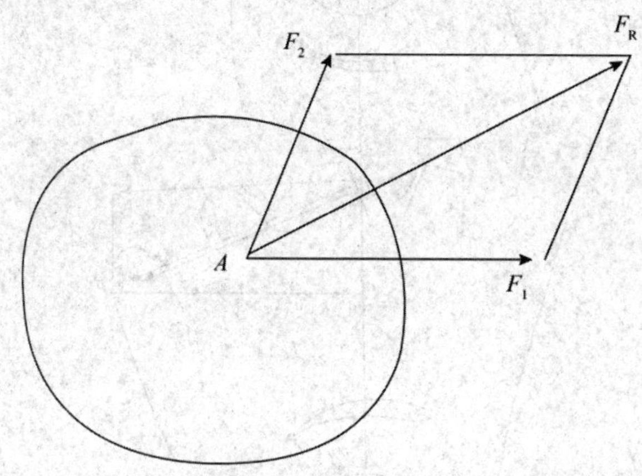

图 1-1-6 力的合成

其矢量表达式为 $\boldsymbol{F}_R=\boldsymbol{F}_1+\boldsymbol{F}_2$

从图 1-1-7 可以看出，在求合力时，只须作出力的平行四边形的一半，即一个三角形。为了使图形清晰起见，通常把这个三角形画在力所作用的物体之外。如图 1-1-7 所示，其方法是自任意点 O 先画出一力矢 $\boldsymbol{F}_1$，然后再由 $\boldsymbol{F}_1$ 的终点画一力矢 $\boldsymbol{F}_2$，最后由 O 点至力矢 $\boldsymbol{F}_2$ 的终点作一矢量 $\boldsymbol{F}_R$，它就代表 $\boldsymbol{F}_1$、$\boldsymbol{F}_2$ 的合力。合力的作用点仍为汇交点 A。这种作图方法称为力的三角形法则。在作力三角形时，必须遵循这样一个原则，即分力力矢首尾相接，但次序可变，合力力矢与最后分力箭头相接。此外还应注意，力三角形只表示力的大小和方向，而不表示力的作用点或作用线。

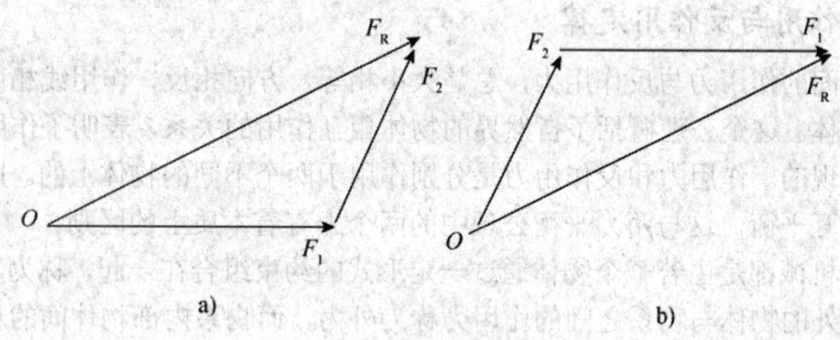

图 1-1-7 力的分解

力的平行四边形法则总结了最简单的力系简化规律，它是较复杂力系合成的主要依据。力的分解是力的合成的逆运算，因此也是按平行四边形法则来进行的，但为不定解。在工程实际中，通常是分解为方向互相垂直的两个分力。例如，在进行直齿圆柱齿轮的受力分析时，常将齿面的法向正压力 $\boldsymbol{F}_N$ 分解为推动齿轮旋转的（沿齿轮分度圆圆周切线方向的）分力——圆周力 $\boldsymbol{F}_t$，指向轴心的压力——径向力 $\boldsymbol{F}_r$，如图 1-1-8 所示。若已知 $\boldsymbol{F}_N$ 与分度圆圆周切向所夹的压力角为 α，则有 $\boldsymbol{F}_t= \boldsymbol{F}_N\cos\alpha$ 、$\boldsymbol{F}_r= \boldsymbol{F}_N\sin\alpha$。

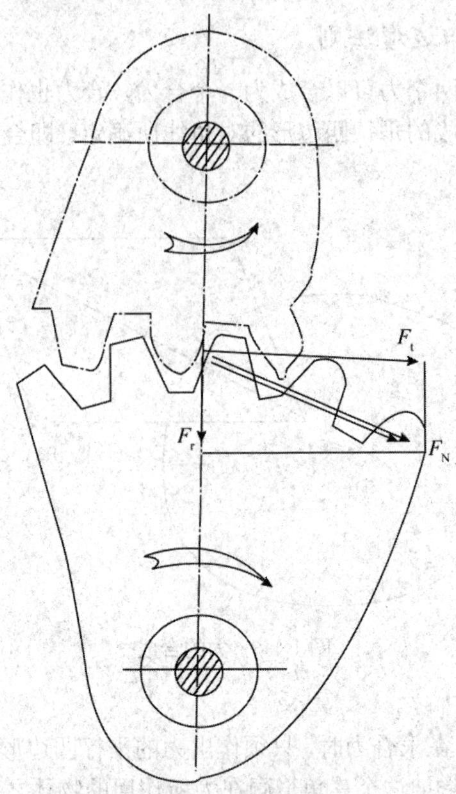

图 1-1-8　齿轮的受力分解

运用公理二，公理三可以得到下面的推论：

物体受三个力作用而平衡时，此三个力的作用线必汇交于一点。此推论称为**三力平衡汇交定理**。

公理四　作用与反作用定律

两个物体间的作用力与反作用力，总是大小相等，方向相反，作用线相同，并分别作用于这两个物体。这个公理概括了自然界的物体相互作用的关系，表明了作用力和反作用力总是成对出现的。作用力和反作用力是分别作用于两个不同的物体上的。因此，不能认为这两个力相互平衡，这与两力平衡公理中的两个力有着本质上的区别。

工程中的机械都是由若干个物体通过一定形式的约束组合在一起，称为物体系统，简称物系。物系外的物体与物系之间的作用力称为外力，而物系内部物体间的相互作用力称为内力。内力总是成对出现且等值、反向、共线，对物系而言，内力的合力恒为零。故内力不会改变物系的运动状态。但内力与外力的划分又与所取物系的范围有关。随所取对象的范围不同，内力与外力是可以互相转化的。

任务二　约束与约束反力

【知识目标】

- 掌握约束体、约束及约束反力的定义；
- 掌握柔性约束和光滑面约束的受力；
- 掌握三种光滑铰链的约束；
- 掌握固定端约束的受力。

【知识点】

- 约束体、约束及约束反力的定义；
- 柔性约束和光滑面约束的受力分析；
- 三种光滑铰链约束的区别及受力分析；
- 固定端约束的受力。

【相关链接】

在生活中，约束的实例很多，比如“中华之星”交流传动高速电动车组，电动车组和轨道之间的相互作用面就产生了光滑面约束，此时钢轨给动车组车轮约束力的方向沿着彼此接触面的法线方向指向车轮。这就是一个很典型的光滑面约束例子。试着思考一下，你还能举出几个例子吗？

【知识拓展】

一、柔性约束

工程中的机器结构总是由许多零部件组成的，这些零部件是按照一定的形式相互连接。因此，它们的运动必然互相牵连和限制。如果从中取出一个物体作为研究对象，则它的运动当然也会受到与它连接或接触的周围其他物体的限制。也就是说，一个运动受到限制或约束的物体，称为被约束体。

那些限制物体某些运动的条件，称为约束。这些限制条件总是由被约束体周围的其他物体构成的。为方便起见，构成约束的物体常称为约束。约束限制了物体本来可能产生的某种运动，故约束有力作用于被约束体，这种力称为约束反力。限制被约束体运动的周围物体称为约束。约束反力总是作用在被约束体与约束体的接触处，其方向也总是与该约束所能限制的运动或运动趋势的方向相反。据此，即可确定约束反力的位置及方向。

由绳索、胶带、链条等形成的约束称为柔性约束。这类约束只能限制物体沿柔性伸长方向的运动，因此它对物体只有沿柔性方向的拉力，如图 1-2-1、1-2-2 所示，常用符号为 F_T。当柔性绕过轮子时，常假想在柔性的直线部分处截开柔性，将与轮接触的柔性和轮子一起作为考察对象。这样，就可不考虑柔性与轮子间的内力，这时作用于轮子的柔性拉力即沿轮缘的切线方向如图 1-2-2 右图所示。

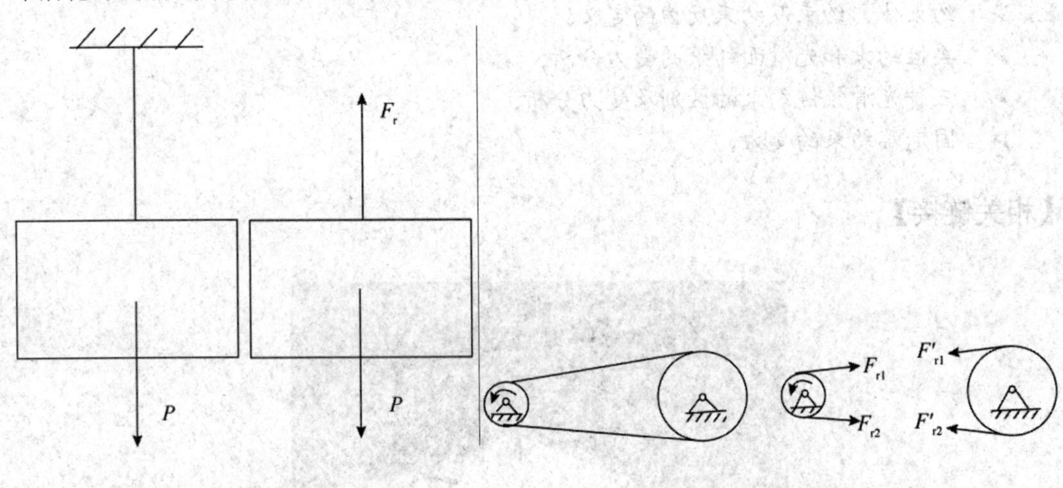

图 1-2-1　绳索克服重力分析　　图 1-2-2　带传动受力分析

二、光滑面约束

当两物体直接接触，并可忽略接触处的摩擦时，约束只能限制物体在接触点沿接触面的公法线方向约束物体的运动，不能限制物体沿接触面切线方向的运动，故约束反力必过接触点沿接触面法向并指向被约束体，简称法向压力，通常用 $\boldsymbol{F}_N$ 表示。如图 1-2-3 所示分别为光滑曲面对刚体球的约束和齿轮传动机构中齿轮轮齿的约束。

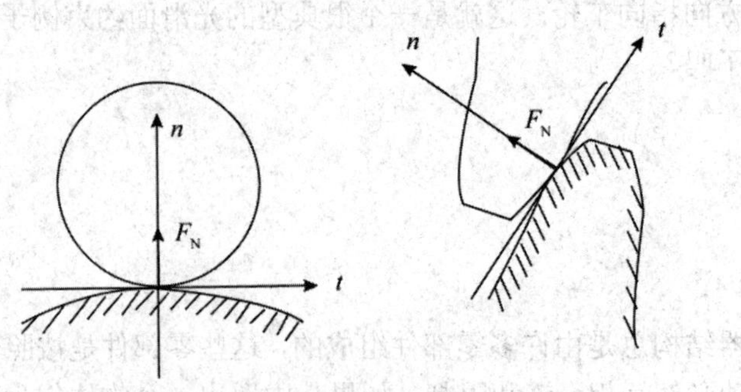

图 1-2-3　钢球与齿轮传动所受的约束

如图 1-2-4 所示，直杆与方槽在 A、B、C 三点接触，三处的约束反力沿二者接触点的公法线方向作用。

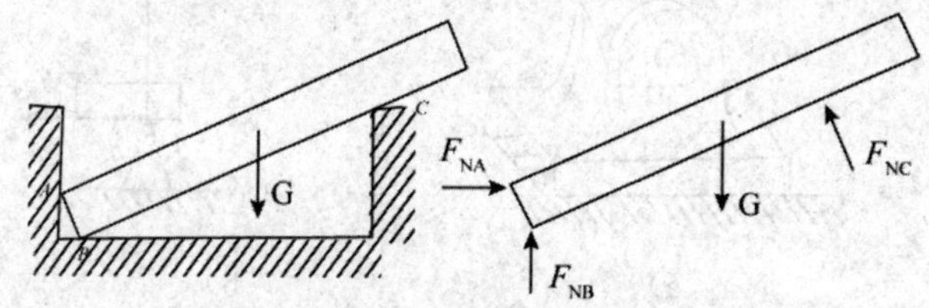

图 1-2-4　杆在槽中受力分析

三、光滑铰链约束

铰链是工程上常见的一种约束，它是在两个钻有圆孔的构件之间采用圆柱定位销所形成的连接，如图 1-2-5 所示。门所用的活页、铡刀与刀架、起重机的动臂与机座的连接等，都是常见的铰链连接。

一般认为销钉与构件光滑接触，所以这也是一种光滑表面约束，约束反力应通过接触点 K 沿公法线方向（通过销钉中心）指向构件，如图 1-2-6a 所示。但实际上很难确定 K 点的位置，因此反力 $\boldsymbol{F}_{\mathrm{N}}$ 的方向无法确定。所以，这种约束反力通常是用两个通过铰链中心的大小和方向未知的正交分力 $\boldsymbol{F_x}$、$\boldsymbol{F_y}$ 来表示，两分力的指向可以任意设定，如图 1-2-6b 所示。

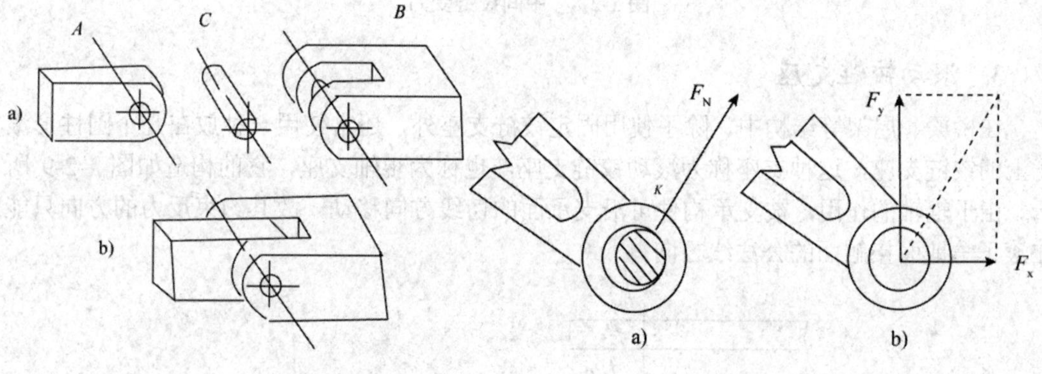

图 1-2-5　铰链结构分解

图 1-2-6　铰链受力分解

a）约束反力沿公法线方向指向构件；

b）两分力的指向可以任意设定

这种约束在工程上应用广泛，可分为以下三种类型。

1. 固定铰支座

用以将构件和基础连接，如桥梁的一端与桥墩连接时，常用这种约束，如图 1-2-7a 所示。图 1-2-7b 所示为这种约束的简图。

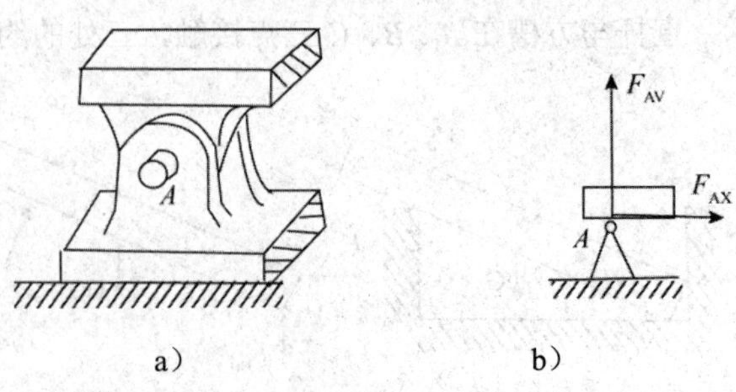

图 1-2-7　固体铰链支座受力

a）固定铰支座；b）约束简图

2. 中间铰链

用来连接两个可以相对转动但不能移动的构件，如曲柄连杆机构中曲柄与连杆、连杆与滑块的连接。通常在两个构件连接处用一个小圆圈表示铰链，如图 1-2-8 所示。

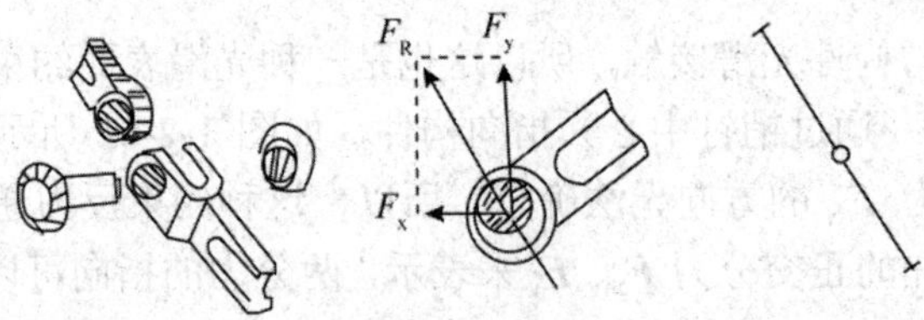

图 1-2-8　中间铰链受力

3. 滚动铰链支座

在桥梁、屋架等结构中，除了使用固定铰链支座外，还常使用一种放在几个圆柱形滚子上的铰链支座，这种支座称为滚动铰链支座，也称为辊轴支座，它的构造如图 1-2-9 所示。由于辊轴的作用，被支承构件可沿支承面的切线方向移动，故其约束反力的方向只能在滚子与地面接触面的公法线方向。

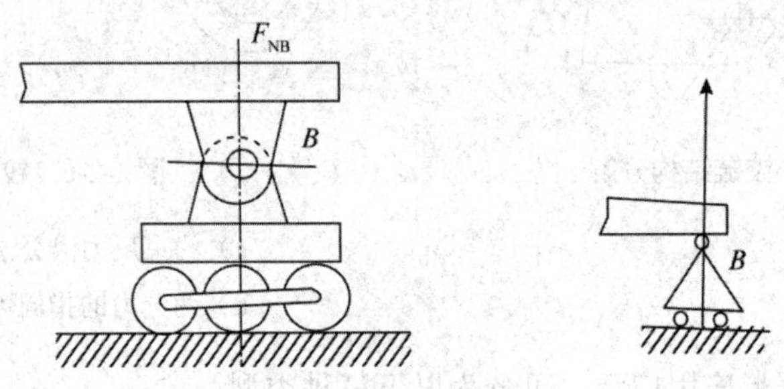

图 1-2-9　滚动铰链支座

四、固定端约束

工程中还有一种常见的基本约束，如图 1-2-10 所示。建筑物上的阳台、跳水的跳台、壁扇座、埋入地下的电线杆等，都是一端固定不动的。这些对物体的一端固定不动的约束，称为固定端约束。

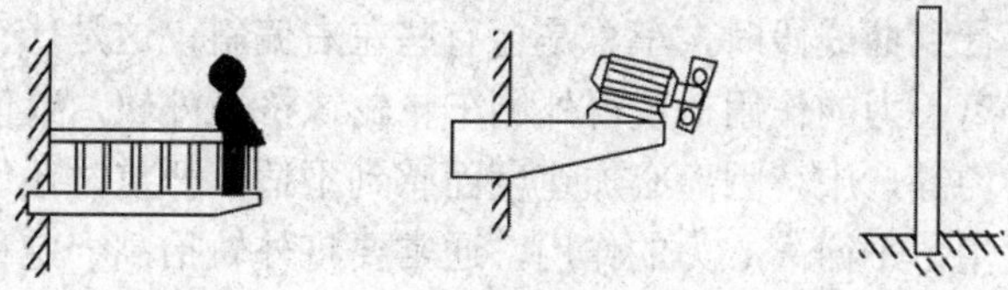

图 1-2-10　固定端约束实例

约束反力一般用两正交分力 $\boldsymbol{F_x}$、$\boldsymbol{F_y}$ 限制物体的移动，用约束反力偶 M 限制物体的转动，如图 1-2-11 所示。

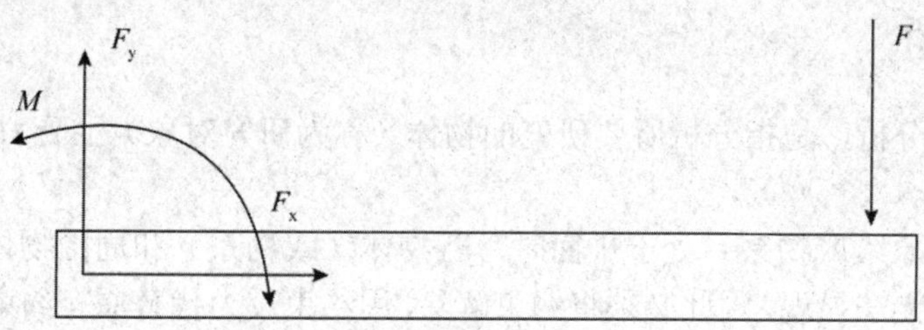

图 1-2-11　固定端约束实例

任务三　受力分析及受力图

【知识目标】

- 掌握物体的受力分析;
- 掌握绘制物体受力图的画法。

【知识点】

- 物体的受力分析（主要找出所有内力和外力）;
- 找出分离体;
- 绘制分离体的受力图。

【相关链接】

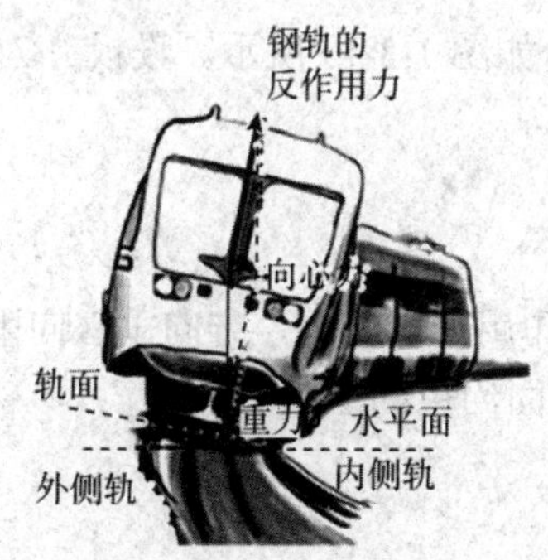

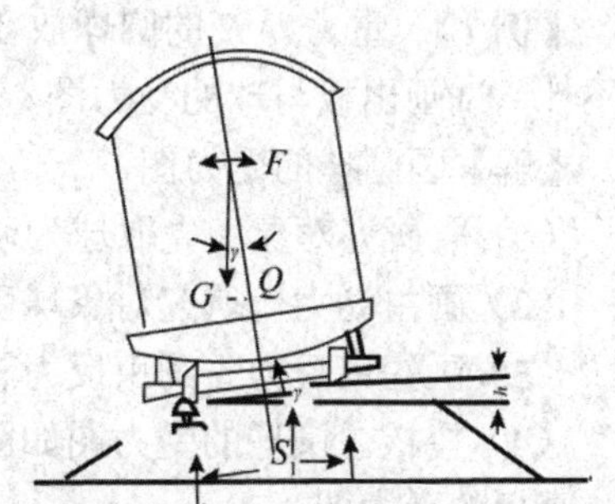

在铁道车辆运行到曲线段时，车总是会有些左右偏斜，这是什么原因呢？原来，列车通过曲线时，由于离心力的作用，使得外侧车轮轮缘挤压外轨，致使内外两股钢轨受力不均匀、垂直磨耗不均等，旅客因离心加速度而感到不适，严重时还可能造成翻车事故。为了避免上述情况发生，平衡离心力的作用，通常要将外轨抬高一定程度，外轨比内轨高出的部分就称为超高。这里外轨超高的数值就是在对车体进行受力分析的基础上计算出来的。

【知识拓展】

一、受力分析

所谓受力分析，是指分析所要研究的物体（称为研究对象）上受力多少、各力作用点和方向的过程。

当研究对象（或物系）处于平衡时，若物体（或物系）和周围物体约束联系在一起，则约束反力将无法显现，因此必须将约束解除，用约束反力代替原有约束对物体（或物系）作用，解除约束后的物体（或物系）称之为分离体。

二、绘制受力图

研究对象所受的力分为外力和内力。研究对象以外的物体作用在研究对象上的力称为外力；研究对象内部各个物体之间或各个部分之间相互作用力称为内力。在解除约束的分离体上，画上它所受的全部主动力和约束反力，就称为该物体的受力图。

画受力图时应注意：只画受力，不画施力；只画外力，不画内力；解除约束后，才能画上约束反力。

画受力图是解决力学问题的第一步骤，正确地画出受力图是分析、解决力学问题的前提。如果没有特别说明，则物体的重力一般不计，并认为接触面都是光滑的。

画受力图的步骤如下：

（1）根据题意确定研究对象（取分离体）；

（2）画上研究对象所受的全部主动力（载荷及物体自重等）；

（3）画上研究对象所受的全部约束反力；

（4）校核。

三、受力分析实例

【例 1】 重力为 P 的圆球放在板 AC 与墙壁 AB 之间，如图 1-3-1a 所示。设板 AC 重力不计，试画出板与球的受力图。

【解】画圆球的受力图：

（1）取研究对象。先取球为研究对象，作出简图。

（2）画主动力。研究对象球受到的主动力为重力 $\boldsymbol{P}$，作用在球心上，方向垂直向下。

（3）画约束反力。约束反力有 $\boldsymbol{F}_{ND}$ 和 $\boldsymbol{F}_{NE}$，均属光滑面约束的法向反力。

（4）校核。圆球的受力图如图 1-3-1b 所示。

画板的受力图：

（1）取研究对象，再取板作研究对象。

（2）画主动力。由于板的自重不计，故没有主动力。

（3）画约束反力。共有 *A*、*C*、*E* 三处有约束反力。其中 *A* 处为固定铰支座，其反力可用一对正交分力 $\boldsymbol{F}_{Ax}$、$\boldsymbol{F}_{By}$ 表示；*C* 处为柔性约束，其反力为拉力 $\boldsymbol{F}_{T}$；*E* 处的反力为法向反力 $\boldsymbol{F}'_{NE}$ 要注意该反力与球在处所受反力 $\boldsymbol{F}_{NE}$ 为作用与反作用的关系。受力图如图 1-3-1c 所示。

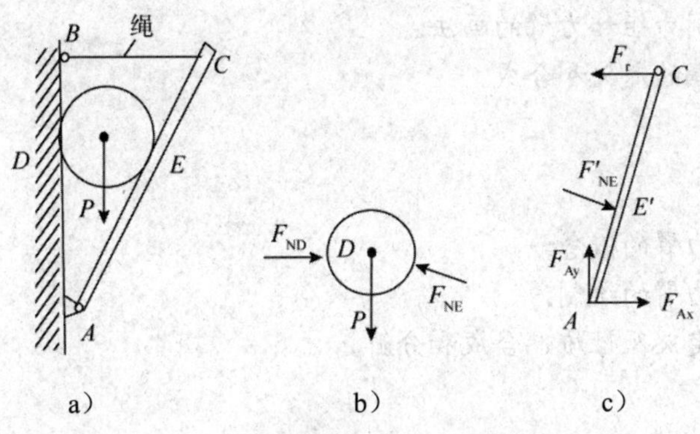

图 1-3-1　圆球的受力分析图

a）重力为 *P* 的圆球放在板 *AC* 与墙壁 *AB* 之间；b）圆球的受力图；c）约束反力图

【例 2 】画出图 1-3-2b、c 两图中滑块及推杆的受力图，并进行比较。图 1-3-2a 所示为曲柄滑块机构，图 1-3-2d 所示为凸轮机构。

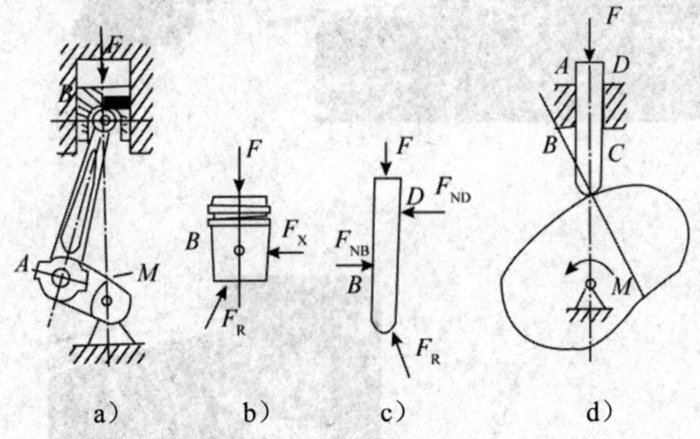

图 1-3-2　滑块及凸轮机构

a）曲柄滑块机构；b），c）滑块及推杆的受力图；d）凸轮机构

【解】分别取滑块、推杆为分离体，画出它们的主动力和约束反力，其受力分析直接画在图 1-3-2b、c 上。

滑块上作用的主动力 $\boldsymbol{F}$、$\boldsymbol{F}_{R}$ 与 $\boldsymbol{F}$ 的交点在滑块与滑道接触长度范围以内，其合力使滑块单面靠紧滑道，故产生一个与约束面相垂直的反力 $\boldsymbol{F}_{N}$，$\boldsymbol{F}$、 $\boldsymbol{F}_{R}$、 $\boldsymbol{F}_{N}$ 三力汇交。推杆上的主动力 $\boldsymbol{F}$、$\boldsymbol{F}_{R}$ 的交点在滑道之外，其合力使推杆倾斜而导致 *B*、*D* 两点接触，故有约束反力 $\boldsymbol{F}_{NB}$ 、$\boldsymbol{F}_{ND}$。

任务四　力矩和力偶

【知识目标】

- 掌握力矩的概念;
- 掌握绘制力矩和力臂的画法;
- 掌握力偶的定义和合成。

【知识点】

- 力矩和力臂的概念;
- 力矩和力臂的绘制;
- 力偶的定义及性质、合成和分解。

【相关链接】

列车的制动系统一般采用空气制动机。车辆的空气制动机通过自动制动阀控制安装在车辆底架下面贯通车辆两端的制动主管内压缩空气的压力变化来实现操纵列车各车辆制动机产生相应的作用。每台车辆的制动主管之间由制动软管相连，而折角塞门安装在制动主管的两端，用以开通或关闭制动主管与制动软管之间的压缩空气通路，以便车辆的摘挂。这个折角塞门在力学的角度来讲，就是一个力矩的典型例子：度量力对物体产生转动效应的物理量。

在日常生活中，常会遇到两个大小相等、方向相反的平行力作用在物体上，这就是力偶。如在司机驾驶室里的司机控制器就是一个典型的力偶例子。

【知识拓展】

一、力矩

1. 力矩的概念

力对点的矩是很早以前人们在使用杠杆、滑车、绞盘等机械搬运或提升重物时所形成的一个概念。若我们用扳手拧紧螺母时，如图 1-4-1 所示，为了描述作用力 **F** 对刚体运动的转动效应，引入力对点之矩的概念（力矩）。

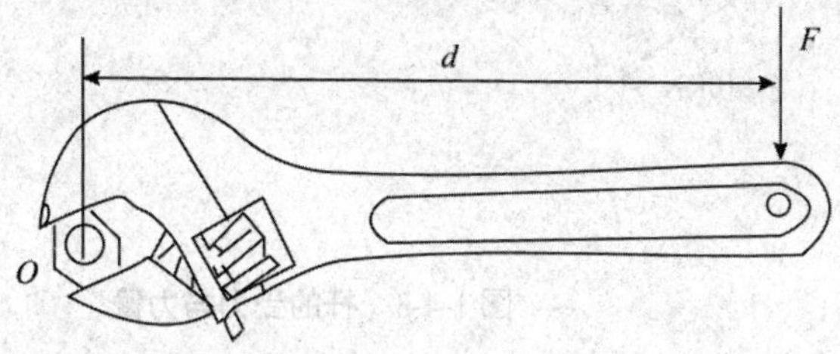

图 1-4-1　扳手

力矩用 M_o（**F**）表示，即 M_o（**F**）= ±***Fd***

一般地，设平面上作用一力 **F**，在平面内任取一点 O（O 为矩心），O 点到力作用线的垂直距离 d 称为力臂。如图 1-4-2 所示，力矩的大小等于三角形 OAB 面积的 2 倍，即：M_o（**F**）=±2ΔOAB

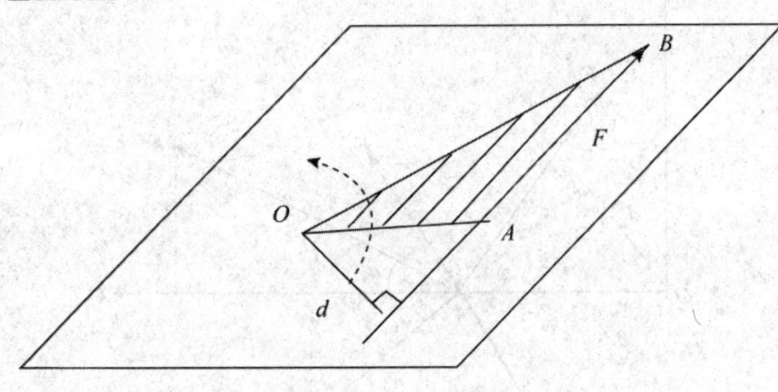

图 1-4-2　力与力臂

力对点之矩是一代数量，式中用正负号来表明力矩的转动方向。矩心不同，力矩不同。

规定：力使物体绕矩心作逆时针方向转动时，力矩取正号；顺时针方向旋转时，取负号。力矩的单位是 N·m 或 kN·m。由力矩的定义可知：

（1）若将力 **F** 沿其作用线移动，则因为力的大小、方向和力臂都没有改变，所以不会改变该力对某一矩心的力矩。

（2）若 **F**=0，则 M_o（**F**）= 0；若 M_o（**F**）= 0，**F**≠0，则 d=0，即力 **F** 通过 O 点。

力矩等于零的条件是：力等于零或力的作用线通过矩心。

【例 1】分别计算图 1-4-3 所示的 $\boldsymbol{F}_1$、$\boldsymbol{F}_2$ 对 O 点的力矩。

【解】由力矩公式有：

$$M_o（\boldsymbol{F}_1）=\boldsymbol{F}_1\cdot d_1=10\times1\times\sin30°=5\text{kN}\cdot\text{m}$$

$$M_o（\boldsymbol{F}_2）=-\boldsymbol{F}_2\cdot d_2=-30\times1.5=-45\text{kN}\cdot\text{m}$$

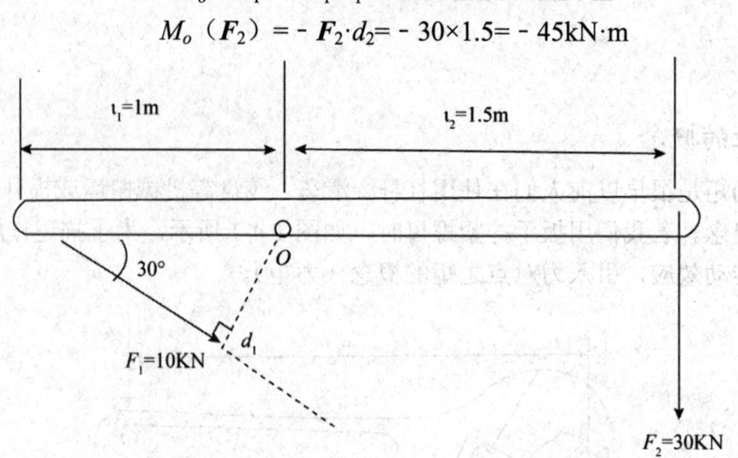

图 1-4-3　杆的受力与力臂

2. 合力矩定理

设在物体上 A 点作用有平面汇交力系 $\boldsymbol{F}_1$、$\boldsymbol{F}_2\cdots\boldsymbol{F}_n$，那该力的合力 F 可由汇交力系的合成求得，如图 1-4-4 所示。

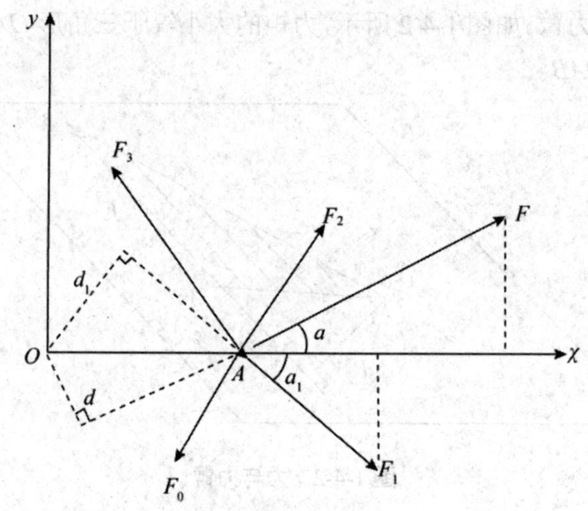

图 1-4-4　平面汇交力系

计算力系中各力对平面内任一点 O 的矩，令 OA=l，则：

$M_o（\boldsymbol{F}_1）=-\boldsymbol{F}_1\cdot d_1=10\times1\times\sin\alpha_1=\boldsymbol{F}_{1y}l$

$M_o（\boldsymbol{F}_2）=\boldsymbol{F}_{2y}l$

……

$M_o（\boldsymbol{F}_n）=\boldsymbol{F}_{ny}l$

由此推出，合力 F 对 O 点的矩为 $M_o（\boldsymbol{F}）=Fl\sin\alpha=\boldsymbol{F}_yl$

根据以上合力投影定理，即 $\boldsymbol{F}_y=\boldsymbol{F}_{1y}l+\boldsymbol{F}_{2y}l+\cdots+\boldsymbol{F}_{ny}l$

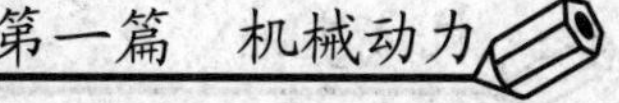

两边同乘以 l，得：$F_y l = F_{1y} l + F_{2y} l + \cdots + F_{ny} l$

即 M_o（$\boldsymbol{F}$）= M_o（$\boldsymbol{F}_1$）+ M_o（$\boldsymbol{F}_2$）+⋯+ M_o（$\boldsymbol{F}_n$）=$\sum M_o$（$\boldsymbol{F}_i$）

合力矩定理：平面汇交力系的合力对平面内任意一点之矩，等于其所有分力对同一点的力矩的代数和。

3. 力对点之矩（力矩）

【例 2】如图 1-4-5 所示，构件 *OBC* 的 *O* 端为铰链支座约束，力 $\boldsymbol{F}$ 作用于 *C* 点，其方向角为 α，又知 $OB=l$，$BC=h$，求力 $\boldsymbol{F}$ 对 *O* 点的力矩。

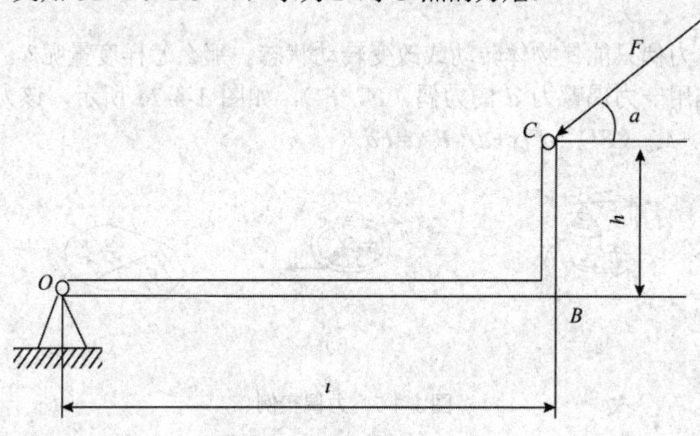

图 1-4-5　铰链构件受力图

【解】方法（1）利用力矩的定义进行求解

如图 1-4-6a 所示，过点 *O* 作出力 $\boldsymbol{F}$ 作用线的垂线，与其交于 *a* 点，则力臂 *d* 即为线段 *oa* 。再过 *B* 点作力作用线的平行线，与力臂的延长线交于 *b* 点，则有：

$$M_o(\boldsymbol{F}) = -\boldsymbol{F}(ob - ab) = -\boldsymbol{F}(l\sin\alpha - h\cos\alpha)$$

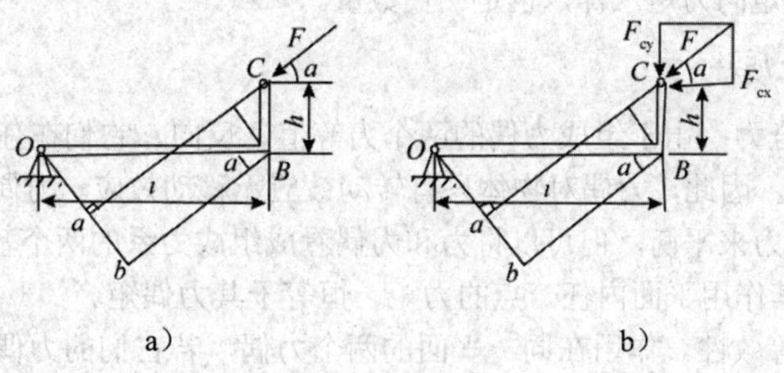

图 1-4-6　铰链构件受力分析

方法（2）利用合力矩定理求解

如图 1-4-6b 所示，将力 *F* 分解成一对正交的分力，力 *F* 的力矩就是这两个分力对点 *O* 的力矩的代数和。即：

$$M_o(\boldsymbol{F}) = M_o(\boldsymbol{F}_{cx}) + M_o(\boldsymbol{F}_{cy}) = \boldsymbol{F}h\cos\alpha - \boldsymbol{F}l\sin\alpha = -\boldsymbol{F}(l\sin\alpha - h\cos\alpha)$$

二、力偶及其性质

1. 力偶的定义

在工程实践中，常见物体受两个大小相等、方向相反、作用线相互平行的力的作用，使物体产生转动。例如，用手拧水龙头、转动方向盘等。力学上把这种作用在同一物体上大小相等、方向相反、作用线相互平行的两力，称为力偶，用符号（$\boldsymbol{F}$，$\boldsymbol{F'}$）来表示。力偶中两力所在的平面称为力偶作用面，两个力作用线之间的垂直距离，称为力偶臂，用 d 来表示。

实践证明，力偶只能使物体转动或改变转动状态。那么怎样度量呢？

设刚体上作用一力偶臂为 d 的力偶（$\boldsymbol{F}$，$\boldsymbol{F'}$），如图 1-4-7c 所示，该力偶对任一点 O 的矩为 $M_o(\boldsymbol{F})+M_o(\boldsymbol{F'})=\boldsymbol{F}(x+d)-\boldsymbol{F'}x=\boldsymbol{F}d$

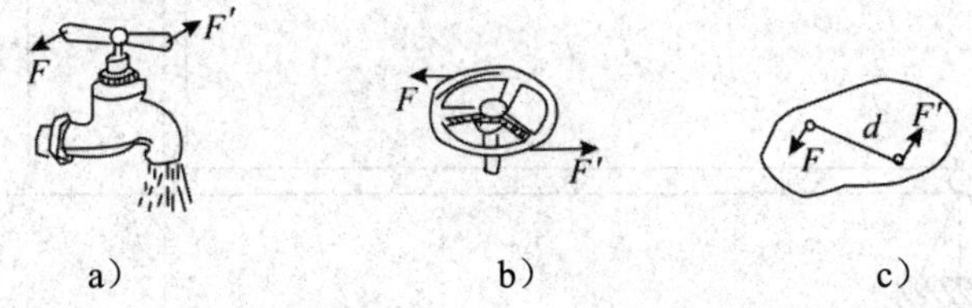

图 1-4-7 力偶实例

由于点 O 是任意选取的，故力偶对作用面内任一点的矩=力偶中力的大小×力偶臂的乘积（与矩心位置无关）。故力偶使刚体转动的效应，应可以用力偶矩来度量。记作 $M(F,F')$ 或 M，其大小等于力偶中力 F 与力臂 d 的乘积，即：

$$M(\boldsymbol{F},\boldsymbol{F'})=\pm \boldsymbol{F}d$$

力偶矩正负号规定：力偶逆时针转向时，力偶矩为正，顺时针转向时为负。力偶矩的单位是 N·m。力偶矩同力矩一样，也是一代数量。

2. 力偶的性质

（1）力偶无合力。由于组成力偶的两个力等值、反向，它们在任一坐标轴上的投影的代数和恒等于零，因此，力偶对物体只有转动效应无移动效应。力偶不能用一个力来等效，也不能用一个力来平衡，但可以将力和力偶看成组成力系的两个基本物理量。

（2）力偶对其作用平面内任一点的力矩，恒等于其力偶矩。

（3）力偶的等效性。作用在同一平面的两个力偶，若它们的力偶矩大小相等、转向相同，则这两个力偶是等效的。

只要保持力偶矩不变，力偶可以在其作用面内任意移转，且可以同时改变力偶中力的大小和力偶臂的长短，而不改变力偶对物体的作用效果。如图 1-4-8a 所示，不论将力偶加在 A、B 位置还是 C、D 位置，对方向盘的作用效应不变。

力偶在同一刚体上可以搬移到与其作用面相平行的平面内，而不会改变其对刚体的作用效应。如图 1-4-8b 所示，只要保持力偶矩不变，可以同时改变力偶中力的大小和力偶臂的长短，而不会改变力偶对物体的作用。

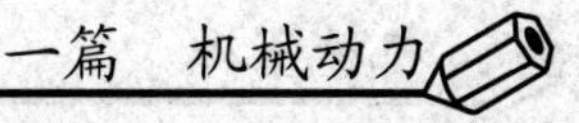

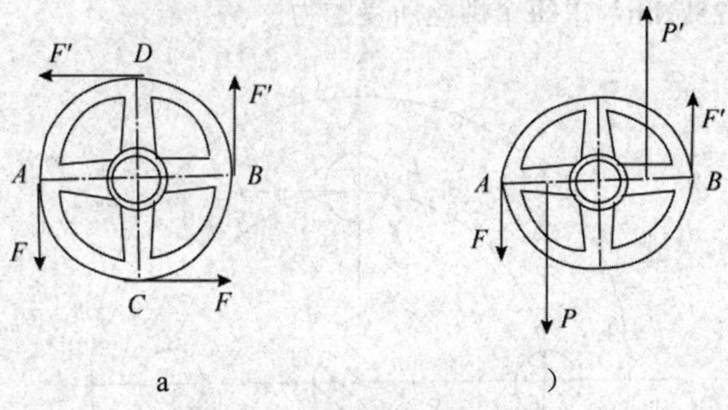

b）

图 1-4-8　力偶的等效性

3. 平面力偶系的合成

平面力偶系是作用在刚体上同一平面内的多个力偶。作用在同一平面内的一群力偶称为平面力偶系。平面力偶系合成可以根据力偶等效性来进行。合成的结果是：平面力偶系可以合成为一个合力偶，其力偶矩等于各分力偶矩的代数和。即：

$$M=M_1+M_2+\cdots+M_n=\sum M_i$$

4. 平面力偶系的平衡

平面力偶系合成的结果为一个合力偶，因而要使力偶系平衡，就必须使合力偶矩等于零，$\sum M=0$。

【例 3】如图 4-9 所示，梁 *AB* 受一主动力偶作用，其力偶矩 M=100Nm，梁长 l=5m，梁的自重不计，求两支座的约束反力。

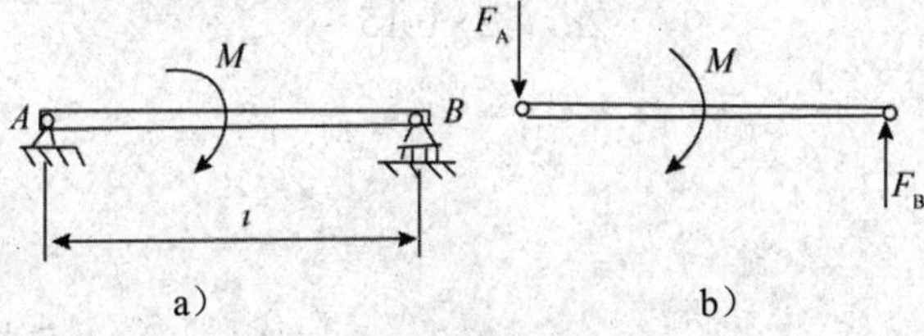

图 4-9 力偶的平衡

a）梁 *AB*；b）梁 *AB* 受力分析图

【解】（1）以梁为研究对象，进行受力分析并画出受力图。如图 4-9b 所示，$\boldsymbol{F}_A$ 必须与 $\boldsymbol{F}_B$ 大小相等、方向相反、作用线平行。

（2）列平衡方程：

$$\Sigma M=0$$

$$F_B l-M=0$$

$$F_A=F_B=\frac{M}{l}=\frac{100}{5}=20(N)$$

【例 4】电机轴通过联轴器与工件相连接，联轴器上四个螺栓 A、B、C、D 的孔心均匀地分布在同一圆周上，如图 4-10 所示，此圆周的直径 d=150mm ，电机轴传给

联轴器的力偶矩 M=25kNm，求每个螺栓所受的力。

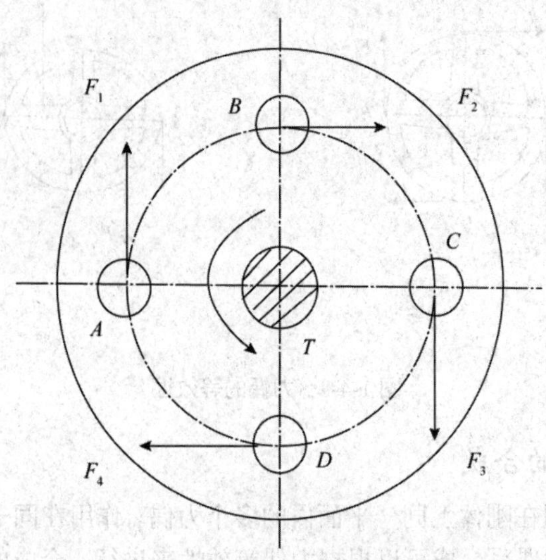

图 1-4-10 联轴器

【解】以联轴器为研究对象。

作用于联轴器上的力有电动机传给联轴器的力偶矩 M，四个螺栓的约束反力，假设四个螺栓的受力均匀，则 $F_1=F_2=F_3=F_4=F$，其方向如图 1-4-10 所示。由平面力偶系平衡条件可知，F_1 与 F_3 、F_2 与 F_4 组成两个力偶，并与电动机传给联轴器的力偶矩 M 平衡。据平面力偶系的平衡方程，得：

$$F=\frac{M}{2d}=\frac{2.5}{2\times 0.15}=8.33(kN)$$

第二篇　机械传动

机械传动在机械工程中应用非常广泛，主要是指利用机械方式传递动力和运动的传动。随着我们生活水平的不断提高，对生活方式的要求也越来越高，那么就需要有更多更加智能的机械来满足人们对生产和生活的更高追求。如今高铁技术的发展给我们的工作和生活都带来了高效的服务，这是百姓最能直接感受到的我国在机械传动方面上的发展。

本篇的主要任务是解析齿轮传动、带传动、链传动等传动机构。

任务一　常用机构

【知识目标】

- 熟悉机械、机构、机器及构件的概念，以及运动副的分类；
- 掌握铰链四杆机构的类型和判别方法；
- 掌握凸轮机构的运动过程及其从动件运动规律；
- 掌握间歇运动机构的工作原理、分类及其运动特点。

【知识点】

- 运动副的概念及分类;
- 平面机构运动简图的绘制方法;
- 平面自由度的计算方法;
- 铰链四杆机构的类型和判别方法;
- 四杆机构的基本特性和常用设计方法;
- 凸轮机构的运动过程及其从动件运动规律;
- 棘轮和槽轮机构的工作原理、分类及其运动特点。

【相关链接】

各种平面机构在生产和生活中应用较广泛，其优点是承载力较大，接触面积大，结构简单。例如，上图所示的东风 4B 内燃机车上的四冲程内燃机就是一个典型的曲柄滑块机构，其中活塞与气缸体、活塞与连杆、连杆与曲轴等的连接都是两个构件直接接触并能产生相对运动的活动连接，存在不同的运动副。

【知识拓展】

一、构件与运动副

随着生产不断发展，现代机械已经渗入到了社会的各个领域。无论是衣食住行还是科研开发，都离不开机械产品的使用。服装、食品、建筑、交通、航海、矿业、石油开发、航天、医药、包装、传媒、化工和印刷等行业的生产效率都与机械产品的使用息息相关。

机械传动是指采用各种机构、传动装置和零件来传递运动和动力的传动方式。

1. 基本概念

机械是指机器和机构的总称。机器一般具备以下特征：

（1）都是人为的各种实物的组合体；

（2）组成机器的各种实物间具有确定的相对运动；

（3）可代替或减轻人的劳动，有效地实现机械功转换为机械能。

机构是具有确定相对运动的各种实物的组合，它只符合机器的前两个特征（如凸轮机构）。根据特征区分，机构主要用来传递和变换运动；机器主要用来传递和变换能量。从结构和运动学的角度分析，机器和机构之间并无区别，都是具有确定相对运动的各种实物的组合。

2. 机器的组成

机器由若干个不同零件组装而成，零件是组成机器的最小单元，也是机器的制造单元，机器是由若干个不同的零件组装而成的。各种机器经常用到的零件称为通用零件，如轴、螺栓、螺母、齿轮和弹簧等。在特定的机器中用到的零件称为专用零件，如汽轮机中的叶片，起重机的吊钩，内燃机中的曲轴连杆和活塞等。构件是机器的运动单元，一般由若干个零件刚性联接而成，也可以是单一的零件。若从运动的角度来讲，可以认为机器是由若干个构件组装而成的。

如图 2-1-1 所示，单缸内燃机汽缸体、活塞和曲柄构成了曲柄滑块机构，燃气推动活塞做往复移动时，曲柄滑块实现了曲柄的转动，从而使其他部件运动，最终实现了进气阀和排气阀的开闭。

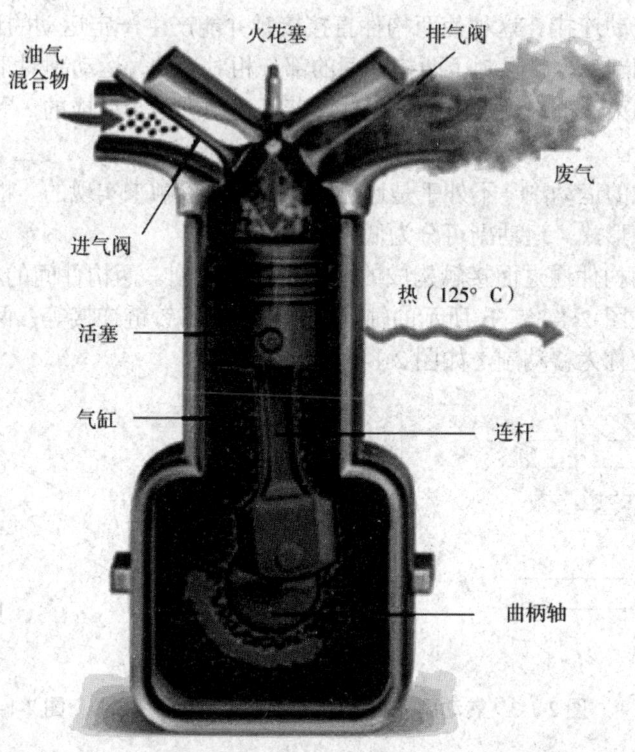

图 2-1-1　单缸内燃机

一部完整机器的运行由以下几部分组成，如图 2-1-2 所示。

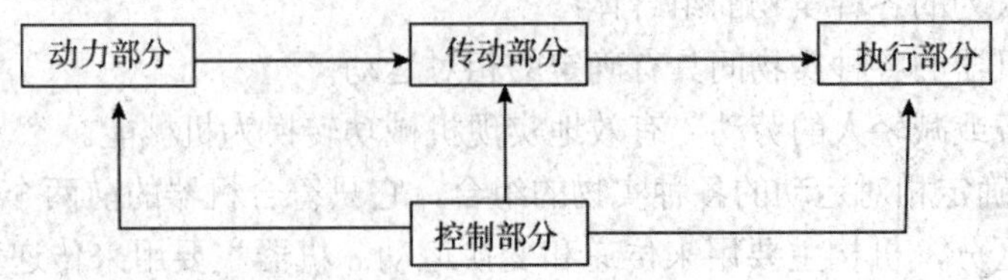

图 2-1-2　单缸内燃机

无论是哪一种机器，其机构、功能大不相同，但都是由四大部分组成。

（1）动力部分：如电动自行车的电机、汽车的内燃机，它是机器的动力来源，没有动力源，机器就失去价值。

（2）执行部分：直接完成工作的部分，如电动自行车车轮，工业机器人的手持部分。

（3）传动部分：从动力源到执行部分的运动与动力的传递环节，如汽车的变速箱，机床的变速、变向等。

（4）控制部分：能够使机器的原动部分、传动机和工作机部分按一定的顺序和规律的运动，完成所需的工作循环，如机械电气控制，方向盘等。

3. 平面运动构件的运动副和类型

我们将机构中所有构件都在一个平面或相互平行的平面内运动的机构称为平面机构。

（1）运动副及表示方法。平面机构中每个构件都不是自由构件，而是以一定的方式与其他构件组成动连接。这种使两构件直接接触并能产生一定运动的连接，称为运动副。两构件组成运动副后，就限制了两构件间的部分相对运动，运动副对于这种构件间相对运动的限制称为约束。机构就是由若干构件和若干运动副组合而成的，因此运动副也是组成机构的主要要素。

两构件组成的运动副，不外乎是通过点、线、面接触来实现的。根据组成运动副的两构件之间的接触形式，运动副可分为低副和高副。

①低副。两构件通过面接触构成的运动副称为低副。两构件间的相对运动为转动的，称为转动副，如图 2-1-3a、b 所示的轴承与轴颈连接、铰链连接等；两构件间的相对运动为直线运动的，称为移动副，如图 2-1-4 所示。

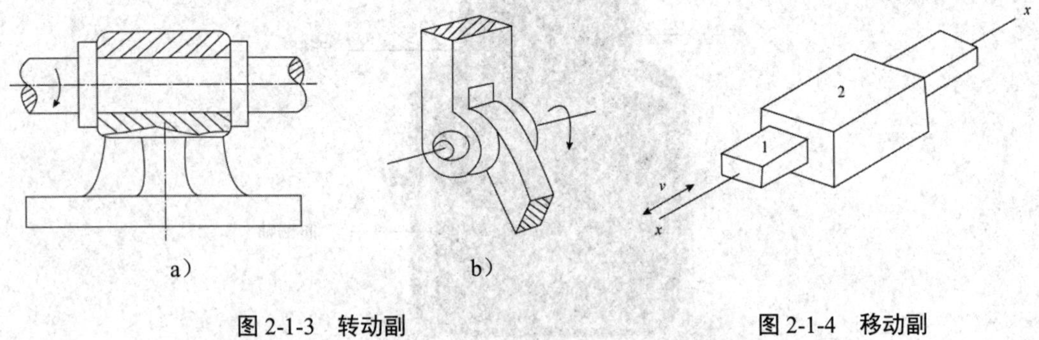

图 2-1-3　转动副　　　　图 2-1-4　移动副

②高副。两构件通过点接触或线接触构成的运动副称为高副。如图2-1-5所示，凸轮1

与尖顶从动件2构成高副。如图2-1-6所示，两齿轮轮齿啮合处也构成高副。

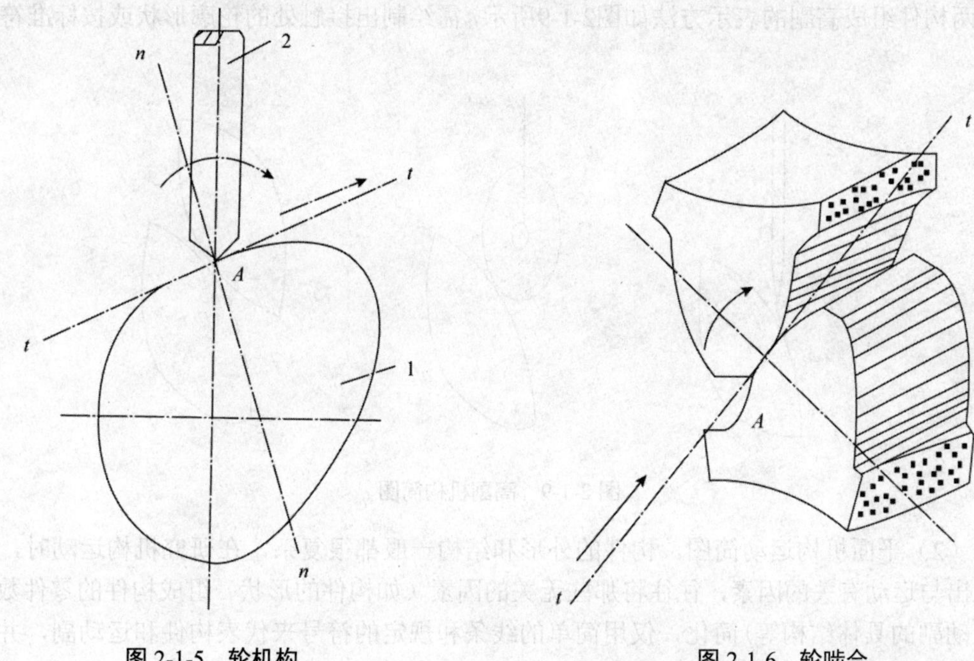

图 2-1-5　轮机构

1-凸轮；2-尖顶从动件

图 2-1-6　轮啮合

两构件组成转动副的表示方法如图2-1-7 a、b、c所示。图中的圆圈表示转动副，其圆心代表相对转动轴线，带斜线的为机架。两构件组成移动副的表示方法如图2-1-8所示。移动副的导路必须与相对移动方向一致。

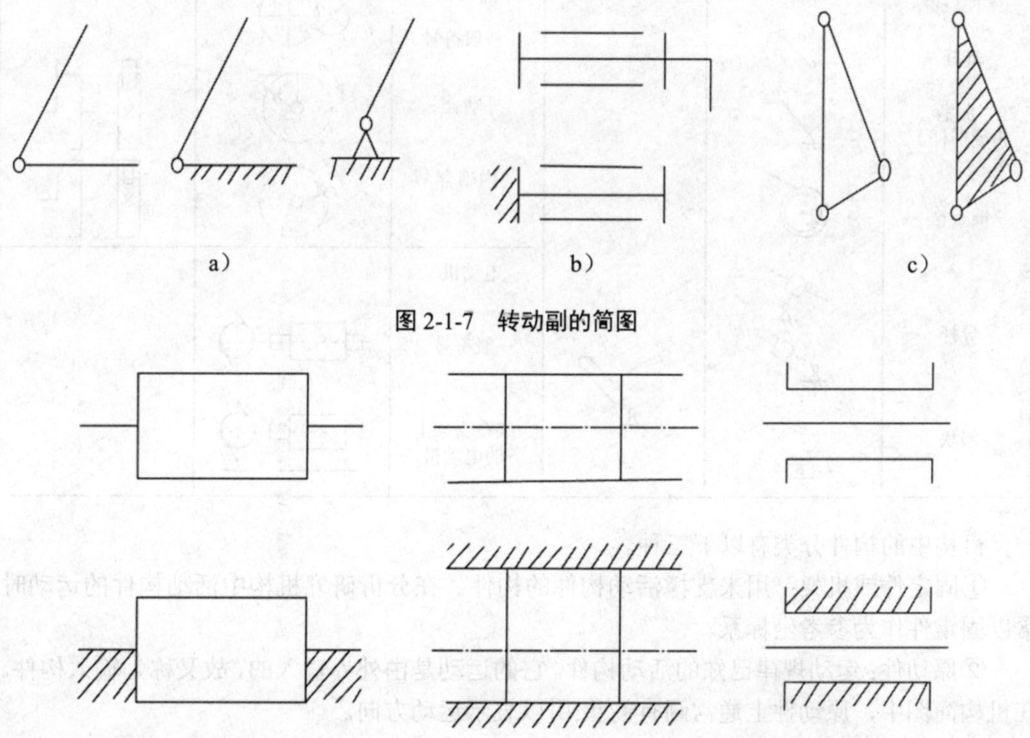

图 2-1-7　转动副的简图

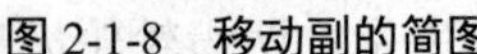
图 2-1-8　移动副的简图

两构件组成高副的表示方法如图2-1-9所示，需绘制出接触处的轮廓形状或按标准符号绘制。

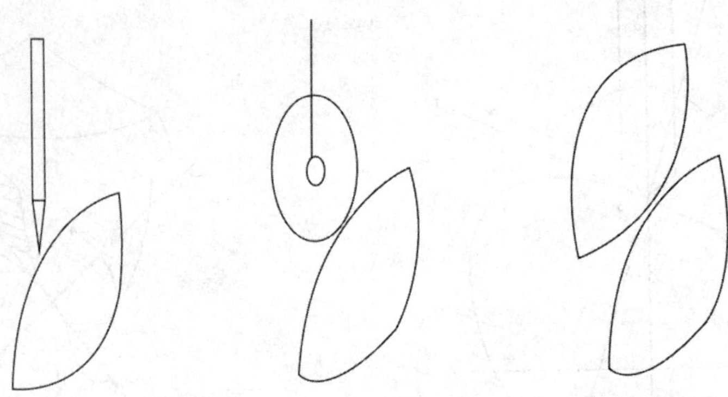
图 2-1-9　高副机构简图

（2）平面机构运动简图。构件的外形和结构一般都很复杂，在研究机构运动时，为了突出与运动有关的因素，往往将那些无关的因素（如构件的形状、组成构件的零件数目和运动副的具体结构等）简化，仅用简单的线条和规定的符号来代表构件和运动副，并按一定的比例表示各种运动副的相对位置。这种表示机构各构件间相对运动的简化图形，称为机构运动简图。常用机构运动简图符号，如表 2-1-1 所示。若只是定性地表示机构的组成及运动原理，而不按比例绘制的简图，称为机构示意图。

表 2-1-1　常用机构运动简图表

平面机构			槽轮机构		
连杆			一般符号		
曲柄（或摇杆）			外啮合		
偏心轮			内啮合		
导杆			电动机		
			一般符号		
滑块			装在支架上的电动机		

机构中的构件分类有以下三种。

①固定件或机架：用来支撑活动构件的构件。在分析研究机构中活动构件的运动时，常以固定件作为参考坐标系。

②原动件：运动规律已知的活动构件。它的运动是由外界输入的，故又称为输入构件。在机构简图中，原动件上通常画有箭头,用以表示运动方向。

③从动件：机构中随着原动件的运动而运动的其余活动构件。从动件的运动规律取决于原动件的运动规律和机构的组成情况。

【例1】绘制图2-1-10a所示活塞泵机构的运动简图。

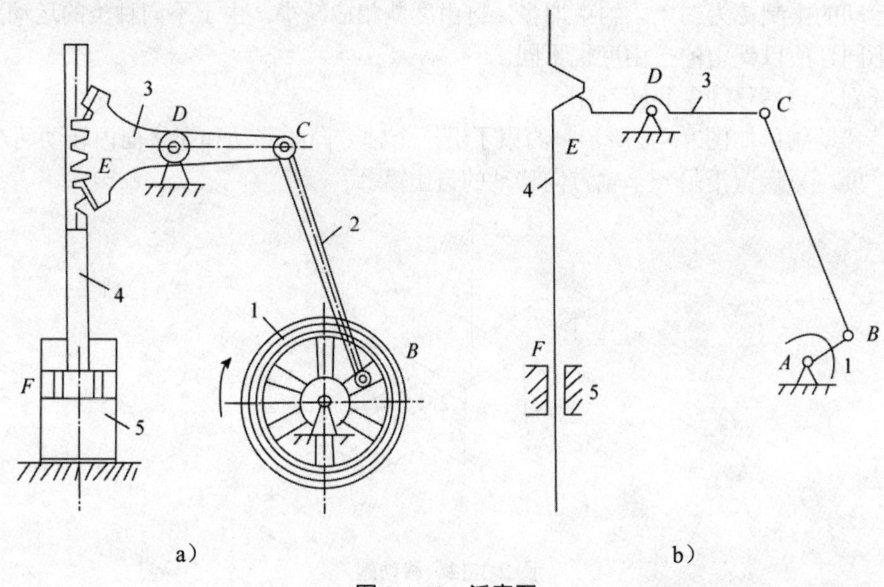

图 2-1-10 活塞泵

1-曲柄；2-连杆；3-齿扇；4-齿条活塞；5-机架

各构件之间的连接如下：构件1和5、2和1、3和2、3和5之间为相对转动，分别构成转动副*A*、*B*、*C*、*D*；构件3的轮齿与构件4的齿构成平面高副*E*；构件4与构件5之间为相对移动，构成移动副*F*。

选取适当比例尺，按图2-1-10a尺寸，用构件和运动副的规定符号画出机构运动简图，如图1-10b所示。最后，将图中的机架画上斜线，在原动件上标出指示运动方向的箭头。

4. 平面机构的自由度

构件作独立运动的可能性，称为构件的自由度。一个构件在空间自由运动时有六个自由度，它可表示为在直角坐标系内沿着三个坐标轴的移动和绕三个坐标轴的转动。而对于一个作平面运动的构件，则只有三个自由度，如图2-1-11所示，即沿*x*轴和*y*轴移动，以及在*xoy*平面内的转动。

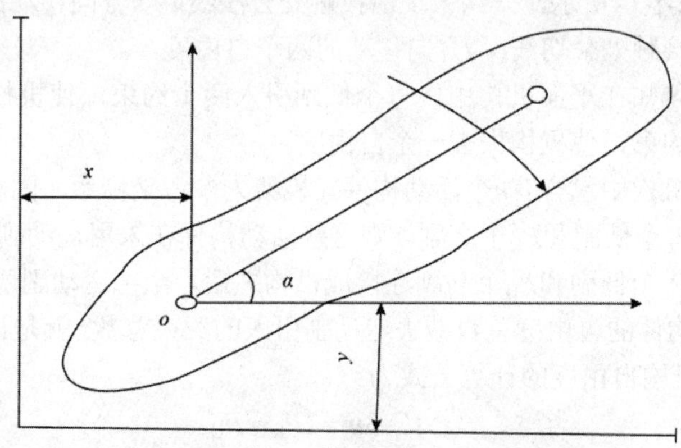

图 2-1-11　平面运动的自由度

（1）平面机构自由度计算公式。平面机构的每个活动构件，在未用运动副连接之前，都有三个自由度。当两个构件组成运动副之后，它们的相对运动就受到约束。这种对构件的独立运动的限制称为约束。约束增多，自由度就相应减少。由于不同种类的运动副引入的约束不同，所以保留的自由度也不同。

①低副。包括移动副和转动副。

- 移动副：如图2-1-12所示，约束了沿一个轴方向的移动和在平面内转动两个自由度，只保留沿另一个轴方向移动的自由度。

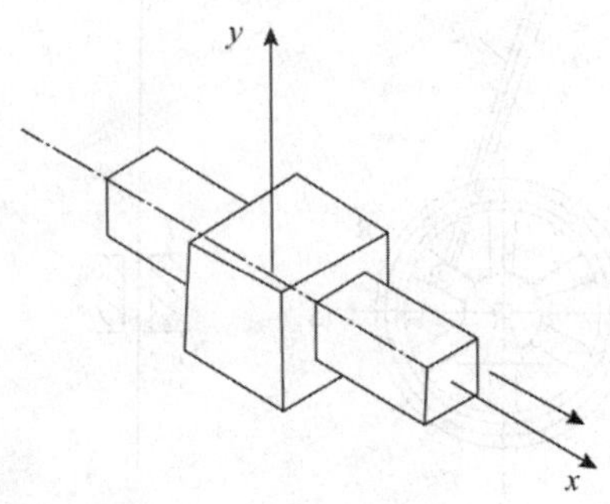

图 2-1-12　移动副

- 转动副：如图2-1-13所示，约束了沿两个轴移动的自由度，只保留一个转动的自由度。

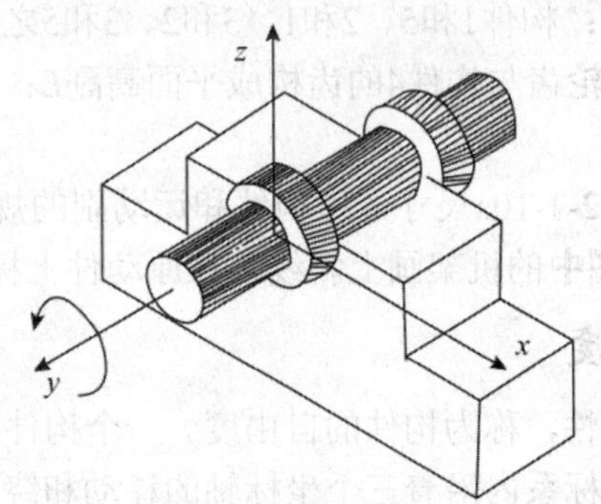

图 2-1-13　转动副

②高副。如图2-1-14所示，只约束了沿接触处公法线n—n方向移动的自由度，保留点接触处的转动和沿接触处公切线t—t方向移动的两个自由度。

由以上分析，可知在平面机构中，每个低副引入两个约束，使机构失去两个自由度；每个高副引入一个约束，使机构失去一个自由度。

如果一个平面机构中包含有n个活动构件（机架为参考坐标系，因相对固定，所以不计在内），其中有P_L个低副和P_H个高副，则这些活动构件在未用运动副连接之前，其自由度总数为$3n$。当用P_L个低副和P_H个高副连接成机构之后，全部运动副所引入的约束为$2P_L+P_H$。因此活动构件的自由度总数减去运动副引入的约束总数，就是该机构的自由度数，用F表示，则平面机构自由度的计算公式为：

$$F=3n-2P_L-P_H$$

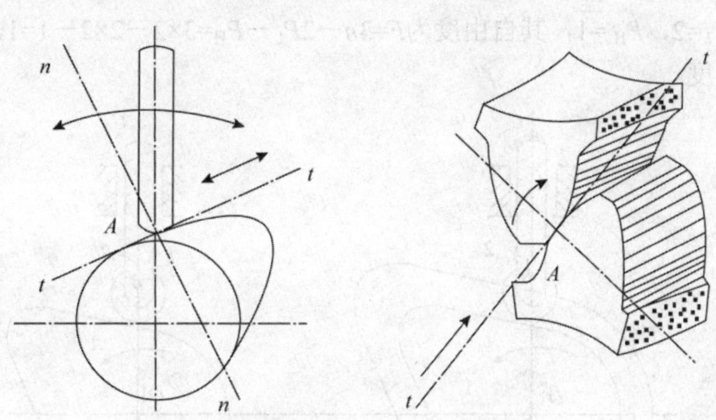

图 2-1-14　高副

【例2】计算如图2-1-10所示的活塞泵的自由度。

【解】除机架外，活塞泵有4个活动构件，即n=4；4个转动副和一个移动副共5个低副，即P_L=5；1个高副，即P_H=l。由自由度公式计算得：

$F=3n-2P_L-P_H=3\times4-2\times5-1\times1=1$　则该机构的自由度为1。

（2）机构具有确定运动的条件。机构自由度就是机构实现独立运动的可能性。平面机构只有其自由度大于零，才有运动的可能。由前所述可知，从动件是不能独立运动的，只有原动件才能独立运动。通常每个原动件只具有一个独立运动，因此机构自由度必定与原动件数 W 相等，即 $F=W>1$ 。

（3）计算平面机构自由度时注意事项。

①复合铰链。两个以上构件在同一处以转动副相连接组成的运动副，称为复合铰链。图2-1-15a为三个构件在同一处构成复合铰链。由其侧视图2-1-15b可知，此三构件共组成两个共轴线转动副。当由m个构件组成复合铰链时，则应当组成（$m-1$）个共轴线转动副。

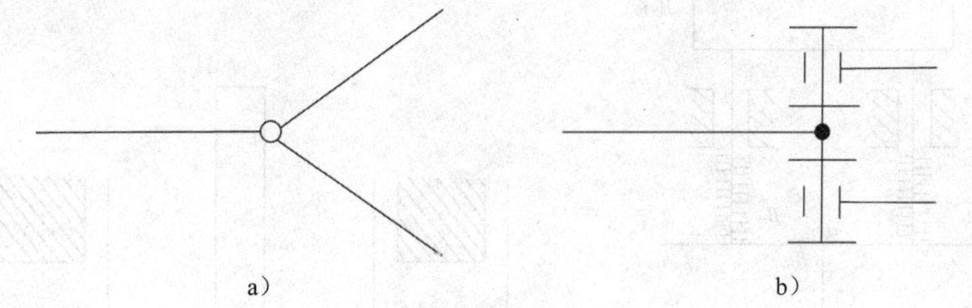

图 2-1-15　复合铰链

a）三个构件在同一处构成复合铰链；b）三个构件在同一处构成复合铰链的侧视图

②局部自由度。机构中常出现一些不影响整个机构运动的局部的独立运动，称为局部自由度。在计算机构自由度时，应将局部自由度去除。如图2-1-16a所示的平面凸轮机构中，为了减少高副接触处的磨损，在从动件上安装一个滚子2，使其与凸轮轮廓线滚动接触。显然，滚子绕其自身轴线转动与否并不影响凸轮与从动件间的相对运动，因此，滚子绕其自身轴线的转动为机构设想将滚子2与从动件1固联在一起作为一个构件来考虑。这样在机

构中，n=2，P_L=2，P_H=1，其自由度为$F=3n-2P_L-P_H=3\times2-2\times2-1=1$，即此凸轮机构中只有一个自由度。

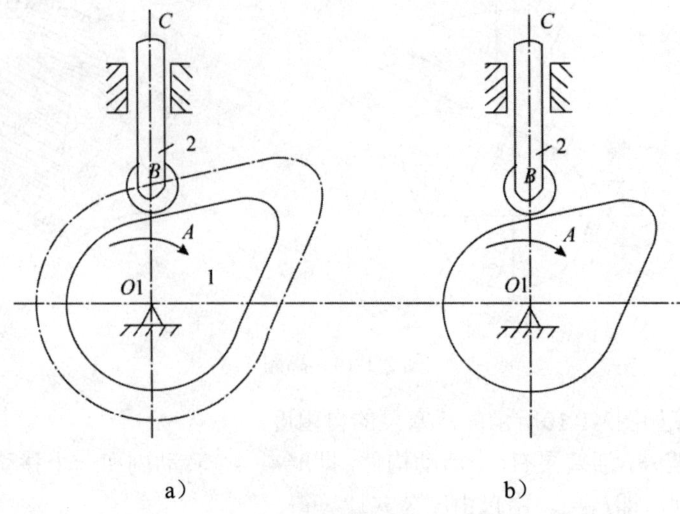

图 2-1-16　局部自由度

③虚约束。机构中与其他运动副所起的限制作用重复、对机构运动不起新的限制作用的约束，称为虚约束。在计算机构自由度时，应当去除不计。平面机构中的虚约束常出现在下列场合：

- 两个构件之间组成多个导路平行的移动副时，只有一个移动副起作用，其余都是虚约束。如图2-1-17所示的机构在A、B、C三处的移动副，有两个为虚约束。
- 两个构件之间组成多个轴线重合的转动副时，只有一个转动副起作用，其余都是虚约束。如图2-1-18所示，两个轴承支撑一根轴，只能看作一个转动副。

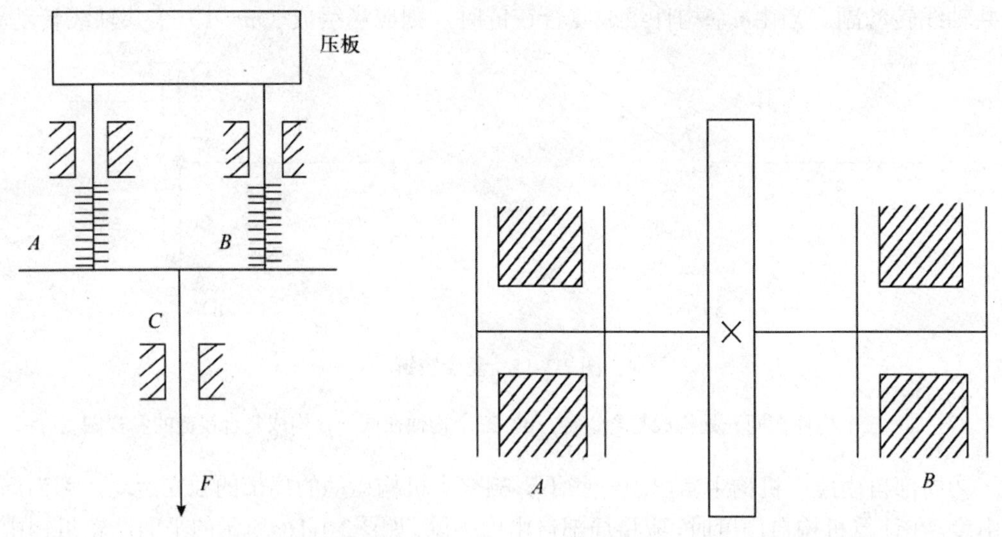

图 2-1-17　两个虚约束　　　图 2-1-18　多个虚约束

- 机构中对传递运动不起独立作用的对称部分也是虚约束。如图2-1-19所示的轮系中，它由与中心轮完全对称布置的三部分组成，每个部分作用相同，故本机构运动的确定性只需取其中一部分进行检验。应当注意，对于虚约束，从机构的运动观点来看是多余的，但从增强构件刚度、改善机构受力状况等方面来看，都是必需的。

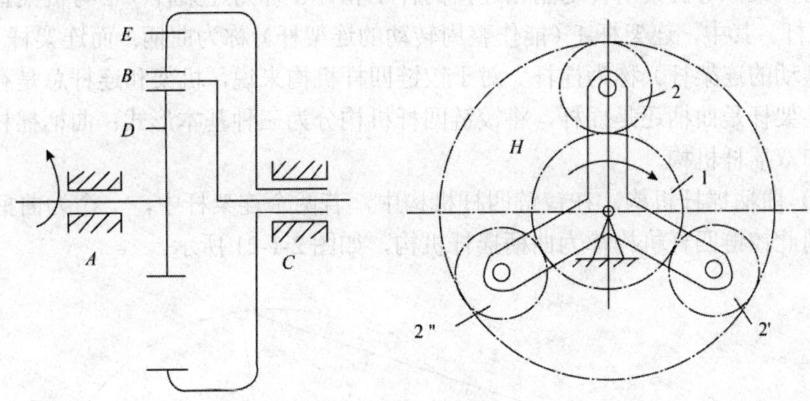

图 2-1-19　虚约束（轮系）

【例3】试计算图2-1-20中发动机配气机构的自由度。

【解析】此机构中，G，F为导路重合的两个移动副，其中一个是虚约束；P处的滚子为局部自由度。除去虚约束及局部自由度后，该机构则有n=6，P_L=8，P_H=1。其自由度为：

$F=3n-P_L-P_H=3\times6-2\times8-1=1$

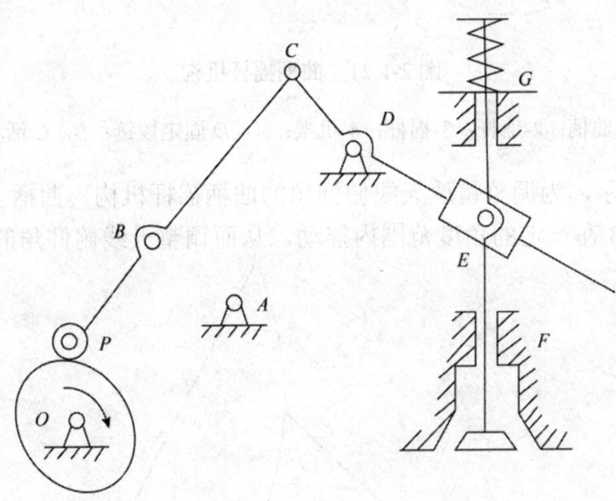

图 2-1-20　发动机配气机构

二、平面连杆机构

平面连杆机构是将所有构件用低副连接而成的平面机构。由于低副通过面接触而构成运动副，故其接触处的压强小，承载能力大，耐磨损，寿命长，且因其形状简单，制造容易。这类机构容易实现转动、移动及其转换。它的缺点是低副中存在的间隙不易消除，会引起运动误差，另外，平面连杆机构不易准确地实现复杂运动。平面连杆机构中，最简单的是由四个构件组成的，简称平面四杆机构。其应用非常广泛，且是组成多杆机构的基础。

1. 铰链四杆机构的组成及类型

全部用转动副组成的平面四杆机构称为铰链四杆机构，如图 2-1-21 所示。机构的固定件 4 称为机架；与机架用转动副相连接的杆 1 和杆 3 称为连架杆；不与机架直接连接的杆 2 称为连杆。其中，连架杆 1（能作整周转动的连架杆）称为曲柄；而连架杆 3（仅能在某一角度摆动的连架杆）称为摇杆。对于铰链四杆机构来说，机架和连杆总是存在的，因此可按照连架杆是曲柄还是摇杆，将铰链四杆机构分为三种基本形式：曲柄摇杆机构、双曲柄机构和双摇杆机构。

（1）曲柄摇杆机构。在铰链四杆机构中，若两个连架杆中，一个为曲柄，另一个为摇杆，则此铰链四杆机构称为曲柄摇杆机构，如图 2-1-21 所示。

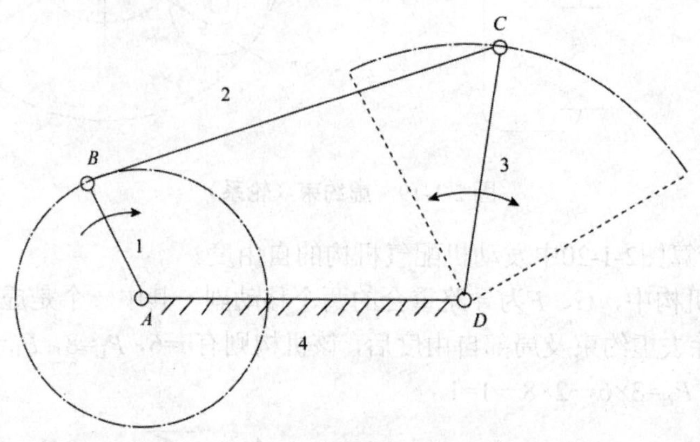

图 2-1-21　曲柄摇杆机构

1-曲柄；2-连杆；3-摇杆；4-机架；*A*，*D* 固定铰链；*B*，*C* 活动铰链

如图 2-1-22 所示，为调整雷达天线俯仰角的曲柄摇杆机构。曲柄 1 缓慢地匀速转动，通过连杆 2 使摇杆 3 在一定的角度范围内摇动，从而调整天线俯仰角的大小。

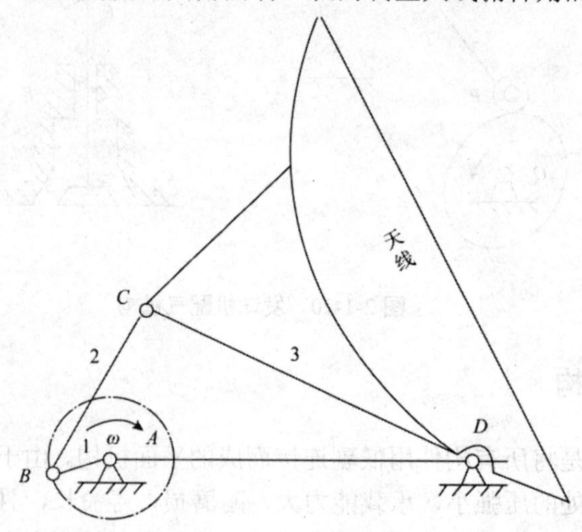

图 2-1-22　雷达天线

1-曲柄；2-连杆；3-摇杆；*A*，*D* 固定铰链；*B*，*C* 活动铰链

（2）双摇杆机构。两连架杆均为摇杆的铰链四杆机构称为双摇杆机构。

如图2-1-23a所示为鹤式起重机机构，当摇杆*CD*摇动时，连杆*BC*上悬挂重物的M点作近似的水平直线移动，从而避免了重物平移时因不必要的升降引起的功耗。

两摇杆长度相等的双摇杆机构，称为等腰梯形机构。如图2-1-23b所示，轮式车辆的前轮转向机构就是等腰梯形机构的应用实例。车子转弯时，与前轮轴固联的两个摇杆的摆角β和δ不等。如果在任意位置都能使两前轮轴线的交点*P*落在后轮轴线的延长线上，则当整个车身绕*P*点转动时，四个车轮都能在地面上作纯滚动，避免轮胎因滑动而损伤。等腰梯形机构能近似地满足这一要求。

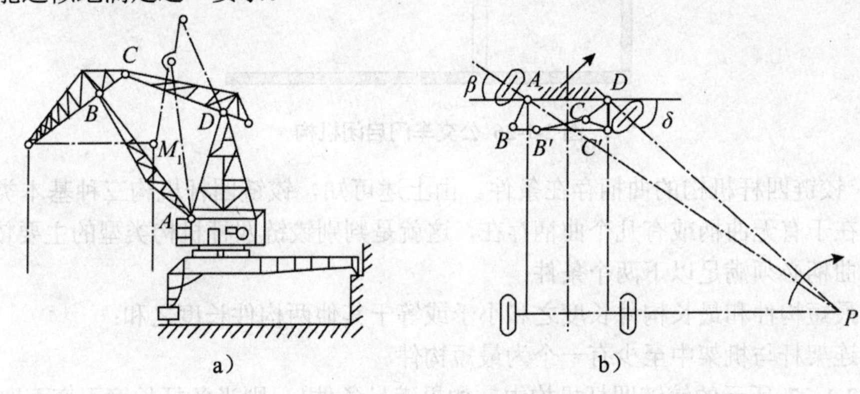

图 2-1-23　鹤式起重机

a）鹤式起重机机构；b）等腰梯形机构的应用实例

（3）双曲柄机构。两连架杆均为曲柄的铰链四杆机构称为双曲柄机构。

在双曲柄机构中，如果两曲柄的长度不相等，主动曲柄等速回转一周，从动曲柄变速回转一周，如惯性筛。如果两曲柄的长度相等，且连杆与机架的长度也相等，称为平行双曲柄机构。这种机构运动的特点是两曲柄的角速度始终保持相等，在机器中应用也很广泛，如惯性筛（见图2-1-24）、机车车轮联动机构（见图2-1-25）。还有一种，连杆与机架的长度相等且两曲柄长度相等长，曲柄转向相反的双曲柄机构，称为反向双曲柄机构，如公交车门上两曲柄的转向相反，角速度也不相同，见图2-1-26。牵动主动曲柄的延伸端，能使两扇车门同时开启或关闭。

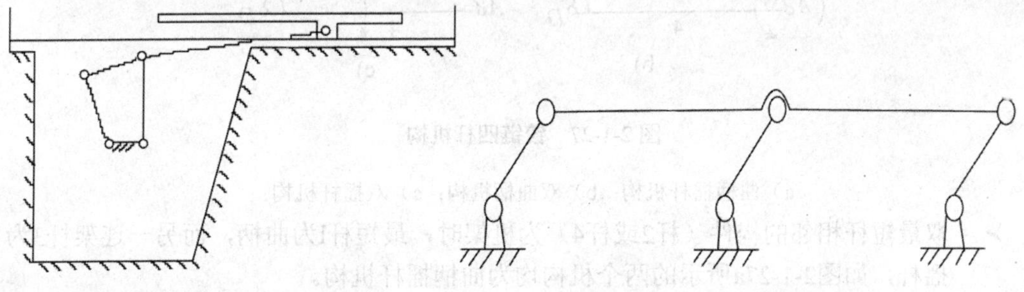

图 2-1-24 惯性筛　　**图 2-1-25 机车车轮联动机构**

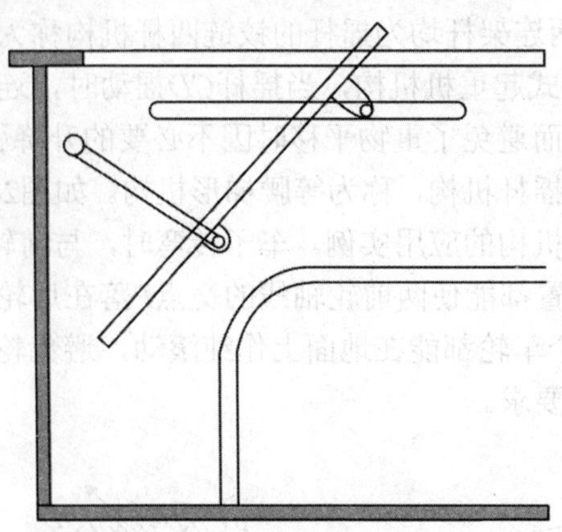

图 2-1-26 公交车门启闭机构

（4）铰链四杆机构的曲柄存在条件。由上述可知，铰链四杆机构三种基本类型的主要区别就在于有无曲柄或有几个曲柄存在，这就是判别铰链四杆机构类型的主要依据。连架杆成为曲柄必须满足以下两个条件：

- 最短构件和最长构件长度之和小于或等于其他两构件长度之和；
- 连架杆与机架中至少有一个为最短构件。

如图2-1-27a所示的铰链四杆机构中，如果满足条件1，则当各杆长度不变而取不同杆为机架时，可以得到不同类型的铰链四杆机构。

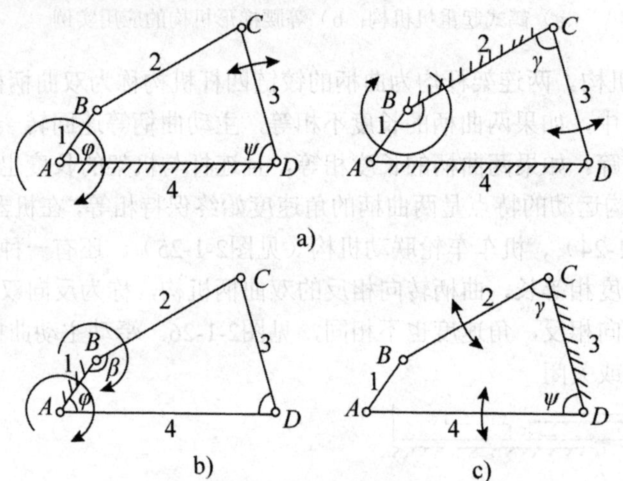

图 2-1-27 铰链四杆机构

a）曲柄摇杆机构；b）双曲柄机构；c）双摇杆机构

- 取最短杆相邻的构件（杆2或杆4）为机架时，最短杆1为曲柄，而另一连架杆3为摇杆，如图2-1-27a所示的两个机构均为曲柄摇杆机构。
- 取最短杆为机架，其连架杆2和4均为曲柄，如图2-1-27b所示为双曲柄机构。
- 取最短杆的对边（杆3）为机架，则两连架杆2和4都不能作整周转动，如图2-1-27c所示为双摇杆机构。

如果铰链四杆机构中的最短杆与最长杆长度之和大于其余两杆长度之和，则该机构中

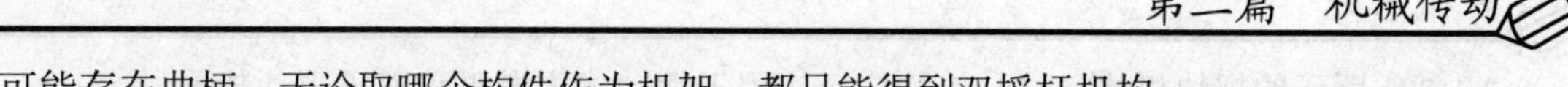

不可能存在曲柄，无论取哪个构件作为机架，都只能得到双摇杆机构。

由上述分析可知，最短杆和最长杆长度之和小于或等于其余两杆长度之和是铰链四杆机构存在曲柄的必要条件。满足这个条件的机构是有一个曲柄、两个曲柄或没有曲柄，需根据以哪一杆为机架来判断。

2. 铰链四杆机构的演化

在实际机械中，平面连杆机构的形式是多种多样的，但其中绝大多数是在铰链四杆机构的基础上发展和演化而成。下面介绍几种常用的演化机构。

（1）曲柄滑块机构。如图 2-1-28a 所示的曲柄摇杆机构中，摇杆 3 上 *C* 点的轨迹是以 *D* 为圆心、以摇杆 3 的长度 L_3 为半径的圆弧。如果将转动副 *D* 扩大，使其半径等于 L'_3 并在机架上按 *C* 点形成一弧形槽，摇杆 3 做成与弧形槽相配的弧形块，如图 2-1-28b 所示。此时虽然转动副 *D* 的外形改变，但机构的运动特性并没有改变。若将弧形槽的半径增至无穷大，则转动副 *D* 的中心移至无穷远处，弧形槽变为直槽，转动副 *D* 则转化为移动副，构件 3 由摇杆变成了滑块，于是曲柄摇杆机构就演化为曲柄滑块机构，如图 2-1-28c 所示。此时移动方位线不通过曲柄回转中心，故称为偏置曲柄滑块机构。曲柄转动中心至其移动方位线的垂直距离称为偏距 *e*，当移动方位线通过曲柄转动中心 *A* 时（即 *e*=0），则称为对心曲柄滑块机构，如图 2-1-28d 所示。曲柄滑块机构广泛应用于内燃机、空压机及冲床设备中。

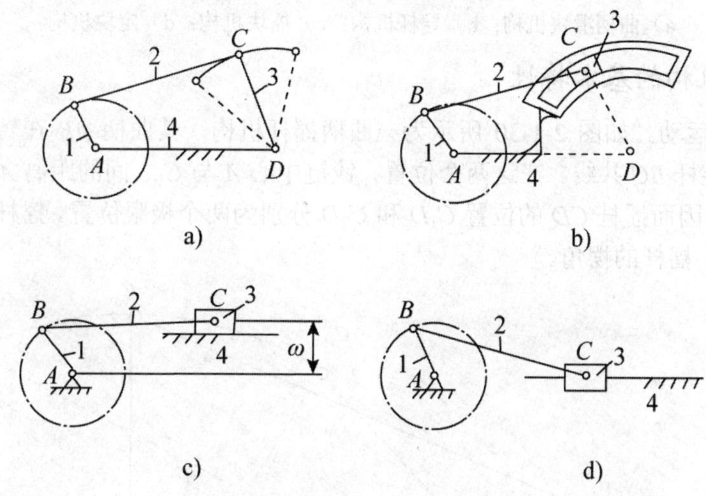

图 2-1-28　四杆机构的演变

a）曲柄摇杆机构；b）摇杆做成与弧形槽相配的弧形块；c 曲柄滑块机构；d）曲柄滑块机构广泛应用

1-曲柄；2-连杆；3-摇杆或滑块；4-机架

（2）导杆机构。导杆机构可以看作是在曲柄滑块机构中选取不同构件为机架演化而成。图 2-1-29a 所示为曲柄滑块机构，如将其中的曲柄 1 作为机架，连杆 2 作为主动件，则连杆 2 和构件 4 将分别绕铰链 *B* 和 *A* 作转动。如图 2-1-29b 所示，若 *AB*<*BC*，则杆 2 和杆 4 均可作整周回转，故称为转动导杆机构。若 *AB*>*BC*，则杆 4 只能作往复摆动，故称为摆动导杆机构。

（3）摇块机构。在图 2-1-29a 所示的曲柄滑块机构中，若取杆 2 为固定件，即可得图

2-1-29c 所示的摇块机构。这种机构广泛应用于摆动式内燃机和液压驱动装置内。

（4）定块机构。在图 2-1-29a 所示曲柄滑块机构中，若取杆 3 为固定件，即可得图 1-29d 所示的定块机构。这种机构常用于手压抽水机及抽油泵中。

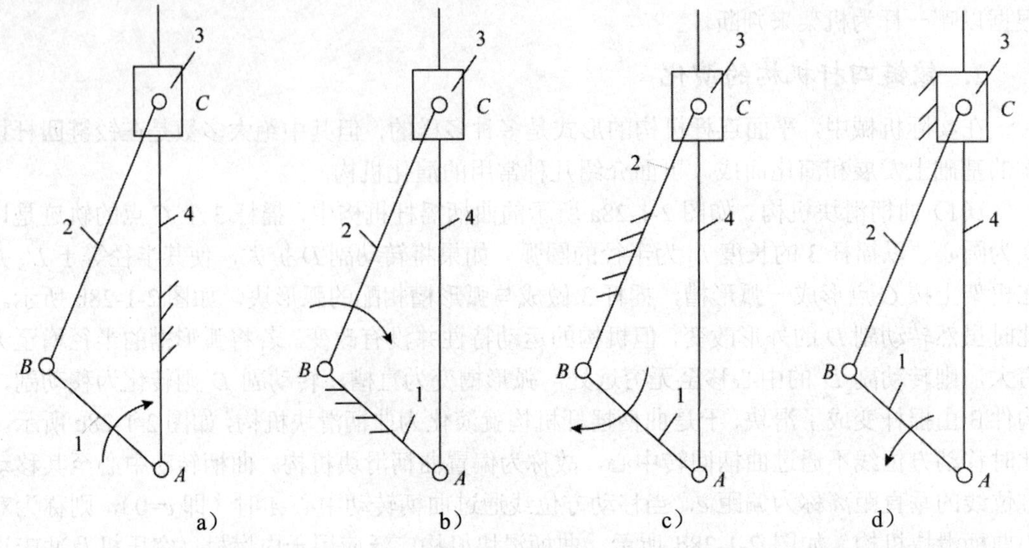

图 2-1-29　导杆机构

a）曲柄滑块机构；b）导杆机构；c）摇块机构；d）定块机构

3. 四杆机构的基本特性

（1）急回运动。如图 2-1-30 所示为一曲柄摇杆机构，其曲柄 AB 在转动一周的过程中，有两次与连杆 BC 共线。在这两个位置，铰链中心 A 与 C 之间的距离 AC_1 和 AC_2 分别为最短和最长，因而摇杆 CD 的位置 C_1D 和 C_2D 分别为两个极限位置。摇杆在两极限位置间的夹角 ψ 称为摇杆的摆角。

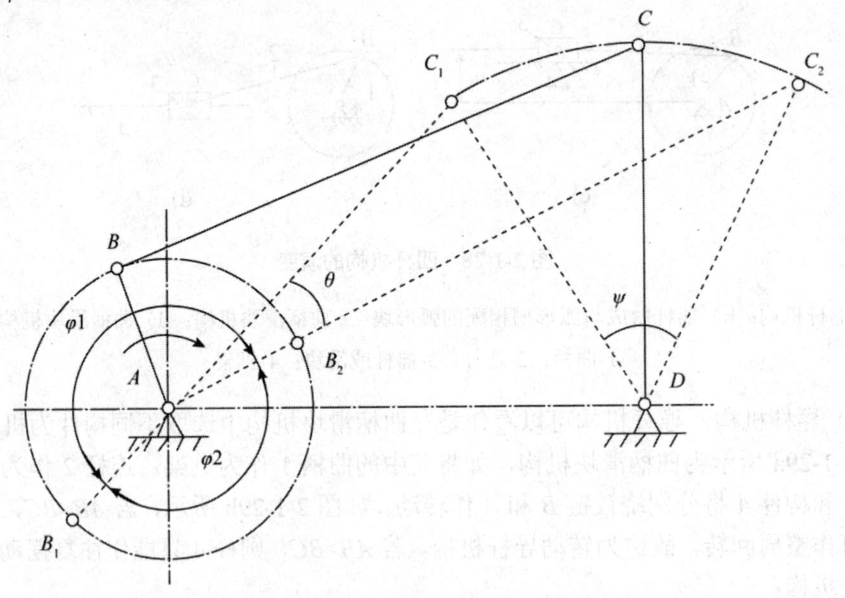

图 2-1-30　曲柄摇杆机构极限位置

当曲柄由位置AB_1顺时针转到位置AB_2时，曲柄转角φ_1= 180°+θ，这时摇杆由极限位置C_1D摆到极限位置C_2D，摇杆摆角为ψ；当曲柄顺时针再转过角度φ_2 = 180°－θ时，摇杆由位置C_2D摆回到位置C_1D，其摆角仍然是ψ。虽然摇杆来回摆动的摆角相同，但对应的曲柄转角却不等($\varphi_1 > \varphi_2$)；当曲柄匀速转动时，对应的时间也不等（$t_1 > t_2$），这反映了摇杆往复摆动的快慢不同。令摇杆自C_1D 摆至C_2D为工作行程，这时铰链C的平均速度是$v_1=C_1C_2/t_1$；摆杆自C_2D摆回至C_1D为空回行程，这时C点的平均速度是$v_2= C_1C_2/t_2$。$v_1 < v_2$表明摇杆具有急回运动的特性。牛头刨床、往复式运输机等机械利用这种急回特性来缩短非生产时间，提高生产率。急回运动特性可用行程速比系数K表示，即：

$$K=\frac{v_1}{v_2}=\frac{C_1C_2/t_1}{C_1C_2/t_2}=\frac{t_1}{t_2}=\frac{\phi_1}{\phi_2}=\frac{180^o+\theta}{180^o-\theta}$$

式中θ为摇杆处于两极限位置时对应的曲柄所夹的锐角θ，称为极位夹角。

将行程速比系数公式整理后，得极位夹角的计算公式：

$$\theta=180^o\frac{K-1}{K+1}$$

由以上分析可知：极位夹角越大，值越大，急回运动的性质也越显著，但机构运动的平稳性也越差。因此在设计时，应根据其工作要求，恰当地选择K值。

（2）压力角 α 和传动角 γ。在生产实际中往往要求连杆机构不仅能实现预期的运动规律，而且能运转轻便、效率高。如图 2-1-31 所示为曲柄摇杆机构，由于连杆 BC 为二力杆件，它作用于从动摇杆 3 上的力 P 是沿 BC 杆方向的。作用在从动件上的驱动力 P 与该力作用点绝对速度之间所夹的锐角 α 称为压力角。由图可见，力 P 在 v_C方向的有效分力为 $P_t=P\cos\alpha$，它可使从动件产生有效的转动力矩，显然压力角越大越好。而 P 在垂直于方向的分力 $P_n=P\sin\alpha$ 则为无效分力，它不仅无助于从动件的转动，反而增加了从动件转动时的摩擦阻力矩。因此，希望压力角越小越好。由此可知，压力角 α 越小，机构的传力性能越好，理想情况是 $\alpha=0$，所以压力角是反映机构传力效果好坏的一个重要参数。一般设计机构时都必须注意控制最大压力角不超过许用值。

在实际应用中，为度量方便起见，常用压力角的余角γ来衡量机构传力性能的好坏，γ称为传动角。显然γ值越大越好，理想情况是γ =90°。

由于机构在运动中，压力角和传动角的大小随机构的不同位置而变化。γ角越大，则α越小，机构的传动性能越好，反之，传动性能越差。为了保证机构的正常传动，通常应使传动角的最小值γ_{min}大于或等于其许用值[γ]。一般机械中，推荐[γ]=40°～50°。对于传动功率大的机构，如冲床、颚式破碎机中的主要执行机构，为使工作时得到更大的功率，可取γ_{min}=[γ]≥50°。对于一些非传动机构，如控制、仪表等机构，也可取[γ]＜40°，但不能过小。

对于曲柄摇杆机构，可以证明最小传动角出现在曲柄与机架两次共线的位置之一，如图2-1-31所示，比较这两个位置时的传动角，其中较小者即为该机构的最小传动角γ_{min}。

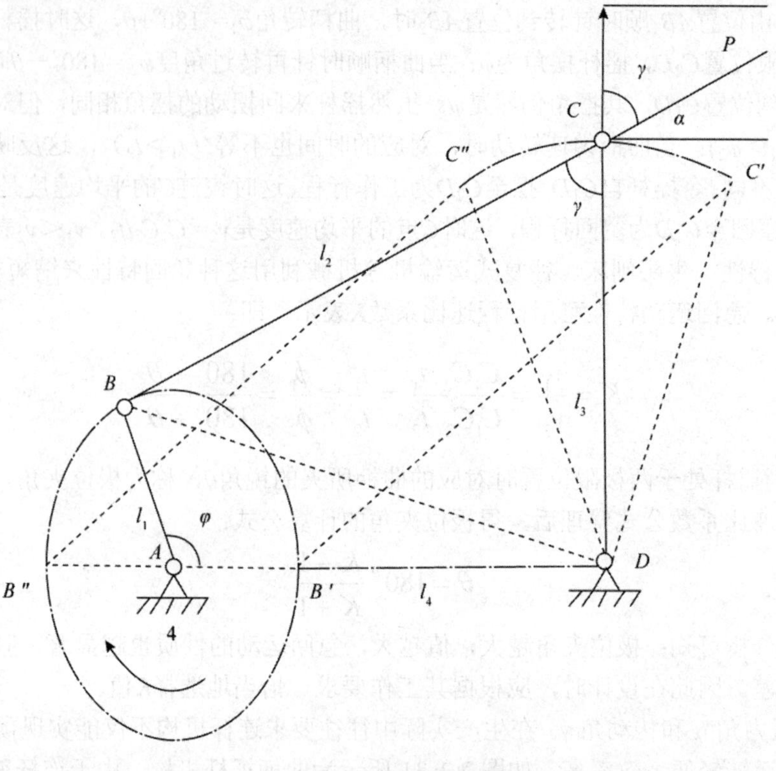

图 2-1-31　曲柄摇杆机构最小传动角位置

（3）死点位置。对于图 2-1-32 所示的曲柄摇杆机构，若以摇杆 3 为原动件，而曲柄 1 为从动件，则当摇杆摆到极限位置 C_1D 和 C_2D 时，连杆 2 与曲柄 1 共线，这时连杆加给曲柄的力将通过铰链中心 A，即机构处于压力角 α=90°（传力角 γ=0）的位置。此时驱动力的有效分力为零，转动力矩为零，因此不能使曲柄转动，机构的这种位置称为死点位置。机构有无死点位置取决于从动件与连杆能否共线。

当机构处于死点位置时，从动件将出现卡死或运动不确定的现象。为使机构能够通过死点位置继续运动，需对从动曲柄施加外力或安装飞轮以增加惯性。如家用缝纫机的脚踏机构，就是利用皮带轮的惯性作用使机构能通过死点位置。 但在工程实践中，有时也常常利用机构的死点位置来实现一定的工作要求，如图2-1-32所示的工件夹紧装置，当工件5需要被夹紧时，就是利用连杆*BC*与摇杆*CD*形成的死点位置，这时工件经杆上杆2传给杆3的力，通过杆3的传动中心*D*，此时无论工件对夹头的作用力多大，也不能使杆3绕D转动，因此工件依然被可靠地夹紧。

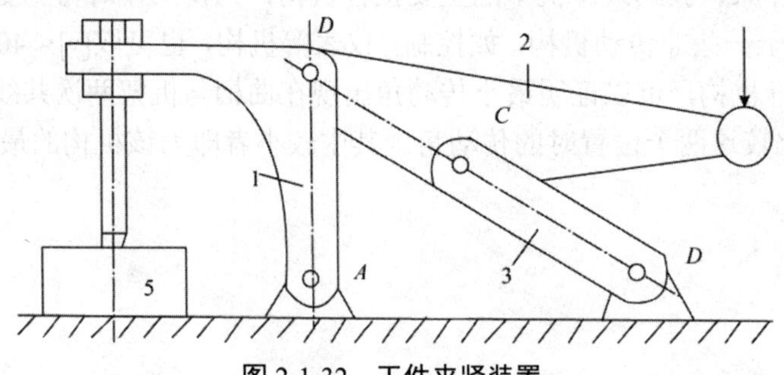

图 2-1-32　工件夹紧装置

三、凸轮机构

凸轮机构通常由原动件凸轮、从动件和机架组成。由于凸轮与从动件组成的是高副，所以属于高副机构。

凸轮机构的功能是将凸轮的连续转动或移动转换成从动件的连续或不连续的移动或摆动。与连杆机构相比，凸轮机构便于准确地实现给定的运动规律和轨迹；但凸轮与从动件构成的是高副，所以易磨损，凸轮轮廓的制造较为困难和复杂。

1. 凸轮机构的应用

内燃机气门机构如图2-1-33所示，当具有曲线轮廓的凸轮1作等速回转时，凸轮曲线轮廓通过与气门2（从动件）的平底接触，迫使气门2相对于气门导管3（机架）作往复直线运动，从而控制了气门有规律的开启和闭合。气门的运动规律取决于凸轮曲线轮廓的形状。

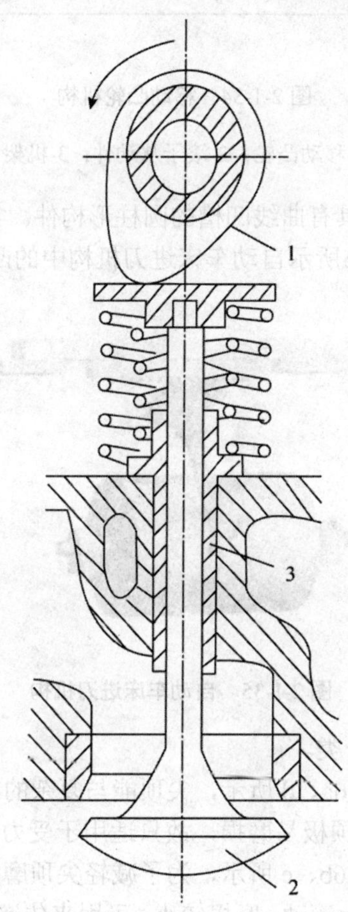

图 2-1-33 内燃机气门机构

1-凸轮；2-气门；3-气门导管

2. 凸轮机构的分类

凸轮机构应用广泛，类型很多，通常按以下方法分类。

（1）按凸轮的形状分类。

①盘形凸轮：凸轮绕固定轴旋转，其向径（曲线上各点到回转中心的距离）在发生变化。

②移动凸轮：这种凸轮外形通常呈平板状，可以看作回转中心位于无穷远处的盘形凸轮。它相对于机架作直线往复移动，如图2-1-34所示。

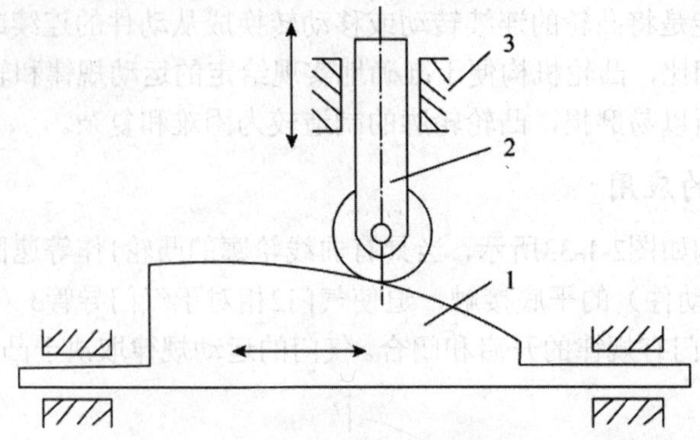

图 2-1-34 移动凸轮机构

1-移动凸轮；2-滚子从动件；3-机架

③圆柱凸轮：凸轮是一个具有曲线凹槽的圆柱形构件。它可以看成是由移动凸轮卷成圆柱体演化而成的，如图2-1-35所示自动车床进刀机构中的凸轮1。

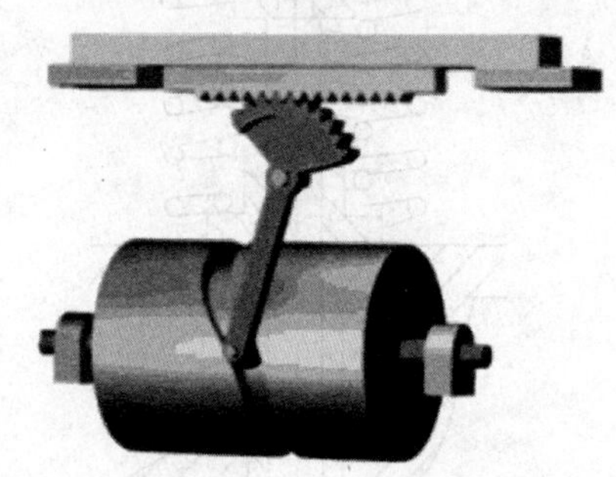

图 2-1-35 自动车床进刀机构

（2）按从动件末端形状分类。

①尖顶从动件：如图 2-1-36a、d 所示，尖顶能与复杂的凸轮轮廓保持接触，因而能实现任意预期的运动规律，但尖顶极易磨损，故只适用于受力不大的低速场合。

②滚子从动件：如图 2-1-36b、e 所示，为了减轻尖顶磨损，在从动件的顶尖处安装一个滚子。滚子与凸轮轮廓之间为滚动，磨损较小，可用来传递较大的动力，应用最为广泛。

③平底从动件：如图 2-1-36c、f 所示，这种从动件与凸轮轮廓表面接触处的端面做成平底，其结构简单，与凸轮轮廓接触面间易形成油膜，润滑状况好，磨损小。当不考虑摩擦时，凸轮对从动件的作用力始终垂直于平底，受力平稳，传动效率高，常用于高速场合。其缺点是不能用于凸轮轮廓有凹曲线的凸轮机构中。

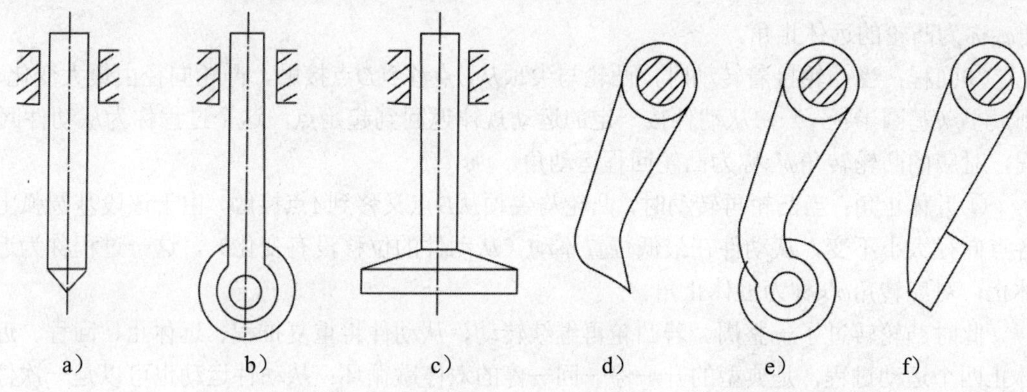

图 2-1-36　从动件种类

按从动件的运动形式分为直动和摆动从动件，根据工作需要选用一种凸轮和一种从动件形式组成直动或摆动凸轮机构。凸轮机构在工作时必须保证从动件相关部位与凸轮轮廓曲线始终接触，可采用重力、弹簧力或特殊的几何形状来实现。

3. 凸轮机构的常用运动规律

（1）机构的基本尺寸参数及工作过程。以图 2-1-37 所示对心尖顶直动从动件盘形凸轮机构为例，说明原动件凸轮与从动件间的工作过程和有关名称。以凸轮轮廓最小向径 r_b 为半径所作的圆称为凸轮基圆。在图示位置时，从动件处于上升的最低位置，其尖顶与凸轮在 A 点接触。

①推程：当凸轮以等角速度ω顺时针方向转动时，凸轮向径逐渐增大，将推动从动件按一定的运动规律运动。在凸轮转过一个φ_o角度时，从动件尖顶运动到B'点，此时尖顶与凸轮B点接触，AB'是从动件的最大位移，用h表示，称为从动件推程（或行程），对应的凸轮转角φ_o称为凸轮推程运动角。

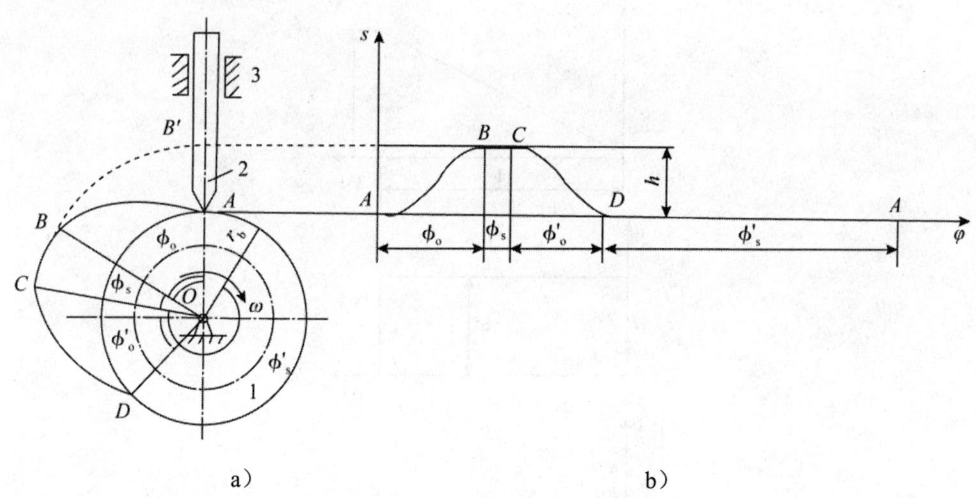

图 2-1-37　凸轮的工作过程

②远休止角：当凸轮继续转动时，凸轮与尖顶从B点移到C点接触，由于凸轮的向径没有变化，从动件在最大位移处B'点停留不动，这个过程称为从动件远休止，对应的凸轮转

角φ_S称为凸轮的远休止角。

③回程：当凸轮接着转动时，凸轮与尖顶从C点移到D点接触，凸轮向径由最大变化到最小（基圆半径r_b），从动件按一定的运动规律返回到起始点，这个过程称为从动件回程，对应的凸轮转角φ'_o称为凸轮回程运动角。

④近休止角：当凸轮再转动时，凸轮与尖顶从D点又移到A点接触，由于该段基圆弧上各点向径大小不变，从动件在最低位置不动（从动件的位移没有变化），这一过程称为近休止，对应转角φ'_S称为近休止角。

此时凸轮转过了一整周。若凸轮再继续转动，从动件将重复推程、远休止、回程、近休止四个运动过程，是典型的升—停—回—停的双停歇循环；从动件运动也可以是一次停歇或没有停歇的循环。

以凸轮转角φ为横坐标、从动件的位移S为纵坐标，可用曲线将从动件在一个运动循环中的工作位移变化规律表示出来，如图2-1-37b所示，该曲线称为从动件的位移线图（S—φ图）。由于凸轮通常作等速运动，其转角与时间成正比，因此该线图的横坐标也代表时间t。根据S—φ图，可以求出从动件的速度线图（$v_0=h/t_0$，$S=v_0t$，$v=at$，v—φ图）和从动件的加速度线图（a—φ图），统称为从动件的运动线图，反映出从动件的运动规律。

（2）件常用运动规律。由于凸轮轮廓曲线决定了从动件的位移线图（运动规律），那么，凸轮轮廓曲线也要根据从动件的位移线图（运动规律）来设计。因此，在用图解法设计凸轮时,首先应当根据机器的工作要求选择从动件的运动规律，作出位移线图。从动件经常利用推程完成作功，这里以推程为例，介绍从动件几种常用的基本运动规律。

①等速运动规律。从动件作等速运动时，其位移、速度和加速度的运动线图，如图2-1-38所示。在此阶段，经过时间t_0（凸轮转角为φ_0），从动件完成升程h，所以从动件速度$v_0=h/t_0$为常数，速度线图为水平直线，从动件的位移$S= v_0t$，其位移线图为一斜直线，故又称为直线运动规律。

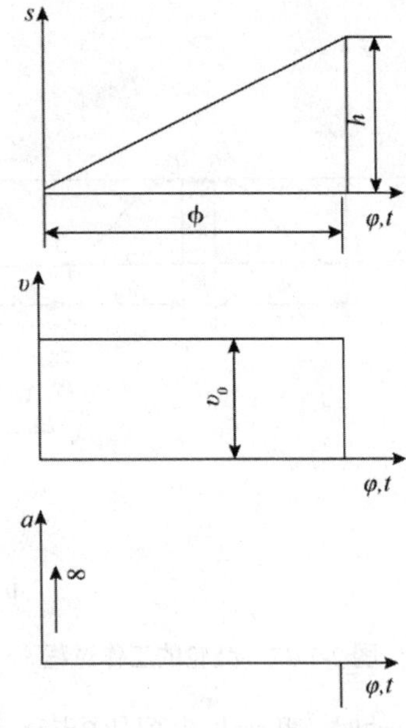

图 2-1-38　轮等速运动规律

当从动件运动时，其加速度始终为零，但在运动开始和运动终止位置的瞬时，因有速度突变，故这一瞬时的加速度理论上为由零突变为无穷大，导致从动件产生理论上无穷大的惯性力，使机构产生强烈的刚性冲击。实际上，由于材料弹性变形的缓冲作用使得惯性力不会达到无穷大，但仍将引起机械的振动，加速凸轮的磨损，甚至损坏构件。因此，等速运动规律只适用于低速和从动件质量较轻的凸轮机构中。

为了避免刚性冲击或强烈振动，在实际应用时可采用圆弧、抛物线或其他曲线对凸轮从动件位移线图的两端点处进行修正，如图2-1-39所示。

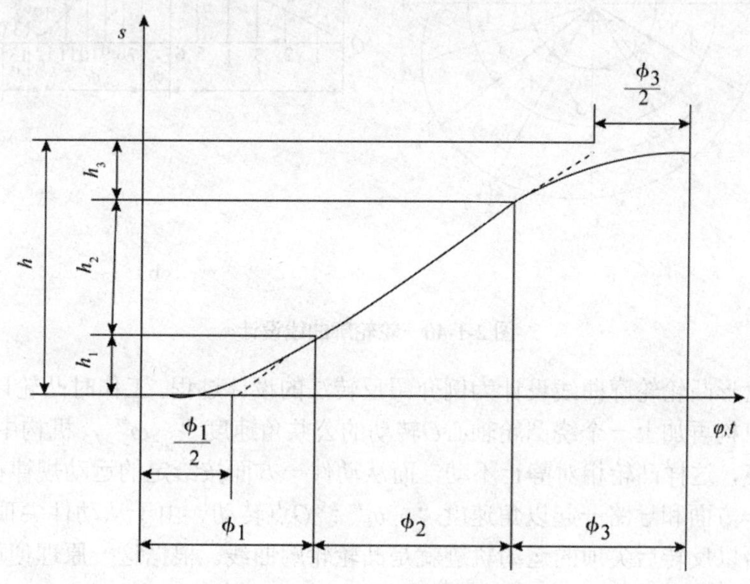

图 2-1-39　轮加速等减速运动规律

②等加速等减速运动规律。这种运动规律从动件的加速度等于常数。通常从动件在推程的前半行程作等加速运动，后半行程作等减速运动，其加速度和减速度的绝对值相等。从动件加速度在推程的始末点和前后半程的交接处也有突变，但其变化为有限值，由此而产生的惯性力变化也为有限值。这种由惯性力的有限变化对机构所造成的冲击、振动和噪声要较刚性冲击小，称之为柔性冲击。因此，等加速等减速运动规律也只适用于中速、轻载的场合。

4. 轮轮廓设计简介

（1）凸轮轮廓曲线设计基本原理。凸轮轮廓曲线设计是建立在根据工作要求选定凸轮机构类型、从动件运动规律及由结构确定的凸轮基因半径后进行的。设计方法有图解法和解析法，这两种方法所依据的基本原理是相同的。如图 2-1-40 所示，当凸轮机构工作时，凸轮和从动件都在运动，这时可采用相对运动的原理，使凸轮相对静止，称此设计方法为反转法。

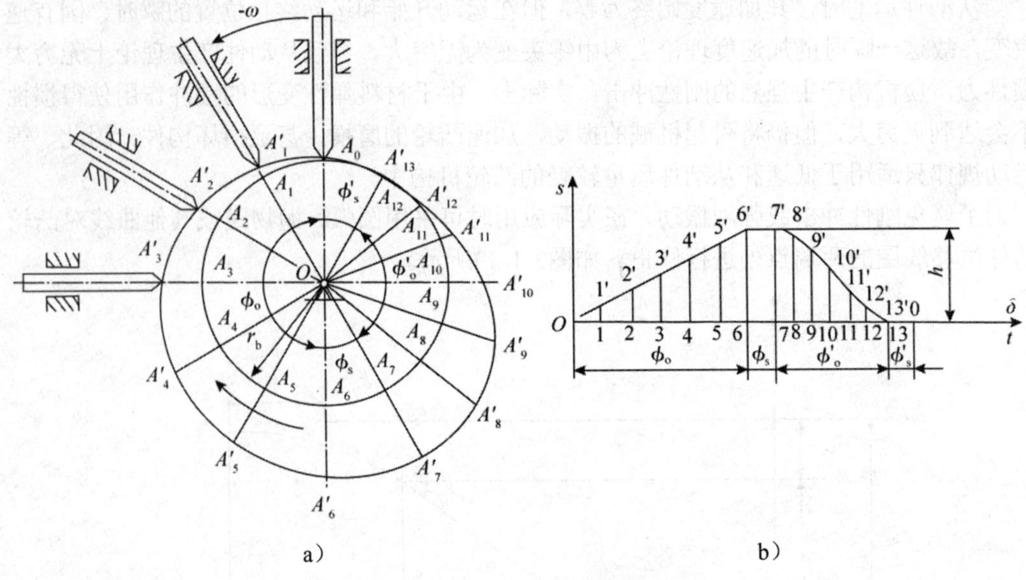

图 2-1-40　轮轮廓曲线设计

下面以盘形凸轮轮廓曲线设计为例介绍反转法的设计过程。工作时凸轮以ω速度转动，设想给整个机构再加上一个绕凸轮轴心O转动的公共角速度“$-\omega$”，机构中各构件间的相对运动不变，这样凸轮相对静止不动，而从动件一方面按给定的运动规律在导路中作往复移动，另一方面和导路一起以角速度“$-\omega$”绕O点转动。由于从动件尖顶始终与凸轮轮廓接触，所以反转后尖顶的运动轨迹就是凸轮轮廓曲线。根据这一原理便可设计出各种凸轮机构的凸轮轮廓。

（2）解法设计对心直动尖顶从动件盘形凸轮机构凸轮轮廓曲线。设已知凸轮的基圆半径 r_b，凸轮工作时以等角速度 ω 顺时针方向转动，从动件的运动规律如图 2-1-40b 所示。根据反转法，凸轮轮廓曲线具体设计步骤如下：

- 选取位移比例尺μ_s和凸轮转角比例尺μ_φ。
- 用与位移曲线图相同的比例尺μ_s，以指定点O为圆心，以r_b为半径作基圆（图中细线）。从动件导路中心线OA与基圆的交点A。即是从动件最低（起始）位置。
- 自OA沿$-\omega$方向，在基圆上取φ_e、φ_s、φ'_e、φ'_s，同时将推程运动角点和回程运动角φ'_e各分成与图2-1-40b横坐标上的等份相同的若干等份（图中各6等份），得A_1，A_2，A_3 …各点，则向OA_1，OA_2 ，OA_3 …长线，就是反转后从动件在导路中相应的各个位置。
- 在位移线图上量取各个位移量，并在从动件各导路位置上分别量取线段A_1A_1'，A_2A_2'，A_3A_3'…，使其分别等于位移线图上的各相应位移量11′，22′，33′…，得，A_1'，A_2'，A_3' …各点，这些点即是从动件反转后尖顶的运动轨迹。
- 连接A_1'，A_2'，A_3'…各点成光滑曲线，即得所求凸轮轮廓曲线，如图2-1-40a 所示。

四、间歇运动机构

1. 棘轮机构

（1）棘轮机构的工作原理和基本类型。如图 2-1-41 所示为棘轮机构。它主要由摇杆 1、驱动棘爪 2、棘轮 3、制动爪 4 和机架 5 等组成。弹簧 6 用来使制动爪 4 和棘轮 3 保持接触。摇杆 1 和棘轮 3 的回转轴线重合。

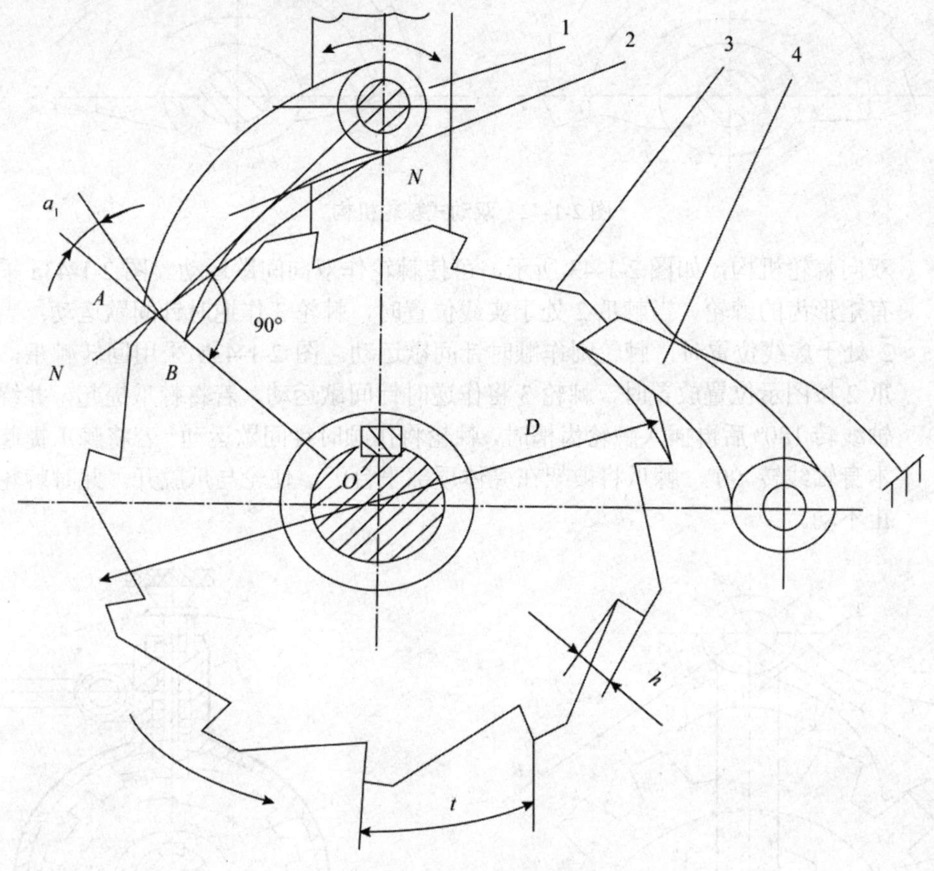

图 2-1-41　单动式棘轮机构

1-摇杆；2-棘爪；3-棘轮；4-制动抓

当摇杆 1 逆时针摆动时，驱动棘爪 2 插入棘轮 3 的齿槽中，推动棘轮转过一定角度，而制动爪 4 则在棘轮的齿背上滑过。当摇杆顺时针摆动时，驱动棘爪 2 在棘轮的齿背上滑过，而制动爪 4 则阻止棘轮作顺时针转动，使棘轮静止不动。因此，当摇杆作连续的往复摆动时，棘轮将作单向的间歇转动。摇杆的摆动可由曲柄摇杆机构、凸轮机构等来实现。

常用的棘轮机构可分为齿啮式和摩擦式两大类。

①齿啮式棘轮机构。这种棘轮机构靠棘爪和棘轮啮合传动，棘轮的转角只能有级调节。根据运动情况，可分为以下几种：

- 单动式棘轮机构，如图 2-1-41 所示，当主动摇杆 1 往复摆动一次时，棘轮只能单向间歇转过一定角度。

➢ 双动式棘轮机构，如图 2-1-42 所示，当主动摇杆作往复摆动时，可使棘轮沿同一方向作棘轮间歇转动。这种棘轮机构每次停歇时间较短，棘轮每次的转角也较小。

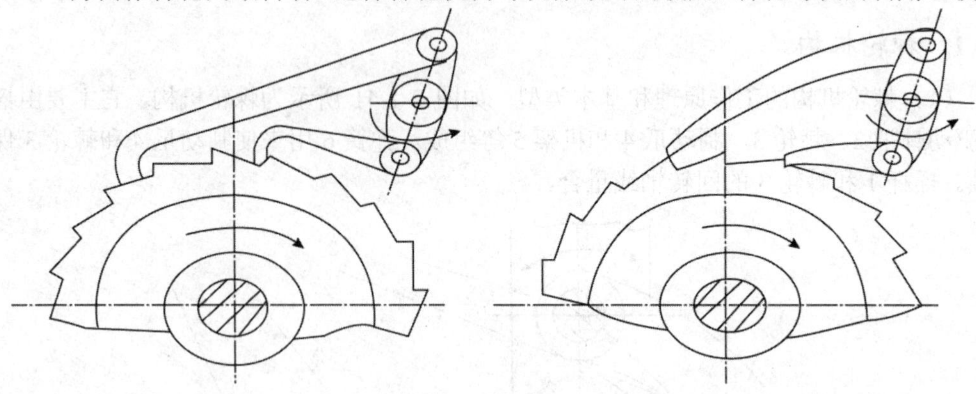

图 2-1-42　双动式棘轮机构

➢ 双向棘轮机构，如图 2-1-43 所示，可使棘轮作双向间歇运动。图 2-1-43a 采用具有矩形齿的棘轮，当棘爪 2 处于实线位置时，棘轮 3 作逆时针间歇运动；当棘爪 2 处于虚线位置时，棘轮则作顺时针间歇运动。图 2-1-43b 采用回转棘爪，当棘爪 2 按图示位置放置时，棘轮 3 将作逆时针间歇运动。若将棘爪提起，并绕本身轴线转 180º 后再插入棘轮齿槽时，棘轮将作顺时针间歇运动。若将棘爪提起并绕本身轴线转 90º，棘爪将被架在壳体顶部平台上，使轮与爪脱开，此时棘轮将静止不动。

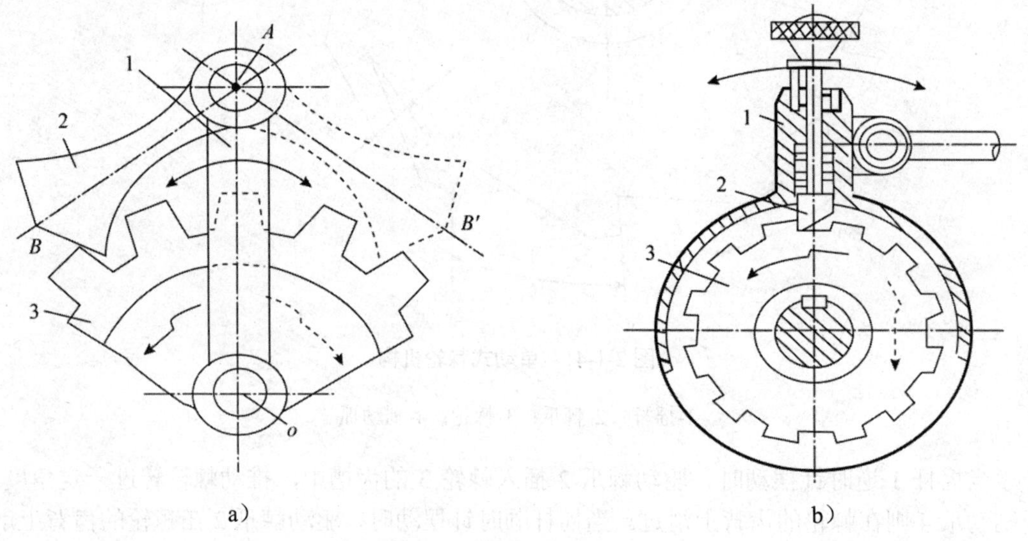

图 2-1-43　双向棘轮机构

a）棘轮作逆时针间歇运动；b）棘轮将作逆时针间歇运动

②摩擦式棘轮机构。图 2-1-44 所示为外接摩擦式棘轮机构，它靠棘爪和棘轮之间的摩擦力传动。棘轮转角可作无级调节。传动中无噪声，但接触面之间容易发生滑动。为了增加摩擦力，可将棘轮作成槽形，将棘爪嵌在轮槽内。

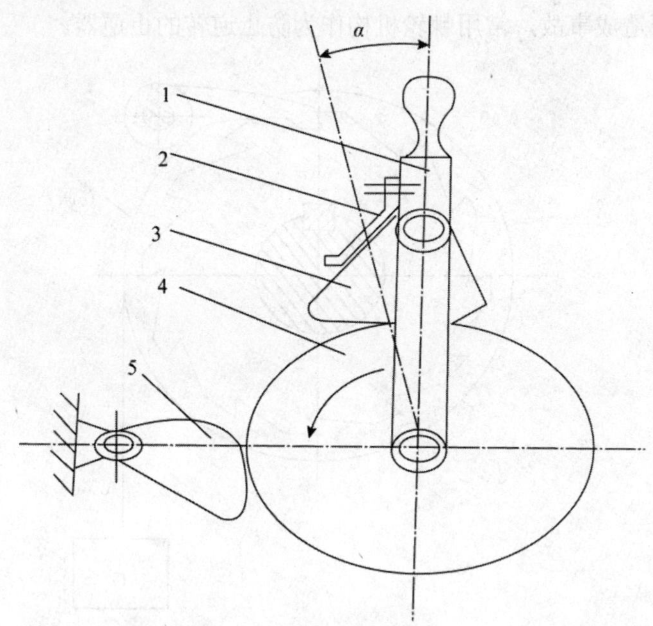

图 2-1-44　摩擦式棘轮机构

（2）棘轮机构的特点及应用。棘轮机构具有结构简单、制造方便、运动可靠、其转角可以在很大范围内调节等优点，但工作时有较大的冲击和噪声、运动精度不高、传递动力较小，所以常用于低速轻载，要求在转角不太大或需要经常改变转角的场合下以实现步进运动，分度、超越运动和制动等。

棘轮机构具有单向间歇的运动特性，利用它可满足送进、制动、超越和转位分度等工艺要求。

如图 2-1-45a 所示为牛头刨床的示意图。为实现工作台双向间歇进给，由齿轮机构、曲柄摇杆机构和可变向棘轮机构(见图 2-1-43b)组成了工作台横向进给机构(见图 2-1-45b)。

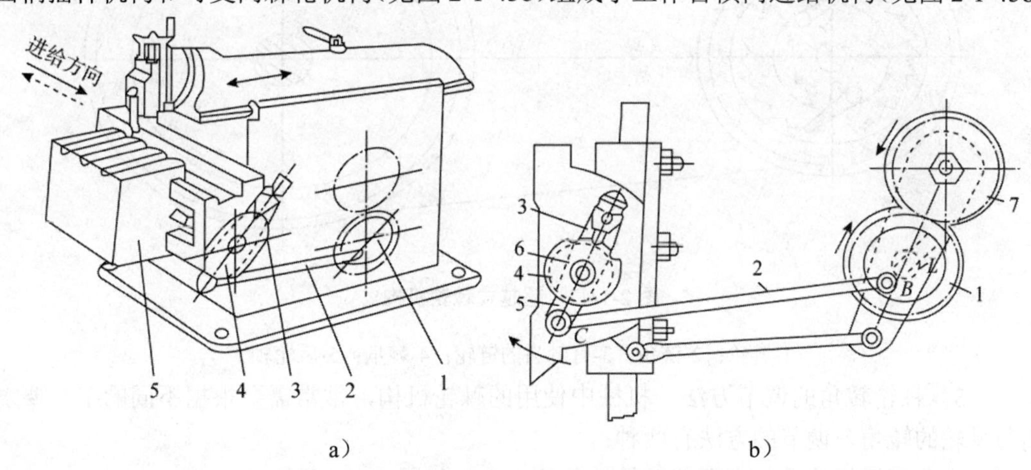

图 2-1-45　牛头刨床

a）牛头刨床的示意图；b）工作台横向进给机构

卷扬机制动装置如图 2-1-46 所示，为使提升的重物能停止在任何位置，防止因停电等原因使重物下降造成事故，常用棘轮机构作为防止逆转的止逆器。

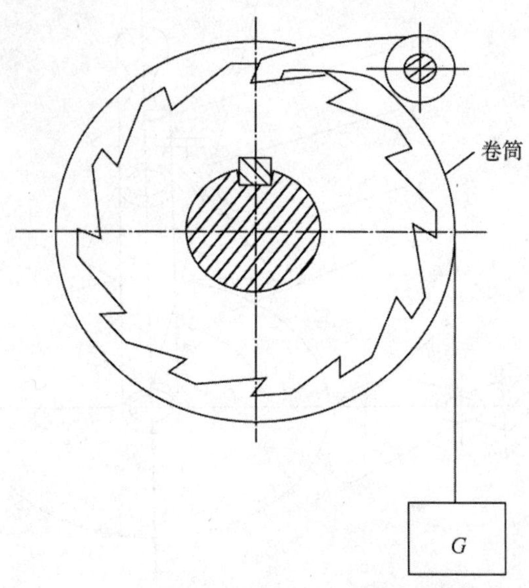

图 2-1-46　防止逆转的棘轮机构

自行车后轮轴上的棘轮机构如图 2-1-47 所示。当脚蹬踏板时，经链轮 1 和链条 2 带动内圈具有棘齿的链轮 3 顺时针转动，再通过棘爪 4 的作用，使后轮轴 5 顺时针转动，从而驱使自行车前进。当自行车下坡时，如果不踏动踏板，后轮轴 5 便会超越有棘齿的链轮 3 而转动（称超越运动），让棘爪 4 在棘轮齿背上滑过，从而实现不蹬踏板的自由滑行。

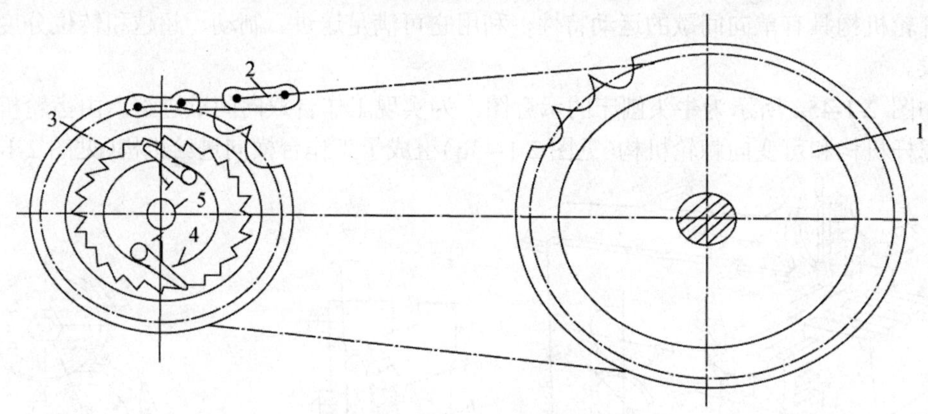

图 2-1-47　超越式棘轮机构

1-链轮；2-链条；3-有棘齿的链轮；4-棘爪；5-后轮轴

（3）棘轮转角的调节方法。机械中使用的棘轮机构，常常需要根据不同的工艺要求调节棘轮的转角，调节的方法有两种：

- 改变摇杆的摆角来调节棘轮转角的大小，如图 2-1-48 所示。

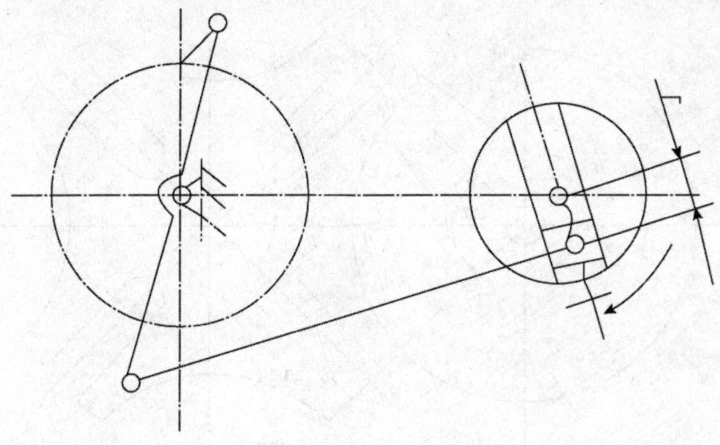

图 2-1-48　改变曲柄长度调节棘轮转角

➢　用遮板来调节棘轮的转角。在棘轮的外面罩一遮板，如图 2-1-49 所示，使棘爪在一部分行程中从遮板上滑过，不与棘轮的齿接触，通过改变遮板的位置，从而使棘轮转角的大小发生改变。

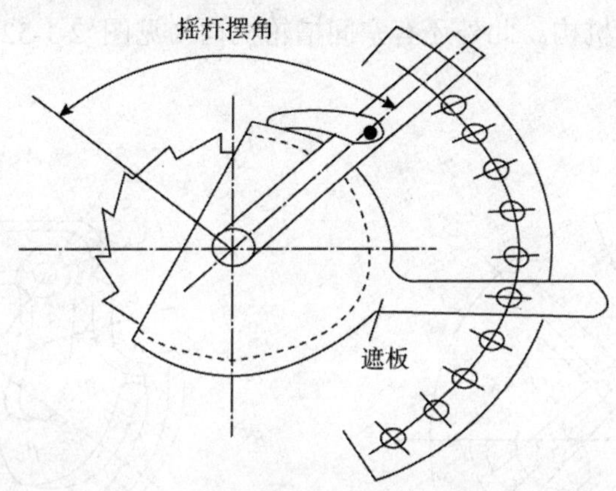

图 2-1-49　用遮板调节棘轮转角

2. 槽轮机构

（1）槽轮机构的工作原理。槽轮机构（又称马氏机构），如图 2-1-50 所示。它由带有圆销 A 的拨盘、具有径向槽的槽轮和机架组成。当拨盘作等速连续转动，其圆销 A 没有进入槽轮的径向槽时，槽轮的内凹锁止弧 *ef* 被拨盘的外凸圆弧 *mn* 卡住，使槽轮静止不动；当圆销 A 进入槽轮的径向槽时，锁止弧 *ef* 被松开，槽轮被圆销 A 带动转动；当圆销 A 离开径向槽时，槽轮的内凹锁止弧又被拨盘的外凸圆弧卡住，使槽轮又静止不动。这样，将主动件的连续转动转换为从动槽轮的间歇运动。

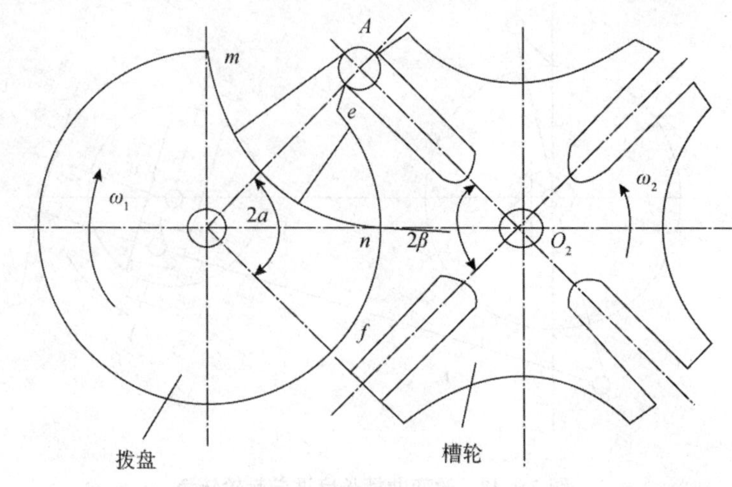

图 2-1-50　外啮合槽轮机构

（2）槽轮机构的类型、特点及应用。槽轮机构有外啮合槽轮机构（见图 2-1-50）和内啮合槽轮机构（见图 2-1-51），前者拨盘与槽轮的转向相反，后者拨盘与槽轮的转向相同，它们均为平面槽轮机构。此外还有空间槽轮机构（见图 2-1-52）。对于空间槽轮机构本书不作讨论。

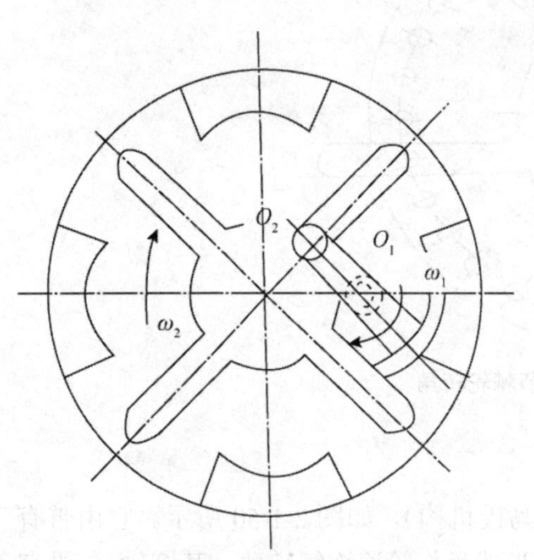

图 2-1-51　内啮合槽轮机构

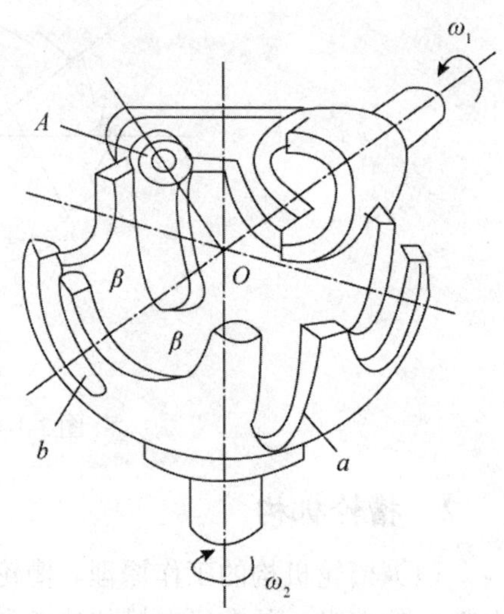

图 2-1-52　空间槽轮机构

槽轮机构中拨盘（杆）上的圆柱销数、槽轮上的径向槽数以及径向槽的几何尺寸等均可视运动要求的不同而定。圆柱销的分布和径向槽的分布可以不均匀，同一拨盘（杆）上若干个圆柱销离回转中心的距离也可以不同，同一槽轮上各径向槽的尺寸也可以不同。

槽轮机构的特点是结构简单、工作可靠、机械效率高，能较平稳、间歇地转位。但因圆柱销突然进入与脱离径向槽，传动存在柔性冲击，不适用于高速场合。此外，槽轮的转角不可调节，故只能用于定转角的间歇运动机构中。六角车床上用来间歇地转动刀架的槽轮机构（见图 2-1-53）、电影放映机中用来间歇地移动胶片的槽轮机构（见图 2-1-54）及化

工厂管道中用来开闭阀门等的槽轮机构都是其具体应用的实例。

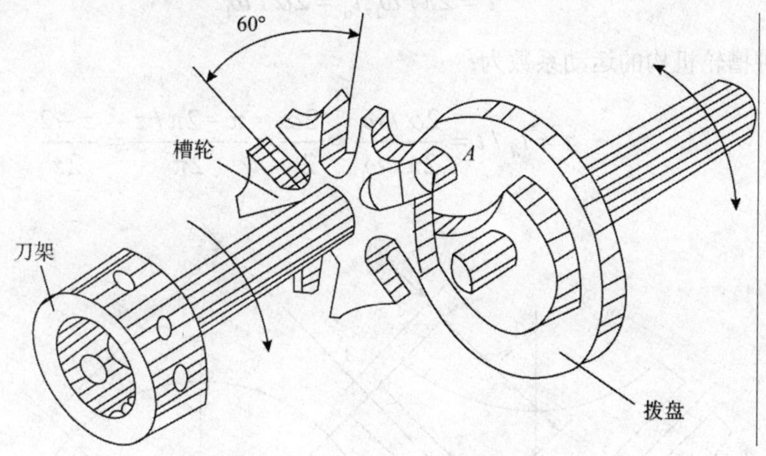

图 2-1-53　六角车床上的槽轮机构

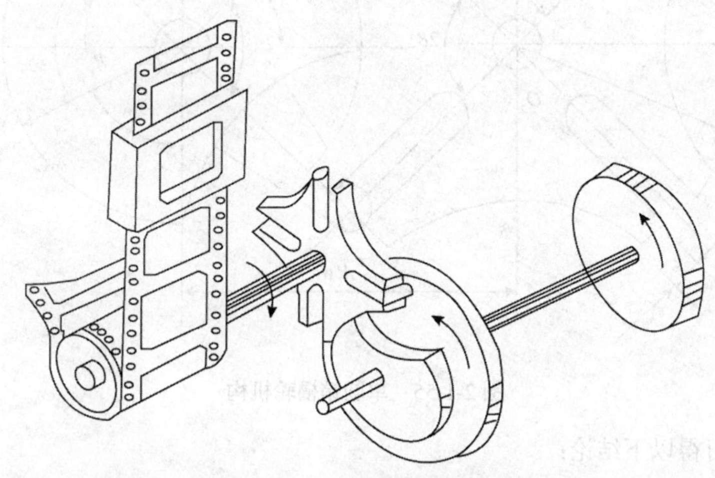

图 2-1-54　移动胶片的槽轮机构

（3）槽轮槽数和拨盘圆销数的选择。槽轮机构的主要参数是槽轮槽数 Z 和拨盘圆销数 K。如图 2-1-55 所示的单圆销槽轮机构中，为了避免槽轮在开始转动和停止转动时产生刚性冲击，应使圆销进出轮槽时的瞬时速度方向，沿着径向槽的中心线，即 $O_1A \perp O_2A$ 和 $O_1A' \perp O_2A'$。由四边形内角之和等于 2π 的性质，从进槽到出槽，拨盘转过的角度 2α 和槽轮转过的角度 2β 的关系为：

$$2\alpha + 2\beta = \pi$$

设均布的径向槽数为 Z，则槽轮转过的角度 $2\beta = 2\pi / Z$。由以上关系可得拨盘转角为：

$$2\alpha = \pi - 2\beta = \pi - (2\pi / Z)$$

在一个运动循环时间内，槽轮 2 的运动时间 t_d 与拨盘 1 的运动时间 t 之比称为槽轮机构的运动系数，用 τ 表示。它表示槽轮转动时间占一个运动循环时间的比率。由于拨盘是等速转动的，其角速度为 ω_1，故：

$$t = 2\pi / \omega_1, t_d = 2\alpha / \omega_1$$

因此这种槽轮机构的运动系数为：

$$\tau = t_d / t = \frac{2\alpha / \omega_1}{2\pi / \omega_1} = \frac{2\alpha}{2\pi} = \frac{\pi - 2\pi / z}{2\pi} = \frac{z-2}{2z}$$

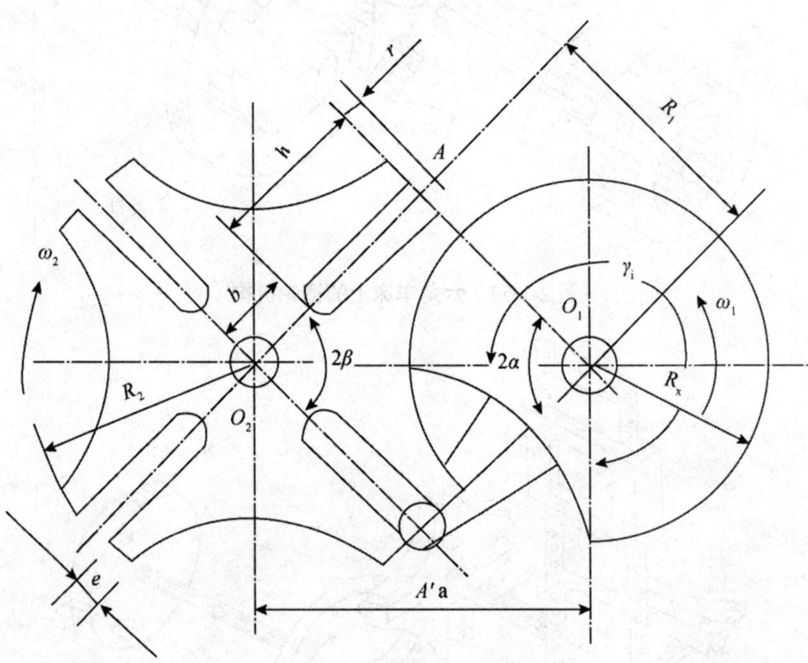

图 2-1-55　单圆销槽轮机构

根据上式可得以下结论：

$$\tau = \frac{t_d}{t} = \frac{t_d}{t_d + t_j} = \frac{z-2}{2z}$$

式中 t_d 为槽轮在一个运动循环中的转动时间；t_j 表示槽轮在一个运动循环中的停歇时间。

因为 t_d 和 t_j 不可能为零，故运动系数 τ 必须大于零而小于 1(τ =0 表示槽轮始终不动)，故径向槽数 Z 应大于或等于 3，一般取 Z =3～8。

上式还可以表示为 $\tau = 1/2 - 1/Z$ ，故 τ 总是小于 0.5，即槽轮转动的时间总是小于静止的时间。

如要求槽轮机构的 τ >0.5，则可在拨盘上安装多个圆柱销。设拨盘 1 上均匀分布 K 个圆柱销，则在一个运动循环内，槽轮的运动时间为只有一个圆柱销时的 K 倍，因此：

$$\tau = \frac{Kt_d}{t} = \frac{K(\pi - 2\pi / z)}{2\pi} = \frac{K(z-2)}{2z}$$

由于运动系数 τ 必须小于 1，故由上式得：

$$K < \frac{2z}{z-2}$$

由上式可知：当 $Z=3$ 时，K 可取 1～5；当 $Z=4$ 或 5 时，K 可取 1～3；当 $Z\geqslant6$ 时，则 K 可取 1 或 2。

3. 其他间歇运动机构简介

（1）不完全齿轮机构。不完全齿轮机构是由普通渐开线齿轮机构演化而成的一种间歇运动机构，其基本结构型式分为外啮合与内啮合两种，如图 2-1-56 和图 2-1-57 所示。不完全齿轮机构的主动轮 1 只制出一个或几个齿，从动轮 2 具有若干个与主动轮 1 相啮合的轮齿及锁止弧，可实现主动轮的连续转动和从动轮的有停歇转动。在图 2-1-56 所示的机构中，主动轮 1 每转 1 周，从动轮 2 转 1/4 周，从动轮转 1 周停歇 4 次。停歇时从动轮上的锁止弧与主动轮上的锁止弧密合，保证了从动轮停歇在确定的位置上而不发生游动现象。

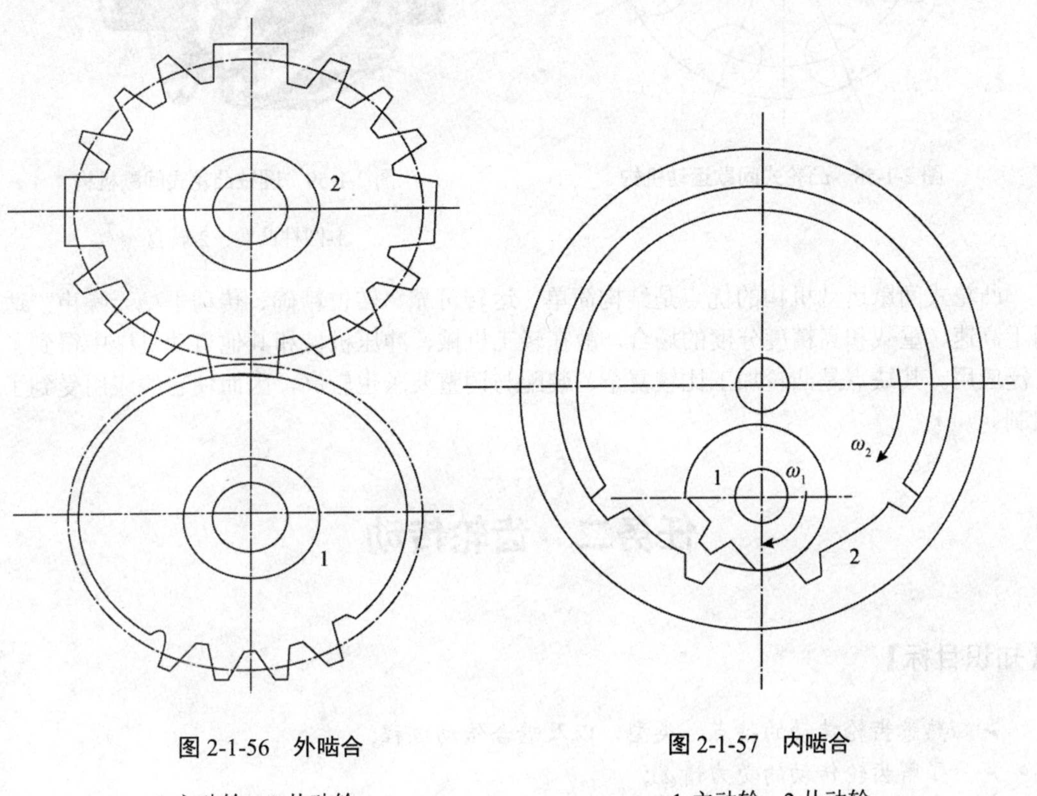

图 2-1-56　外啮合

1-主动轮；2 从动轮

图 2-1-57　内啮合

1-主动轮；2 从动轮

不完全齿轮机构的优点是结构简单、制造方便，从动轮的运动时间和静止时间的比例不受机构结构的限制。但因为从动轮在转动开始及终止时速度有突变，冲击较大，一般仅用于低速、轻载场合，如计数机构及在自动机、半自动机中用作工作台间歇转动的转位机构等。

（2） 凸轮式间歇运动机构。凸轮式间歇运动机构是利用凸轮的轮廓曲线，通过对转盘上滚子的推动，将凸轮的连续转动变换为从动转盘的间歇转动的一种间歇运动机构。它主要用于传递轴线互相垂直交错的两部件间的间歇转动。常用的凸轮式间歇运动机构如图

2-1-58 所示。

圆柱凸轮式间歇运动机构如图 2-1-59 所示，主动件是带螺旋槽的圆柱凸轮 1，从动件是端面上装有若干个均匀分布滚子的转盘 2，其轴线与圆柱凸轮的轴线垂直交错。当凸轮转动时，通过其轴线沟槽（或凸脊）拨动从动转盘上的滚子，使从动转盘实现单向的间歇运动。

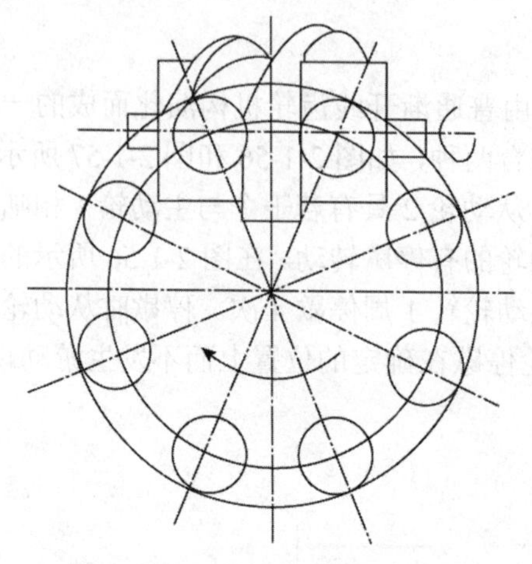

图 2-1-58　凸轮式间歇运动机构

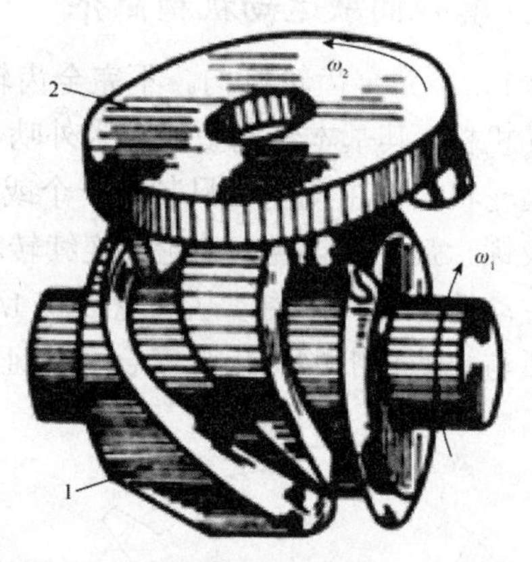

图 2-1-59　圆柱凸轮式间歇机构

1-圆柱凸轮；2-转盘

凸轮式间歇运动机构的优点是结构简单、运转可靠、转位精确、传动平稳无噪声，适用于高速、重载和高精度分度的场合，故在轻工机械、冲压机械和其他自动机械中得到了广泛应用。其缺点是凸轮加工比较复杂，装配与调整要求也较高，因而使它的应用受到了限制。

任务二　齿轮传动

【知识目标】

- 熟悉齿轮传动的特点、类型，以及啮合传动过程；
- 了解齿轮传动的受力情况；
- 熟悉齿轮常见失效的产生原因及防止措施；
- 掌握蜗杆传动的基本参数及正确啮合条件。

【知识点】

- 齿轮传动的分类及特点，渐开线的形成和基本性质；
- 渐开线标准直齿圆柱齿轮的基本参数、几何尺寸的计算和啮合传动过程；
- 斜齿圆柱齿轮的形成原理及基本参数；

- 平行斜齿轮的正确啮合条件，斜齿轮传动中的齿轮受力分析方法；
- 直齿圆锥齿轮传动的主要参数和正确啮合条件；
- 蜗杆传动的基本参数及正确啮合条件、受力分析方法和润滑方式。

【相关链接】

齿轮传动是现代机械设备中应用最广泛的一种机械传动，它可以传递空间任意两轴间的运动和动力，上图是铁路机车柴油机自由端齿轮传动装置。

【知识拓展】

一、齿轮机构的分类及其特点

齿轮机构由主动齿轮、从动齿轮和机架组成。由于两齿轮以高副相联，所以齿轮机构属于高副机构。齿轮机构的功能是将主动轴的运动和动力通过齿轮副传递给从动轴，使从动轴获得所要求的转速、转向和转矩。

1. 齿轮机构的特点

齿轮传动是应用最广泛的传动机构之一。其主要优点是：传动效率高（η=0.94～0.99）；圆周速度和功率适用范围广，圆周速度可达 300m/s，传递的功率可达到 105kW；结构紧凑、工作可靠且寿命长；且能保证两齿轮瞬时传动比为常数。其主要缺点是：需要制造齿轮的专用设备和刀具，成本较高；对制造及安装精度要求较高，精度低时，传动的噪声和振动较大；不宜用于两轴相距较远的传动；对冲击和振动敏感。

2. 齿轮传动的类型

齿轮传动的类型很多，如图2-2-1所示，按照两齿轮的轴线位置、齿向和啮合情况的不同，齿轮传动可以分类如下。

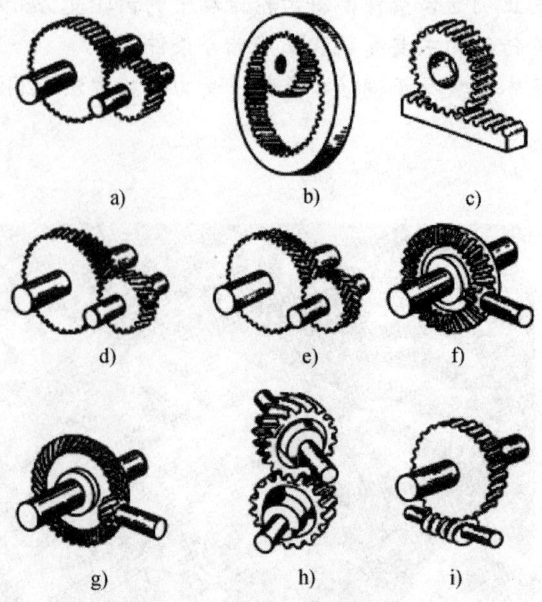

图 2-2-1 齿轮传动的类型

（1）两轴平行（圆柱齿轮传动）。

①直齿传动：外啮合（见图 2-2-1a）、内啮合（见图 2-2-1b）、齿轮齿条（见图 2-2-1c）；

②斜齿圆柱齿轮传动（见图 2-2-1d）；

③人字齿轮传动（见图 2-2-1e）。

（2）两轴不平行。

①两轴相交的齿轮传动（圆锥齿轮传动）：直齿锥齿轮传动（见图 2-2-1f）、曲齿锥齿轮传动（见图 2-2-1g）；

②两轴交错的齿轮传动：斜齿交错齿轮传动（见图 2-2-1h）、蜗杆涡轮传动（见图 2-2-1i）。

按照工作条件不同，齿轮传动可以分为开式传动和闭式传动。开式传动的齿轮是外露的，工作条件差，不能保证良好的润滑和防止灰尘等侵入，齿轮容易磨损失效，适用于低速传动和不重要的场合。闭式传动的齿轮被密封在箱体内，因而能保证良好的润滑和洁净的工作条件，适用于重要的传动。

二、渐开线标准直齿圆柱齿轮

1. 齿廓啮合的基本定律

一对齿轮的传动比是主动轮的角速度 ω_1 与从动轮角速度 ω_2 之比，通常用 i_{12} 表示，即：

$$i_{12}=\frac{\omega_1}{\omega_2}$$

一对齿轮的传动比是否恒定，取决于相互啮合的两个轮齿齿廓曲线的形状。

图 2-2-2 表示齿轮 1 的齿廓 C_1 和齿轮 2 的齿廓 C_2 相互啮合，两齿廓在 K 点相切，tt 是两齿廓的公切线，K 点称为啮合点。过啮合点 K 作两齿廓的公法线 NN（与 tt 相垂直），

与两齿轮的连心线 O_1O_2 相交与 P 点。设两轮的瞬时转动角速度各为 ω_1 和 ω_2，向量半径为 r_{k1} 和 r_{k2}，则齿廓 C_1 在 K 点的线速度为：$v_1=\omega_1 r_{k1}$ 其方向垂直于向量半径 O_1K。

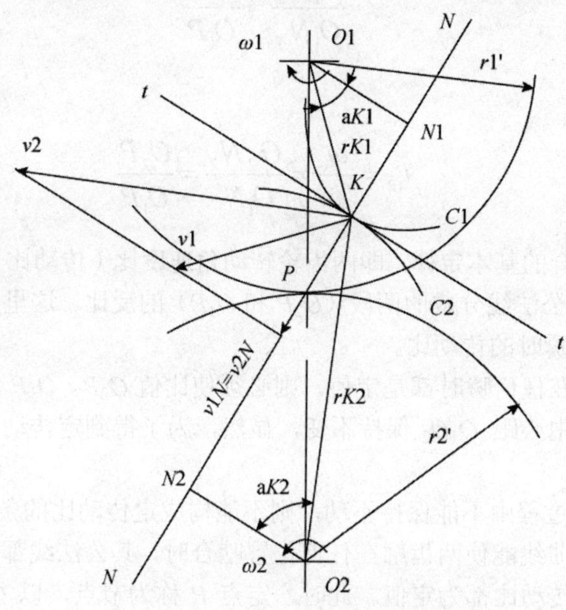

图 2-2-2　定传动比传动的条件

齿廓 C_2 在 K 点的线速度为：$v_1=\omega_2 r_{k2}$ 其方向垂直于向量半径 O_2K。

两齿廓在接触传动时，沿公法线 NN 方向的分速度应该相等，即：

$$v_{1N} = v_{2N}。$$

若 $v_{1N} > v_{2N}$，则齿廓 C_1 将嵌入齿廓 C_2 中；若 $v_{1N} < v_{2N}$，则齿廓 C_1 与齿廓 C_2 相离，这两种情况都是不允许的，所以：

$$v_1\cos\alpha_{k1}= v_2\cos\alpha_{k2}$$

即：

$$\omega_1 v_1\cos\alpha_{k1}=\omega_2 v_2\cos\alpha_{k2}$$

从 O_1 和 O_2 各作公法线 NN 的垂线，分别与 NN 交于 N_1 和 N_2，在$\triangle O_1N_1K$ 和$\triangle O_2N_2K$ 中：

$$O_1N_1 = r_{K1}\cos\alpha_{K1}$$
$$O_2N_2 = r_{K2}\cos\alpha_{K2}$$

因此得 ：

$$\omega_1 O_1N_1 = \omega_2 O_2N_2$$

即：

$$i_{12} = \frac{\omega_1}{\omega_2} = \frac{O_2N_2}{O_1N_1}$$

又由于 $\triangle O_1PN_1 \backsim \triangle O_2PN_2$，则：

$$\frac{O_2N_2}{O_1N_1}=\frac{O_2P}{O_1P}$$

所以：

$$i_{12}=\frac{\omega_1}{\omega_2}=\frac{O_2N_2}{O_1N_1}=\frac{O_2P}{O_1P}$$

由此可得齿廓啮合的基本定律，即两齿轮转动角速度比（传动比 i_{12}）等于其中心连线 O_1O_2 被齿廓啮合点的公法线分成的两段（O_2P 和 O_1P）的反比。这里表达的速比仅指两齿廓在 K 点啮合的那一瞬时的传动比。

如果希望传动比在任何瞬时都是定值，则必须使比值 O_2P / O_1P 保持不变。由于 P 点是中心线上的一点，中心距 O_1O_2 保持不变，显然，为了得到定传动比，在啮合过程中必须保证 P 点固定不动。

如果 P 点在啮合过程中不能保持不动，则不能构成定传动比的条件。

如果采用的齿廓曲线能使两齿廓在任何位置啮合时，其公法线都通过中心连线上的定点 P，则其任何瞬时传动比都为定值。此时，定点 P 称为节点，以 O_1、O_2 为圆心，过节点 P 所作的圆称为节圆，节圆半径 O_1P 和 O_2P 分别以 r_1'和 r_2'表示：

$$\omega_1O_1P=\omega_2O_2P$$

$$\omega_1r_1'=\omega_2r_2'$$

即：

$$v_{P1}=v_{P2}$$

由此可知，两节圆在节点 P 处的圆周速度相等、方向相同。两轮在啮合过程中沿节圆柱作纯滚动。

若使两齿廓的瞬时传动比保持恒定不变，则齿廓形状不能任意选取。如果给出了一个齿廓的曲线，就应该按照公法线通过定点 P 的原则，求出与其啮合的另一齿廓的曲线。这样的齿廓称为共轭齿廓，这个齿廓曲线称为共轭曲线。

能够实现定传动比的齿廓曲线无限多，因为可以根据给出的一个齿廓的曲线去求得其共轭曲线。但是，在选取齿轮的齿廓曲线时，必须考虑一些其他因素，如这种曲线是否易于精确加工、承载能力是否强、耐磨性能是否好、加工和装配误差对传动质量的影响是否大等。

用渐开线作为齿廓曲线的齿轮制造容易、安装方便、互换性好，所以应用最广。另外，在计时仪表及油泵中多采用摆线齿廓的齿轮，因为摆线齿轮的耐磨性好，且齿数可以很少。在重载传动中，也有采用圆弧和变态外摆线等作为齿廓曲线。

2. 渐开线及其基本性质

（1）渐开线的形成。渐开线齿轮牙齿的两侧齿廓是由两段对称的渐开线组成。

当一直线 L 沿一半径为 r_b 圆的圆周作纯滚动，该直线从位置Ⅰ顺时针滚动到位置Ⅱ时，直线上的任意点 K 的轨迹 AK 就是该圆的渐开线。该圆称为渐开线的基圆，直线 L 称为该

渐开线的发生线。

（2）渐开线的基本性质。分析渐开线的形成过程，如图 2-2-3 所示，可知渐开线有以下几个重要性质。

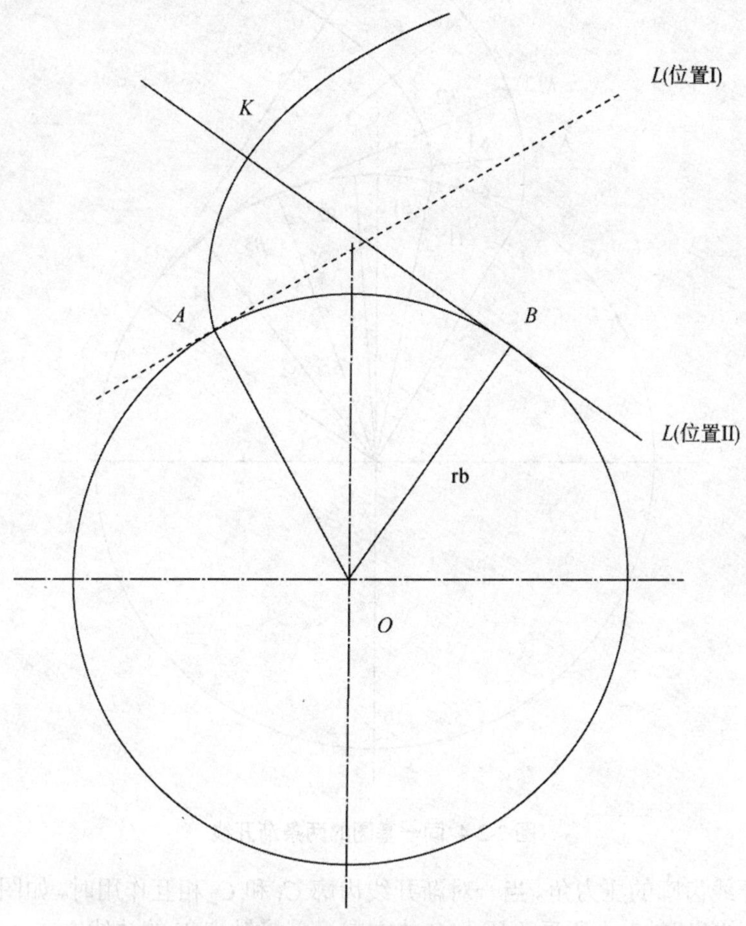

图 2-2-3　渐开线的形成

- 直线长 BK = 弧长 AB；
- BK 是基圆的切线，也是 K 点的法线；
- 同一基圆所产生的两条渐开线，彼此之间法线距离相等（见图 2-2-4）；
- 渐开线上各点的曲率半径不等。渐开线上越近基圆的部分，曲率半径越小，曲率越大，即渐开线越弯曲；离基圆越远的部分，曲率半径越大，曲率越小，即渐开线越平坦；
- 渐开线的形状取决于基圆的大小。只有基圆大小相同时才能有完全相同的渐开线；
- 发生线沿基圆作纯滚动时，在转过同样的 φ 角时，其上一点描绘的渐开线弧长随着渐开线向外延伸而逐渐增大。即弧长 K_3K_4＞弧长 K_2K_3＞弧长 K_1K_2……（见图 2-4）；
- 基圆内无渐开线。

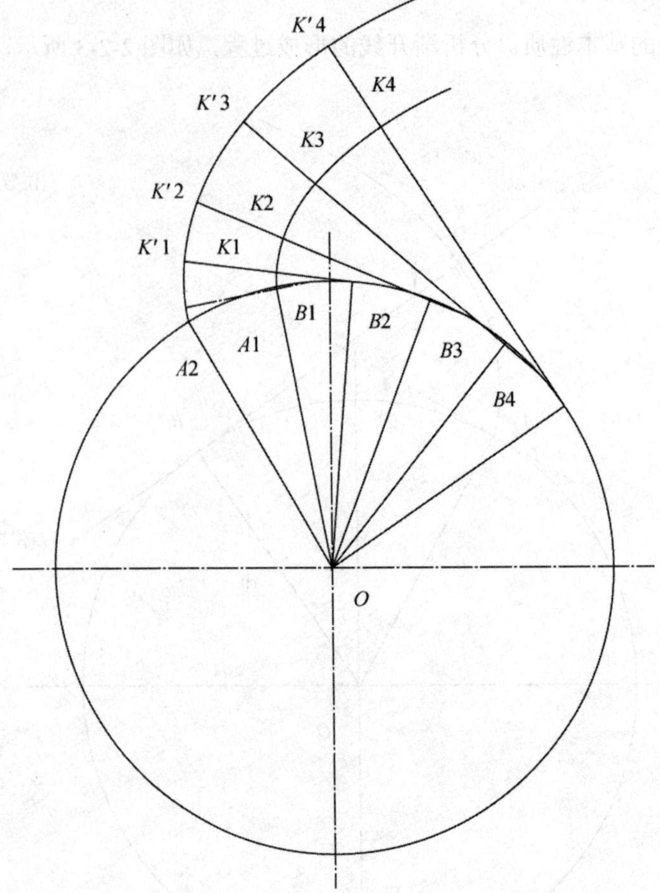

图 2-2-4 同一基圆的两条渐开线

(3)渐开线齿廓的压力角。当一对渐开线齿廓 C_1 和 C_2 相互作用时，如图 2-2-5 所示，在从动轮渐开线齿廓 C_2 上所受正压力 P 的方向沿着接触点 K 的法线方向（不考虑摩擦），即图示 KB 方向。受力后，从动轮绕 O 轴转动，渐开线齿廓 C_2 上的 K 点速度 v 的方向与 OK 垂直。这个压力方向与速度方向之间的夹角 α_x 就是渐开线齿廓上任意点 K 的压力角。

从图 2-2-5 中看出，OK 与 OB 之间的夹角就等于 α_x，在△OBK 中：

$$\cos\alpha_x = \frac{r_b}{r_x}$$

由于基圆半径 r_b 不变，所以渐开线齿廓上的各点压力角随 r_x 的变化而变化，即渐开线齿廓上各点的压力角不等。当 K 点远离中心 O，即 r_x 增大，α_x 随之增大；当 K 点越接近基圆，即 r_x 越小，α_x 越小；当 K 点在基圆上时，r_x 等于 r_b，α_x 等于零。

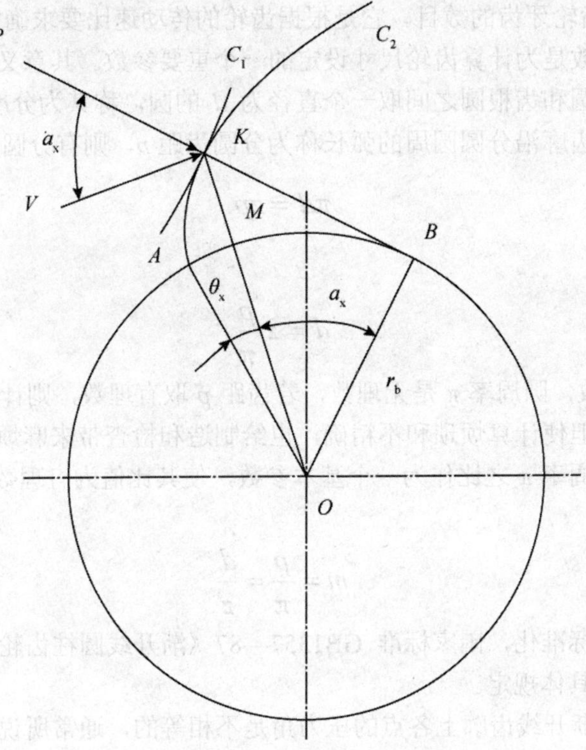

图 2-2-5 渐开线齿廓的压力角

（4）渐开线的数学方程式。渐开线上任意点 K 的位置可用极坐标（r_x，θ_x）表示，如图 2-2-5 所示，r_x 为渐开线上任意点的向径，θ_x 为渐开线上任意点的渐开角。

$$r_x = \frac{r_b}{\cos\alpha_x}$$

$$\theta_x = \frac{AM}{r_b}$$

$$\because \theta_x + \alpha_x = \angle AOB = \frac{AB}{r_b} = \frac{KB}{r_b} = \tan\alpha_x$$

$$\therefore \theta_x = tg\alpha_x - \alpha_x$$

渐开线极坐标方程式为：

$$r_x = \frac{r_b}{\cos\alpha_x}$$

$$inv\alpha_x = \tan\alpha_x - \alpha_x$$

3. 渐开线标准直齿圆柱齿轮的基本参数和几何尺寸

为设计和制造齿轮，必须确定齿轮的基本参数和几何尺寸。

（1）齿轮的基本参数。齿轮的基本参数为：齿数 z、模数 m、压力角 α、齿高系数 h^*、径向间隙系数 c^*。

①齿数 z：即齿轮牙齿的数目。它是根据齿轮的传动速比要求确定的。

②模数 m：模数是为计算齿轮尺寸设定的一个重要参数。其意义如下：

在齿轮的齿顶圆和齿根圆之间取一个直径为 d 的圆，称其为分度圆（简称分圆），若将相邻两齿的同侧齿廓沿分圆圆周的弧长称为分圆齿距 p，则有分圆周长得到下式：

$$\pi d = zp$$

所以：

$$d = z\frac{p}{\pi}$$

式中，z 为齿数，圆周率 π 是无理数，若齿距 p 取有理数，则计算出的分圆直径 d 也将是无理数，这不但使计算烦琐和不精确，也给制造和检查带来麻烦。因此，在实际应用中，取分齿距与圆周率 π 之比作为一个基本参数，使其比值为有理数，并以模数 m 表示，单位为 mm。

$$m = \frac{p}{\pi} = \frac{d}{z}$$

齿轮模数已经标准化，国家标准 GB1357—87《渐开线圆柱齿轮模数》中对渐开线圆柱齿轮的模数作了具体规定。

①压力角 α：渐开线齿廓上各点的压力角是不相等的，通常所说的齿轮压力角是指齿轮分圆上的压力角。与模数一样，压力角也已经标准化。齿轮常用的压力角是 20°，还有 14.5°，15°，17.5°，22.5°，25°和 30°等。

②齿高系数 h^*：在 GB1356—78 中规定了两种齿高系数标准值：正常齿 $h^*=1$，短齿 $h^*=0.8$。

③径向间隙系数 c^*：在 GB1356—78 中，对于 $m \geqslant 1$ 的圆柱齿轮，规定 $c^*=0.25m$。考虑到有些加工方法的需要，允许增大到 $c^*=0.35m$。

（2）外啮合齿轮传动的几何尺寸计算。在齿轮的基本参数确定后，齿轮的各部分尺寸就基本上确定了。

①分圆直径 d、分圆齿距 p 和分圆齿厚 s：

$$d = mz$$

$$p = \pi m$$

$$s = \frac{p}{2} = \frac{\pi m}{2}$$

②齿轮的基圆直径 d_b 和基节 p_b

$$d_b = d\cos\alpha$$

$$p_b = p\cos\alpha$$

③齿顶高 h_a 和全齿高 h 过轮齿顶部的圆称为齿顶圆 d_a，过齿槽底部的圆称齿根圆 d_f。齿顶高 h_a 是指轮齿在分圆和齿顶圆之间的径向高度；齿全高 h 是指轮齿在齿顶圆和齿根圆之间的径向高度。在国家标准 GB1356—88《渐开线圆柱齿轮基本齿廓》中，对以上参数作了如下规定：

$$h_a = m$$
$$h = 2m + c = 2.25m$$
$$d_a = d + 2h_a = d + 2m$$
$$d_f = d - 2.5m$$

式中，径向间隙系数 $c^*=0.25m$。

④标准中心距 a：两个标准直齿圆柱齿轮相互啮合的中心距称为标准中心距 a，它等于两齿轮的分圆半径之和，即：

$$a = r_1 + r_2 = \frac{m(z_1 + z_2)}{2}$$

这里所说的标准直齿圆柱齿轮是指模数 m，压力角 α，齿高系数 h^*及径向间隙系数 c^*都是标准值，分圆齿厚和齿槽宽相等。

【例 1】一对标准圆柱齿轮啮合，模数 $m = 4$，分圆压力角 $\alpha = 20°$，大轮齿数 $z_1 =30$，小轮齿数 $z_2 =20$。求两轮的分圆直径 d、齿顶圆直径 d_a、齿根圆直径 d_f、基圆直径 d_b；及分圆齿距 p，分圆齿厚 s，基节 p_b 和啮合的中心距 a。

【解】大轮　$d_1 = mz_1 = 4×30=120$

$d_{a1} = d_1+2m = 120+2×4=128$

$d_{f1} = d_1 - 2.5m = 120-2.5×4=110$

$d_{b1}=d_1×\cos\alpha=120×\cos 20°=112.763$

小轮　$d_2 = mz_2 = 4×20=80$

$d_{a2} = d_2+2m = 80+2×4=88$

$d_{f2} = d_2 - 2.5m = 80-2.5×4=70$

$d_{b2}=d_2×\cos\alpha=80×\cos 20°=75.175$

$p =\pi m=3.14159×4=12.566$

$s = p/2 =12.566/2=6.283$

$p_b= p\cos\alpha_f=12.566×\cos 20°=11.808$

$a = m（z_1+z_2）/2=4×（30+20）=100$

4. 一对渐开线直齿圆柱齿轮的啮合

（1）啮合特性。

①啮合线：一对齿廓啮合时，如图 2-2-6 所示，两齿廓接触点的轨迹称啮合线。当齿廓 C_1 与 C_2 啮合时，啮合接触点 K_1、K_2 都在两基圆的内公切线 NN 上，所以 NN 则为该对的啮合线。两齿廓啮合点的实际轨迹是一线段 B_1B_2，称为实际啮合线段；N_1N_2 是理论上可能的最长啮合线，称为理论啮合线段，N_1 点和 N_2 点称作极限啮合点，显然 $B_1B_2 \leqslant N_1N_2$。

②节圆和啮合角：啮合线 N_1N_2 与两齿轮的中心连线 O_1O_2 的交点 P 称为节点，通过节点 P 分别以 O_1P 和 O_2P 为半径所作的圆称为节圆，节圆半径记为 r'。

节圆实际上是啮合过程中作纯滚动的圆。节圆是在啮合传动时存在的，对于单个齿轮并不存在节圆。两个标准齿轮在标准中心距间啮合时，其节圆与分度圆重合。节圆半径与啮合传动时的中心距有关，当啮合中心距为 a'时，两轮的节圆半径：

$$a'=O_1P+O_2P= r'_1+ r'_2$$

式中，啮合角 α'为两轮节圆上的压力角。

$$\cos\alpha' = \frac{a}{a'}\cos\alpha$$

一对标准齿轮在标准中心距间啮合传动时，其啮合角 α'等于分度圆压力角 α。

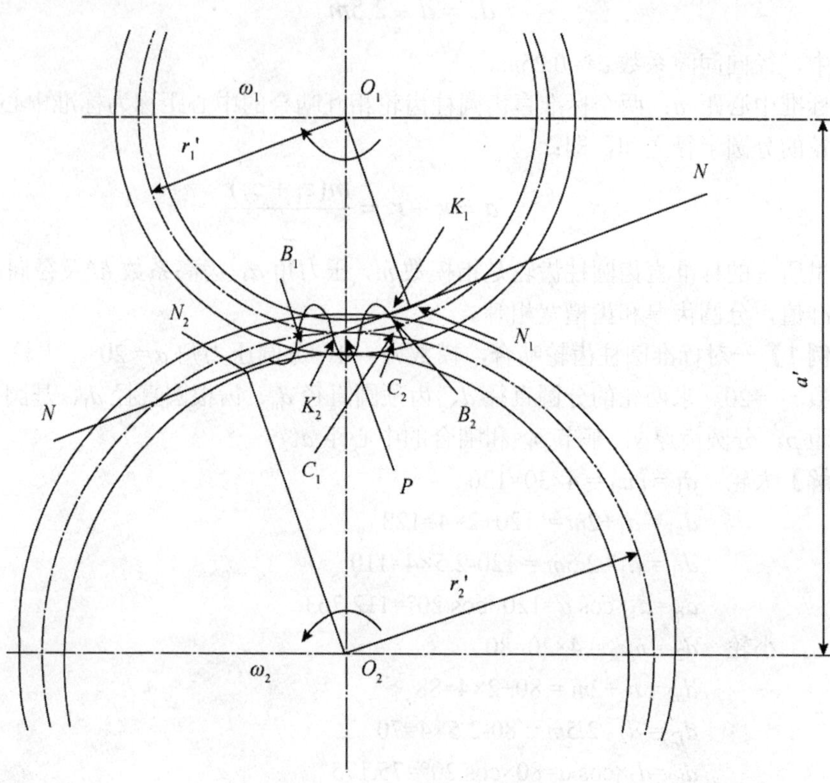

图 2-2-6 渐开线齿轮圆柱的啮合

（2）正确啮合的基本条件。

①正确啮合条件：一对直齿圆柱啮合传动齿轮的正确啮合的基本条件是两轮的基节必须相等。即：

$$p_{b1} = p_{b2}$$

根据两基节相等的条件：一对直齿圆柱啮合传动齿轮的正确啮合条件是两轮的模数和压力角分别相等或两轮的模数与压力角的余弦乘积相等。

$$p_{b1} = \pi m_1 \cos\alpha_1$$

$$p_{b2} = \pi m_2 \cos\alpha_2$$

$$\pi m_1 \cos\alpha_1 = \pi m_2 \cos\alpha_2$$

$$m_1 \cos\alpha_1 = m_2 \cos\alpha_2$$

②连续传动的条件：一对啮合传动齿轮的连续传动的条件是实际啮合线段 B_1B_2 应大于至少等于齿轮基节 P_b。通常把实际啮合线段 B_1B_2 与基节 P_b 的比值称为重迭系数 ε，即：

$$\varepsilon = \frac{B_1B_2}{p_b} \geq 1$$

5. 齿轮与齿条的啮合

（1）齿条的特点。当齿轮的齿数增加到无穷多时，其基圆直径变为无穷大，齿廓的曲率半径也变得无穷大，渐开线齿廓变成了一条倾斜的直线，齿轮变成了齿条，如图 2-2-7 所示。

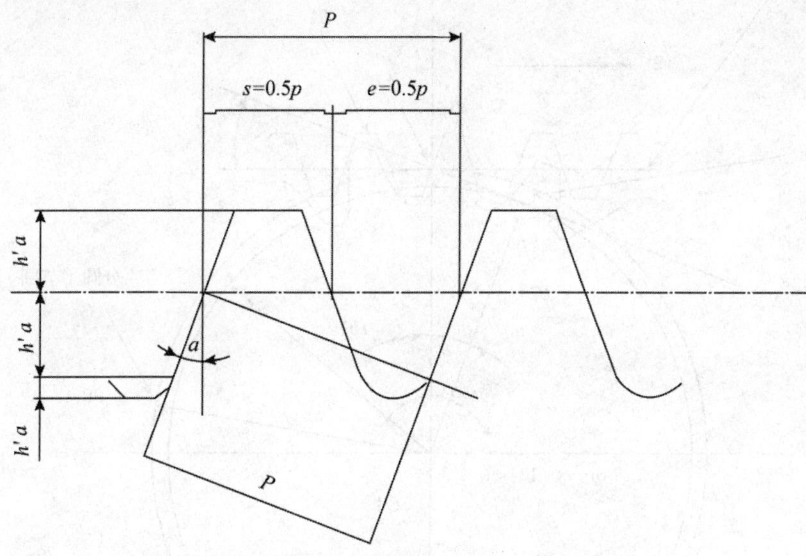

图 2-2-7　齿轮的基准齿廓（齿条）

在齿条上，相当于齿轮分圆的直线称为中线，在中线上，齿厚 s 和齿槽宽 e 相等。齿距 p 是齿厚 s 和齿槽宽 e 的和。中线的垂线与齿廓的夹角 α 称为齿条的齿形角。齿条同侧齿廓沿公法线的距离称为基节 P_b。

$$s = e = \frac{p}{2} = \frac{\pi m}{2}$$

$$p_b = p\cos\alpha$$

齿条的齿高是以中线分界的，中线以上称为齿顶高 h_a，中线以下称为齿根高 h_f。

$$h_a = h^*m$$

$$h_f = (h^*+c^*)m$$

式中，h^* 为齿高系数；c^* 为径向间隙系数。

与渐开线齿轮相比，直线齿廓齿条具有以下特点：

①在齿条的不同高度上，齿距均相等；

②齿条齿廓上任一点压力角均相等。

齿条分为标准齿条和非标准齿条两类。标准齿条的齿形角为 20°，非标准齿条的齿形角不等于 20°。

标准齿条的齿廓称为齿轮的基准齿廓。这时，因为齿条的齿廓是直线，计算和测量都比较方便。在制定齿轮标准时，就以标准齿条的齿廓为标准。国家标准 GB1356—88《渐开线圆柱齿轮基本齿廓》规定了标准齿条的基本参数。

（2）齿条与齿轮的啮合。

①标准齿条与齿轮啮合。如图 2-2-8 所示是标准齿条与标准齿轮在标准位置上的啮合情况。此时，齿条的中线与齿轮的分圆相切于 P 点。

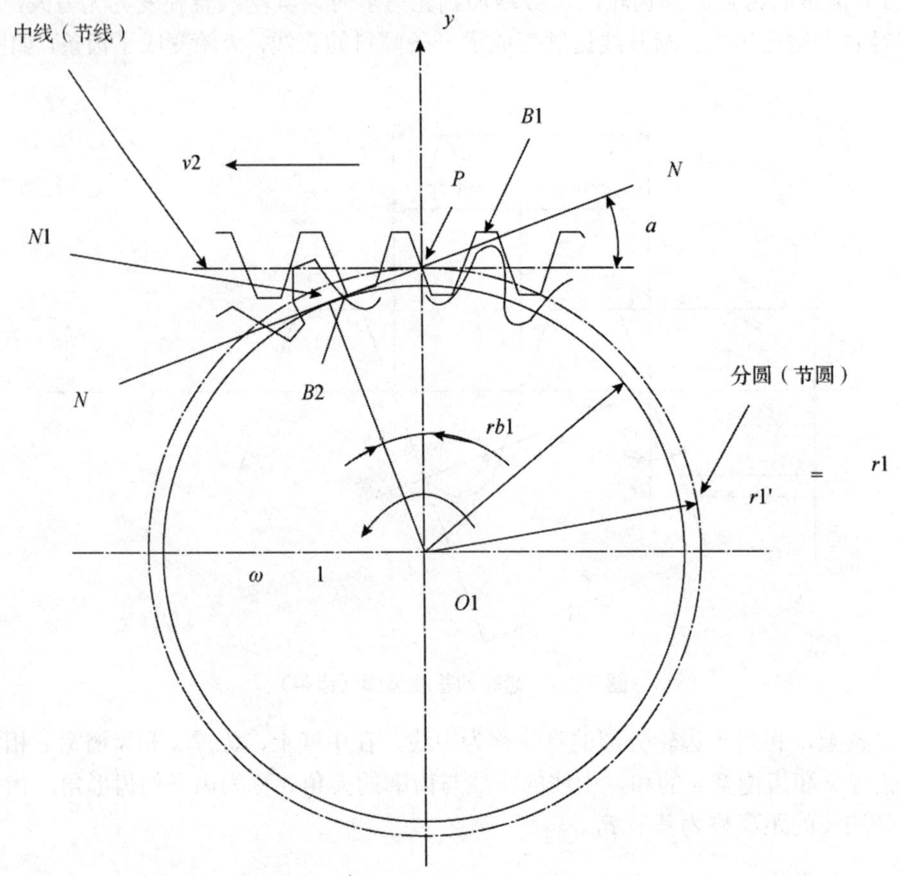

图 2-2-8　标准齿条与标准齿轮的啮合

齿条与齿轮正确啮合的条件和齿轮与齿轮正确啮合的条件一样，基节相等。

齿条与齿轮的啮合线是与齿轮基圆相切并与齿条齿廓相垂直的一条直线 NN。啮合线必通过齿条中线与齿轮分圆的切点 P，P 点为节点。以齿轮中心 O_1 为圆心，过节点 P 所作的圆为节圆；过节点 P，沿齿条运动方向所作的节圆切线为节线。在图 2-2-8 中，节线即齿条的中线，节圆即齿轮的分圆。

齿条与齿轮的啮合线长度是 B_1B_2，B_1 是齿轮的齿顶圆与啮合线的交点，B_2 是齿条的齿顶线与啮合线的交点。

齿条与齿轮的啮合角是啮合线与齿条运动方向的夹角，它等于齿条的齿形角 α。

如图 2-2-9 所示是标准齿条中线不与标准齿轮分圆相切的啮合情况。此时，已把齿条中线从标准啮合位置相对于齿轮中心 O_1 移开一个距离 x。啮合线仍然是一条与齿轮基圆相切并与齿条齿廓相垂直的一条直线 NN，啮合角仍然等于齿条的齿形角 α。由于啮合线没有改变，所以啮合线与 O_1y 的交点 P 必定在齿轮的分圆上。齿轮的节圆仍然是分圆，齿条的

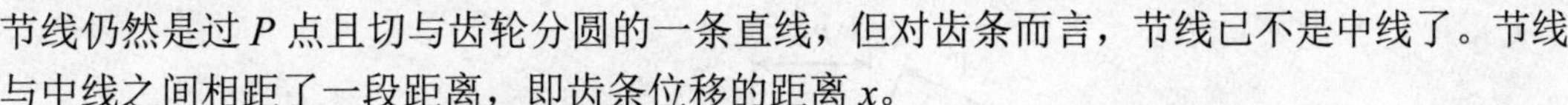

节线仍然是过 P 点且切与齿轮分圆的一条直线，但对齿条而言，节线已不是中线了。节线与中线之间相距了一段距离，即齿条位移的距离 x。

当齿条向齿轮的外面位移后，侧隙和径向间隙都增大了。为了保持它们不变，齿轮的齿顶圆、齿根圆和齿厚都应相应增大；反之，则相应减小。

无论标准齿条相对与齿轮中心成何种安装位置，齿轮的节圆都与分圆重合；啮合角都等于齿条的齿形角。

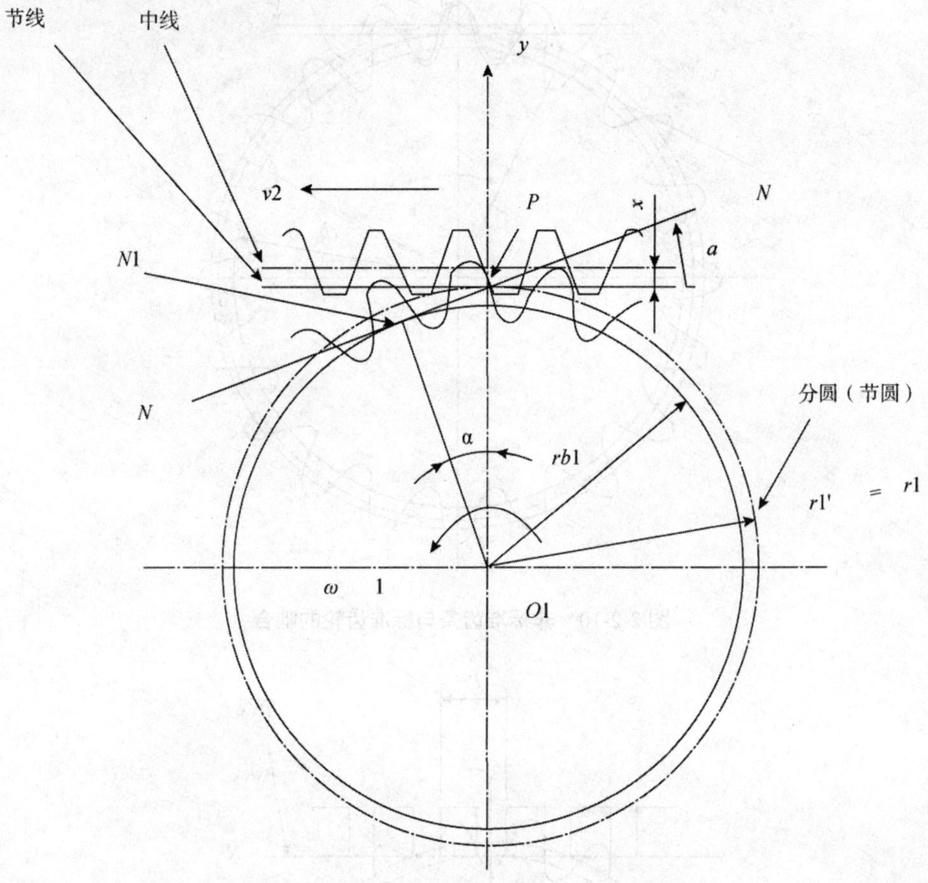

图 2-2-9　标准齿条与标准齿轮位移后的啮合

②非标准齿条与齿轮啮合。如图 2-2-10 所示是一非标准齿条与标准齿轮啮合的情况。齿条的齿形角为 α_y（$\alpha_y \neq \alpha$），齿距为 P_y，基节为 P_b。非标准齿条与标准齿轮的正确啮合条件仍然是二者基节相等。

非标准齿条与标准齿轮啮合时的啮合线仍然与齿轮基圆相切并于齿条齿廓相垂直的一条直线 NN。由于齿条的齿形角不等于 20°，使啮合线与 O_1y 的交点 P 不在齿轮的分圆上，则节圆与分圆不重合，齿条的节线也不是中线。

非标准齿条的齿形角可以是任意的，甚至可以是 0°。具有 0°齿形角的齿条称零度齿条。如图 2-2-11 所示是零度齿条与齿轮啮合的情况。此时，齿轮的节圆与基圆重合，节圆的压力角为零度（即基圆的压力角），零度齿条的齿距等于齿轮的基节，齿槽宽等于齿轮的基圆的齿厚。

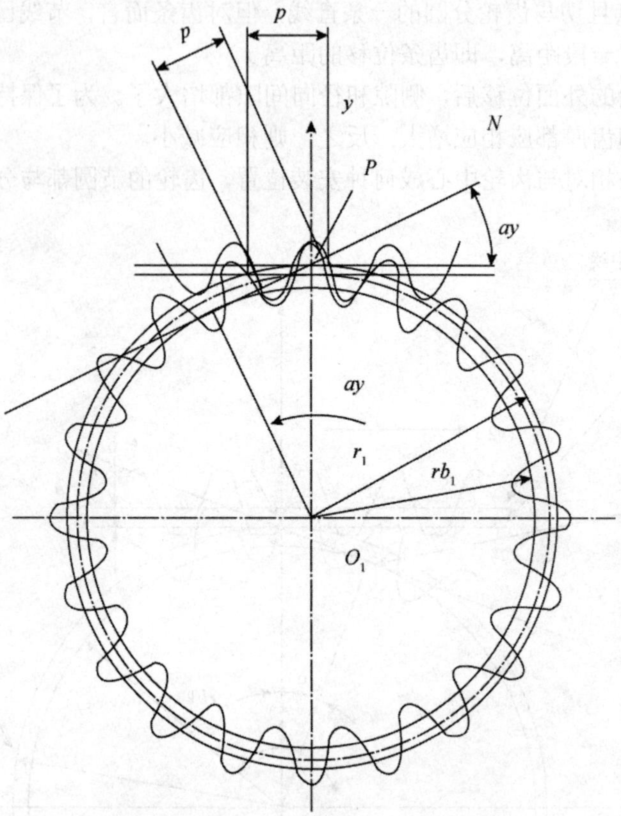

图 2-2-10　非标准齿条与标准齿轮的啮合

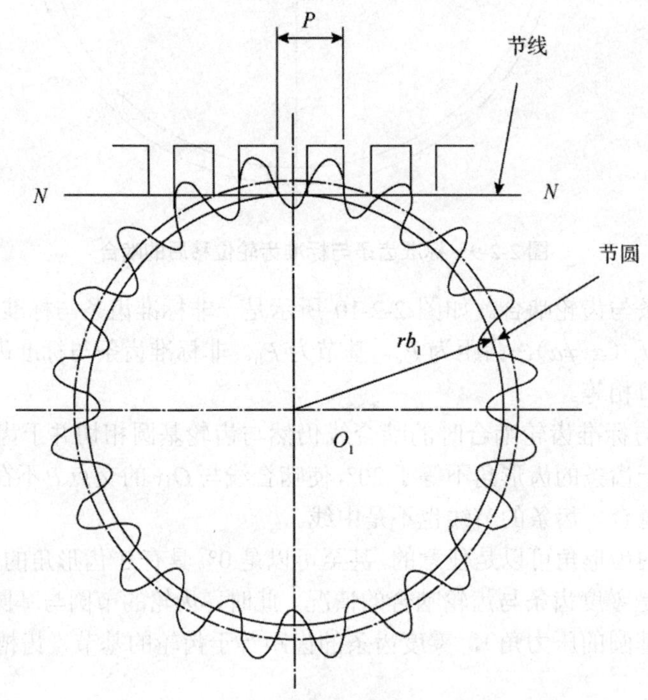

图 2-2-11　零度齿条与齿轮的啮合

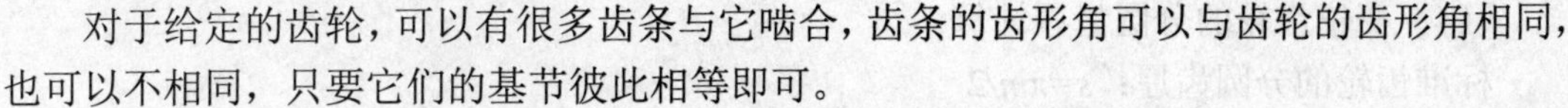

对于给定的齿轮，可以有很多齿条与它啮合，齿条的齿形角可以与齿轮的齿形角相同，也可以不相同，只要它们的基节彼此相等即可。

在齿轮加工中，常利用与被加工齿轮齿形角不同的齿条啮合原理满足某种要求。如滚齿加工中的小压力角滚刀和磨齿加工中的零度磨削等。

6. 变位齿轮

（1）变位齿轮的概念。在齿轮加工中，若加工齿轮的刀具相对于加工标准齿轮移动了一段距离 X，则所加工的齿轮称变位齿轮。加工齿轮的刀具向被加工齿轮中心移动的称负变位，反之则称正变位。

刀具相对于加工标准齿轮移动了一段距离 X 称变位量，变位量 X 与模数 m 之比称变为系数 x，$x=X/m$。

如图 2-2-12 所示为 m=3、α=20°、z=30 的变位齿轮分别在 x= - 0.5、x=0、x=+0.5 加工时的齿条刀具和齿轮的位置关系。

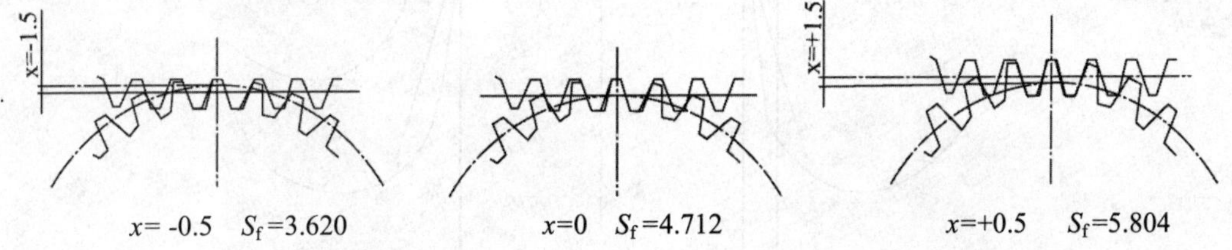

图 2-2-12　加工变位齿轮时齿条刀具和齿轮的位置关系

（2）变位齿轮的应用。

①避免根切：用齿条形刀具加工标准齿轮（α=20°，h^*=1），在齿数 z<17 时会发生根切，从而限制了 z<17 的齿轮的应用。采用正变位齿轮，可以减少发生根切时的齿数。

②增加强度：一对相互啮合的标准齿轮，由于小齿轮的齿根较窄，所以在所用材料和热处理相同的情况下，抗弯强度小于大齿轮。同时，因小齿轮单个齿的啮合频次大于大齿轮，小齿轮的寿命小于大齿轮。采用正变位齿轮，可提高小齿轮寿命。

③调整齿轮副的啮合中心距：标准齿轮只适用于标准啮合中心距。在设计中，常常出现实际中心距与标准中心距不一样的情况，可以用变位齿轮来调整齿轮副的啮合中心距。

（3）变位齿轮的方式。按齿轮啮合中心距和啮合角的改变与否，分为高度变位和角度变位。

①高度变位：一对变位齿轮，小齿轮的变位系数和大齿轮的变位系数数值相等，两轮变位系数之和为零。一般小齿轮的变位系数是正值，大齿轮的变位系数是负值。与加工标准齿轮相比，加工小齿轮时，刀具离开齿轮的一个距离，即变位量和加工大齿轮时，刀具靠近齿轮的距离相等。这一对齿轮的中心距和啮合角仍和标准齿轮一样，节圆仍和分圆重合，齿高不变。小齿轮的齿顶圆直径变大，分圆齿厚增大；大齿轮齿顶圆直径变小，分圆齿厚减小。这种齿轮，因齿高相对于分圆位置有了改变，所以称作高度变位齿轮。

②角度变位：一对变位齿轮，两齿轮的变位系数不相等，变位系数之和不为零。两齿轮啮合时，中心距和标准中心距不同，节圆和分圆不重合，啮合角也不同于一对标准齿轮的啮合角。由于这种变位齿轮的啮合角有改变，故称作角度变位齿轮。

（4）变位齿轮的分圆齿厚计算。

标准齿轮的分圆齿厚：$s=\pi m/2$

变位齿轮的分圆齿厚（见图 2-2-13）：$s=\pi m/2+2xm\tan\alpha$

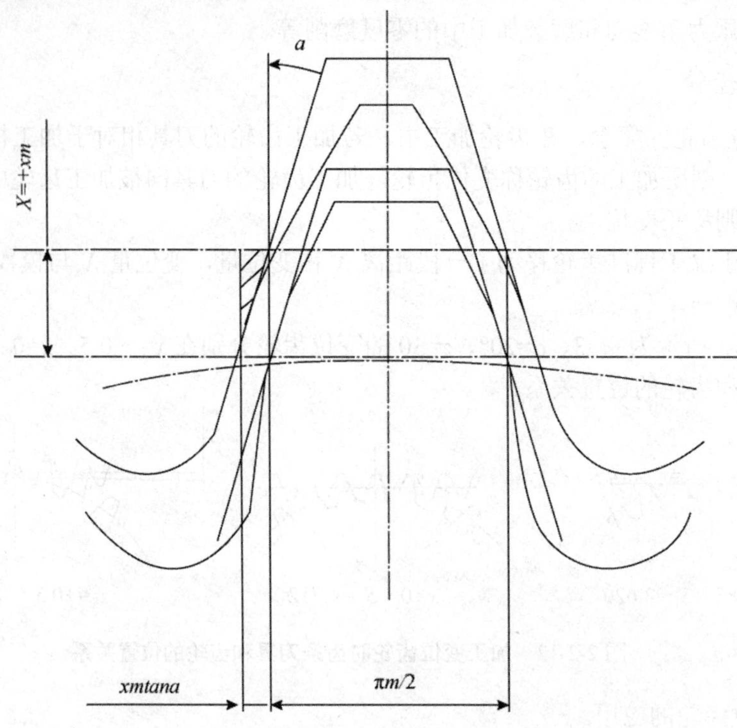

图 2-2-13　变位齿轮的分圆齿厚计算

7. 齿轮传动的失效形式

分析齿轮失效的目的是为了找出齿轮传动失效的原因，制定强度计算准则，或提出防止失效的措施，提高其承载能力和使用寿命。齿轮传动的失效主要发生在轮齿，常见的轮齿失效形式有以下四种。

（1）轮齿折断：当载荷作用于轮齿上时，轮齿就像一个受载的悬臂梁，轮齿根部将产生弯曲应力，并且在齿根圆角处有较大的应力集中。因此，在载荷多次重复作用下，齿根处将产生疲劳裂纹，随着裂纹的不断扩展，最后导致轮齿疲劳折断，如图 2-2-14a 所示。偶然的严重过载或大的冲击载荷，也会引起轮齿的突然折断，称为过载折断。

（2）齿面点蚀：齿轮在啮合传动时，齿面受到脉动循环交变接触应力的反复作用，使得轮齿的表层材料起初出现微小的疲劳裂纹，并且逐步扩展，最终导致齿面表层单位金属微粒脱落，形成齿面麻点，如图 2-2-14b 所示，这种现象称为齿面点蚀。

（3）齿面磨损：在开式齿轮传动中，由于灰尘、铁屑等磨料性质物质落入轮齿工作面间而引起齿面磨粒磨损，如图 2-2-14c 所示。

（4）齿面胶合：在高速重载齿轮传动中，由于齿面间压力大，温度高而使润滑失效，当瞬时温度过高时，相啮合的两齿面将发生粘焊在一起的现象，随着两齿面的相对滑动，粘焊被撕开，于是在较软齿面上沿相对滑动方向形成沟纹，如图 2-2-14d 所示，这种现象称为齿面胶合。胶合通常发生在齿面上相对滑动速度较大的齿顶和齿根部位。

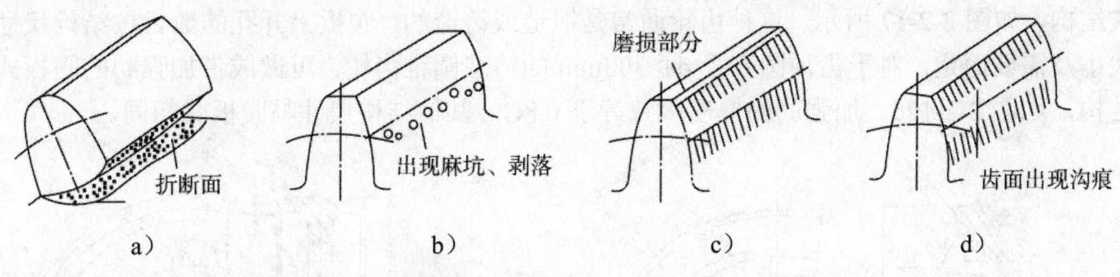

图 2-2-14　齿轮传动的失效形式

8. 齿轮的结构

通过齿轮传动的强度计算，只能确定出齿轮的主要尺寸，如齿数、模数、齿宽、螺旋角、分度圆直径等，而齿圈、轮辐、轮毂等的结构形式及尺寸大小，通常都由结构设计而定。齿轮的结构设计与齿轮的几何尺寸、毛坯、材料、加工方法、使用要求及经济性等因素有关。进行齿轮的结构设计时，必须综合地考虑上述各方面的因素。通常是先按齿轮的直径大小，选定合适的结构形式，然后再根据荐用的经验数据，进行结构设计。

（1）齿轮轴。对于直径很小的钢制齿轮，当为圆柱齿轮时，若齿根键槽底部的距离 $y<2m_t$（m_t 为端面模数）；当为锥齿轮时，按齿轮小端尺寸计算而得的 $y<1.6m_t$ 时，均应将齿轮和轴做成一体，叫做齿轮轴，如图 2-2-15 所示。若 y 值超过上述尺寸时，齿轮与轴以分开制造为合理。

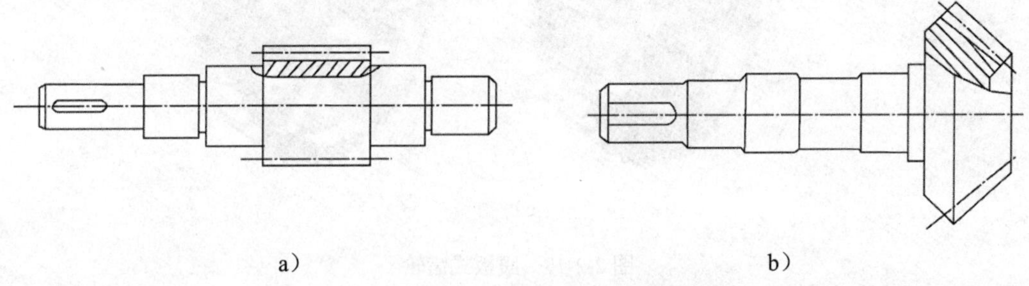

图 2-2-15　齿轮轴

（2）实心式齿轮。当齿顶圆直径 $d_a \leqslant 160$mm 时，可以做成实心结构的齿轮，如图 2-2-16 所示。但航空产品中的齿轮，虽 $d_a \leqslant 160$mm，也有做成腹板式的。

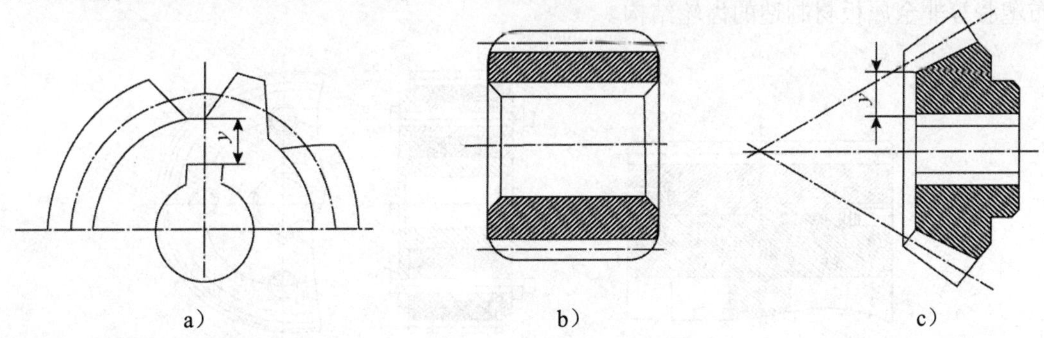

图 2-2-16　实心式齿轮

（3）腹板式齿轮齿顶圆直径 da<500mm 时，为了减轻重量和节约材料，可做成腹板

式结构，如图 2-2-17 所示。这种齿轮通常是锻造或铸造的，腹板上开孔的数目按结构尺寸大小及需要而定。对于齿顶圆直径 da>300mm 的铸造圆锥齿轮，可做成带加强肋的腹板式结构，如图 2-2-17c。加强肋的厚度大致等于 0.8C，其他结构尺寸与腹板式相同。

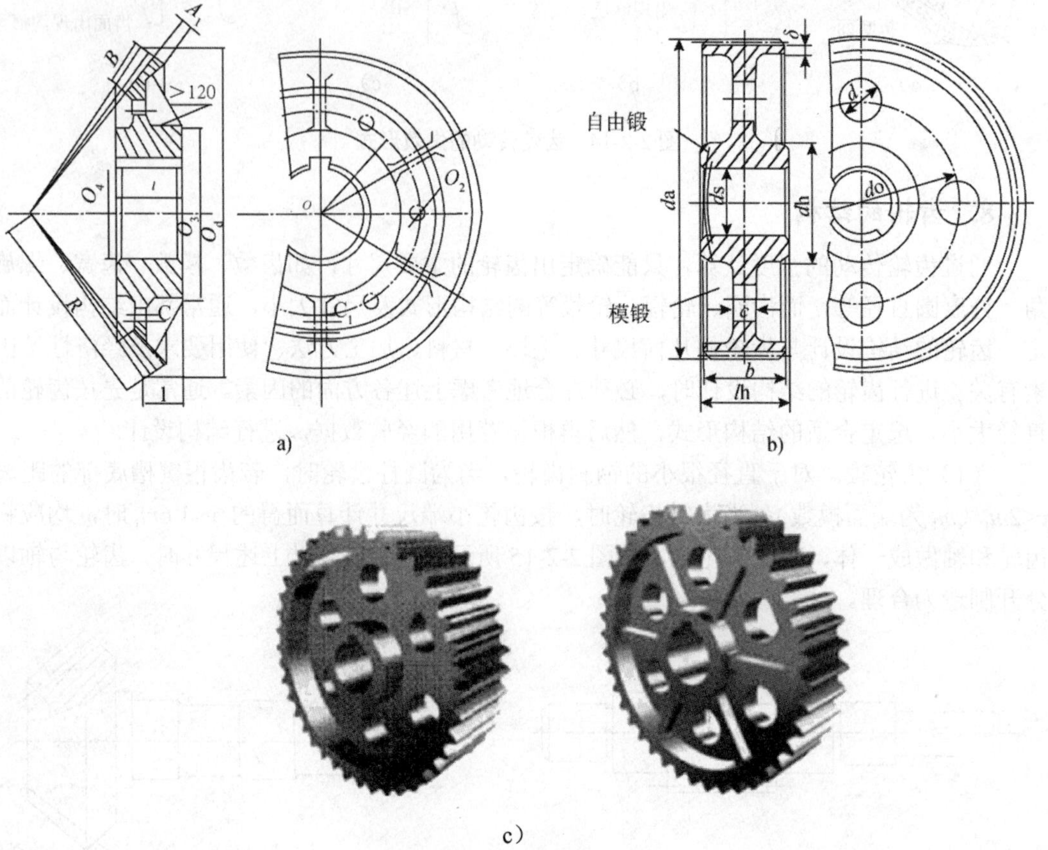

自由锻

模锻

a)

b)

c）

图 2-2-17　腹板式齿轮

另外，为了节约贵重金属，对于尺寸较大的圆柱齿轮，可做成组装齿圈式的结构，如图2-2-18所示。齿圈用钢制成，而轮芯则用铸铁或铸钢。用尼龙等工程塑料模压出来的齿轮，也可参照实心结构的齿轮或腹板式结构的齿轮所示的结构及尺寸进行结构设计。用夹布塑胶等非金属板材制造的齿轮结构。

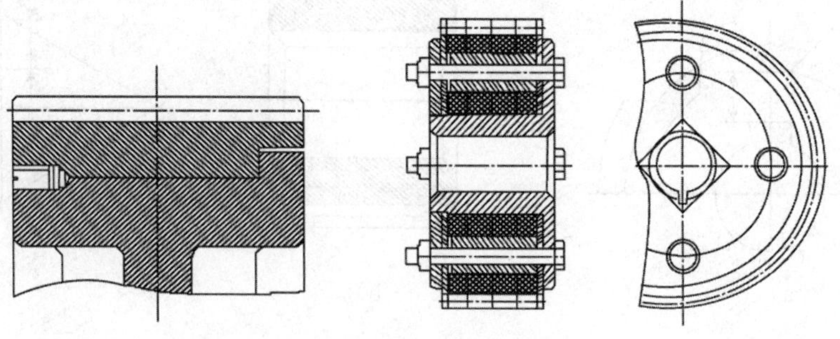

图 2-2-18　组装齿圈式齿轮

进行齿轮结构设计时，还要考虑齿轮和轴的联接设计。齿轮和轴之间通常采用单键联接。但当齿轮转速较高时，要考虑轮芯的平衡及对中性，这时，齿轮和轴的连接采用花健或双键联接。对于沿轴滑移的齿轮，为了操作灵活，也应采用花键或双导键联接。

9. 齿轮传动的润滑与维护

齿轮传动时，相啮合的齿面间有相对滑动，因此就要发生摩擦和磨损，增加动力消耗，降低传动效率，特别是高速传动，就更需要考虑齿轮的润滑。

轮齿啮合面间加注润滑剂，可以避免金属直接接触，减少摩擦损失，还可以散热及防锈蚀。因此，对齿轮传动进行适当的润滑，可以大为改善齿轮的工作状况，且保持运转正常及预期的寿命。

（1）齿轮传动的润滑方式。开式及半开式齿轮传动，或速度较低的闭式齿轮传动，通常用人工周期性加油润滑，所用润滑剂为润滑油或润滑脂。

通用的闭式齿轮传动，其润滑方法根据齿轮的圆周大小而定。当齿轮的圆周速度$v<12$m/s时，常将大齿轮的轮齿进入油池中进行浸油润滑，如图2-2-19a所示。这样，齿轮在传动时，就把润滑油带到啮合的齿面上，同时也将油甩到箱壁上，借以散热。齿轮浸入油中的深度可视齿轮的圆周速度大小而定，对圆柱齿轮通常不宜超过一个齿高，但一般亦不应小于10mm；对圆锥齿轮应浸入全齿宽，至少应浸入齿宽的一半。在多级齿轮传动中，可借带油轮将油带到未进入油池内的齿轮的齿面上，如图2-2-19b所示。

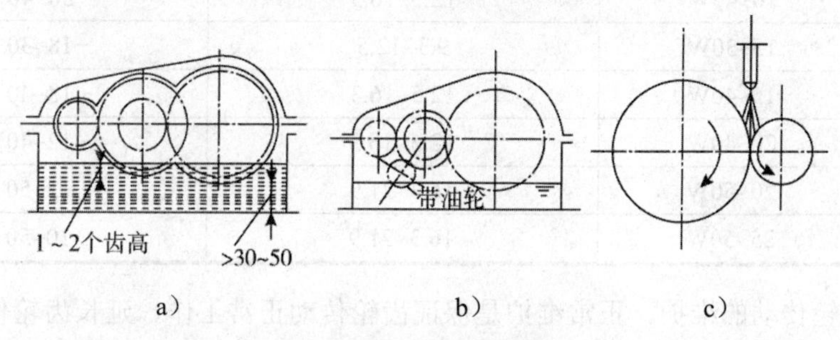

图 2-2-19　齿轮传动的润滑方式

油池中的油量多少，取决于齿轮传递功率大小。对单级传动，每传递1kW的功率，需油量约为0.35～0.7L。对于多级传动，需油量按级数成倍地增加。

当齿轮的圆周速度$v>12$m/s时，应采用喷油润滑，如图2-2-19c所示，即由油泵或中心油站以一定的压力供油，借喷嘴将润滑油喷到轮齿的啮合面上。当$v\leqslant 25$m/s时，喷嘴位于轮齿啮入边或啮出边均可；当$v>25$m/s时，喷嘴应位于轮齿啮出的一边，以便借润滑油及时冷却刚啮合过的轮齿，同时亦对轮齿进行润滑。

（2）润滑剂的选择。齿轮传动常用的润滑剂为润滑油或润滑脂。所用的润滑油或润滑脂的牌号按表齿轮传动常用的润滑剂选取；润滑油的黏度按表选取。润滑油的黏度如表2-2-1 所示。

表 2-2-1　润滑油的粘度表

黏度等级		运动黏度 100℃，(mm²/s)	环境温度
低油温	0W	≥3.8	- 40~ - 10
	5W	≥3.8	- 35~ - 10
	10W	≥4.1	- 30~5
	15W	≥5.6	- 18~10
	20W	≥5.6	- 12~15
	25W	≥9.3	- 10~20
单级油	20	5.6~9.3	- 15~25
	30	9.3~12.5	- 10~30
	40	12.5~16.3	0~40
	50	163.~21.9	10~40
	60	21.9~26.1	15~45
多级油	0~30W	9.3~12.5	- 40~25
	5~30W	9.3~12.5	- 35~30
	10~30W	9.3~12.5	- 30~30
	10~40W	12.5~16.3	- 30~40
	15~30W	9.3~12.5	- 18~30
	15~40W	12.5~16.3	- 18~40
	20~40W	12.5~16.3	- 12~40
	20~50W	16.3~21.9	- 12~50
	25~50W	16.3~21.9	- 10~50

（3）齿轮传动的维护。正常维护是保证齿轮传动正常工作、延长齿轮使用寿命的必要条件。日常维护工作主要有以下内容。

①安装与跑合。齿轮、轴承、键等零件安装在轴上，注意固定和定位都符合技术要求。使用一对新齿轮，先作跑合运转，即在空载及逐步加载的方式下，运转十几小时至几十小时，然后清洗箱体，更换新油，才能使用。

②检查齿面接触情况。采用涂色法检查，若色迹处于齿宽中部，且接触面积较大，如图 2-2-20a 所示,说明装配良好.若接触部位不合理,如图 2-2-20b、c、d 都会使载荷分布不均。通常可通过调整轴承座位以及修理齿面等方法解决。

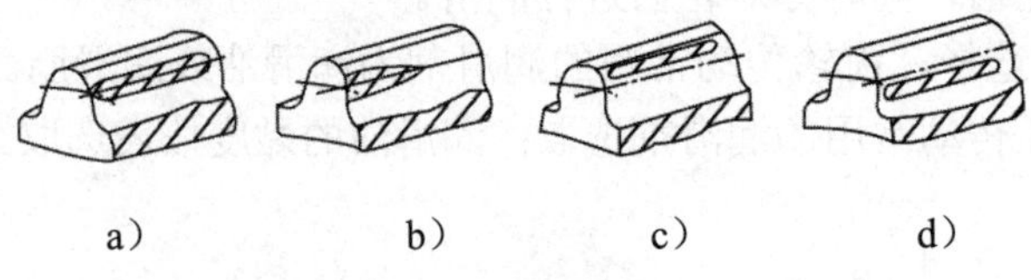

a)　　b)　　c)　　d)

图 2-2-20　齿轮载荷分布

③保证正常润滑。按规定润滑方式,定时、定量加润滑油。对自动润滑方式，注意油路是否畅通，润滑机构是否灵活。

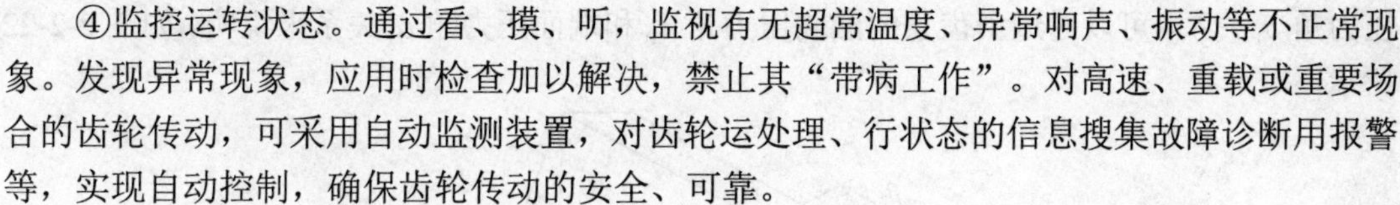

④监控运转状态。通过看、摸、听，监视有无超常温度、异常响声、振动等不正常现象。发现异常现象，应用时检查加以解决，禁止其“带病工作”。对高速、重载或重要场合的齿轮传动，可采用自动监测装置，对齿轮运处理、行状态的信息搜集故障诊断用报警等，实现自动控制，确保齿轮传动的安全、可靠。

⑤装防护罩。对于开式齿轮传动，应装防护罩，保护人身，同时安全防止灰尘、切屑等杂物侵入齿面，加速齿面磨损。

三 、斜齿圆柱齿轮

斜齿圆柱齿轮较直齿圆柱齿轮传动平稳，冲击、振动和噪音大为减少，承载能力有所提高。但斜齿圆柱齿轮传动过程中产生轴向力，必须在传动机构中安置止推轴承来承受这个轴向力。

1. 斜齿圆柱齿轮的基本参数

（1）斜齿轮的螺旋角 β。斜齿圆柱齿轮的轮齿是以螺旋线分布在圆柱体上的。螺旋线绕圆柱一圈所上升的高度，即为螺旋线导程 T。斜齿圆柱齿轮的齿廓曲面与分圆柱的交线即为分圆柱螺旋线，与基圆柱的交线即为基圆柱螺旋线。

由于不同圆柱上的螺旋线的导程相同，所以各圆柱上的螺旋角不等。螺旋线所在圆柱直径越大，其螺旋角也越大。

- 基圆柱螺旋角 β_b：$\tan\beta_b=\pi d_b / T$
- 分圆柱螺旋角 β：$\tan\beta=\pi d / T$
- 任意圆柱螺旋角 β_x：$\tan\beta_x=\pi d_x / T$

（2）斜齿轮的法向模数 m_n 和端面模数 m_t。端面是指垂直于斜齿轮轴线的平面，法面是指垂直于分圆柱螺旋线方向的平面。如图 2-2-21 所示为斜齿圆柱齿轮的分圆柱展开图，有剖面线的部分表示展开后的齿厚，无剖面线的部分表示展开后的齿槽宽。端面齿厚与法向齿厚不相等，端面齿距与法向齿距也不相等。

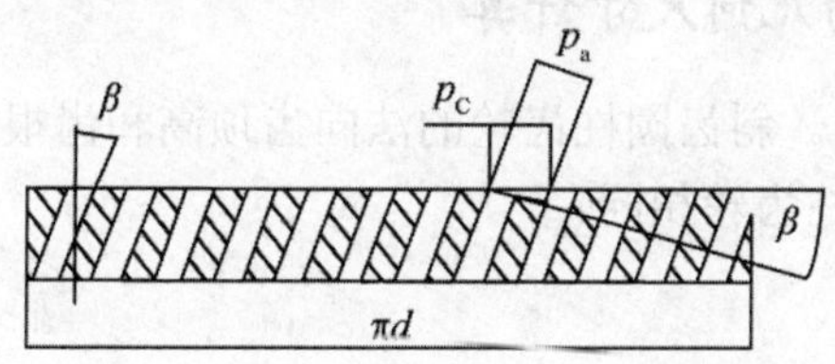

图 2-2-21　斜齿轮的法向与端面参数

它们的关系为：$p_n = p_t\cos\beta$

因为：

$$m = p / \pi$$

所以：

$$m_n = m_t \cos\beta$$

由于 $\cos\beta<1$，所以 m_t 总是大于 m_n。

斜齿圆柱齿轮是以法向模数 m_n 为标准值的。

（3）斜齿圆柱齿轮的法向压力角 α_n 和端面压力角 α_t。斜齿轮的法向压力角 α_n 和端面

压力角 α_t 关系，可以通过斜齿条的法向压力角 α_n 和端面压力角 α_t 关系来说明。如图 2-2-22 所示。

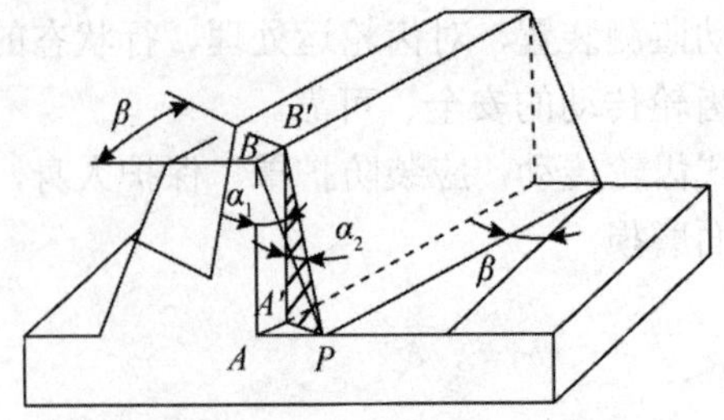

图 2-2-22　斜齿条的端面压力角 αt 和法向压力角 αn 的关系

在直齿条上，法向就是端面，所以 $\alpha_n=\alpha_t=\alpha$。

$$\tan\alpha_n=\frac{A'P}{A'B'}$$

$$\tan\alpha_t=\frac{AP}{AB}$$

$$\frac{\tan\alpha_n}{\tan\alpha_t}=\frac{\dfrac{A'P}{A'B'}}{\dfrac{AP}{AB}}$$

$$AB=A'B'$$

$$\frac{\tan\alpha_n}{\tan\alpha_t}=\frac{A'P}{AP}=\cos\beta$$

$$\tan\alpha_t=\frac{\tan\alpha_n}{\cos\beta}$$

因为 $\cos\beta<1$，所以 $\alpha_n<\alpha_t$

2. 斜齿圆柱齿轮的几何尺寸计算

（1）齿顶高和齿根高。斜齿圆柱齿轮的法向齿顶高和齿根高与端面齿顶高和齿根高相等，计算方法与直齿圆柱齿轮相同。

（2）分圆直径 d

$$d=m_t z=\frac{m_n z}{\cos\beta}$$

（3）基圆直径 d_b

$$d_b=d\cos\alpha_t$$

（4）标准中心距 a

$$a=\frac{d_1+d_2}{2}=\frac{m_t(z_1+z_2)}{2}=\frac{m_n(z_1+z_2)}{2\cos\beta}$$

由此可知，斜齿轮的分圆螺旋角 β 也影响中心距 a。

3. 斜齿圆柱齿轮正确啮合的基本条件

- 法向基节 P_{nb} 相等；
- 分圆螺旋角 β 大小相等，方向相反。

四、直齿锥齿轮传动

1. 直齿锥齿轮传动概述

锥齿轮传动用于传递两相交轴的运动和动力。如图 2-2-23 所示，一对锥齿轮的传动可以看成是两个锥顶共点的圆锥体相互作纯滚动，这两个锥顶共点的圆锥体就是节圆锥。此外，与圆柱齿轮相似，锥齿轮还有基圆锥、分度圆锥、齿顶圆锥、齿根圆锥。对于正确安装的标准锥齿轮传动，其节圆锥与分度圆锥重合。

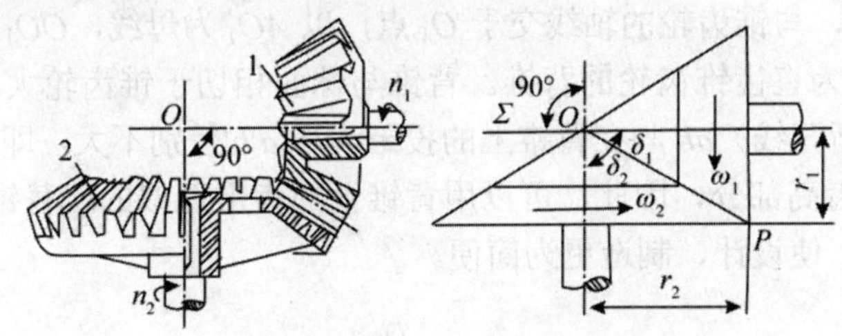

图 2-2-23　锥齿轮传动

锥齿轮有直齿、斜齿和曲线齿三种类型。其中直齿锥齿轮易于制造安装，应用广泛。如图 2-2-24 所示为一直齿锥齿轮，其轮齿沿圆锥母线朝锥顶方向逐渐减小。本节只讨论应用最广的轴交角∑=90°的直齿锥齿轮传动。

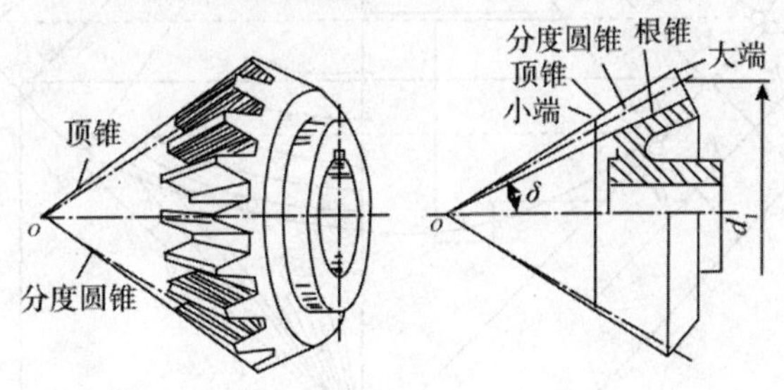

图 2-2-24　直齿锥齿轮

2. 直齿锥齿轮齿廓的形成

如图 2-2-25 所示，当一个与基圆锥切于直线 AO，且半径 R 等于基圆锥的锥距的扇形平面 S，沿基圆锥作纯滚动时，该平面上的任意一点 K 在空间展出一条球面渐开线 AK。直齿锥齿轮齿廓曲面就是由以锥顶 O 为球心、半径不同逐渐变大的一系列球面渐开线组成的球面渐开面。

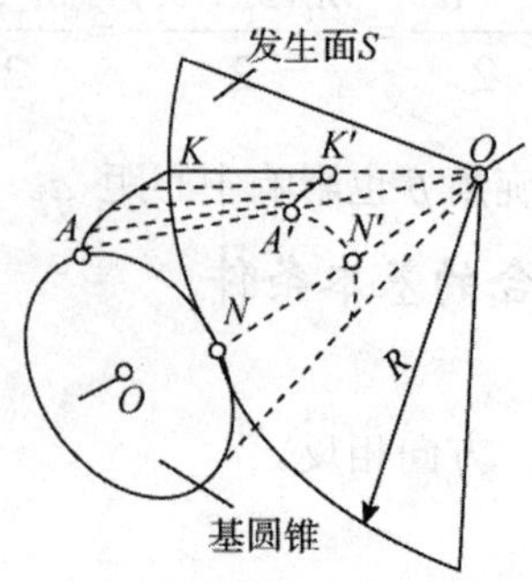

图 2-2-25　直齿锥齿轮齿廓的形成

3. 直齿锥齿轮齿廓背锥与当量齿数

由于球面渐开线不能展开成平面曲线，这就给设计、制造带来不便。为此，人们采用一种近似的方法来处理这一问题。

如图2-2-26所示为一标准直齿锥齿轮的轴向半剖示图，$\triangle OAB$表示锥齿轮的分度圆锥。过A点作$AO_1\perp AO$，与锥齿轮的轴线交于O_1点，以AO_1为母线，OO_1为轴线作一圆锥体AO_1B，这个圆锥称为直齿锥齿轮的背锥。背锥与球面相切于锥齿轮大端分度圆。锥齿轮大端的齿形（球面渐开线）ab与在背锥上的投影齿形$a'b'$差别不大，即背锥上的齿高部分近似等于球面上的齿高部分，因此，可以用背锥上的齿形近似的代替锥齿轮的大端齿形。背锥可展开成平面，使设计、制造更为简便。

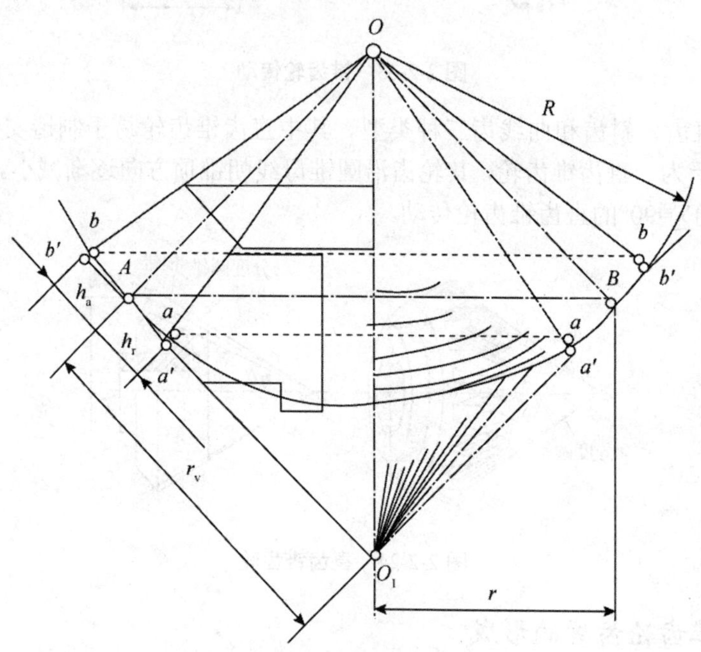

图 2-2-26　直齿锥齿轮结构参数

如图 2-2-27 所示，将两锥齿轮的背锥展开，得到两个扇形平面齿轮。将两扇形齿轮补全，获得一对完整标准直齿圆柱齿轮的啮合传动。把这两个假想的直齿圆柱齿轮称为这对锥齿轮的当量齿轮，其齿数 z_v 称为锥齿轮的当量齿数。当量齿轮的齿廓与锥齿轮大端齿廓相近似，故当量齿轮的模数和压力角与锥齿轮大端的模数和压力角相一致，都取标准值。

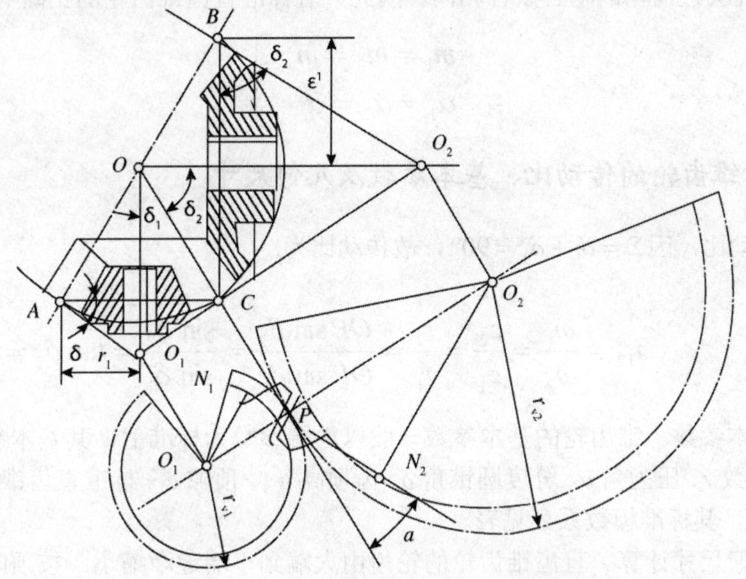

图 2-2-27 直齿锥齿轮啮合传动参数

由图 2-2-27 可得：

$$r_{v1} = \frac{r_1}{\cos\delta_1} = \frac{mz_1}{2\cos\delta_1} = \frac{mz_{v1}}{2}$$

$$r_{v2} = \frac{r_2}{\cos\delta_2} = \frac{mz_2}{2\cos\delta_2} = \frac{mz_{v2}}{2}$$

所以实际齿数与当量齿数的关系为：

$$\left.\begin{aligned} z_1 &= z_{v1}\cos\delta_1 \\ z_2 &= z_{v2}\cos\delta_2 \end{aligned}\right\}$$

式中，δ1、δ2 为两锥齿轮分度圆锥角；z_{v1} 、z_{v2} 为两锥齿轮的当量齿数，其值无需圆整。

锥齿轮不产生根切的最少齿数也可由相应的当量圆柱齿轮的最少齿数 $z_{min} = 17$ 来确定，即：

$$z_{min} = z_{v\min}\cos\delta = 17\cos\delta$$

4. 直齿锥齿轮的正确啮合条件

引入当量齿轮的概念后，锥齿轮的传动可以看成是一对当量齿轮的传动，其正确的啮合条件与直齿圆柱齿轮的啮合条件相同。因此一对标准直齿锥齿轮的正确啮合条件为：

$$\left.\begin{aligned} m_1 = m_2 = m \\ \alpha_1 = \alpha_2 = \alpha \end{aligned}\right\}$$

5. 直齿锥齿轮的传动比、基本参数及几何尺寸

（1）传动比，因$\Sigma = \delta_1 + \delta_2 = 90°$，故传动比为：

$$i_{12} = \frac{\omega_1}{\omega_2} = \frac{z_2}{z_1} = \frac{r_2}{r_1} = \frac{OP\sin\delta_2}{OP\sin\delta_1} = \frac{\sin\delta_2}{\sin\delta_1} = \tan\delta_2 = \cot\delta_1$$

（2）基本参数。锥齿轮的基本参数一般以大端参数为标准值，其基本参数包括：大端模数 m、齿数 z、压力角 α、分度圆锥角 δ、齿顶高 h^*_a、顶隙 c^*。标准直齿锥齿轮 α=20°、h^*_a=1、c^*=0.2，其标准模数系列见表。

（3）几何尺寸计算。直齿锥齿轮的轮齿由大端到小端逐渐缩小。按顶隙的变化情况不同，直齿锥齿轮可分为不等顶隙收缩齿和等顶隙收缩齿两种。

如图 2-2-28a 所示为不等顶隙收缩齿锥齿轮，也称为正常收缩齿。这种锥齿轮的齿顶圆锥、分度圆锥和齿根圆锥的锥顶重合于一点 O，故顶隙从大端到小端逐渐缩小。其缺点是齿顶厚和齿根圆角半径从大端到小端也逐渐缩小，因而降低了轮齿强度。

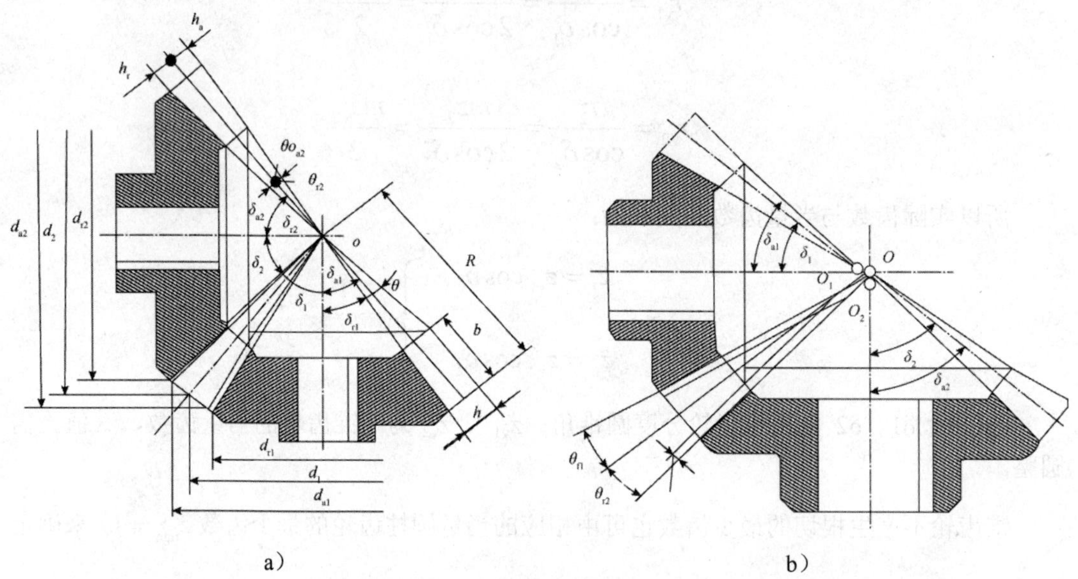

图 2-2-28　直齿锥齿轮啮合传动参数

如图 2-2-28b 所示为等顶隙收缩齿锥齿轮传动。这种锥齿轮的分度圆锥和根圆锥的锥顶仍然重合，但齿顶圆锥的母线则与另一齿轮的齿根圆锥母线相平行，其锥顶 O_1（O_2）与分度圆锥的锥顶 O 不重合，从而保证顶隙由大端到小端都是相等的，提高了轮齿强度。轴

交角∑=90°的标准直齿锥齿轮传动各部分名称及几何尺寸计算公式如表 2-2-2 所示。

表 2-2-2 直齿锥齿轮计算公式表

名称		符号	小齿轮	大齿轮
齿数		z	z_1	z_2
传动比		i	$i = z_2 / z_1 = \cot\delta_1 = \tan\delta_2$	
分度圆锥角		δ	$\delta_1 = \arctan(z_1 / z_2)$	$\delta_2 = \arctan(z_2 / z_1) = 90° - \delta_1$
齿顶高		h_a	$h_a = h_a^* m$	
齿根高		h_f	$h_f = (h_a^* + c^*) m = 1.2m$	
分度圆直径		d	$d_1 = z_1 m$	$d_2 = z_2 m$
齿顶圆直径		d_a	$d_{a1} = d_1 + 2h_a \cos\delta_1 = m(z_1 + 2\cos\delta_1)$	$d_{a2} = d_2 + 2h_a \cos\delta_2 = m(z_2 + 2\cos\delta_2)$
齿根圆直径		d_f	$d_{f1} = d_1 - 2h_f \cos\delta_1 = m(z_1 - 2.4\cos\delta_1)$	$d_{f2} = d_2 - 2h_f \cos\delta_2 = m(z_2 - 2.4\cos\delta_2)$
锥距		$\boldsymbol{R}$	$R = \frac{1}{2}\sqrt{d_1^2 + d_2^2} = \frac{d_1}{2}\sqrt{i^2 + 1} = \frac{m}{2}\sqrt{z_1^2 + z_2^2}$	
齿顶角	不等顶隙收缩齿	θ_a	$\theta_{a1} = \theta_{a2} = \arctan(h_a / R)$	
	等顶隙收缩齿	$\boldsymbol{\theta_a}$	$\theta_{a1} = \theta_{f2}$	$\theta_{a2} = \theta_{f1}$
齿根角		θ_f	$\theta_{f1} = \theta_{f2} = \arctan(h_f / R)$	
齿顶圆锥面圆锥角		δ_a	$\delta_{a1} = \delta_1 + \theta_a$	$\delta_{a2} = \delta_2 + \theta_a$
齿根圆锥面圆锥角		δ_f	$\delta_{f1} = \delta_1 - \theta_f$	$\delta_{f2} = \delta_2 - \theta_f$
齿宽		b	$b = \psi_R R$	
齿宽系数		ψ_R	$\psi_R = b / R$，ψ_R=1/4~1/3	

五、蜗轮蜗杆传动

1. 蜗轮蜗杆传动的概述

在运动转换中，常需要进行空间交错轴之间的运动转换，在要求大传动比的同时，又希望传动机构的结构紧凑。采用蜗杆传动机构则可以满足上述要求。

需要在小空间内实现上层 X 轴到下层 Y 轴的大传动比传动，所选择的就是蜗杆传动，如图 2-2-29 所示。蜗杆传动广泛应用于机床、汽车、仪器、起重运输机械、冶金机械以及其他机械制造工业中，其最大传动功率可达 750kW，但通常用在 50kW 以下。

蜗杆传动主要由蜗杆和蜗轮组成，如图 2-2-30 所示，主要用于传递空间交错的两轴之间的运动和动力，通常轴间交角为 90°。一般情况下，蜗杆为主动件，蜗轮为从动件。

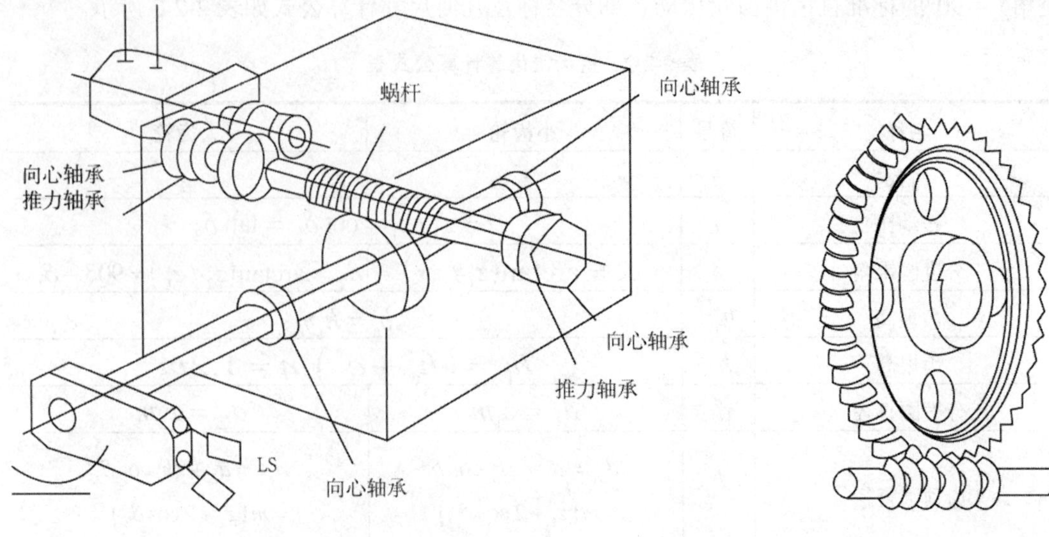

图 2-2-29 蜗杆传动　　图 2-2-30 蜗轮蜗杆

（1）蜗杆传动特点。

- 传动平稳：因蜗杆的齿是一条连续的螺旋线，传动连续，因此它的传动平稳，噪声小。
- 传动比大：单级蜗杆传动在传递动力时，传动比 i=5～80，常用的为 i=15～50。分度传动时 i 可达 1000，与齿轮传动相比则结构紧凑。
- 具有自锁性：当蜗杆的导程角小于轮齿间的当量摩擦角时，可实现自锁。即蜗杆能带动蜗轮旋转，而蜗轮不能带动蜗杆。
- 传动效率低：蜗杆传动由于齿面间相对滑动速度大，齿面摩擦严重，故在制造精度和传动比相同的条件下，蜗杆传动的效率比齿轮传动低，一般只有 0.7~0.8。具有自锁功能的蜗杆机构，效率则一般不大于 0.5。
- 制造成本高：为了降低摩擦，减小磨损，提高齿面抗胶合能力，蜗轮齿圈常用贵重的铜合金制造，成本较高。

（2）蜗杆传动的类型。蜗杆传动按照蜗杆的形状不同，可分为圆柱蜗杆传动（见图 2-2-31a）、环面蜗杆传动（见图 2-2-31b）。圆柱蜗杆传动除有与图 2-2-31a 相同的普通蜗杆传动，还有圆弧齿蜗杆传动（见图 2-2-31c）　。

圆柱蜗杆机构又可按螺旋面的形状，分为阿基米德蜗杆机构和渐开线蜗杆机构等。圆柱蜗杆机构加工方便，环面蜗杆机构承载能力较高。

（3）蜗杆传动的失效形式及设计准则。由于蜗杆传动中的蜗杆表面硬度比蜗轮高，所以蜗杆的接触强度、弯曲强度都比蜗轮高；而蜗轮齿的根部是圆环面，弯曲强度也高、很少折断。蜗杆传动的主要失效形式有胶合、疲劳点蚀和磨损。

由于蜗杆传动在齿面间有较大的滑动速度，发热量大，若散热不及时，油温升高、粘度下降、油膜破裂，更易发生胶合。开式传动中，蜗轮轮齿磨损严重，所以蜗杆传动中，要考虑润滑与散热问题。蜗杆轴细长，弯曲变形大，会使啮合区接触不良。需要考虑其刚度问题。蜗杆传动的设计要求主要有以下几点：

- 计算蜗轮接触强度；

- 计算蜗杆传动热平衡，限制工作温度；
- 必要时验算蜗杆轴的刚度。

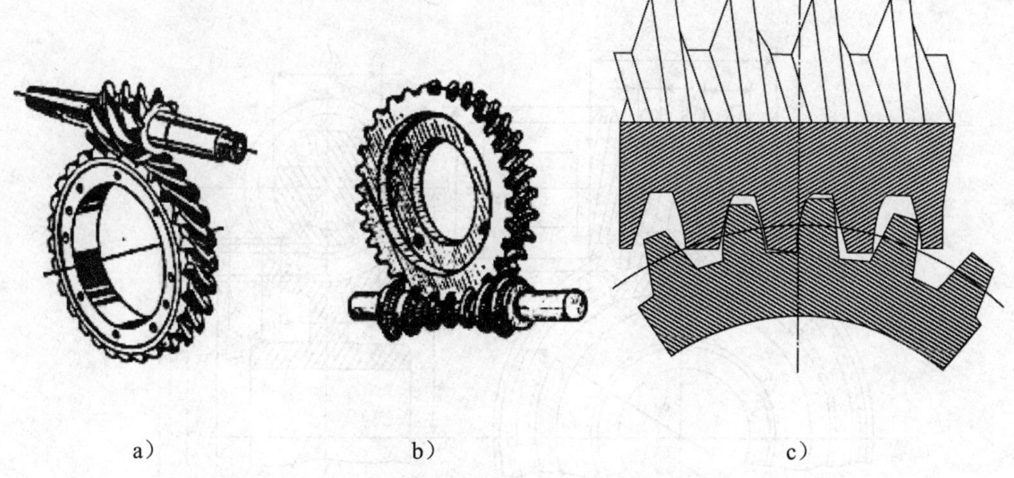

a）　　b）　　c）

图 2-2-31　蜗杆传动类型

a）圆柱蜗杆传动；b）环面蜗杆传动；c）圆弧齿蜗杆传动

（4）蜗杆、蜗轮的材料选择。基于蜗杆传动的失效特点，选择蜗杆和蜗轮材料组合时，不但要求有足够的强度，而且要有良好的减摩、耐磨和抗胶合的能力。实践表明，较理想的蜗杆副材料是：青铜蜗轮齿圈匹配淬硬磨削的钢制蜗杆。

- 蜗杆材料：对高速重载的传动，蜗杆常用低碳合金钢（如 20Cr、20CrMnTi）经渗碳后，表面淬火使硬度达 56～62HRC，再经磨削。对中速中载传动，蜗杆常用 45 钢、40Cr、35SiMn 等，表面经高频淬火使硬度达 45～55HRC，再磨削。对一般蜗杆可采用 45、40 等碳钢调质处理（硬度为 210～230HBS）。
- 蜗轮材料：常用的蜗轮材料为铸造锡青铜（ZCuSnl0Pl，ZCuSn6Zn6Pb3）、铸造铝铁青铜（ZCuAl10Fe3）及灰铸铁 HTl50、HT200 等。锡青铜的抗胶合、减摩及耐磨性能最好，但价格较高，常用于 $v_s \geqslant 3$m/s 的重要传动；铝铁青铜具有足够的强度，并耐冲击，价格便宜，但抗胶合及耐磨性能不如锡青铜，一般用于 $v_s \leqslant 6$m/s 的传动；灰铸铁用于 $v_s \leqslant 2$m/s 的不重要场合。

2. 蜗杆传动机构的基本参数和尺寸

（1）蜗杆机构的正确啮合条件。

- 中间平面：将通过蜗杆轴线并与蜗轮轴线垂直的平面定义为中间平面，如图 2-2-32 所示。在此平面内，蜗杆传动相当于齿轮齿条传动。因此下面内的参数均是标准值，计算公式与圆柱齿轮相同。
- 正确啮合条件：根据齿轮齿条正确啮合条件，蜗杆轴平面上的轴面模数 m_{x1} 等于蜗轮的端面模数 m_{t2}；蜗杆轴平面上的轴面压力角 α_{x1} 等于蜗轮的端面压力角 α_{t2}；蜗杆导程角 γ 等于蜗轮螺旋角 β，且旋向相同，即：

$$\left.\begin{aligned} m_{x1}=m_{t2}=m \\ \alpha_{x1}=\alpha_{t2}=\alpha \\ \gamma=\beta \end{aligned}\right\}$$

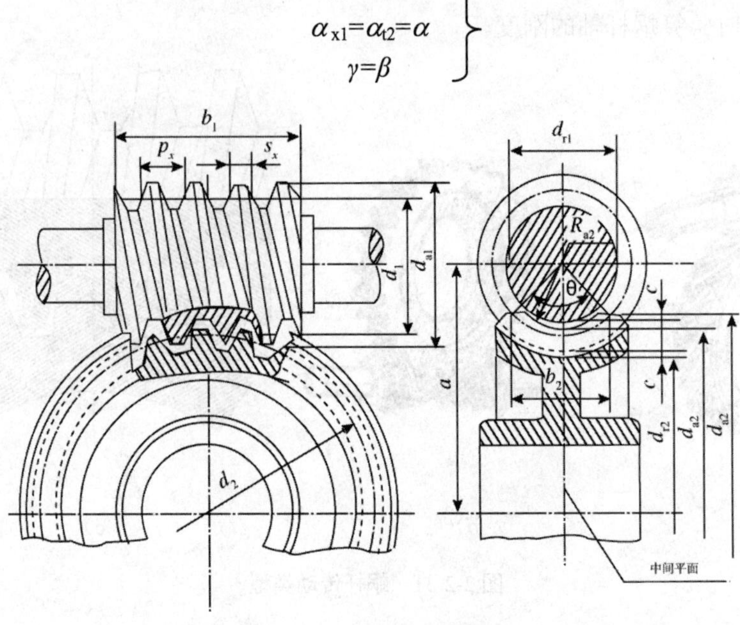

图 2-2-32　蜗轮传动中间平面

（2）基本参数。

➢　蜗杆头数 z_1，蜗轮齿数 z_2

蜗杆头数 z_1 一般取 1、2、4。头数 z_1 增大，可以提高传动效率，但加工制造难度增加。蜗轮齿数一般取 z_2 =28~80。若 z_2 <28，传动的平稳性会下降，且易产生根切；若 z_2 过大，蜗轮的直径 d_2 增大，与之相应的蜗杆长度增加、刚度降低，从而影响啮合的精度。

➢　传动比：

$$i=\frac{n_1}{n_2}=\frac{z_2}{z_1}$$

➢　蜗杆分度圆直径 d_1 和蜗杆直径系数 q。

加工蜗轮时，用的是与蜗杆具有相同尺寸的滚刀，因此加工不同尺寸的蜗轮，就需要不同的滚刀。为限制滚刀的数量，并使滚刀标准化，对每一标准模数，规定了一定数量的蜗杆分度圆直径 d_1。

蜗杆分度圆直径与模数的比值称为蜗杆直径系数，用 q 表示，即：

$$q=\frac{d_1}{m}$$

模数一定时，q 值增大则蜗杆的直径 d_1 增大、刚度提高。因此，为保证蜗杆有足够的刚度，小模数蜗杆的 q 值一般较大。

➢　蜗杆导程角 γ

$$\tan\gamma=\frac{L}{\pi d_1}=\frac{z_1\pi m}{\pi d_1}=\frac{z_1 m}{d_1}=\frac{z_1}{q}$$

式中，L 为螺旋线的导程，$L=z_1p_{x1}=z_1\pi m$，其中 p_{x1} 为轴向齿距。

通常螺旋线的导程角 γ 的范围是 3.5°～27°，导程角在 3.5°～4.5°范围内的蜗杆可实现自锁，升角大时传动效率高，但蜗杆加工难度大。

（3）蜗杆传动的基本尺寸计算。标准圆柱蜗杆传动的几何尺寸计算公式见表 2-2-3 和蜗杆基本参数配置见表 2-2-4。

表 2-2-3　标准普通圆柱蜗杆传动几何尺寸计算公式

名　称	计　算　公　式	
	蜗　杆	蜗　轮
齿顶高	$h_a = m$	$h_a = m$
齿根高	$h_f = 1.2m$	$h_f = 1.2m$
分度圆直径	$d_1 = m\,q$	$d_2 = m\,z_2$
齿顶圆直径	$d_{a1} = m\,(q+2)$	$d_{a2} = m\,(z_2+2)$
齿根圆直径	$d_{f1} = m\,(q-2.4)$	$d_{f2} = m\,(z_2-2.4)$
顶隙	$c=0.2m$	
蜗杆轴向齿距 蜗轮端面齿距	$p = m\pi$	
蜗杆分度圆柱的导程角	$\tan\gamma = \dfrac{z_1}{q}$	
蜗轮分度圆上轮齿的螺旋角		$\beta=\lambda$
中心距	$a = m\,(q+z_2)\,/\,2$	
蜗杆螺纹部分长度	z_1=1、2，$b_1 \geqslant (11+0.06\,z_2)m$ z_1=4，$b_1 \geqslant (12.5+0.09\,z_2)m$	
蜗轮咽喉母圆半径		$r_{g2}=a-d_{a2}/2$
蜗轮最大外圆直径		z_1=1、$d_{e2} \leqslant d_{a2}+2m$ z_1=2、$d_{e2} \leqslant d_{a2}+1.5m$ z_1=4、$d_{e2} \leqslant d_{a2}+m$
蜗轮轮缘宽度		z_1=1、2，$b_2 \leqslant 0.75\,d_{a1}$ z_1=4，$b_2 \leqslant 0.67\,d_{a1}$
蜗轮轮齿包角		$\theta = 2\arcsin(b_2/d_1)$ 一般动力传动 θ=70°-90° 高速动力传动 θ=90°-130° 分度传动 θ=45°-60°

表 2-2-4 蜗杆基本参数配置表

模数 m /mm	分度圆直径 d_1/mm	蜗杆头数 z_1	直径系数 q	m^3q	模数 m /mm	分度圆直径 d_1 /mm	蜗杆头数 z_1	直径系数 q	m^3q
1	**18**	1	18.000	18	6.3	（80）	1,2,4	12.698	3 175
1.25	20	1	16.000	31		**112**	1	17.798	4 445
	22.4	1	17.920	35	8	（63）	1,2,4	7.875	4 032
1.6	20	1,2,4	12.500	51		80	1,2,4,6	10.000	5 120
	28	1	17.500	72		（100）	1,2,4	12.500	6 400
2	18	1,2,4	9.000	72		**140**	1	17.500	8 960
	22.4	1,2,4,6	11.200	90	10	71	1,2,4	7.100	7 100
	(28)	1,2,4	5.000	112		90	1,2,4,6	9.000	9 000
	35.5	1	17.750	142		（112）	1	11.200	11 200
2.5	(22.4)	1,2,4	8.960	140		160	1	16.000	16 000
	28	1,2,4,6	11.200	175	12.5	（90）	1,2,4	7.200	14 062
	(35.5)	1,2,4	5.200	222		112	1,2,4	8.960	17 500
	45	1	18.000	281		（140）	1,2,4	11.200	21 875
3.15	（28）	1,2,4	8.889	278		200	1	16.000	31 250
	35.5	1,2,4,6	11.270	352	16	（112）	1,2,4	7.000	28 672
	（45）	1,2,4	5.286	447		140	1,2,4	8.750	35 840
	56	1	17.778	556		（180）	1,2,4	11.250	46 080
4	（31.5）	1,2,4	7.875	504		250	1	15.625	64 000
	40	1,2,4,6	10.000	640	20	（140）	1,2,4	7.000	56 000
	（50）	1,2,4	12.500	800		160	1,2,4	8.000	64 000
	71	1	17.750	1 136		（224）	1,2,4	11.200	89 600
5	（40）	1,2,4	8.000	1 000		315	1	15.750	126 000
	50	1,2,4,6	10.000	1 250	25	（180）	1,2,4	7.200	112 500
	（63）	1,2,4	12.600	1 575		200	1,2,4	8.000	125 000
	90	1	18.000	2 2500		（280）	1,2,4	11.200	175 000
6.3	（50）	1,2,4	7.936	1 984		400	1	16.000	250 000
	63	1,2,4,6	10.000	2 500					

注：表中分度圆直径 d_1 的数字，带（ ）的尽量不用；黑体的为 $\gamma<3°\ 30'$ 的自锁蜗杆。

（4）蜗杆传动的结构。蜗杆的结构如图 2-2-33 所示，一般将蜗杆和轴作成一体，称为蜗杆轴。

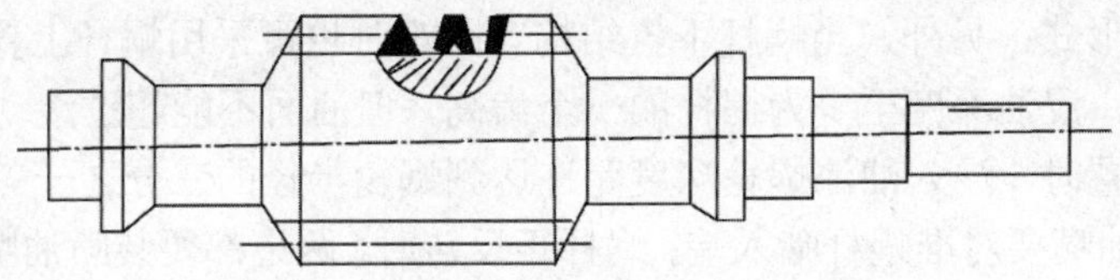

图 2-2-33　蜗杆轴

蜗轮的结构如图 2-2-34 所示，一般为组合式结构，齿圈材料为青铜，轮芯材料为铸铁或钢。

- 图 2-2-34a 为组合式过盈联接结构，这种结构常由青铜齿圈与铸铁轮芯组成，多用于尺寸不大或工作温度变化较小的地方。
- 图 2-2-34b 为组合式螺栓联接结构，这种结构装拆方便，多用于尺寸较大或易磨损的场合。
- 图 2-2-34c 为整体式结构，主要用于铸铁蜗轮或尺寸很小的青铜蜗轮。
- 图 2-2-34d 为拼铸式结构，将青铜齿圈浇铸在铸铁轮芯上，常用于成批生产的蜗轮。

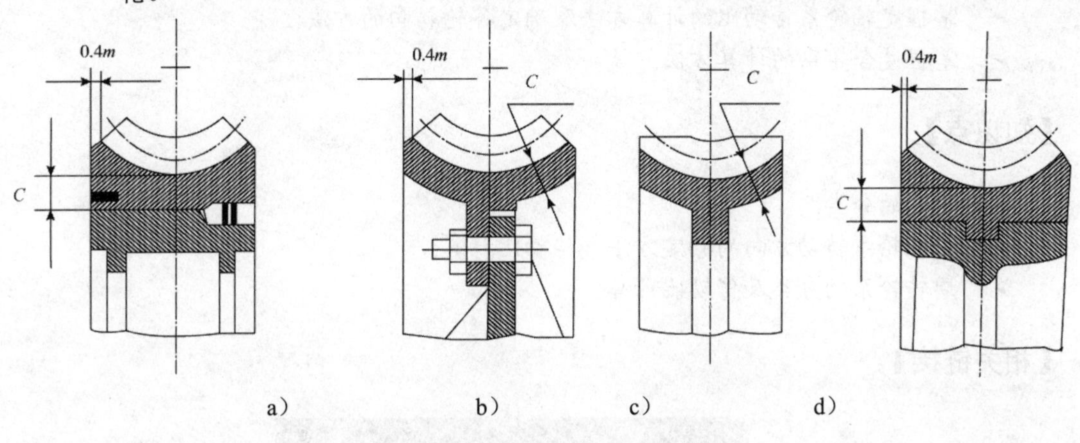

图 2-2-34　蜗轮的结构

a）组合式过盈联接结构；b）组合式螺栓联接结构；c）整体式结构；d）拼铸式结构

3. 蜗杆传动的安装和维护

（1）蜗杆传动的润滑。由于蜗杆传动的相对滑动速度大，良好的润滑对于防止齿面过早地发生磨损、胶合和点蚀，提高传动的承载能力、传动效率，延长使用寿命具有重要的意义。蜗杆传动的齿面承受的压力大，大多属于边界摩擦，其效率低、温升高，因此蜗杆传动的润滑油必须具有较高的黏度和足够的极压性。推荐使用复合型齿轮油、适宜的中等级齿轮油，在一些不重要或低速传动的场合，可用黏度较高的矿物油。为减少胶合的危险，润滑油中一般加入添加剂，如 1%～2%的油酸、三丁基亚磷酸脂等。当蜗轮采用青铜时，添加剂中不能含对青铜有腐蚀作用的硫、磷。

润滑油的粘度和润滑方法一般根据载荷类型和相对滑动速度的大小选用。

（2）蜗杆传动的安装方式。蜗杆传动有蜗杆上置和蜗杆下置两种安装方式。当采用浸油润滑时，蜗杆尽量下置；当蜗杆的速度大于 4～5m/s 时，为避免蜗杆的搅油损失过大，采用蜗杆上置的形式；另外，当蜗杆下置结构有困难时也可采用蜗杆上置的形式。

蜗杆下置时，浸油深度至少为蜗杆的一个齿高，但油面不能超过滚动轴承最低滚动体的中心。蜗杆上置时，浸入油池蜗轮深度允许达到蜗轮半径的三分之一。如果蜗杆传动采用喷油润滑，喷油嘴要对准蜗杆啮入端；蜗杆正反转时，两边都要装喷油嘴。一般情况下，润滑油量要大些为好，这样可沉淀油屑，便于冷却散热。速度高时，浸油量可少些，否则搅油损失增加。

任务三　轮系

【知识目标】

- 了解轮系的概念、分类及应用特点，了解定轴轮系传动比的概念；
- 掌握惰轮的概念及作用；
- 掌握定轴轮系传动比的计算方法及确定各轮转向的方法；
- 掌握复合轮系的计算方法。

【知识点】

- 轮系的分类；
- 定轴轮系转动方向的判定方法和传动比计算；
- 周转轮系的分类及传动比计算。

【相关链接】

轮系广泛应用于各种机械设备中，如图中所示的铁路机车柴油机输出端的齿轮传动装置。轮系能传递相距较远的两轴间的运动和动力，获得较大的传动比，还能实现变速传动和变向传动以及运动的合成或分离。

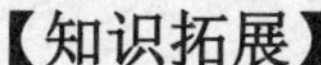

【知识拓展】

一、轮系的分类

由于主动轴与从动轴的距离较远，或要求较大传动比，或要求在传动过程中实现变速和变向等原因，仅用一对齿轮传动或蜗杆传动往往是不够的，而是需要采用一系列相互啮合的齿轮组成的传动系统将主动轴的运动传给从动轴。这种由一系列相互啮合的齿轮（包括蜗杆、蜗轮）组成的传动系统称为齿轮系，简称轮系。组成轮系的齿轮可以是圆柱齿轮、圆锥齿轮或蜗杆蜗轮。如果全部齿轮的轴线都互相平行，这样的轮系称为平面轮系；如果轮系中各轮的轴线并不都是相互平行的，则称为空间轮系。再者，通常根据轮系运动时各个齿轮的轴线在空间的位置是否都是固定的，而将轮系分为两大类：定轴轮系和周转轮系。

1. 定轴轮系

在传动时，所有齿轮的回转轴线固定不变的轮系，称为定轴轮系。定轴轮系是最基本的轮系，应用很广。由轴线互相平行的圆柱齿轮组成的定轴齿轮系，称为平面定轴轮系，如图 2-3-1 所示。

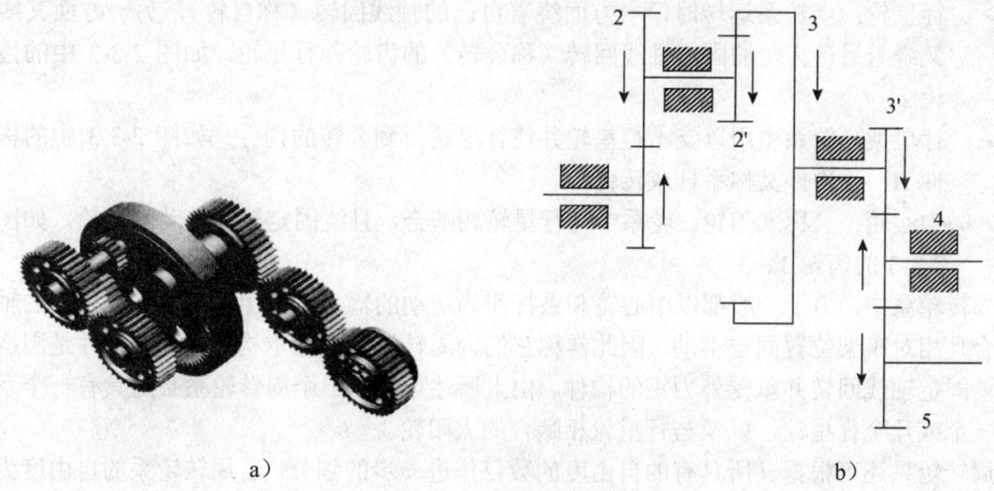

图 2-3-1　平面定轴齿轮系

包含有圆锥齿轮、螺旋齿轮、蜗杆蜗轮等空间齿轮的定轴轮系，称为空间定轴轮系，如图 2-3-2 所示。

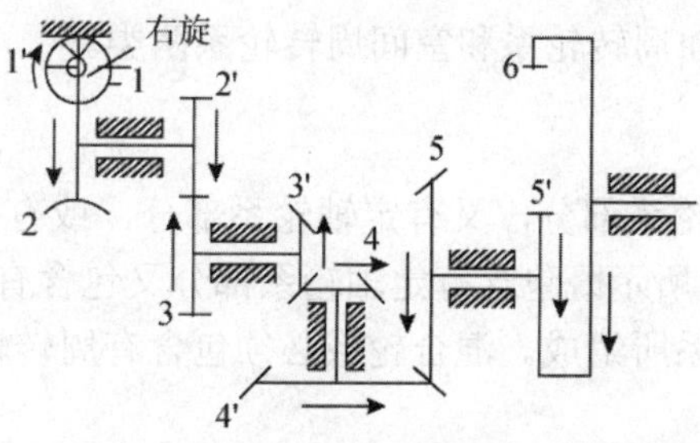

图 2-3-2　空间定轴轮系

2. 周转轮系

轮系在运动过程中，若有一个或一个以上的齿轮除绕自身轴线自转外，其轴线又绕另一个齿轮的固定轴线转动，则称为周转轮系，也叫动轴轮系，如图 2-3-3 所示。

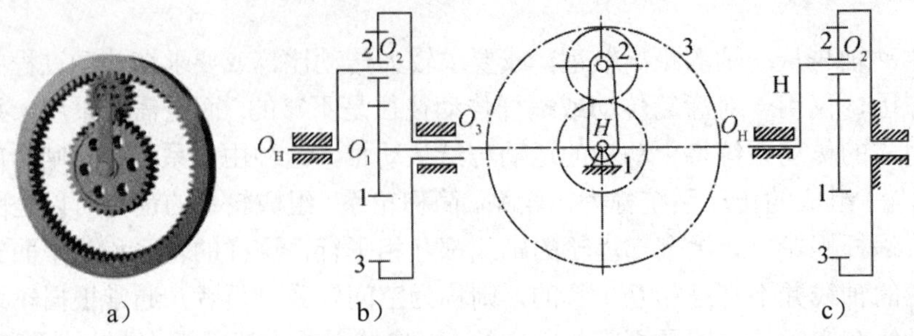

图 2-3-3　周转轮系

a）周转轮系结构图；b）差动轮系；c）行星轮系

其中，齿轮 2 的轴线不固定，它一方面绕着自身的几何轴线 O_2 旋转，同时 O_2 轴线，又随构件 H 绕轴线 O_H 公转。分析周转轮系的结构组成，可知它由下列几种构件所组成。

- 行星轮：当轮系运转时，一方面绕着自己的轴线回转（称自转），另一方面其线又绕着另一齿轮的固定轴线回转（称公转）的齿轮称行星轮，如图 2-3-3 中的齿轮 2。
- 行星架：轮系中用以支承行星轮并使行星轮得到公转的构件．如图 2-3-3 中的构件 H，该构件又称系杆或转臂。
- 中心轮：又称太阳轮。轮系中与行星轮相啮合，且绕固定轴线转动的齿轮，如图 2-3-3 的齿轮 1、3。

周转轮系中，由于一般都以中心轮和系杆作为运动的输入和输出构件，并且它们的轴线重合且相对机架位置固定不动，因此常称它们为周转轮系的基本构件。基本构件是围绕着同一固定轴线回转并承受外力矩的构件。由上所述可见，一个周转轮系必定具有一个系杆，一个或几个行星轮，以及与行星轮相啮合的太阳轮。

周转轮系还可根据其所具有的自由度的数目作进一步的划分。若周转轮系的自由度为 2，如图 2-3-3b 所示的轮系，则称其为差动轮系。为了确定这种轮系的运动，需要给定两个构件以独立的运动规律。凡是自由度为 1 的周转轮系，称为行星轮系，如图 2-3-3c 所示。这种轮系中，两个中心轮 1、3 中有一个固定不动（图 2-3-3c 中为 3 轮不动），则差动轮系就变成了行星轮系。为确定行星轮系的运动，只需给定一个原动件就可以了。

周转轮系也可分为平面周转轮系和空间周转轮系两类。

3. 混合轮系

凡是轮系中既有周转轮系部分，又有定轴轮系部分，或有两个以上周转轮系组成时，称为混合轮系。如图 2-3-4a 所示既包含有定轴轮系部分又包含有周转轮系部分；而图 2-3-4b 所示就是由两部分周转轮系所组成。混合轮系必须包含有周转轮系部分。

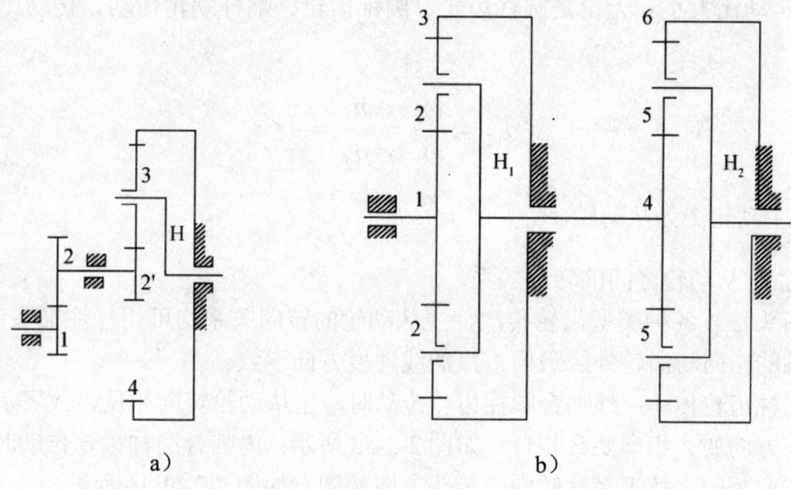

图 2-3-4　混合轮系

a）定轴轮系与行星轮系组合；b）两个行星轮系组合

二、定轴轮系传动比计算

轮系传动比即轮系中首轮与末轮角速度或转速之比。进行轮系传动比计算时除计算传动比大小外，一般还要确定首、末轮转向关系。

1. 传动比计算及转向关系

一对齿轮传动的传动比计算及主、从动轮转向关系如图 2-3-5 所示。

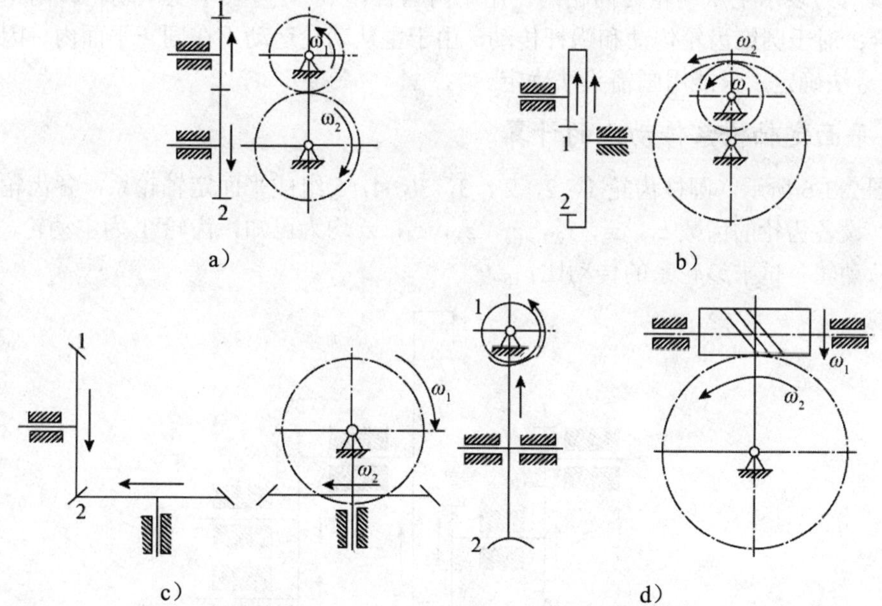

图 2-3-5 一对齿轮传动的主、从动轮转向关系

a）平面外齿轮传动；b）平面内齿轮传动；c）圆锥齿轮传动；d）蜗杆传动

（1）传动比大小。无论是圆柱齿轮、圆锥齿轮、蜗杆蜗轮传动，传动比均可用下式表示：

$$i_{12}=\frac{\omega_1}{\omega_2}=\frac{n_1}{n_2}=\frac{z_2}{z_1}$$

式中，1 为主动轮;2 为从动轮。

（2）主、从动轮之间的转向关系。

①画箭头法。各种类型齿轮传动，主从动轮的转向关系均可用标注箭头的方法确定。约定：箭头的指向与齿轮外缘最前方点的线速度方向一致。

- 圆柱齿轮传动：外啮合圆柱齿轮传动时，主从动轮转向相反，故表示其转向的箭头方向要么相向要么相背，如图 2-3-5a 所示；内啮合圆柱齿轮传动时，主从动轮转向相同，故表示其转向的箭头方向相同，如图 2-3-5b 所示。
- 圆锥齿轮传动：圆锥齿轮传动时，与圆柱齿轮传动相似，箭头应同时指向啮合点或背离啮合点，如图 2-3-5c 所示。
- 蜗杆传动：蜗杆与蜗轮之间转向关系按左手定则确定，如图 2-3-5d 所示，同样可用画箭头法表示。

②确定“±”符号方法。平行轴圆柱齿轮传动，从动轮与主动轮的转向关系可直接在传动比公式中表示，即：

$$i_{12}=\frac{n_1}{n_2}=\pm\frac{z_2}{z_1}$$

式中，“+”号表示主从动轮转向相同，用于内啮合，“ - ”号表示主从动轮转向相反，用于外啮合；对于圆锥齿轮传动和蜗杆传动，由于主从动轮运动不在同一平面内，因此不能用“±”号法确定，只能用画箭头法确定。

2. 平面定轴轮系传动比的计算

如图 2-3-6 所示，圆柱齿轮 1，2，2′，3，3′，4，5 组成平面定轴轮系，各齿轮轴线互相平行。设各齿轮的齿数 z_1，z_2，$z_{2'}$，z_3，$z_{3'}$，z_4，z_5 均为已知，齿轮 1 为主动轮，齿轮 5 为执行从动轮。试求该轮系的传动比 i_{15}。

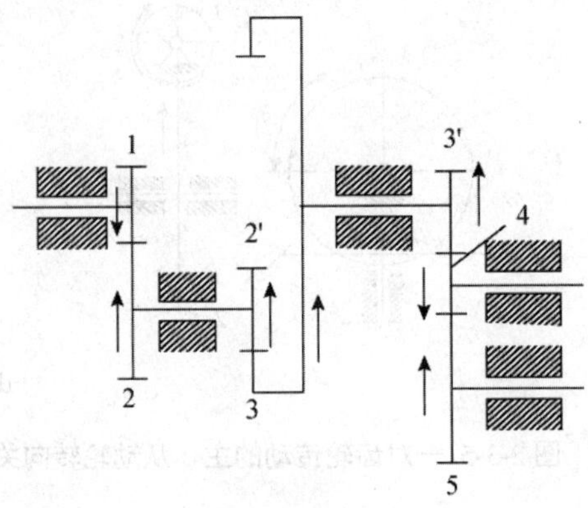

图 2-3-6　轮系

各对齿轮传动比为：

$$i_{12}=\frac{\omega_1}{\omega_2}=-\frac{z_2}{z_1}，\ i_{2'3}=\frac{\omega_{2'}}{\omega_3}=+\frac{z_3}{z_{2'}}，\ i_{3'4}=\frac{\omega_{3'}}{\omega_4}=-\frac{z_4}{z_{3'}}，\ i_{45}=\frac{\omega_4}{\omega_5}=-\frac{z_5}{z_4}$$

将以上各式左右两边按顺序连乘后，可得：

$$i_{12}i_{2'3}i_{3'4}i_{45}=\frac{\omega_1\omega_{2'}\omega_{3'}\omega_4}{\omega_2\omega_3\omega_4\omega_5}=(-1)^3\frac{z_2z_3z_4z_5}{z_1z_{2'}z_{3'}z_4}$$

考虑到$\omega_2=\omega_{2'}$，$\omega_3=\omega_{3'}$，于是可得：

$$所以 i_{15}=\frac{\omega_1}{\omega_5}=i_{12}i_{2'3}i_{3'4}i_{45}=(-1)^3\frac{z_2z_3z_4z_5}{z_1z_{2'}z_{3'}z_4}=-\frac{z_2z_3z_5}{z_1z_{2'}z_{3'}}$$

由上可知，平面定轴轮系中主动轮与执行从动轮的传动比为各对齿轮传动比的连乘积，其值也等于各对齿轮从动轮齿数的乘积与各对齿轮主动轮齿数的乘积之比。上式中计算结果的负号，表明齿轮 5 与齿轮 1 的转向相反。

轮系传动比的正负号也可以用画箭头的方法来确定，如图 2-3-7 中所示。判断的结果也是从动轮 1 与主动轮 5 的转向相反。

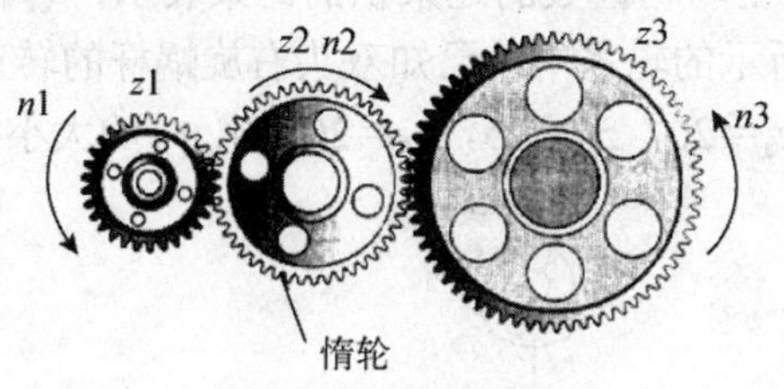

图 2-3-7　惰轮的应用

在上面的推导中可知，表明齿轮 4 的齿数不影响传动比的大小。如图 2-3-7 所示的定轴轮系中，运动由齿轮 1 经齿轮 2 传给齿轮 3。总的传动比为：

$$i_{13}=\frac{n_1}{n_3}=(-1)^2\frac{z_2z_3}{z_1z_2}=\frac{z_3}{z_1}$$

可以看出齿轮 2 既是第一对齿轮的从动轮，又是第二对齿轮的主动轮，对传动比大小没有影响，但使齿轮 1 和齿轮 3 的旋向相同。这种在轮系中起中间过渡作用，不改变传动比大小，只改变从动轮转向也即传动比的正负号的齿轮称为惰轮。

由以上所述可知，一般平面定轴轮系的主动轮 1 与执行从动轮 m 的传动比应为：

$$i_{1m}=\frac{\omega_1}{\omega_m}=(-1)^k\frac{z_2z_3\ldots z_m}{z_1z_{2'}z_{3'}\ldots z_{m-1}}=(-1)^k\frac{所有从动轮齿数的连乘积}{所有主动轮齿数的连乘积}$$

式中，k 为轮系中外啮合齿轮的对数。当 k 为奇数时传动比为负，表示首末轮转向相反，当 k 为偶数时传动比为正，表示首末轮转向相同。

这里首末轮的相对转向判断，还可以用画箭头的方法来确定。如图 2-3-1b 中所示，若已知首轮 1 的转向，可用标注箭头的方法来确定其他齿轮的转向。

【例 1】如图 2-3-1b 所示定轴轮系，已知 z_1=20，z_2=30，z'_2=20，z_3=60, z'_3=20，z_4=20，z_5=30, n_1=100r/min。首轮逆时针方向转动。求末轮的转速和转向。

【解】根据定轴轮系传动比公式，并考虑 1 到 5 间有 3 对外啮合，故：

$$i_{15}=\frac{n_1}{n_5}=(-1)^3\frac{z_2z_3z_5}{z_1z'_2z'_3}=-\frac{30\times60\times30}{20\times20\times20}=-6.75$$

末轮 5 的转速　$n_5=\frac{n_1}{i_{15}}=\frac{100}{-6.75}=-14.8(\text{r/min})$

负号表示末轮 5 的转向与首轮 1 相反，顺时针转动。

3. 空间定轴轮系传动比的计算

空间定轴轮系中除了有圆柱齿轮之外，还有圆锥齿轮、螺旋齿轮、蜗杆蜗轮等空间齿轮。它的传动比的大小仍可用传动比公式计算。但在轴线不平行的两传动齿轮的传动比前加上“+”号或“ - ”号已没有实际意义，所以轮系中每根轴的回转方向应通过画箭头来决定，而不能用$(-1)^k$决定。如图 2-3-2 所示的轮系，两轴传动比i_{16}的大小仍然用所有从动轮齿数的连乘积和所有主动轮齿数的连乘积的比来表示，各轮的转向如图中箭头所示。

【例 2】如图 2-3-8 所示的轮系中，已知双头右旋蜗杆的转速n＝900r/min，转向如图所示，z_2＝60，z_2'＝25，z_3＝20，z_3'＝25，z_4＝20。求n_4的大小与方向。

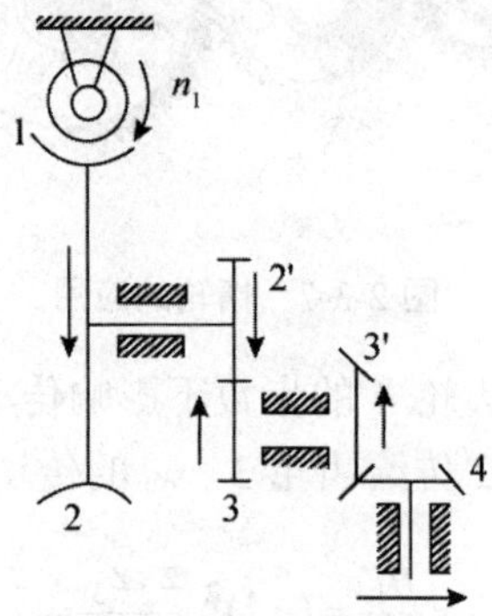

图 2-3-8　轮系实例

【解】由图 2-3-8 可知，本题属空间定轴轮系，且输出轴和输入轴不平行。故运动方向只能用画箭头的方式来表示。由定轴轮系公式得：

$$i_{14}=\frac{n_1}{n_4}=\frac{z_2z_3z_4}{z_1z'_2z'_3}=\frac{60\times20\times20}{2\times25\times25}=19.2$$

$$n_4=\frac{n_1}{i_{14}}=\frac{900}{19.2}=46.875(\text{r / min})$$

三、周转轮系的传动比计算

1. 周转轮系的转化

周转轮系中，由于行星轮既作自转又作公转，而不是绕定轴的简单转动，所以周转轮系的传动比不能直接用定轴轮系的公式计算。周转轮系的传动比计算普遍采用“转化机构”法。这种方法的基本思想是：设想将周转轮系转化成一假想的定轴轮系，借用定轴轮系的传动比计算公式来求解周转轮系中有关构件的转速及传动比。

如图 2-3-9a 所示，该平面周转轮系中齿轮 1，2，3 系杆 H 的转速分别为 n_1，n_2，n_3，n_H。在前面连杆机构和凸轮机构中，我们曾根据相对运动原理，对它们的转化机构进行运动分析和设计。根据同一原理，假设对整个周转轮系加上一个与行星架 H 的转速 n_H 大小相等、方向相反的公共转速“$-n_H$”。则各构件间相对运动不变，但这时系杆的转速变为 $n_H+(-n_H)=0$，即系杆变为静止不动，这样，周转轮系便转化为定轴轮系，如图 3-9b 所示。这个转化而得的假想定轴轮系，称为原周转轮系的转化机构。

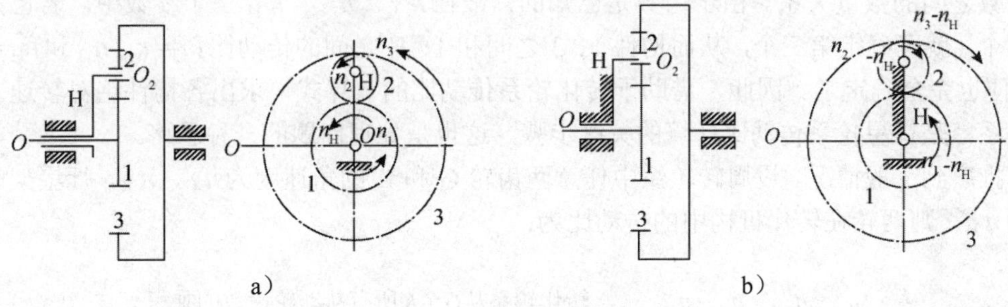

图 2-3-9 周转轮系及其转化轮系

a）周转轮系；b）转化轮系

2. 周转轮系的传动比公式

当对整个周转轮系加上“$-n_H$”后，与原轮系比较，在转化机构中任意两构件间的相对运动不变，但绝对运动则不同。转化轮系中各构件的转速分别用 n_1^H、n_2^H 、n_3^H 、n_3^H、n_H^H 表示，各构件转化前后的转速如表 2-3-1 所示。

表 2-3-1 周转轮系机构转速表

构件	原有转速	在转化机构中的转速（即相对系杆的转速）
1	n_1	$n_1^H = n_1 - n_H$
2	n_2	$n_2^H = n_2 - n_H$

（续表）

构件	原有转速	在转化机构中的转速（即相对系杆的转速）
3	n_3	$n_3^H = n_3 - n_H$
H	n_H	$n_H^H = n_H - n_H = 0$

在转化轮系中，根据平面定轴轮系传动比的计算公式，齿轮1对齿轮3的传动比i_{13}^{H}为：

$$i_{13}^{H} = \frac{n_1^{H}}{n_3^{H}} = \frac{n_1 - n_H}{n_3 - n_H} = (-1)^1 \frac{z_2 z_3}{z_1 z_2} = -\frac{z_3}{z_1}$$

上式虽然求出的是转化轮系的传动比，但却给出了周转轮系中各构件的绝对转速与各轮齿数之间的数量关系。由于齿数是已知的，故在n_1、n_3、n_H三个参数中，若已知任意两个，就可确定第三个，从而构件1、3之间和1、H之间的传动比$i_{13}=n_1/n_3$和$i_{1H}=n_1/n_H$便也完全确定了。因此，借助于转化轮系传动比的计算式，求出各构件绝对转速之间的关系，是行星轮系传动比计算的关键步骤，这也是处理问题的一种思路。

推广到一般情况。设周转轮系中任意两齿轮G和K的角速度为n_G、n_K，行星架的转速为n_H，则两轮在转化机构中的传动比为：

$$i_{GK}^{H} = \frac{n_G^{H}}{n_K^{H}} = \frac{n_G - n_H}{n_K - n_H} = (\pm)\frac{\text{转化轮系从}G\text{至}K\text{所有从动轮齿数的乘积}}{\text{转化轮系从}G\text{至}K\text{所有主动轮齿数的乘积}}$$

式中，G为首轮；K为末轮。中间各轮的主从地位按这一假定去判别。转化轮系中齿轮G、K的相对转向的判断，可将H视为静止，然后用画箭头的方法判定。转向相同时，齿数比前取“+”号，转向相反时，，齿数比前取“-”号。周转轮系传动比公式要注意以下几点。

- 所选择的两个齿轮G、K及系杆H的回转轴线必须是互相平行的，这样，两轴的转速差才能用代数差表示；
- 将n_G、n_K、n_H的已知值代入公式时，须将表示其转向的正负号带上。若假定其中一个已知转速的转向为正以后，则其他转速的转向与其同向时取正，与其反向时取负；
- $i_{GK}^{H} \neq i_{GK}$。i_{GK}^{H}为假想的转化轮系中齿轮G与齿轮K的转速之比，而i_{GK}则是周转轮系中齿轮G与齿轮K的转速n_G与n_K之比，其大小与方向由结果确定；
- 式中齿数比前的“±”号由转化轮系中G、K两轮的转向关系来确定，“±”号若判断错误将严重影响到计算结果的正确性。

对于平面周转轮系，各齿轮及系杆的回转轴线都互相平行。因此在运用周转轮系传动比公式时，齿数比前的“±”号可以用$(-1)^k$来代替，k为外啮合齿轮的对数。k为奇数时，齿数比前取“-”号；k为偶数时，齿数比前取“+”号。

3. 周转轮系的传动比应用实例

【例 3】如图 2-3-10 所示的轮系是一种具有双联行星轮的行星减速器的机构简图，中心轮 b 是固定的，运动由系杆 H 输入，中心轮 a 输出。已知各轮齿数 $z_a=51$，$z_g=49$，$z_b=46$，$z_f=44$。试求传动比 i_{Ha}。

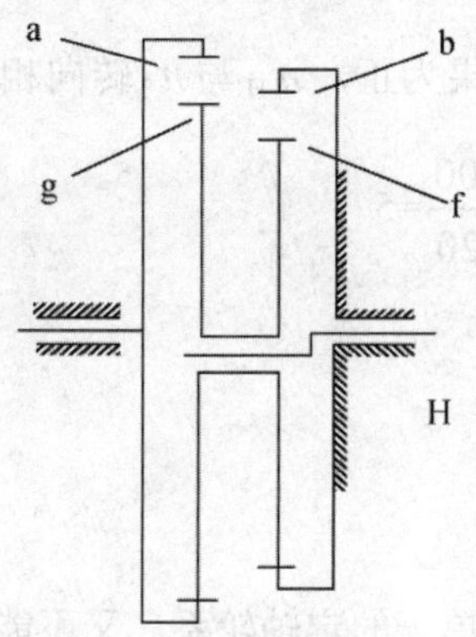

图 2-3-10　行星减速器机构简图

【解】由机构反转法，在转化轮系中，从轮 a 至轮 b 的传动比为：

$$i_{ab}^{H}=\frac{\omega_a^H}{\omega_b^H}=\frac{\omega_a-\omega_H}{\omega_b-\omega_H}=\frac{z_g z_b}{z_a z_f}$$

注意到 $\omega_b=0$，即有：

$$\frac{\omega_a-\omega_H}{0-\omega_H}=\frac{49\times46}{51\times44}$$

故：

$$i_{Ha}=\frac{\omega_H}{\omega_a}=-224.4$$

【例 4】如图 2-3-11 所示，在差动齿轮系中，已知齿数 $z_1=60$、$z_2=40$、$z_3=z_4=20$ 若 $n_1=n_4=120$r/min，且 $\boldsymbol{n_1}$ 与 $\boldsymbol{n_4}$ 转向相反，求 i_{H1}。

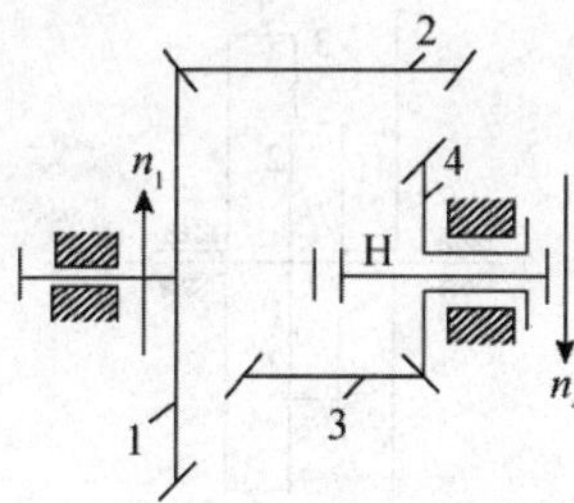

图 2-3-11　差动齿轮系

【解】该齿轮系中齿轮 2、3 为行星轮，齿轮 1、4 为太阳轮，H 为行星架。

$$i_{14}^{H}=\frac{n_1^H}{n_4^H}=\frac{n_1-n_H}{n_4-n_H}=+\frac{z_2 z_4}{z_1 z_3}$$

等式右端的正号，是在转化齿轮系中用画箭头的方法确定的。设 n_1 的转向为正，则 n_4 的转向为负，代入已知数据：

$$\frac{+120-n_H}{-120-n_H}=+\frac{40\times 20}{60\times 20}$$

解得：n_H=600r/min 计算结果为正，n_H 与 n_1 转向相同：

$$i_{H1}=\frac{n_H}{n_1}=\frac{600}{120}=5$$

四、复合轮系的传动比计算

1. 轮系的分析

由于复合轮系既不能转化成单一的定轴轮系，又不能转化成单一的动轴轮系，所以不能用一个公式来求其传动比。必须首先分清各个单一的动轴轮系和定轴轮系，然后分别列出计算这些轮系传动比的方程式，最后再联立求出复合轮系的传动比。

（1）区分复合轮系中的动轴轮系部分和定轴轮系部分。在复合轮系中鉴别出单一的动轴轮系是解决问题的关键。一般的方法是：首先在复合轮系中找到行星轮，再找到支持行星轮的构件即行星架 H，以及与行星轮相啮合的太阳轮。于是，行星轮、行星架和太阳轮就组成一个单一的动轴轮系。若再有动轴轮系也照此法确定，最后剩下的轮系部分即为定轴轮系。这样就把整个轮系划分为几个单一的动轴轮系和定轴轮系。

（2）分别列出轮系中各部分的传动比计算公式，代入已知数据。

（3）根据复合轮系中各部分轮系之间的运动联系进行联立求解，可求出复合轮系的传动比。

2. 混合轮系的实例

【例 5】如图 2-3-12 所示的轮系中，已知各轮齿数为：z_1=z_2=24，z_3=72，z_4=89，z_5=95，z_6=24，z_7=30。试求轴 A 与轴 B 之间的传动比 i_{AB}。

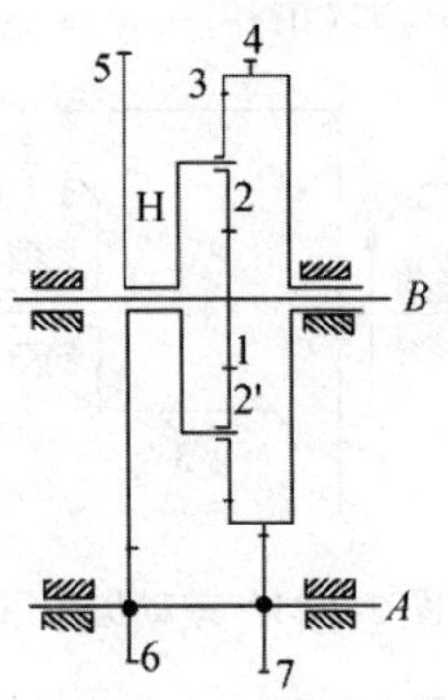

图 2-3-12　混合轮系实例

【解】（1）分析轮系的组成：首先找周转轮系，可看出齿轮 2、2′为行星轮，行星架为系杆 H，故齿轮 1、2、3 和系杆组成了一个周转轮系（齿轮 2'此处为虚约束，可不予考虑）；其余四个齿轮 4、5、6 和 7 构成了一个定轴轮系。因此此轮系为定轴轮系和周转轮系组成的混合轮系。

（2）对于由齿轮 1、2、3 和系杆 H 组成的周转轮系，其传动比为：

$$i_{13}^{H}=\frac{\omega_1^H}{\omega_3^H}=\frac{\omega_1-\omega_H}{\omega_3-\omega_H}=-\frac{z_3}{z_1}=-\frac{72}{24}=-3$$

对于由轮 4、5、6 和 7 所组成的定轴轮系：

$$i_{47}=\frac{\omega_4}{\omega_7}=-\frac{z_7}{z_4}=-\frac{30}{89}$$

$$i_{56}=\frac{\omega_5}{\omega_6}=-\frac{z_6}{z_5}=-\frac{24}{95}$$

由轮系结构特点，可知：

$$\omega_A=\omega_6=\omega_7,\ \omega_B=\omega_1,\ \omega_3=\omega_4,\ \omega_5=\omega_H$$

由以上各式，消去相应未知量，可得：

$$\omega_4=-\frac{30}{89}\omega_7=-\frac{30}{89}\omega_A,\ \omega_5=-\frac{24}{95}\omega_6=-\frac{24}{95}\omega_A$$

故：$\omega_3=-\frac{30}{89}\omega_A$，$\omega_H=-\frac{24}{95}\omega_A$

将以上两式带入周转轮系传动比，得：

$$\frac{\omega_B-\omega_H}{\omega_3-\omega_H}=\frac{\omega_B-\left(-\frac{24}{95}\omega_A\right)}{-\frac{30}{89}\omega_A-\left(-\frac{24}{95}\omega_A\right)}=-3$$

整理后，得：$i_{AB}=\frac{\omega_A}{\omega_B}=1409$

轴 A 与轴 B 转向相同。

【例 6】如图 2-3-13 所示，为滚齿机的差动机构。设已知齿轮 a、g、b 的齿数 $z_a=z_b=z_g=30$，蜗杆 1 为单头（$z_1=1$）右旋，蜗轮 2 的齿数 $z_2=30$，当齿轮 a 的转速（分齿运动）$n_a=100$r/min，蜗杆转速（附加运动）$n_1=2$r/min 时，试求齿轮 b 的转速。

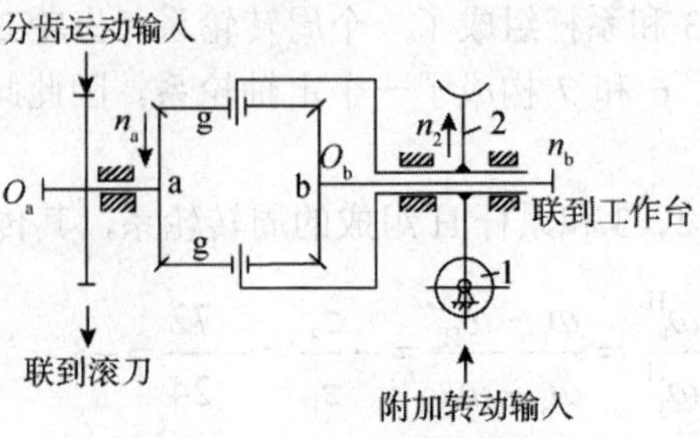

图 2-3-13　滚齿机差动机构

【解】（1）分析轮系的组成。

如 2-3-13 图所示，当滚齿机滚切斜齿轮时，滚刀和工件之间除了分齿运动之外，还应加入一个附加转动。圆锥齿轮 g（两个齿轮 g 的运动完全相同，分析该差动机构时只考虑其中一个）除绕自己的轴线转动外，同时又绕轴线 O_b 转动，故齿轮 g 为行星轮，H 为行星架，齿轮 a、b 为太阳轮，所以构件 a、g、b 及 H 组成一个差动轮系。蜗杆 1 和蜗轮 2 的几何轴线是不动的，所以它们组成定轴轮系。

在该差动轮系中，齿轮 a 和行星架 H 是主动件，而齿轮 b 是从动件，表示这个差动轮系将转速 n_a、n_H（由于蜗轮 2 带动行星架 H，故 $n_H=n_2$）合成为一个转速 n_b。

（2）由蜗杆传动得：　$n_H=n_2=\dfrac{z_1}{z_2}n_1=\dfrac{1}{30}\times 2=\dfrac{1}{15}$（r/min）（转向如图 2-3-13 所示）

又由差动轮系 a、g、b、H 得：　$i_{ab}^H=\dfrac{n_a-n_H}{n_b-n_H}=-\dfrac{z_b}{z_a}$

即：　$i_{ab}^H=\dfrac{n_a-(-n_H)}{n_b-(-n_H)}=\dfrac{n_a+n_H}{n_b+n_H}=-\dfrac{z_b}{z_a}=-1$

$n_b=-2n_H-n_a=(-2\times\dfrac{1}{15}-100)\approx-100.13$（r/min）

因在转化机构中齿轮 a 和 b 转向相反，故计算时 z_b/z_a 之前加上负号，又因 n_a 和 n_H（即 n_2）转向相反，故 n_a 用正号、n_H 用负号代入。最终计算结果为负号，表示齿轮 b 的实际转向与齿轮 a 的转向相反。

五、轮系的功用

1. 实现变速传动

在主动轴转速不变时，利用轮系可以获得多种转速。如汽车、机床等机械中大量运用这种变速传动。

如图 2-3-14 所示为某汽车变速器的传动示意图，输入轴 1 与发动机相连，n_1= 2000r/min，输出轴Ⅳ与传动轴相连，Ⅰ、Ⅳ轴之间采用了定轴轮系。当操纵杆变换档位，分别移动轴Ⅳ上与内齿圈 B 相固联的齿轮 4 或齿轮 6，使其处于啮合状态时，便可获得四种输出转速，以适应汽车行驶条件的变化。

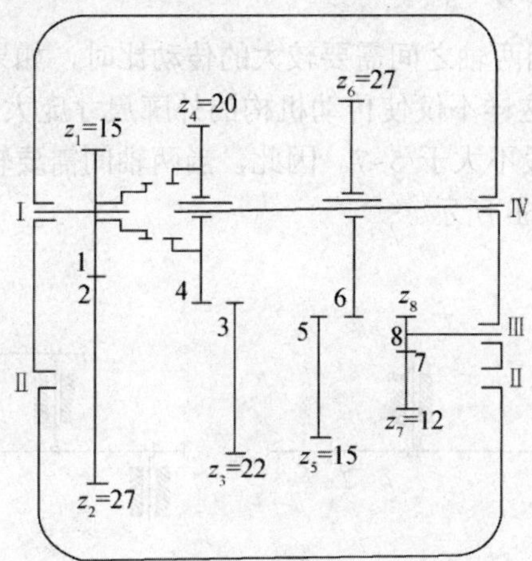

图 2-3-14　汽车变速器传动简图

第 1 档，A—B 接合，i_{14}=1, n_4=n_1=2000r/min，汽车以最高速行驶；

第 2 档，A—B 分离，齿轮 1—2、3—4 啮合，i_{14}=＋1.636，n_4=1222.5r/min，汽车以中速行驶；

第 3 档，A—B 分离，齿轮 1—2、5—6 啮合，i_{14}＝3.24，n_4= 617.3 r/min，汽车以低速行驶；

第 4 档，A—B 分离，齿轮 1—2、7—8—6 啮合，i_{14}=－4.05，n_4=－493.8 r/min，这里惰轮起换向作用，使本档成为倒档，汽车以最低速倒车。

2. 实现分路传动

利用轮系可以使一根主动轴带动若干根从动轴同时转动，获得所需的各种转速。例如图 2-3-15 所示的机械式钟表机构中，由发条盘驱动齿轮 1 转动时，通过齿轮 1 与齿轮 2 的啮合可使分针 M 转动；同时由齿轮 1、2、3、4、5、6 组成的轮系可使秒针 S 获得一种转速；由齿轮 1、2、9、10、11、12 组成的轮系可使时针 H 获得另一种转速。按传动比的计算，如适当选择各轮的齿数，便可得到时针、分针、秒针之间所需的走时关系。

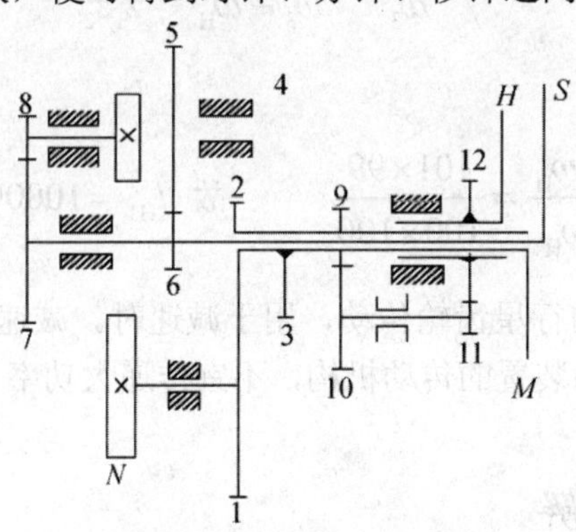

图 2-3-15　机械式钟表机构

3. 实现大传动比传动

如图 2-3-16a 所示，当两轴之间需要较大的传动比时，如果仅用一对齿轮传动，必然使两轮的尺寸相差很大。这样不仅使传动机构的外廓尺寸庞大，而且小齿轮也较易损坏。所以一对齿轮的传动比一般不大于 5~7。因此，当两轴间需要较大的传动比时，就往往采用轮系来满足，如图 2-3-16b 所示。

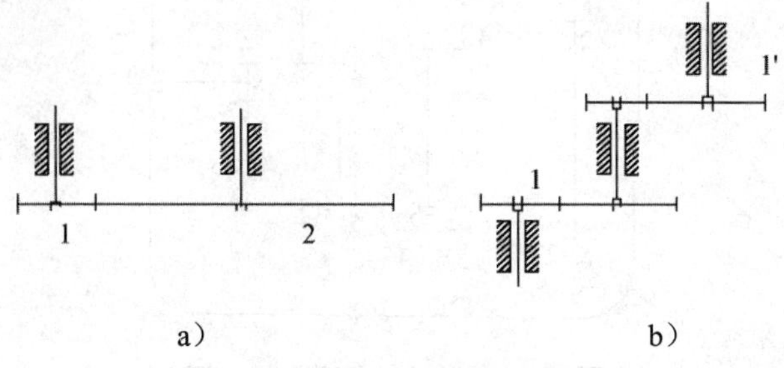

图 2-3-16　大传动比传动

特别是采用行星轮系，可以在使用很少的齿轮并且结构也很紧凑的条件下，得到很大的传动比，如图 2-3-17 所示的轮系即是一个很好的例子。图中 z_1=100，z_2=101，$z_{2'}$=100，z_3=99 时，其传动比可达 10000。具体计算如下。

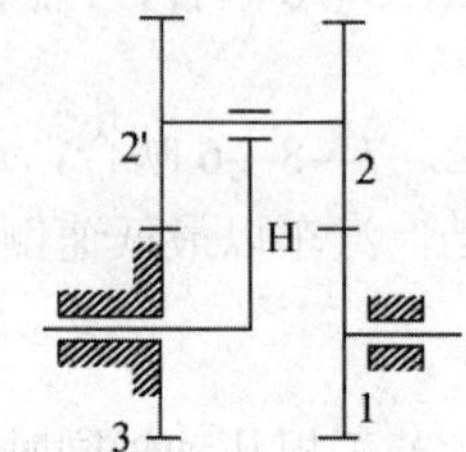

图 2-3-17　大传动比行星轮系

$$i_{13}^{\mathrm{H}}=\frac{\omega_1^{\mathrm{H}}}{\omega_3^{\mathrm{H}}}=\frac{\omega_1-\omega_{\mathrm{H}}}{\omega_3-\omega_{\mathrm{H}}}=\frac{z_2 z_3}{z_1 z_{2'}}$$

带入已知数据，得：

$$\frac{\omega_1-\omega_{\mathrm{H}}}{0-\omega_{\mathrm{H}}}=\frac{101\times 99}{100\times 100}\qquad \text{故}\ i_{\mathrm{H}1}=10000$$

应当指出，这种类型的行星齿轮传动，用于减速时。减速比越大，其机械效率越低，因此它一般只适用于作辅助装置的传动机构，不宜传递大功率。如将它用作增速传动，则可能发生自锁。

4. 运动的合成与分解

运动合成是将两个输入运动合为一个输出运动；分解是将一个输入运动分为两个输出运动。利用差动轮系可以实现运动的分解与合成。如图 2-3-18 所示，为汽车后桥的差速器。

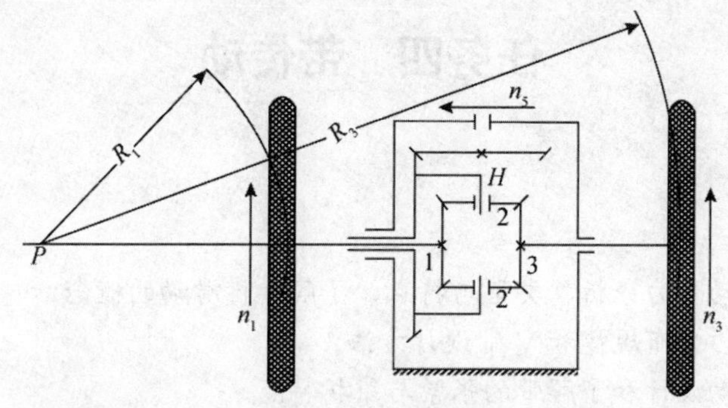

图 2-3-18　差速器

为避免汽车转弯时后轴两车轮转速差过大造成的轮胎磨损严重，特将后轴做成两段，并分别与两车轮固连，而中间用差速器相连。发动机经传动轴驱动齿轮 5，而轮 5 与活套在后轴上的轮 4 为一定轴轮系。齿轮 2 活套在轮 4 侧面突出部分的小轴上，它与两车轮固连的中心轮 1、3 和系杆（轮 4）构成一差动轮系。由此可知，该差速器为一由定轴轮系和差动轮系串联而成的混合轮系。下面计算两车轮转速。

$$i_{13}^{\mathrm{H}}=\frac{n_1^{\mathrm{H}}}{n_3^{\mathrm{H}}}=\frac{n_1-n_{\mathrm{H}}}{n_3-n_{\mathrm{H}}}=-\frac{z_3}{z_1}$$

因 $z_1=z_3$，差速 $n_{\mathrm{H}}=n_4$，则：$n_4=\frac{1}{2}(n_1+n_3)$　　（a）

由式 a 可知，这种轮系可用作加（减）法机构。如果由齿轮 1 及齿轮 3 的轴分别输入被加数和加数的相应转角时，行星架转角的两倍就是它们的和。这种合成作用在机床、计算机构和补偿装置中得到广泛的应用。同时该差速器可使发动机传到齿轮 5 的运动，以不同的转速分别传递给左右两车轮。

当汽车左转弯时，设 P 是瞬时转动中心，这时右轮要比左轮转得快。因为两轮直径相等，而它们与地面之间又不能打滑，要求为纯滚动，因此，两轮的转速与转弯半径成正比，即：

$$\frac{n_1}{n_3}=\frac{R_1}{R_3}\qquad\text{（b）}$$

式中 R_1、R_3 为左、右两后轮转弯时的曲率半径。由式 b 可知，汽车两后轮的速比关系是一定的，取决于转弯半径。这一约束条件相当于把差动轮系的两个中心轮给封闭了，而使两轮得到确定的运动。

a、b 两式联立，得：$n_1=\frac{2R_1}{R_1+R_3}n_4$　　　$n_3=\frac{2R_3}{R_1+R_3}n_4$

这样，由发动机传入的一个运动就分解为两车轮的两个独立运动。

任务四　带传动

【知识目标】

- 掌握带传动受力分析、类型与特点，了解弹性滑动的概念；
- 掌握带应力分布规律和V带设计方法；
- 掌握带传动设计和了解带的张紧与维护特点。

【知识点】

- 带传动的类型与特点，弹性滑动的概念；
- 带传动标准及其传动设计、带传动的张紧与调整；
- 同步带传动的特点和应用。

【相关链接】

带传动是利用张紧在带轮上的柔性带进行运动或动力传递的一种机械传动。带传动具有结构简单、传动平稳、能缓冲吸振、可以在大的轴间距和多轴间传递动力，且其造价低廉、不需润滑、维护容易等特点，在近代机械传动中应用十分广泛。上图所示的就是车辆厂里的车身冲压机的带传动。

【知识拓展】

一、带传动概述

带传动是通过传动带把主动轴的运动和动力传给从动轴的一种机械传动形式。当主动轴与从动轴相距较远时，常采用这种传动方式。本章将介绍V带传动类型、特点、工作原理、工作能力分析及标准规范。

带传动一般由主动带轮1、从动带轮2、紧套在两带轮上的传动带3及机架组成，如图2-4-1所示。当主动轮转动时，通过带和带轮间的摩擦力，驱使从动轮转动并传递动力。

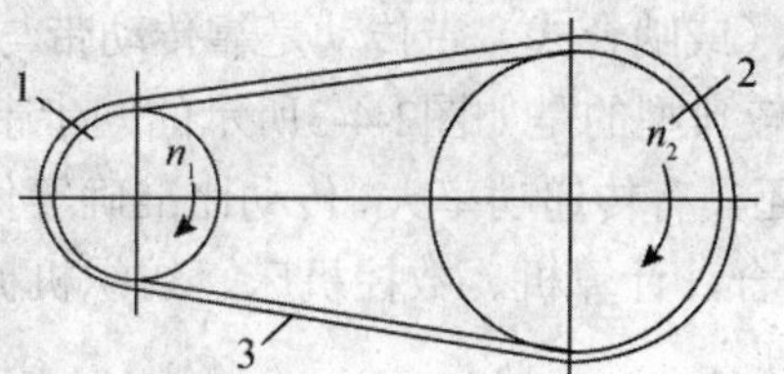

图 2-4-1　带传动简图

1-主动带轮；2-从动带轮；3-传动带

1. 带传动的类型

在带传动中，常用的有平带传动（件图2-4-2a）、V带传动（见图2-4-2b）、多楔带传动（见图2-4-2c）、圆形带传动（见图2-4-2d）和同步带传动（见图2-4-3）等。前四种带传动都属于摩擦型传动，同步带传动则属于啮合型传动。

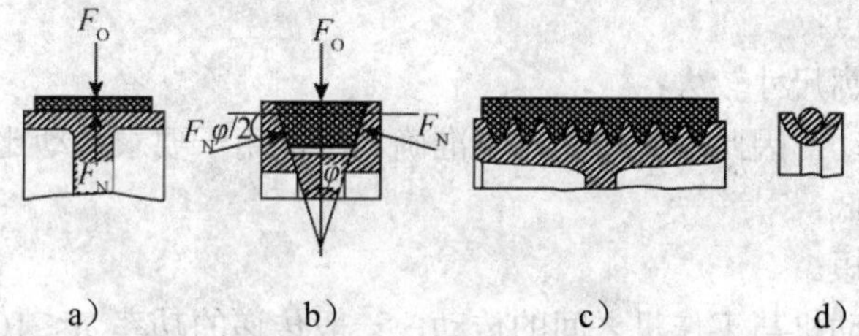

图 2-4-2　带传动类型

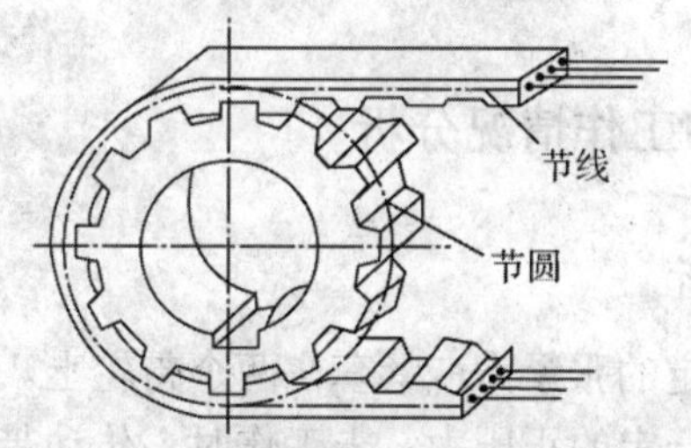

图 2-4-3　同步带传动

- 平带传动：平带是由多层胶帆布构成，其横截面形状为扁平矩形，工作面是与带轮轮面相接触的内表面。平带传动的结构简单，主要用于两轴平行、转向相同的较远距离的传动。
- V 带传动：V 带的横截面形状为等腰梯形，带轮的轮槽也是梯形，与轮槽相接触的两侧面为工作面。根据槽面摩擦原理，在相同张紧力和相同摩擦系数的条件下，V 带传动较平带传动能产生更大的摩擦力，所以 V 带传动可传递较大的功率，结构更紧凑，V 带传动在机械传动中应用最广泛。
- 多楔带传动：多楔带相当于平带与多根V带的组合，工作面是楔的侧面，它兼有两者的优点，柔性好、摩擦力大、传递功率大，多用于结构要求紧凑的大功率传动中。
- 圆形带传动：圆形带的截面形状为圆形，仅用于如缝纫机、仪器仪表等低速、小功率的传动。

- 同步带传动：同步（或啮合式）带传动是靠传动带与带轮上的齿相互啮合来传递运动和动力的，比较典型的是如图2-4-3所示的同步带传动。同步带除保持了摩擦带传动的优点外，还具有传递功率大、传动比准确等优点，多用于要求传动平稳、传动精度较高的场合，计算机、数控机床、纺织机械等。同步带的截面为矩形，带的内环表面成齿形。

2. 带传动的特点

带传动的主要优点：

- 适用于中心距较大的传动；
- 带具有弹性，可缓冲和吸振；
- 传动平稳，噪声小；
- 过载时带与带轮间会出现打滑，可防止其他零件损坏，起安全保护作用；
- 结构简单，制造容易，维护方便，成本低。

带传动的主要缺点：

- 传动的外轮廓尺寸较大；
- 由于带的滑动，因此瞬时传动比不准确，不能用于要求传动比精确的场合；
- 传动效率较低；
- 带的寿命较短。

带传动多用于原动机与工作机之间的传动，一般传递的功率 $P\leqslant 100$kW；带速 v=5～25m/s；传动效率 η=0.90～0.95；传动比 $i\leqslant 7$。带传动中由于摩擦会产生电火花，故不能用于有爆炸危险的场合。

二、带传动的工作原理和工作情况分析

1. 带传动的受力分析

传动带安装时，应以一定的张紧力F_0紧套在两个带轮上。由于F_0作用，带与带轮相互压紧，并在接触面之间产生一定的正压力。未工作时，传动带上下两边的拉力相等，如图2-4-4a所示。F_0又称为初压力。

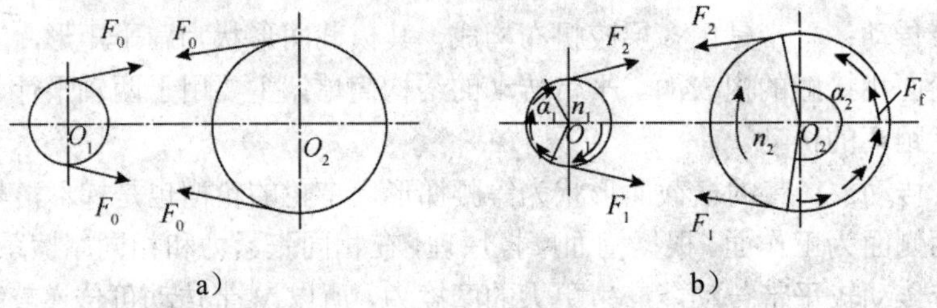

图 2-4-4　带传动的受力分析

带传动工作时，主动轮以转速n_1转动，通过带与带轮接触面间产生的摩擦力F_1，驱动从动轮以转速n_2转动，此时带两边的拉力不再相等。如图2-4-4b所示，作用在主动轮处带上的摩擦力的方向与主动轮的转向相同；作用在从动轮处带上的摩擦力的方向与从动轮的转向相反。因此，带两边的拉力也发生变化，带绕上主动轮的一边被拉紧，称为紧边，其

拉力由F_0增大到F_1；带绕上从动轮的一边则被放松，称为松边，带的拉力由F_0减少至F_2。

设带的总长度不变，则带紧边拉力的增加量应等于松边拉力的减少量，即：

$$F_1 - F_0 = F_0 - F_2$$

$$F_1 + F_0 = 2F_0$$

在图2-4-4b中，当取主动轮一端的带为分离体时，则总摩擦力和两边拉力对轴心的力矩的代数和为零。即：

$$F_f = F_1 - F_2$$

在带传动中，紧边拉力和松边拉力之差就是带传动传递的圆周力，称为有效拉力F，它在数值上等于任意一个带轮接触弧上的摩擦力总和F_f，即：

$$F = F_f = F_1 - F_2$$

带传动所能传递的功率P为：

$$P = Fv \text{（W）}$$

式中F 为有效拉力（N）；v为带的速度（mm/s）。

由此可知，当带速一定时，传递的功率愈大，则有效拉力愈大，所需带与轮面间的摩擦力也愈大。当其他条件不变且初拉力一定时，这个摩擦力有一极限值。当传递的有效拉力F超过带与轮面间的极限摩擦力时，带就会在带轮轮面上发生明显的全面滑动，这种现象称为打滑。打滑将使带的磨损加剧，从动轮转速急剧降低，传动失效。在正常工作时，应当避免出现打滑现象。

当带开始打滑时，紧边拉力F_1与松边拉力F_2之间的关系可以用以下公式表示：

$$\frac{F_1}{F_2} = e^{f\alpha}$$

式中　f 为带与带轮面间的摩擦系数；α为带轮的包角，即带与带轮接触弧所对应的圆周角（rad），如图2-4-1所示；e为自然对数的底，即e=2.718……。

因此，根据上式可推出最大有效拉力为：

$$F = 2F_0 \frac{e^{f\alpha} - 1}{e^{f\alpha} + 1}$$

由此可知，最大有效拉力与下列的因素有关。

- 初拉力 F_0：最大有效拉力 F 与 F_0 成正比。F_0 越大，带与带轮之间的正压力越大，传动时的摩擦力就越大，即 F 也越大。但 F_0 过大时，将使带的磨损加剧，缩短带的工作寿命；如 F_0 过小，带的工作能力不能充分发挥，运转时易发生跳动和打滑。
- 摩擦系数 f：f 越大，摩擦力就越大，传动能力越大，即 F 也越大。而摩擦系数 f 与带及带轮的材料、表面状况、工作环境等有关。
- 包角 α：最大有效拉力 F 随包角 α 的增大而增大。因为包角 α 增大，带与带轮之间的摩擦力总和增加，从而提高了传动的能力。因此，设计时为了保证带具有一定的传动能力，要求 V 带小轮上的包角 $\alpha \geqslant 120°$。

2. 带的应力分析

带传动工作时，带中的截面产生的应力包括三部分。

（1）拉应力。在带传动工作时，紧边和松边由拉力产生的拉应力分别为：

$$\left.\begin{aligned}\sigma_1 &= \frac{F_1}{A}\\ \sigma_2 &= \frac{F_2}{A}\end{aligned}\right\}$$

式中，A为传动带的横截面面积（mm^2）

（2）离心应力σ_c。当带以切线速度v沿带轮轮缘做圆周运动时，带本身质量将引起离心力。离心力使带受拉，在截面上产生离心拉应力。离心应力沿带的全部长度分布相等。

$$\sigma_c = \frac{qv^2}{A} \quad \text{(MPa)}$$

式中，v为带速（m/s）；q为带单位长度上的质量（kg/m）

（3）弯曲应力σ_b。带绕过带轮时，由于弯曲变形，从而产生弯曲应力，如图2-4-5所示。带的弯曲应力为：

$$\sigma_b \approx \frac{Eh}{d_d}$$

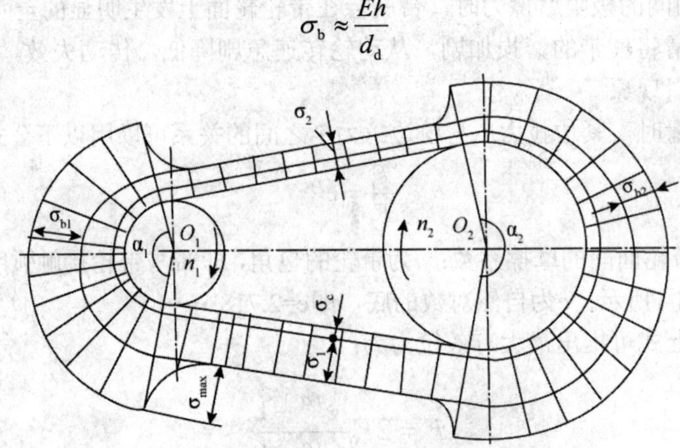

图 2-4-5　带工作时的应力分布

由此可知，带轮直径愈小，则带所受的弯曲应力愈大。小带轮处的弯曲应力大于大带轮处的弯曲应力，设计时应限制小带轮的最小直径。

如图2-4-5所示为带工作时的应力分布情况。带中产生的最大应力发生在带的紧边开始绕入小带轮处，其值为：

$$\sigma_{max}=\sigma_1+\sigma_c+\sigma_{b1}$$

由图2-4-5可知，作用在带上某一截面上的应力随着带运转的位置而不断变化，即带是处于变应力状况下工作的，当应力循环次数达到一定数值后，将引起带的疲劳破坏。

3. 带的弹性滑动

带是弹性体，在传动过程中，由于受拉力而产生弹性变形。带在工作时，带两边（紧边和松边）的拉力不同，因而弹性变形也不同。如图2-4-6所示，当带的紧边绕上主动轮1时，带速v与轮1的圆周速度v_1相等，但在轮1由a点转动到b点的过程中，带所受的拉力由F_1

逐渐降到F_2，带的弹性变形随之逐渐减小，因而带沿带轮的运动是一面绕进，另一面又相对主动轮向后缩，故带速v低于主动轮1的圆周速度v_1。

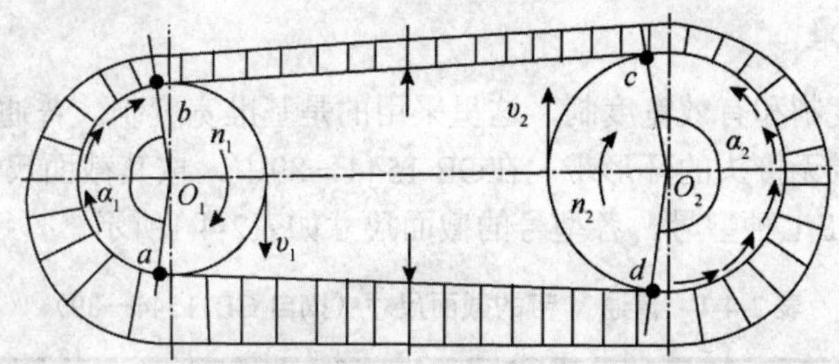

图 2-4-6　带工作时的拉力分布

同理，带绕进从动轮2由点c转动到点d的过程中，作用在带上的拉力由F_2逐渐增大到F_1，带的弹性变形也逐渐增加，这时带一面随从动轮绕进，另一面又相对从动轮向前伸长，带速v高于从动轮2的圆周速度v_2。

由于带的弹性变形而引起带在带轮上滑动的现象，称为弹性滑动。弹性滑动是带传动工作时的固有特性，是不可避免的。

由上述分析可知，因弹性滑动的影响，将使从动轮的圆周速度v_2低于主动轮的圆周速度v_1，从动轮圆周速度降低的程度可用滑动率ε来表示：

$$\varepsilon=\frac{v_1-v_2}{v_1}\times100\%=\frac{\pi d_1 n_1-\pi d_2 n_2}{\pi d_1 n_1}\times100\%$$

此时，从动轮实际的转速和带传动实际传动比分别为：

$$\left.\begin{aligned} n_2&=\frac{d_{d1}}{d_{d2}}(1-\varepsilon)n_1\\ i&=\frac{n_1}{n_2}=\frac{d_{d2}}{d_{d1}(1-\varepsilon)}\end{aligned}\right\}$$

式中，d_1，d_2 为两个带轮的基准直径（mm）。

由于滑动率随所传递载荷的大小而变化，不是一个定值，因此带传动的传动比也不能保持准确值。带传动正常工作时，其滑动率$\varepsilon\approx1\%\sim2\%$，在一般情况下可以不予考虑。

另外，要注意带的弹性滑动和打滑是截然不同的概念，打滑是由于超载所引起的带在带轮上的全面滑动，是可以避免的。

4. 带传动的设计准则

根据前面的分析可知，带传动的主要失效形式是打滑和疲劳破坏，所以带传动的设计准则为：在保证带传动不打滑的条件下，具有一定的疲劳强度和使用寿命。

即满足如下强度条件：

$$\sigma_{max}=\sigma_1+\sigma_c+\sigma_{b1}\leqslant[\sigma]$$

即：

$$\sigma_1\leqslant[\sigma]-\sigma_c-\sigma_{b1}$$

式中，$[\sigma]$为在特定条件下，根据疲劳寿命由试验确定的带的许用拉应力。

三、V 带的标准及其传动设计

1. V 带的标准

V带有基准宽度制和有效宽度制，这里采用的是基准宽度制。普通V带已标准化，标准普通V带通常制成无接头的环形带。在GB 1544—89中，按其截面尺寸由小到大分为Y、Z、A、B、C、D、E七种型号，各型号的截面尺寸如表2-4-1所示。

表 2-4-1　普通 V 带的截面尺寸（摘自 GB11544—89）

型号	Y	Z	A	B	C	D	E
b_p/mm	5.3	8.5	11.0	14.0	19.0	27.0	32.0
b/mm	6	10	13	17	22	32	38
h/mm	4	6	8	11	14	19	25
θ/°	40						

普通V带的截面结构包括顶胶、抗拉体、底胶和包布。包布层用橡胶帆布制成，用于保护V带；顶胶和底胶均由橡胶制成；强力层又分为帘布芯结构（见图2-4-7a）和绳芯结构（见图2-4-7b）两种。其中帘布结构的V带制造方便、抗拉强度好；而绳芯结构的V带柔韧性好、抗弯强度高，适用于带轮直径小、转速较高的场合。

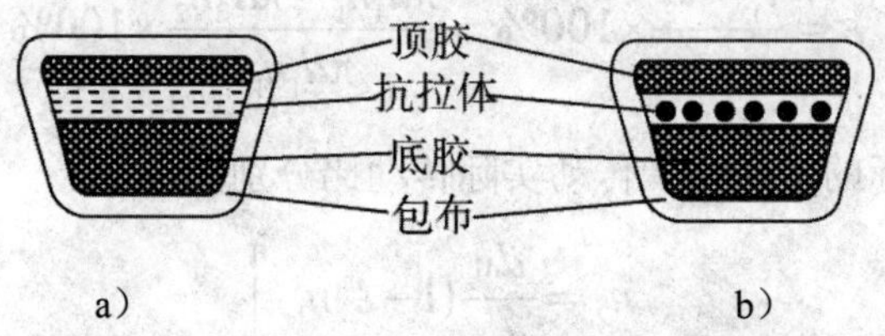

图 2-4-7　皮带内部结构

当V带受弯曲时，顶胶伸长，而底胶缩短，在两者之间有一层既不受拉也不受压的中性层长度不变，称为节面。带的节面宽度称为节宽b_p，当带绕在带轮上弯曲时，其节宽保持不变。在V带轮上，与所配用V带的节宽b_p，相对应的带轮直径称为基准直径。V带在规定的张紧力下，位于带轮基准直径上的周线长度称为基准长度L_d。V带的公称长度以基准长度L_d表示（见图2-4-8），V带轮的最小基准直径d_{dmin}及基准直径系列如表2-4-2所示，V带轮槽尺寸如表2-4-3所示，普通V带基准长度系数L_d及长度系数K_L如表2-4-4所示。

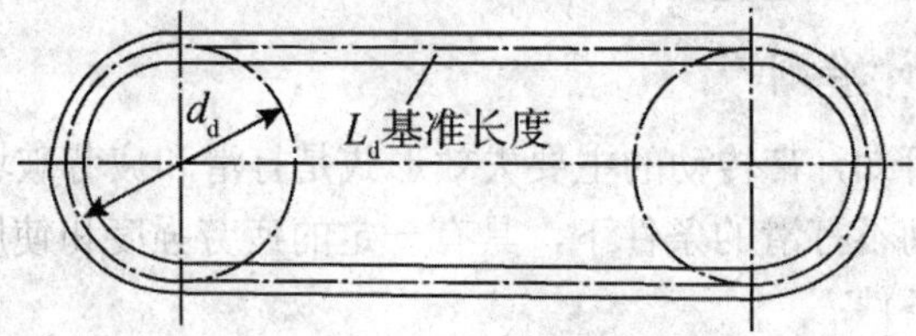

图 2-4-8　V 带的初装

表 2-4-2 普通 V 带轮的最小基准直径 d_{dmin} 及基准直径系列

基准直径	截面型号					基准直径	截面型号					
公称值（mm）	Y	Z	A	B	C	公称值（mm）	Z	A	B	C	D	E
28	*					265				+		
31.5	*					280	*	*	*	*		
35.5	*					300				*		
40	*					315	*	*	*	*		
45	*					335				+		
50	*	*				355	*	*	*	*	*	
56	*	*				375					+	
63	*	*				400	*	*	*	*	*	
71	*	*				425					*	
75		*	*			450		*	*	*	*	
80	*	*	*			475					+	
85			+			500	*	*	*	*	*	*
90	*	*	*			530						*
95			+			560	*	*	*	*	*	*
100	*	*	*			600			+	*	+	*
106			+			630	*	*	*	*	*	*
112	*	*	*			670						*
118			+			710		*	*	*	*	*
125		*	*	*		750			+	*	*	
132	*		+	+		800		*	*	*	*	*
140		*	*	*		900			+	*	*	*
150		*	*	*		1000			*	*	*	*
160		*	*	*		1060					*	
170				+		1120			*	*	*	*
180		*	*	*		1250				*	*	*
200		*	*	*	*	1400				*	*	*
212					*	1500					*	*
224		*	*	*	*	1600				*	*	*
236					*	1800					*	*
250		*	*	*	*	2000				*	*	*

表 2-4-3　V 带轮轮槽尺寸

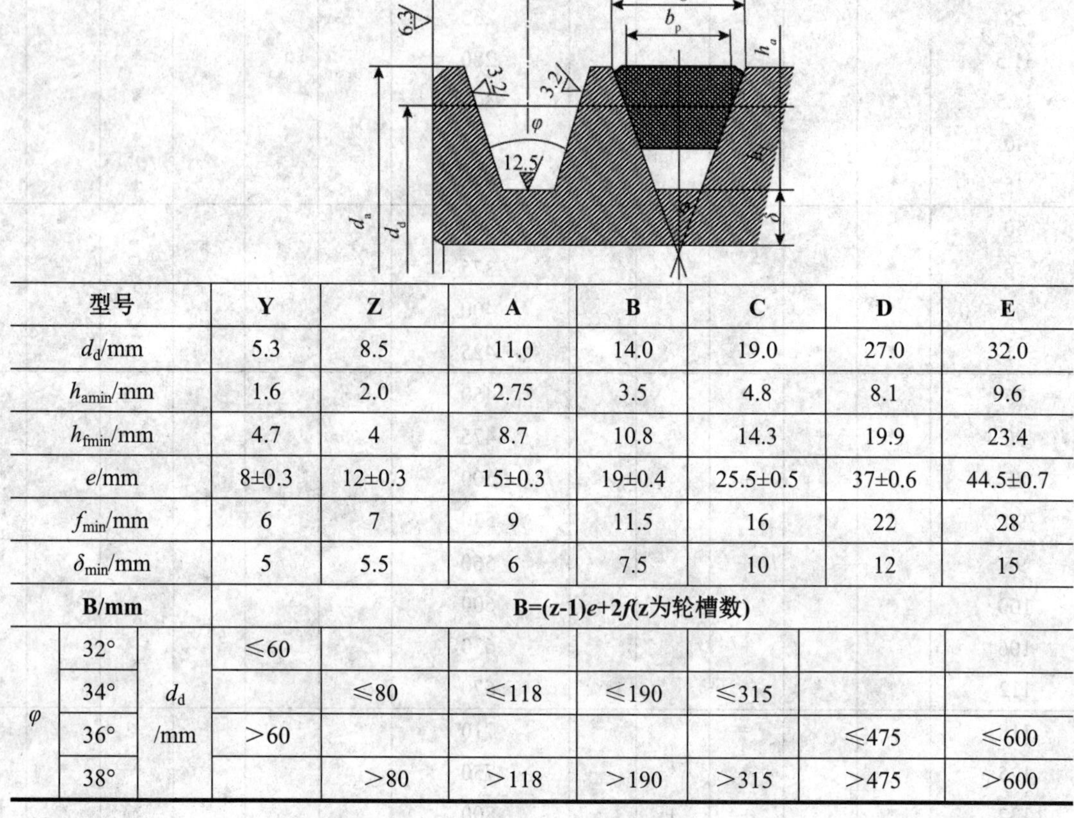

型号	Y	Z	A	B	C	D	E
d_d/mm	5.3	8.5	11.0	14.0	19.0	27.0	32.0
h_{amin}/mm	1.6	2.0	2.75	3.5	4.8	8.1	9.6
h_{fmin}/mm	4.7	4	8.7	10.8	14.3	19.9	23.4
e/mm	8±0.3	12±0.3	15±0.3	19±0.4	25.5±0.5	37±0.6	44.5±0.7
f_{min}/mm	6	7	9	11.5	16	22	28
δ_{min}/mm	5	5.5	6	7.5	10	12	15
B/mm	**B=(z-1)*e*+2*f*(z为轮槽数)**						
φ 32°（d_d/mm）	≤60						
φ 34°（d_d/mm）		≤80	≤118	≤190	≤315		
φ 36°（d_d/mm）	＞60					≤475	≤600
φ 38°（d_d/mm）		＞80	＞118	＞190	＞315	＞475	＞600

表 2-4-4　普通 V 带的基准长度系列及长度系数

基准长度	长度系数K_1						
L_d/mm	Y	Z	A	B	C	D	E
200	0.81						
224	0.82						
250	0.84						
280	0.87						
315	0.89						
355	0.92						
400	0.96	0.87					
450	1.00	0.89					
500	1.02	0.91					
560		0.94					
630		0.96	0.81				
710		0.99	0.82				

（续表）

基准长度	长度系数K_1						
L_d/mm	Y	Z	A	B	C	D	E
800		1.00	0.85				
900		1.03	0.87	0.81			
1000		1.06	0.89	0.84			
1120		1.08	0.91	0.86			
1250		1.11	0.93	0.88			
1400		1.14	0.96	0.90			
1600		1.16	0.99	0.92	0.83		
1800		1.18	1.01	0.95	0.86		
2000			1.03	0.98	0.88		
2240			1.06	1.00	0.91		
2500			1.09	1.03	0.93		
2800			1.11	1.05	0.95	0.83	
3150			1.13	1.07	0.97	0.86	
3550			1.17	1.09	0.99	0.89	

2. 带轮结构

V带轮常用的材料是铸铁。当v≤25m/s时，常用牌号为 HT150；当v≥25～30m/s时，常用牌号为HT200；高速带轮可采用铸钢或钢板焊接而成；小功率时可采用工程塑料或铸铝。带轮由轮缘、轮毂和轮辐组成，如图2-4-9所示。

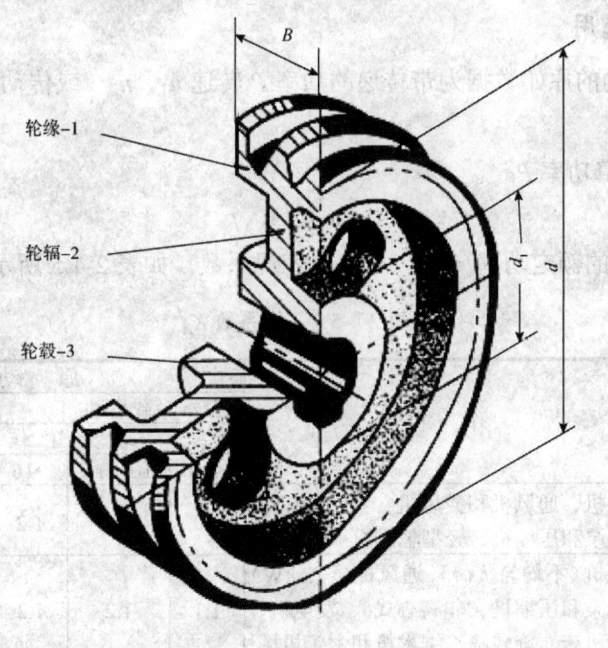

图 2-4-9 带轮结构

根据轮辐结构的不同，如图2-4-10所示，可将带轮分为以下四种型式：

- S型实心带轮：d_d≤（2.5～3）d（轴径）选用；
- P型辐板带轮：d_d≤300mm选用；
- H型孔板带轮：轮毂和轮缘之间的距离超过100mm选用；
- E型椭圆轮辐带轮：d_d>300mm选用。

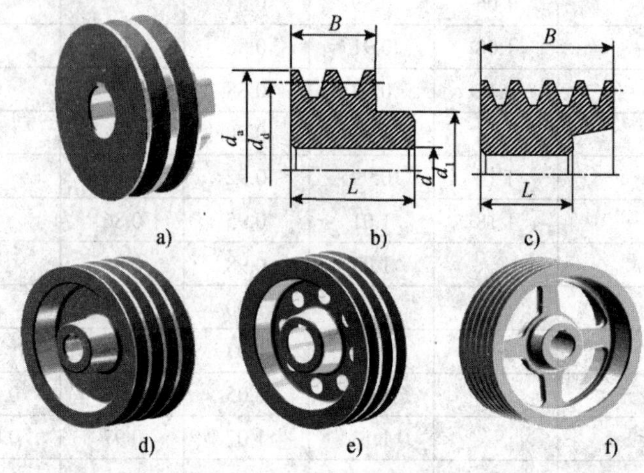

图 2-4-10　带轮的种类

a）实心带轮；b）S－I 型；c）S－II 型；d）辐板带轮；e）孔板带轮；f）椭圆轮辐带轮

普通V带不是完全的弹性体，长期在张紧状态下工作，会因出现塑性变形而松驰，使初拉力F_0减小，传动能力下降。因此，必须将带重新张紧，以保证带传动正常工作。

3. V带的选用

设计V带传动的原始数据为带传递的功率P,转速n_1、n_2（或传动比i）以及外廓尺寸的要求等。

（1）确定计算功率Pc

$$P_c=K_AP$$

式中：P为带传递的额定功率（kW）；K_A为工况系数，如表2-4-5所示。

表 2-4-5　工况系数 K_A

<table>
<tr><td rowspan="4">载荷性质</td><td rowspan="4">工　作　机</td><td colspan="6">原　动　机</td></tr>
<tr><td colspan="3">空、轻载启动</td><td colspan="3">重 载 启 动</td></tr>
<tr><td colspan="6">每 天 工 作 小 时 数 h</td></tr>
<tr><td><10</td><td>10～16</td><td>>16</td><td><10</td><td>10～16</td><td>>16</td></tr>
<tr><td>载荷变动微小</td><td>液体搅拌机、通风机和鼓风机（≤7.5kW）、离心式水泵和压缩机、轻型输送机</td><td>1.0</td><td>1.1</td><td>1.2</td><td>1.1</td><td>1.2</td><td>1.3</td></tr>
<tr><td>载荷变动小</td><td>带式输送机（不均匀负荷）、通风机（>7.5kW）旋转式水泵和压缩机（非离心式）、发电机、金属切削机床、旋转筛、锯木机和木工机械</td><td>1.1</td><td>1.2</td><td>1.3</td><td>1.2</td><td>1.3</td><td>1.4</td></tr>
</table>

（续表）

载荷性质	工作机	原动机					
		空、轻载启动			重载启动		
		每天工作小时数 h					
		<10	10～16	>16	<10	10～16	>16
载荷变动较大	制砖机、斗式提升机、往复式水泵和压缩机、起重机、磨粉机、冲剪机床、旋转筛、纺织机械、重载输送机	1.2	1.3	1.4	1.4	1.5	1.6
载荷变动很大	破碎机（旋转式、颚式等）、磨碎机（球磨、棒磨、管磨）	1.3	1.4	1.5	1.5	1.6	1.8

注：（1）空轻载启动—电动机（交流启动、三角启动、直流并励）、四缸以上的内燃机、装有离心式离合器、液力联轴器的动力机；（2）重载启动—电动机（联机交流启动、直流复励或串励）、四缸以下的内燃机；（3）反复启动、正反转频繁、工作条件恶劣等场合，K_A 应乘以 1.2。

（2）选择 V 带的型号

根据设计功率 P_c 和主动轮转速 n_1 由图 2-4-11、图 2-4-12 选择带的型号。

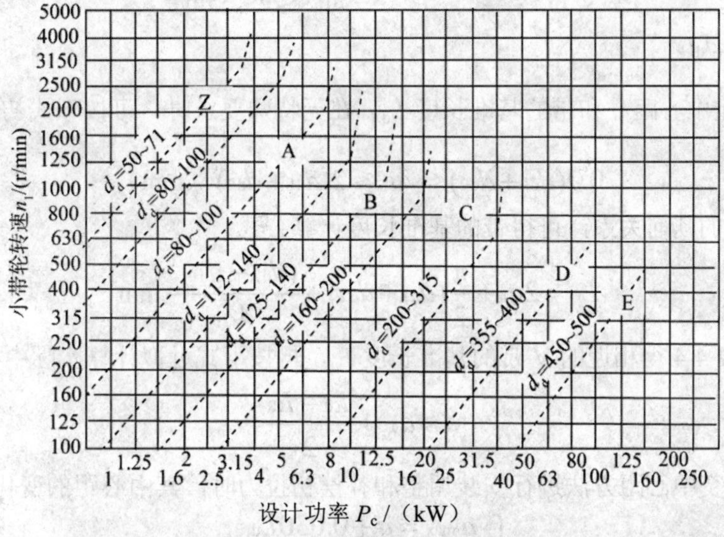

图 2-4-11　普通 V 带选型图

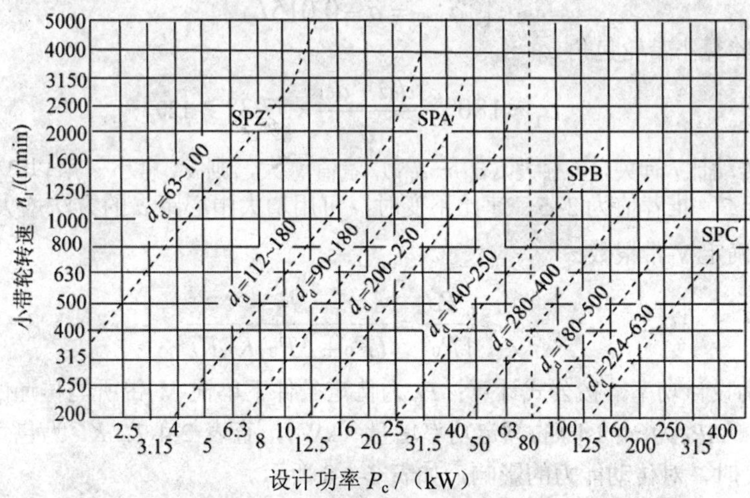

图 2-4-12　窄 V 带选型图

（3）确定带轮的基准直径 d_{d1} 和 d_{d2}。小带轮直径 d_{d1} 应大于或等于表 2-4-2 所列的最小直径 d_{min}。d_{d1} 过小则带的弯曲应力较大，反之又使外廓尺寸增大。一般在工作位置允许的情况下，小带轮直径取大些可减小弯曲应力，提高承载能力和延长带的使用寿命。即：

$$d_{d2}=\frac{n_1}{n_2}d_{d1}$$

d_{d1}、d_{d2} 均应符合带轮直径系列尺寸，如表 2-4-2 所示。π

（4）验算带速 v

$$v=\frac{\pi d_{d1}n_1}{60\times1000}$$

带速太高离心力增大，使带与带轮间的摩擦力减小，容易打滑；带速太低，传递功率一定时所需的有效拉力过大，也会打滑。一般应使：

普通 V 带　　　　　　$5\text{m/s}<v<25\text{m/s}$

窄 V 带　　　　　　　$5\text{m/s}<v<35\text{m/s}$

否则重选 d_{d1}。

（5）确定中心距 a 和带的基准长度 L_d。在无特殊要求时，可按下式初选中心距 a_o

$$0.7(d_{d1}+d_{d2})\leqslant a_0\leqslant 2(d_{d1}+d_{d2})\ \text{（mm）}$$

由带传动的几何关系，可得带的基准长度计算公式：

$$L_0=2a_0+\frac{\pi}{2}(d_{d1}+d_{d2})+\frac{(d_{d2}-d_{d1})^2}{4a_0}\ \text{mm}$$

按 L_0 查表 4-4 得相近的 V 带的基准长度 L_d，再按下式近似计算实际中心距：

$$a\approx a_0+\frac{L_d-L_0}{2}$$

当采用改变中心距方法进行安装调整和补偿初拉力时，其中心距的变化范围为

$$\begin{cases}a_{max}=a+0.030L_d\\ a_{min}=a-0.015L_d\end{cases}$$

（6）验算小带轮包角 α_1

$$\alpha_1\approx180°-\frac{d_{d2}-d_{d1}}{a}\times57.3°\geqslant120°$$

α_1 与传动比 i 有关，i 愈大（$d_{d2}-d_{d1}$）差值愈大，则 α_1 愈小。所以 V 带传动的传动比一般小于 7，推荐值为 2~5。速比不变时，可用增大中心距 a 的方法增大 α_1。180°

（7）确定 V 带根数 z

$$z\geqslant\frac{P_c}{[P_0]}=\frac{P_c}{(P_0+\Delta P_0)K_\alpha K_L}$$

式中：P_c 为设计功率，按公式计算；P_0 为特定条件下单根 V 带所能传递的功率（kW），查表 2-4-6；ΔP_0 为 $i>1$ 时的额定功率增量（kW），查表 2-4-7；K_α 为包角系数，考虑不是特定长度时，对传动能力的影响，如表 2-4-8 所示。

表 2-4-6 包角 α=180°、特定带长、工作平稳 dear 情况下，单根 V 带的额定功率 P_0(kW)

型号	小带轮直径 d_{d1} /mm	小带轮转速 n_1 (r/min)												
		200	400	730	800	980	1200	1460	1600	2000	2400	2800	3200	3600
Z	56	—	0.06	0.11	0.12	0.14	0.17	0.19	0.20	0.25	0.30	0.33	0.35	0.37
	63	—	0.08	0.13	0.15	0.18	0.22	0.25	0.27	0.32	0.37	0.41	0.45	0.47
	71	—	0.09	0.17	0.20	0.23	0.27	0.31	0.33	0.39	0.46	0.50	0.54	0.58
	80	—	0.14	0.20	0.22	0.26	0.30	0.36	0.39	0.44	0.50	0.56	0.61	0.64
	90	—	0.14	0.22	0.24	0.28	0.33	0.37	0.40	0.48	0.54	0.60	0.64	0.68
A	75	0.16	0.27	0.42	0.45	0.52	0.60	0.68	0.73	0.84	0.92	1.00	1.04	1.08
	90	0.22	0.39	0.63	0.68	0.79	0.93	1.07	1.15	1.34	1.50	1.64	1.75	1.83
	100	0.26	0.47	0.77	0.83	0.97	1.14	1.32	1.42	1.66	1.87	2.05	2.19	2.28
	112	0.31	0.56	0.93	1.00	1.18	1.39	1.62	1.74	2.04	2.30	2.51	2.68	2.78
	125	0.37	0.67	1.11	1.19	1.40	1.66	1.93	2.07	2.44	2.74	2.98	3.16	3.26
	140	0.43	0.78	1.31	1.41	1.66	1.96	2.29	2.45	2.87	3.22	3.48	3.65	3.72
	160	0.51	0.94	1.56	1.69	2.00	2.36	2.74	2.94	3.42	3.80	4.06	4.19	4.17
B	125	0.48	0.84	1.34	1.44	1.67	1.93	2.20	2.33	2.64	2.85	2.96	2.94	2.80
	140	0.59	1.05	1.69	1.82	2.13	2.47	2.83	3.00	3.42	3.70	3.85	3.83	3.63
	160	0.74	1.32	2.16	2.32	2.72	3.17	3.64	3.86	4.40	4.75	4.89	4.80	4.46
	180	0.88	1.59	2.61	2.81	3.30	3.85	4.41	4.68	5.30	5.67	5.76	5.52	4.92
	200	1.02	1.85	3.06	3.30	3.86	4.50	5.15	5.46	6.13	6.47	6.43	5.95	4.98
	224	1.19	2.17	3.59	3.86	4.50	5.26	5.99	6.33	7.02	7.25	6.95	6.05	4.47
PZ	60	0.20	0.35	0.56	0.60	0.70	0.81	0.93	1.00	1.17	1.32	1.45	1.56	1.66
	71	0.25	0.44	0.72	0.78	0.92	1.08	1.25	1.35	1.59	1.81	2.00	2.18	2.33
	75	0.28	0.49	0.79	0.87	1.02	1.21	1.41	1.52	1.79	2.04	2.27	2.48	2.65
	80	0.31	0.55	0.88	0.99	1.15	1.38	1.60	1.73	2.05	2.34	2.61	2.85	3.06
	90	0.37	0.67	1.12	1.21	1.44	1.70	1.98	2.14	2.55	2.93	3.26	3.57	3.84
	100	0.43	0.79	1.33	1.44	1.70	2.02	2.36	2.55	3.05	3.49	3.90	4.26	4.58
PA	90	0.43	0.75	1.21	1.30	1.52	1.76	2.02	2.16	2.49	2.77	3.00	3.16	3.26
	100	0.53	0.94	1.54	1.65	1.93	2.27	2.61	2.80	3.27	3.67	3.99	4.25	4.42
	112	0.64	1.16	1.91	2.07	2.44	2.86	3.31	3.57	4.18	4.71	5.15	5.49	5.72
	125	0.77	1.40	2.33	2.52	2.98	3.5	4.06	4.38	5.15	5.80	6.34	6.76	7.03
	140	0.92	1.68	2.81	3.03	3.58	4.23	4.91	5.29	6.22	7.01	7.64	8.11	8.39
	160	1.11	2.04	3.42	3.70	4.38	5.17	6.01	6.47	7.60	8.53	9.24	9.72	9.94
PB	140	1.08	1.92	3.13	3.35	3.92	4.55	5.21	5.54	6.31	6.86	7.15	7.17	6.89
	160	1.37	2.47	4.06	4.37	5.13	5.98	6.89	7.33	8.38	9.13	9.52	9.53	9.10
	180	1.65	3.01	4.99	5.37	6.31	7.38	8.50	9.05	10.34	11.21	11.62	11.43	10.77
	200	1.94	3.54	5.88	6.35	7.47	8.74	10.07	10.70	12.18	13.11	13.41	13.01	11.83
	224	2.28	4.18	6.97	7.52	8.83	10.33	11.86	12.59	14.21	15.10	15.14	14.22	—
	250	2.64	4.86	8.11	8.75	10.27	11.99	13.72	14.51	16.19	16.89	16.44	—	—
PC	224	2.90	5.19	8.38	8.99	10.39	11.89	13.26	13.81	14.58	14.01	—	—	—
	250	3.50	6.31	10.27	11.02	12.76	14.61	16.26	16.92	17.70	16.69	—	—	—
	280	4.18	7.59	12.40	13.31	15.40	17.60	19.49	20.20	20.75	18.86	—	—	—
	315	4.97	9.07	14.82	15.90	18.37	20.88	22.92	23.58	23.47	19.98	—	—	—
	355	5.87	10.72	17.50	18.76	21.55	24.34	26.32	26.80	25.37	19.22	—	—	—
	400	6.86	12.56	20.41	21.84	25.15	27.33	29.40	29.53	25.81	—	—	—	—
C	200	—	1.39	1.92	2.41	2.87	3.30	3.80	4.66	5.29	5.86	6.07	6.28	6.34
	224	—	1.70	2.37	2.99	3.58	4.12	4.78	5.89	6.71	7.47	7.75	8.00	8.05
	250	—	2.03	2.85	3.62	4.33	5.00	5.82	7.18	8.21	9.06	9.38	9.63	9.62
	280	—	2.42	3.40	4.32	5.19	6.00	6.99	8.65	9.81	10.74	11.06	11.22	11.04
	315	—	2.86	4.04	5.14	6.17	7.14	9.34	10.23	11.53	12.48	12.72	12.67	12.14
	400	—	3.91	5.54	7.06	8.52	9.82	11.52	13.67	15.04	15.51	15.24	14.08	11.95

（续表）

型号	小带轮直径 d_{d1} /mm	小带轮转速 n_1 （r/min）												
		200	400	730	800	980	1200	1460	1600	2000	2400	2800	3200	3600
D	355	3.01	5.31	7.35	9.24	10.90	12.39	14.04	16.30	17.25	16.70	15.63	12.97	—
	400	3.66	6.52	9.13	11.45	13.55	15.42	17.58	20.25	21.20	20.03	18.31	14.28	—
	450	4.37	7.90	11.02	13.85	16.40	18.67	21.12	24.16	24.84	22.42	19.59	13.34	—
	500	5.08	9.21	12.88	16.20	19.17	21.78	24.52	27.60	27.61	23.28	18.88	9.59	—
	560	5.91	10.76	15.07	18.95	22.38	25.32	28.28	31.00	29.67	22.08	15.13	—	—
E	500	6.21	10.86	14.96	18.55	21.65	24.21	26.62	28.52	25.53	16.25	—	—	—
	560	7.32	13.09	18.10	22.49	26.25	29.30	32.02	33.00	28.49	14.52	—	—	—
	630	8.75	15.65	21.69	26.95	31.36	34.83	37.64	37.14	29.17	—	—	—	—
	710	10.31	18.52	25.69	31.83	36.85	40.58	43.07	39.56	25.91	—	—	—	—
	800	12.05	21.70	30.05	37.05	42.53	46.26	47.79	39.08	16.46	—	—	—	—

表 2-4-7　考虑 $i \neq 1$ 时，单根 V 带的额定功率增量 ΔP_0（kW）

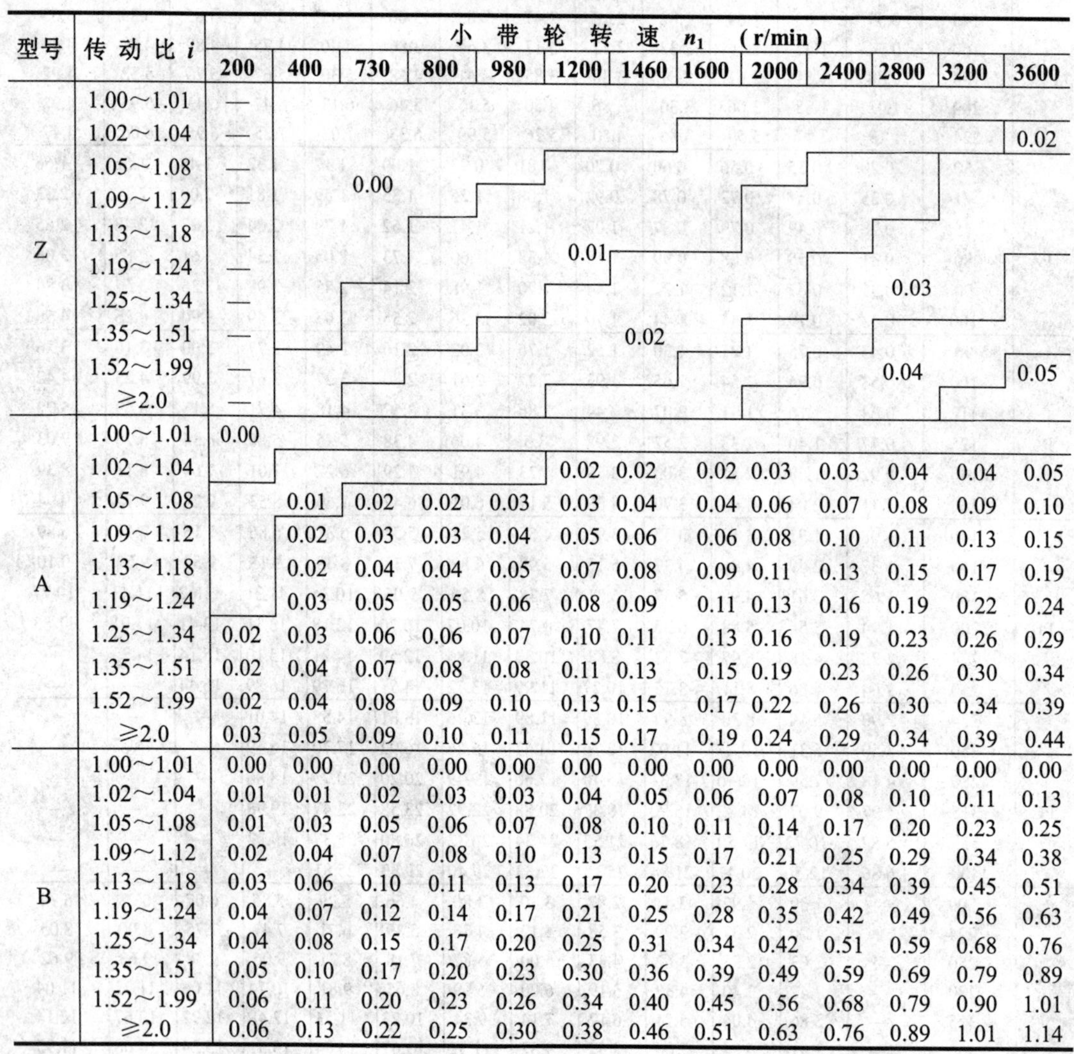

型号	传动比 i	小带轮转速 n_1 （r/min）												
		200	400	730	800	980	1200	1460	1600	2000	2400	2800	3200	3600
Z	1.00～1.01	—	0.00	0.00	0.00	0.00	0.00	0.00	0.00	0.00	0.00	0.00	0.00	0.00
	1.02～1.04	—	0.00	0.00	0.00	0.00	0.00	0.00	0.01	0.01	0.01	0.01	0.01	0.02
	1.05～1.08	—	0.00	0.00	0.00	0.00	0.01	0.01	0.01	0.01	0.02	0.02	0.03	0.03
	1.09～1.12	—	0.00	0.00	0.00	0.01	0.01	0.01	0.01	0.02	0.02	0.02	0.03	0.03
	1.13～1.18	—	0.00	0.00	0.01	0.01	0.01	0.01	0.01	0.02	0.02	0.03	0.03	0.03
	1.19～1.24	—	0.00	0.00	0.01	0.01	0.01	0.02	0.02	0.02	0.03	0.03	0.03	0.04
	1.25～1.34	—	0.00	0.01	0.01	0.01	0.02	0.02	0.02	0.02	0.03	0.03	0.03	0.04
	1.35～1.51	—	0.00	0.01	0.01	0.02	0.02	0.02	0.02	0.03	0.03	0.04	0.04	0.04
	1.52～1.99	—	0.01	0.01	0.02	0.02	0.02	0.02	0.03	0.03	0.04	0.04	0.04	0.05
	≥2.0	—	0.01	0.02	0.02	0.02	0.03	0.03	0.03	0.04	0.04	0.04	0.05	0.05
A	1.00～1.01	0.00	0.00	0.00	0.00	0.00	0.00	0.00	0.00	0.00	0.00	0.00	0.00	0.00
	1.02～1.04	0.00	0.01	0.01	0.01	0.01	0.02	0.02	0.02	0.03	0.03	0.04	0.04	0.05
	1.05～1.08	0.01	0.01	0.02	0.02	0.03	0.03	0.04	0.04	0.06	0.07	0.08	0.09	0.10
	1.09～1.12	0.01	0.02	0.03	0.03	0.04	0.05	0.06	0.06	0.08	0.10	0.11	0.13	0.15
	1.13～1.18	0.01	0.02	0.04	0.04	0.05	0.07	0.08	0.09	0.11	0.13	0.15	0.17	0.19
	1.19～1.24	0.01	0.03	0.05	0.05	0.06	0.08	0.09	0.11	0.13	0.16	0.19	0.22	0.24
	1.25～1.34	0.02	0.03	0.06	0.06	0.07	0.10	0.11	0.13	0.16	0.19	0.23	0.26	0.29
	1.35～1.51	0.02	0.04	0.07	0.08	0.08	0.11	0.13	0.15	0.19	0.23	0.26	0.30	0.34
	1.52～1.99	0.02	0.04	0.08	0.09	0.10	0.13	0.15	0.17	0.22	0.26	0.30	0.34	0.39
	≥2.0	0.03	0.05	0.09	0.10	0.11	0.15	0.17	0.19	0.24	0.29	0.34	0.39	0.44
B	1.00～1.01	0.00	0.00	0.00	0.00	0.00	0.00	0.00	0.00	0.00	0.00	0.00	0.00	0.00
	1.02～1.04	0.01	0.01	0.02	0.03	0.03	0.04	0.05	0.06	0.07	0.08	0.10	0.11	0.13
	1.05～1.08	0.01	0.03	0.05	0.06	0.07	0.08	0.10	0.11	0.14	0.17	0.20	0.23	0.25
	1.09～1.12	0.02	0.04	0.07	0.08	0.10	0.13	0.15	0.17	0.21	0.25	0.29	0.34	0.38
	1.13～1.18	0.03	0.06	0.10	0.11	0.13	0.17	0.20	0.23	0.28	0.34	0.39	0.45	0.51
	1.19～1.24	0.04	0.07	0.12	0.14	0.17	0.21	0.25	0.28	0.35	0.42	0.49	0.56	0.63
	1.25～1.34	0.04	0.08	0.15	0.17	0.20	0.25	0.31	0.34	0.42	0.51	0.59	0.68	0.76
	1.35～1.51	0.05	0.10	0.17	0.20	0.23	0.30	0.36	0.39	0.49	0.59	0.69	0.79	0.89
	1.52～1.99	0.06	0.11	0.20	0.23	0.26	0.34	0.40	0.45	0.56	0.68	0.79	0.90	1.01
	≥2.0	0.06	0.13	0.22	0.25	0.30	0.38	0.46	0.51	0.63	0.76	0.89	1.01	1.14

（续表）

型号	传动比 i	小带轮转速 n_1（r/min）												
		200	400	730	800	980	1200	1460	1600	2000	2400	2800	3200	3600
C	1.00～1.01	—	0.00	0.00	0.00	0.00	0.00	0.00	0.00	0.00	0.00	0.00	0.00	0.00
	1.02～1.04	—	0.02	0.03	0.04	0.05	0.06	0.07	0.09	0.12	0.14	0.16	0.18	0.20
	1.05～1.08	—	0.04	0.06	0.08	0.10	0.12	0.14	0.19	0.24	0.28	0.31	0.35	0.39
	1.09～1.12	—	0.06	0.09	0.12	0.15	0.18	0.21	0.27	0.35	0.42	0.47	0.53	0.59
	1.13～1.18	—	0.08	0.12	0.16	0.20	0.24	0.27	0.37	0.47	0.58	0.63	0.71	0.78
	1.19～1.24	—	0.10	0.15	0.20	0.24	0.29	0.34	0.47	0.59	0.71	0.78	0.88	0.98
	1.25～1.34	—	0.12	0.18	0.23	0.29	0.35	0.41	0.56	0.70	0.85	0.94	1.06	1.17
	1.35～1.51	—	0.14	0.21	0.27	0.34	0.41	0.48	0.65	0.82	0.99	1.10	1.23	1.37
	1.52～1.99	—	0.16	0.24	0.31	0.39	0.47	0.55	0.74	0.94	1.14	1.25	1.41	1.57
	≥2.0	—	0.18	0.26	0.35	0.44	0.53	0.62	0.83	1.06	1.27	1.41	1.59	1.76
D	1.00～1.01	0.00	0.00	0.00	0.00	0.00	0.00	0.00	0.00	0.00	0.00	0.00	0.00	—
	1.02～1.04	0.03	0.07	0.10	0.14	0.17	0.21	0.24	0.33	0.42	0.51	0.56	0.63	—
	1.05～1.08	0.07	0.14	0.21	0.28	0.35	0.42	0.49	0.66	0.84	1.01	1.11	1.24	—
	1.09～1.12	0.10	0.21	0.31	0.42	0.52	0.62	0.73	0.99	1.25	1.51	1.67	1.88	—
	1.13～1.18	0.14	0.28	0.42	0.56	0.70	0.83	0.97	1.32	1.67	2.02	2.23	2.51	—
	1.19～1.24	0.17	0.35	0.52	0.70	0.87	1.04	1.22	1.60	2.09	2.52	2.78	3.13	—
	1.25～1.34	0.21	0.42	0.62	0.83	1.04	1.25	1.46	1.92	2.50	3.02	3.33	3.74	—
	1.35～1.51	0.24	0.49	0.73	0.97	1.22	1.46	1.70	2.31	2.92	3.52	3.89	4.98	—
	1.52～1.99	0.28	0.56	0.83	1.11	1.39	1.67	1.95	2.64	3.34	4.03	4.45	5.01	—
	≥2.0	0.31	0.63	0.94	1.25	1.56	1.88	2.19	2.97	3.75	4.53	5.00	5.62	—
E	1.00～1.01	0.00	0.00	0.00	0.00	0.00	0.00	0.00	0.00	0.00	0.00	—	—	—
	1.02～1.04	0.07	0.14	0.21	0.28	0.34	0.41	0.48	0.65	0.80	0.98	—	—	—
	1.05～1.08	0.14	0.28	0.41	0.55	0.64	0.83	0.97	1.29	1.61	1.95	—	—	—
	1.09～1.12	0.21	0.41	0.62	0.83	1.03	1.24	1.45	1.95	2.40	2.92	—	—	—
	1.13～1.18	0.28	0.55	0.83	1.00	1.38	1.65	1.93	2.62	3.21	3.90	—	—	—
	1.19～1.24	0.34	0.69	1.03	1.38	1.72	2.07	2.41	3.27	4.01	4.88	—	—	—
	1.25～1.34	0.41	0.83	1.24	1.65	2.07	2.48	2.89	3.92	4.81	5.85	—	—	—
	1.35～1.51	0.48	0.96	1.45	1.93	2.41	2.89	3.38	4.58	5.61	6.83	—	—	—
	1.52～1.99	0.55	1.10	1.65	2.20	2.76	3.31	3.86	5.23	6.41	7.80	—	—	—
	≥2.0	0.62	1.24	1.86	2.48	3.10	3.72	4.34	5.89	7.21	8.78	—	—	—

表 2-4-8　小带轮的包角修正系数 K_α

包角 α_1	180°	175°	170°	165°	160°	155°	150°	145°	140°	135°	130°	125°	120°	110°	100°	90°
K_α	1	0.99	0.98	0.96	0.95	0.93	0.92	0.91	0.89	0.88	0.86	0.84	0.82	0.78	0.74	0.69

（8）确定单根 V 带初拉力 F_0：

$$F_0=\frac{500P_c}{zv}(\frac{2.5}{K_\alpha}-1)+qv^2$$

（9）计算带对轴的压力 F_Q：

$$F_Q=2zF_0\sin\frac{\alpha_1}{2}$$

【例 1】设计某机床上电动机与主轴箱的 V 带传动。已知电动机额定功率 P=7.5kW，转速 n_1=1440r/min，传动比 i_{12}=2，中心距 a 为 800mm 左右，三班制工作，开式传动。

【解】

计算项目	计算与说明	计算结果
1. 确定设计功率 P_C	由表 2-4-8 取 K_α=1.3 得：P_c=1.3×7.5=9.75KW	P_c=9.75kW
2. 选择带型号	根据 P_c=9.75kW，n_1=1440r/min，由图 2-4-11 选 A 型 V 带	选 A 型 V 带
3. 确定小带轮基准直径 d_{d1}	由图 2-4-10、表 2-4-4、表 2-4-6，取 d_{d1}=140mm	d_{d1}=140mm
4. 确定大带轮基准直径 d_{d2}	$d_{d2}=i_{12}d_{d1}$=2×140=280mm，由表 2-4-4，取 d_{d2}=280mm	d_{d2}=280mm
5. 验算带速 v	$v=\pi d_{d1}n_1/(60\times1000)=3.14\times140\times1440/(60\times1000)$ =10.55m/s ，符合 5m/s < v < 25m/s 要求	v=10.55m/s 符合要求
6. 初定中心距 a_0	按要求取 a_0=800mm	a_0=800mm
7. 确定带的基准长度 L_d	$L_0=2a_0+\pi(d_{d1}+d_{d2})/2+(d_{d2}-d_{d1})^2/4a_0$ $=2\times800+\pi(140+280)/2+(280-140)^2/(4\times800)$ =2265.53mm　　由表 2-4-8，取 L_d=2240mm	L_d=2240mm
8. 确定实际中心距 a	$a\approx a_0+(L_d-L_0)/2=800+(2240-2265.53)/2=787.24$mm 中心距变动调整范围： $a_{max}=a+0.03L_d=787.24+0.03\times2240=854.44$mm $a_{min}=a-0.015L_d=787.24-0.015\times2240=753.64$mm	a=787.24mm a_{max}=854.44mm a_{min}=753.64mm
9. 验算小带轮包角 α_1	$\alpha_1\approx180°-\dfrac{dd2-dd1}{a}\times57.3°$	α_1=169.81° 合用
10. 确定单根 V 带的额定功率 P_0	根据 d_{d1}=140mm，n_1=1440r/min，由表 2-4-6 查得 A 型带 P_0=2.27KW	P_0=2.27kW
11. 确定额定功率增量 ΔP_0	由表 2-4-7 查得：ΔP_0 =0.17KW	ΔP_0=0.17kW
12. 确定 V 带根数 z	$z\geqslant\dfrac{Pc}{(P0+\Delta P0)}K\alpha K\mathrm{L}$，由表 2-4-8 查得：$K_\alpha\approx0.98$ 由表 2-4-4 查得：K_L=1.06	z= 4 根
13. 确定单根 V 带的初拉力 F_0	$F_0=\dfrac{500Pc}{zv}(\dfrac{2.5}{K\alpha}-1)+qv^2$ $=500\dfrac{9.75}{4\times10.55}\left(\dfrac{2.5}{0.98}-1\right)+0.11\times10.55^2\approx191.42$N	F_0=191.42N
14. 计算带对轴的压力 F_Q	$F_Q=2zF_0\sin(\alpha_1/2)$ $=2\times4\times191.42\sin(169.81/2)\approx1525.31$N	F_Q=1525.31N
15. 确定带轮结构绘工作图	（略）	

四、同步带传动简介

1. 同步带传动的特点和应用

同步带是以细钢丝绳或玻璃纤维为强力层，外覆以聚氨脂或氯丁橡胶的环形带。由于带的强力层承载后变形小，且内周制成齿状使其与齿形的带轮相啮合，故带与带轮间无相对滑动，构成同步传动，如图 2-4-13 所示。

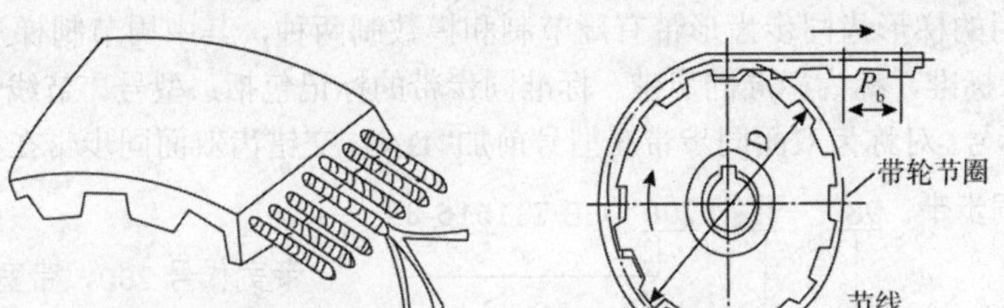

图 2-4-13　同步带结构与同步带传动

同步带传动具有传动比恒定、不打滑、效率高、初张力小、对轴及轴承的压力小、速度及功率范围广、不需润滑、耐油、耐磨损以及允许采用较小的带轮直径、较短的轴间距、较大的速比，使传动系统结构紧凑的特点。一般参数为：带速 v≤50 m/s；功率 P≤100kW；速比 i≤10；效率 η= 0.92～0.98；工作温度 - 20～80℃。

目前同步带传动主要用于中小功率要求速比准确的传动中：如计算机、数控机床、纺织机械、烟草机械等。

2. 同步带的参数、类型和规格

（1）同步带的参数

- 节距 P_b 与基本长度 L_p。在规定张紧力下，同步带相邻两齿对称中心线的距离，称为节距 P_b。同步带工作时保持原长度不变的周线称为节线，节线长度 L_p 为基本长度（公称长度），轮上相应的圆称为节圆，如图 2-4-13 所示。显然有 $L_p = P_b z$。
- 模数 m。与齿轮一样，也规定模数 $m=P_b/\pi$。

（2）同步带的类型和规格。同步带分为梯形齿和圆弧齿两大类，如图 2-4-14 所示。目前梯形齿同步带应用较广，圆弧齿同步带因其承载能力和疲劳寿命高于梯形齿而应用日趋广泛。同步带按结构分为单面和双面同步带两种型式。双面同步带按齿的排列不同又分为对称齿双面同步带（DA 型）和交错齿双面同步带（DB 型）两种，如图 2-4-15 所示。此外还有特殊用途和特殊结构的同步带。本节仅讨论单面梯形齿同步带。

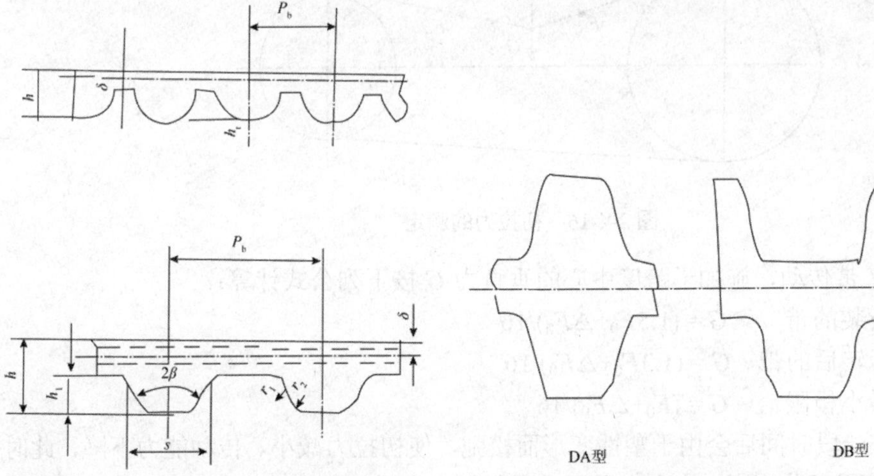

图 2-4-14　梯形齿和圆弧齿同步齿形

图 2-4-15　对称双面齿和交错双面齿同步齿形带

较常用的梯形齿同步齿形带有周节制和模数制两种，其中周节制梯形齿同步齿形带已列入国家标准，称为标准同步带。标准同步带的标记包括：型号、节线长度代号、宽度代号和国标号。对称齿双面同步带在型号前加“DA”，交错齿双面同步带在型号前加“DB”。

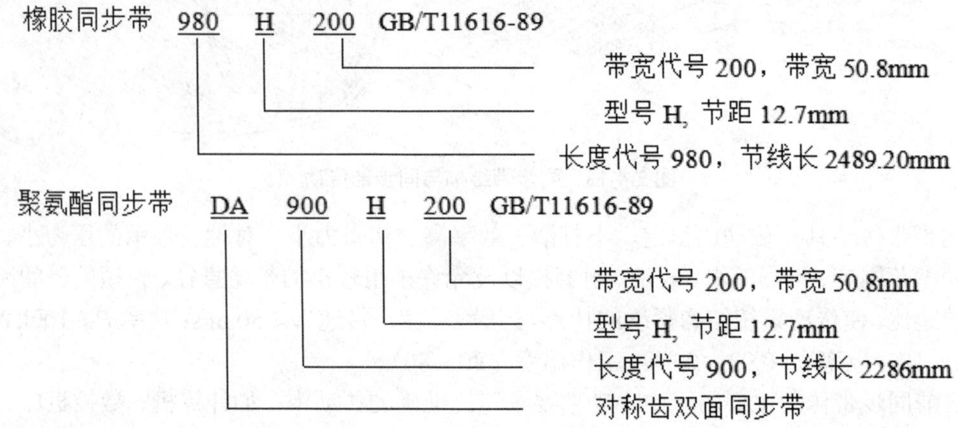

模数制梯形齿同步带以模数为基本参数，模数系列为 1.5、2.5、3、4、5、7、10，齿形角 2β 为 40°，其标记为：模数×齿数×宽度。例如,聚氨酯同步带 2×45×25 表示：模数 m=2，齿数 z = 45，带宽 b_s=25mm 的聚氨酯同步带。

五、带传动的张紧

1. 带传动的张紧与调整

带传动的张紧程度对其传动能力、寿命和轴压力都有很大的影响。V 带传动初拉力的测定可在带与带轮两切点中心加以垂直于带的载荷 G 使每 100mm 跨距产生 1.6mm 的挠度，此时传动带的初拉力 F_0 是合适的（即总挠度 y =1.6a/100），如图 2-4-16 所示。

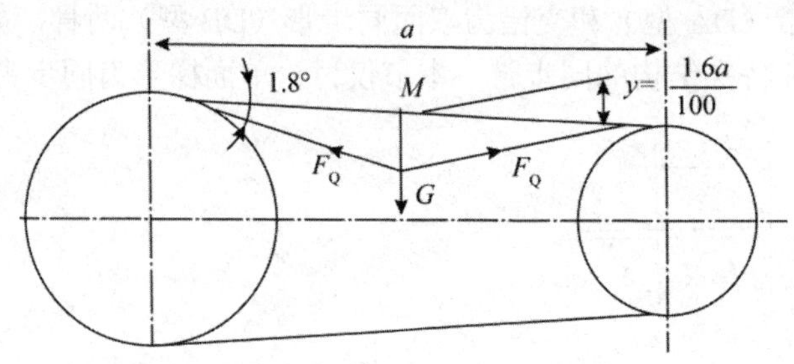

图 2-4-16 初拉力的测定

对于普通 V 带传动，施加于跨度中心的垂直力 G 按下列公式计算：

新装的带 $G = (1.5F_0+\Delta F_0)/16$

运转后的带 $G = (1.3F_0+\Delta F_0)/16$

最小极限值 $G = (F_0+\Delta F_0)/16$

带传动工作一段时间后会由于塑性变形而松弛，使初拉力减小、传动能力下降，此时在规定载荷 G 作用下总挠度 y 变大，需要重新张紧。常用张紧方法有以下几种。

（1）调整中心距法

①定期张紧：如图 2-4-17 所示，将装有带轮的电动机 1 装在滑道 2 上，旋转调节螺钉 3 以增大或减小中心距从而达到张紧或松开的目的。图 2-4-18 所示为把电动机 1 装在一摆动底座 2 上，通过调节螺钉 3 调节中心距达到张紧的目的。

②自动张紧：把电动机 1 装在如图 2-4-19 所示的摇摆架 2 上，利用电动机 1 的自重，使电动机轴心绕铰点 A 摆动，拉大中心距达到自动张紧的目的。

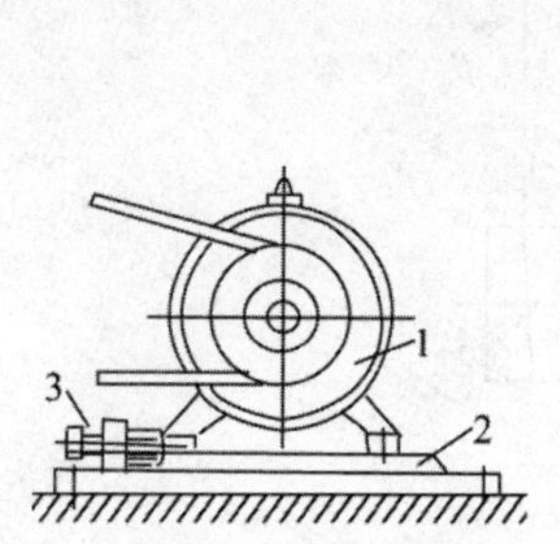

图 2-4-17 水平传动定期张紧装置

1-电动机；2-滑道；3-旋转调节螺钉

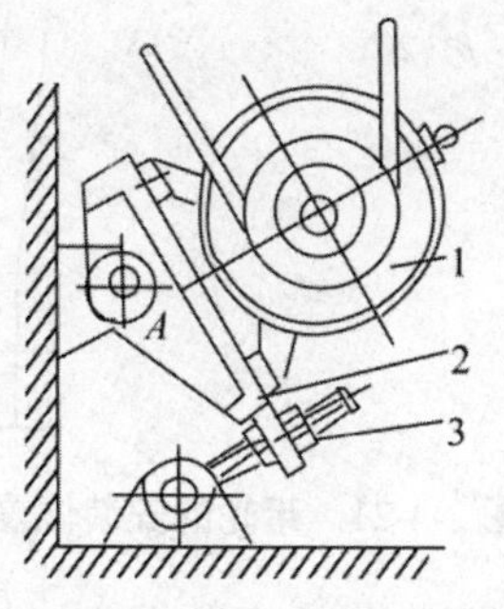

图 2-4-18 垂直传动定期张紧装置

1-电动机；2-摆动底座；3-调节螺钉

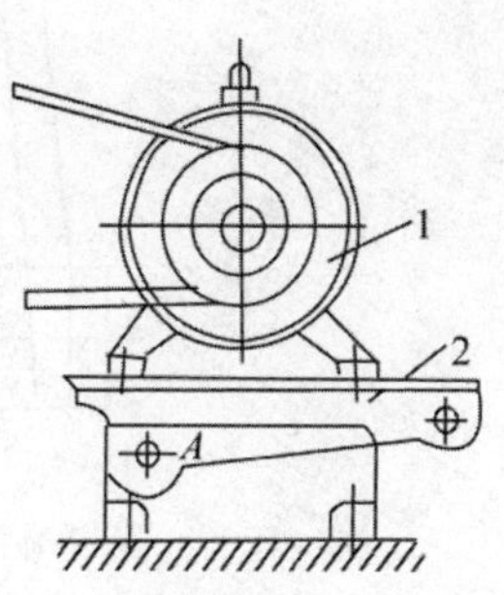

图 2-4-19 自动张紧装置

1-电动机；2-摇摆架

（2）张紧轮法

带传动的中心距不能调整时，可采用张紧轮法。图 2-4-20a 所示为定期张紧装置，定期调整张紧轮的位置可达到张紧的目的。V 带和同步带张紧时，张紧轮一般放在带的松边内侧并应尽量靠近大带轮一边，这样可使带只受单向弯曲，且小带轮的包角不致过分减小。

如图 2-4-20b 所示为摆锤式自动张紧装置，依靠摆捶重力可使张紧轮自动张紧。平带传动时，张紧轮一般应放在松边外侧，并要靠近小带轮处。这样小带轮包角可以增大，提高平带的传动能力。

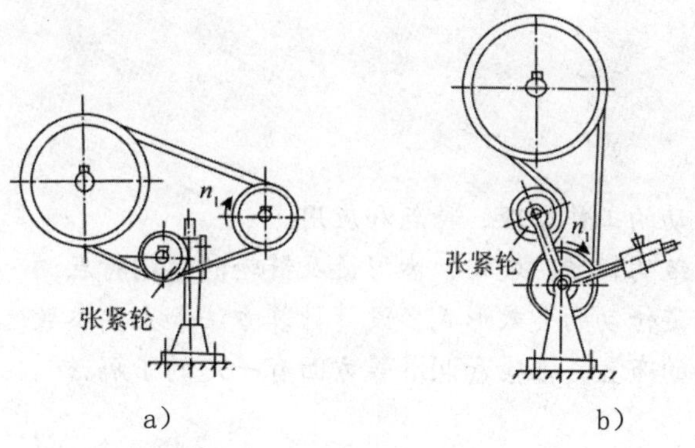

图 2-4-20 张紧轮的布置

a）定期张紧装置 b）摆锤式自动张紧装置

2. 带传动的安装与维护

正确地安装和维护是保证带传动正常工作、延长胶带使用寿命的有效措施，一般应注意以下几点：

➢ 平行轴传动时各带轮的轴线必须保持规定的平行度。V 带传动主、从动轮轮槽必须调整在同一平面内，误差不得超过 20′，否则会引起 V 带的扭曲使两侧面过早磨损，如图 2-4-21 所示。

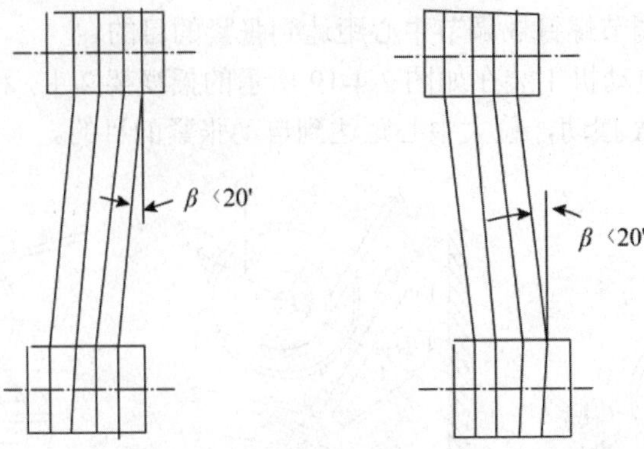

图 2-4-21　带轮的安装位置

➢ 套装带时不得强行撬入。应先将中心距缩小，将带套在带轮上，再逐渐调大中心距拉紧带，直至所加测试力 G 满足规定的挠度 $y=1.6a/100$ 为止。

➢ 多根 V 带传动时，为避免各根 V 带载荷分布不均，带的配组公差（请参阅有关手册）应在规定的范围内。

➢ 对带传动应定期检查并及时调整，发现损坏的 V 带应及时更换，新旧带、普通 V 带和窄 V 带、不同规格的 V 带均不能混合使用。

➢ 带传动装置必须安装安全防护罩。这样既可防止绞伤人，又可以防止灰尘、油及其他杂物飞溅到带上影响传动。

任务五　链传动

【知识目标】

➢ 掌握链传动的工作原理、特点和应用；

➢ 了解滚子链的标准、规格、齿形链及链轮的结构特点；

➢ 掌握滚子链传动的失效形式、设计计算方法和主要参数选择；

➢ 对链传动的布置、张紧和润滑等方面有一定的了解。

【知识点】

➢ 链传动的工作原理、特点及应用范围；

➢ 链传动的多边形效应；

➢ 滚子链传动的失效形式、设计计算方法和主要参数选择；

➢ 链传动的布置、张紧和润滑。

【相关链接】

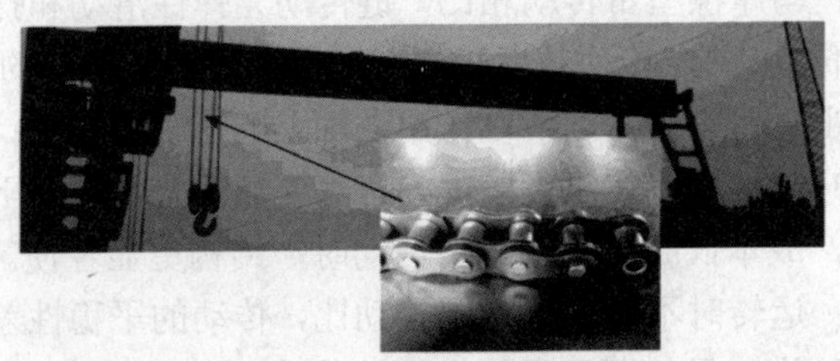

链传动是依靠链条链节与链轮轮齿啮合来传递运动和动力，它实质是中间挠性件的啮合传动。链传动一般用于要求工作可靠、平均传动比精确，瞬时传动比不精确的场合或平行两轴，中心距 a 较大的场合。如图是近几年铁路车辆制造厂采用的铁路货场用门式起重机台车里的链传动（采用单排短节距精密滚子链）。

【知识拓展】

一、链传动简介

1. 组成及类型

链传动由装在平行轴上的主、从动链轮和绕在链轮上的链组成。链传动用链作中间挠性件，通过链和链轮轮齿的啮合来传递运动和动力，如图 2-5-1 所示。

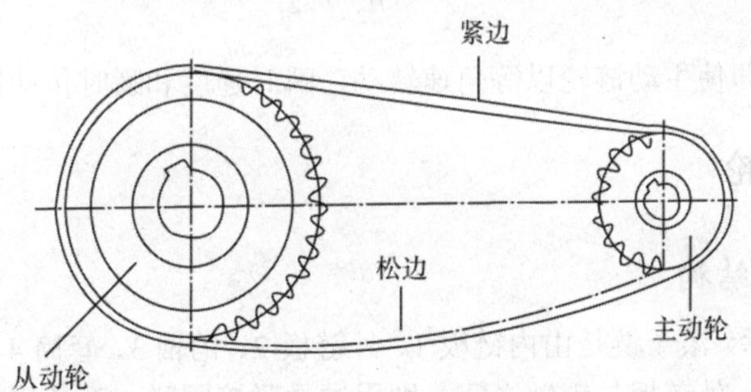

图 2-5-1　链传动

链的种类繁多，按用途不同，链可分为：传动链、起重链和输送链三类。在一般机械传动装路中，常用链传动。根据结构的不同，传动链又可分为：套筒链、滚子链、弯板链和齿形链（见图 2-5-2）等。在链条的生产和应用中，传动用短节距精密滚子链占有支配地位。

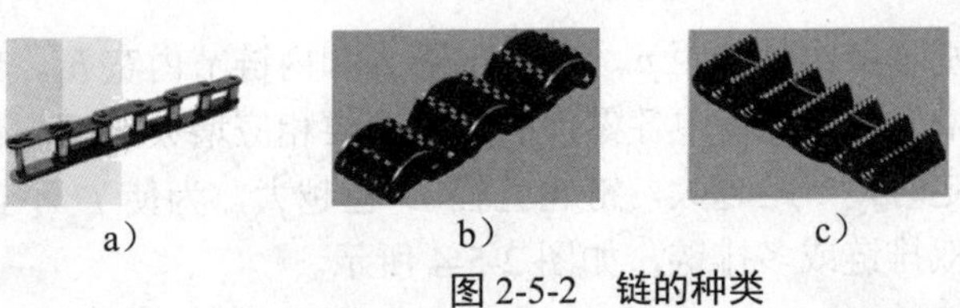

图 2-5-2　链的种类

a）滚子链；b）弯板链；c）齿形链

2. 链传动的特点和应用

链传动主要优点：与摩擦型带传动相比，链传动无弹性滑动和打滑现象，因而能保持准确的传动比（平均传动比），传动效率较高（润滑良好的链传动的效率为 97%~98%）；又因链条不需要象带那样张得很紧，所以作用在轴上的压轴力较小；在同样条件下，链传动的结构较紧凑；同时链传动能在温度较高、有水或油等恶劣环境下工作。与齿轮传动相比，链传动易于安装，成本低廉；在远距离传动时，结构更显轻便。

链传动主要缺点：运转时不能保持恒定传动比，传动的平稳性差；工作时冲击和噪音较大；磨损后易发生跳齿；只能用于平行轴间的传动。

链传动主要用在要求工作可靠，且两轴相距较远,以及其他不宜采用齿轮传动的场合，且工作条件恶劣等，如农业机械、建筑机械、石油机械、采矿、起重、金属切削机床、摩托车、自行车等。中低速传动：$i \leqslant 8$（I=2~4），$P \leqslant 100$kW，$V \leqslant$12-15m/s，无声链 V_{max}=40m/s。（不适于在冲击与急促反向等情况下采用）

3. 链传动的特点和应用

链条整体是一挠性体，但对单个链节却是刚性体。所以链条绕在链轮上时，并非沿轮周弯曲成圆弧性，而是折成正多边形的一部分，此正多边形的边长为，边数为链轮的齿数。

链轮每转一周，带动链条转过的长度为 zp，所以链条的速度为：

$$v_{平均}=\frac{n_1 z_1 p}{60\times1000}=\frac{n_2 z_2 p}{60\times1000}\text{m/s}$$

$$i_{平均}=\frac{n_1}{n_2}=\frac{z_2}{z_1}$$

实际工作时，即使主动链轮以等角速转动，瞬时速度和瞬时传动比是变化的。

二、滚子链和链轮

1. 滚子链的结构

如图 2-5-3 所示，滚子链是由内链板 1、外链板 2、销轴 3、套筒 4、和滚子 5 所组成。内链板和套筒之间、外链板与销轴之间分别用过盈联接固联。滚子与套筒之间、套筒与销轴之间均为间隙配合。当内、外链板相对挠曲时，套筒可绕销轴自由转动。滚子活套在套筒上，工作时，滚子沿链轮齿廓滚动，减轻了齿廓的磨损。链的磨损主要发生在销轴与套筒的接触面上。因此，内、外链板间应留少许间隙，以便润滑油渗入销轴和套筒的摩擦面间。内、外链板制成 8 字形，是为了使链的各剖面具有相近的抗拉强度，也可减轻链的质量和运动时的惯性力。

滚子链与链轮啮合的基本参数是节距 p、滚子外径 d_1 和内链节内宽 b_1。其中，节距是滚子链的主要参数。节距增大时，链条中各零件的尺寸也要相应增大，可传递的功率也随之增大。但当链轮齿数一定时，节距越大，链轮直径 D 也越大，为使 D 不致过大，当载荷较大时，可用小节距的双排链或多排链，如图 2-5-4 所示。

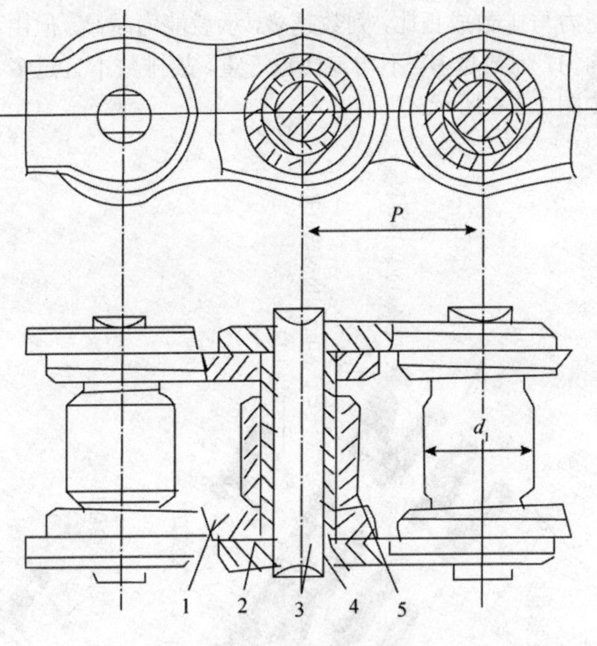

图 2-5-3　单排滚子链

1-内链板；2-外链板；3-销轴；4-套筒；5-滚子

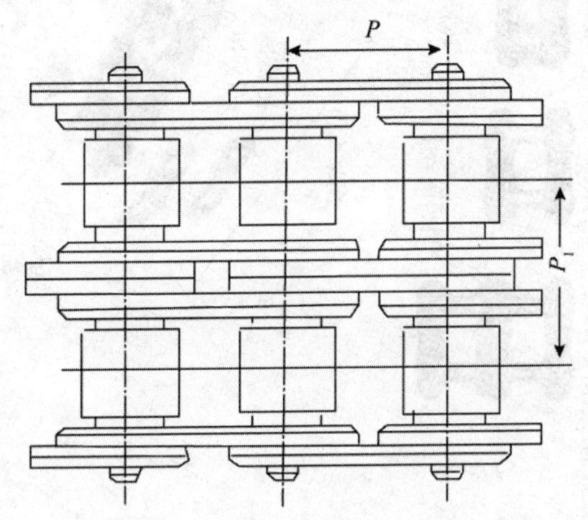

图 2-5-4　双排滚子链

传动链使用时首尾相连成环形，当链节数为偶数时，接头处可用内、外链板搭接，插入开口销或弹簧夹锁住。若链节为奇数，需采用一个过渡链节才能首尾相连，链条受拉时，过渡链节将受附加弯矩，如图 2-5-5 所示，所以应尽量采用偶数链节的链条。

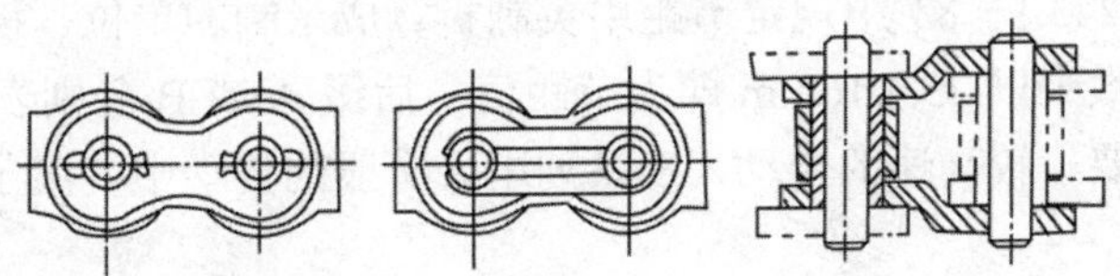

图 2-5-5　滚子链的接头形式

多排链的承载能力与排数成正比，列数越多，承载能力越高。但由于制造、安装误差，很难使各排的载荷均匀，列数越多，不均匀性越严重，故排数不宜过多，一般不超过四列。滚子链的结构实图如图 2-5-6 所示。

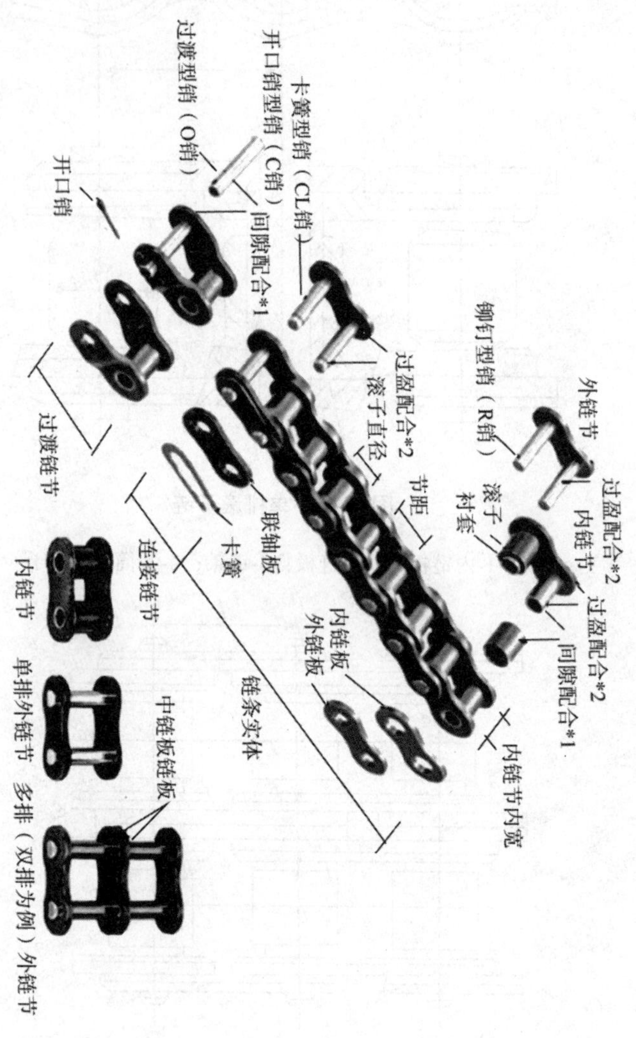

图 2-5-6　滚子链的结构实图

2. 滚子链主要参数及标记

考虑到我国链条生产的历史和现状，以及国际上几乎所有国家的链节距均用英制单位，我国链条标准 GB1243.1—83 中规定节距用英制折算成米制的单位。链号与相应的国际标准链号一致，链号数乘以 25.4/16mm 即为节距值。后缀 A 或 B 分别表示 A 或 B 系列。A 系列用于重载、重要、较高速的传动，B 系列用于一般的传动中。滚子链规格和主要参数如表 2-5-1 所示。

表 2-5-1　滚子链规格和主要参数

链号	节距 p	排距 p_1	滚子外径 d_1	内链节内宽 b_1	销轴直径 d_2	内链板高度 h_2	极限拉伸载荷（单排）Q	每米质量（单排）q
	mm						kN	kg/m
05B	8.00	5.64	5.00	3.00	2.31	7.11	4.4	0.18
06B	9.525	10.24	6.35	5.72	3.28	8.26	8.9	0.40
08B	12.70	13.92	8.51	7.75	4.45	11.81	17.8	0.70
08A	12.70	14.38	7.95	7.85	3.96	12.07	13.8	0.60
10A	15.875	18.11	10.16	9.40	5.08	15.09	21.8	1.00
12A	19.05	22.78	11.91	12.57	5.94	18.08	31.1	1.50
16A	25.40	29.29	15.88	15.75	7.92	24.13	55.6	2.60
20A	31.75	35.76	19.05	18.90	9.53	30.18	86.7	3.80
24A	38.10	45.44	22.23	25.22	11.10	36.20	124.6	5.60
28A	44.45	48.87	25.40	25.22	12.70	42.24	169.0	7.50
32A	50.80	58.55	28.58	31.55	14.27	48.26	222.4	10.10
40A	63.50	71.55	39.68	37.85	19.84	60.33	347.0	16.10
48A	76.20	87.83	47.63	47.35	23.80	72.39	500.4	22.60

滚子链的标记为：链号—排数—链节数 标准号。

【例如】16A—1—82 GB/T1243—97

【表示】A 系列滚子链、节距为 25.4mm、单排、链节数为 82、制造标准 GB/T1243—97。

3. 链轮

链轮齿形应保证链节能平稳而自由地进入和退出啮合，并便于加工。滚子链链轮的端面齿形如图 2-5-7 所示，它由三段圆弧和一段直线组成。

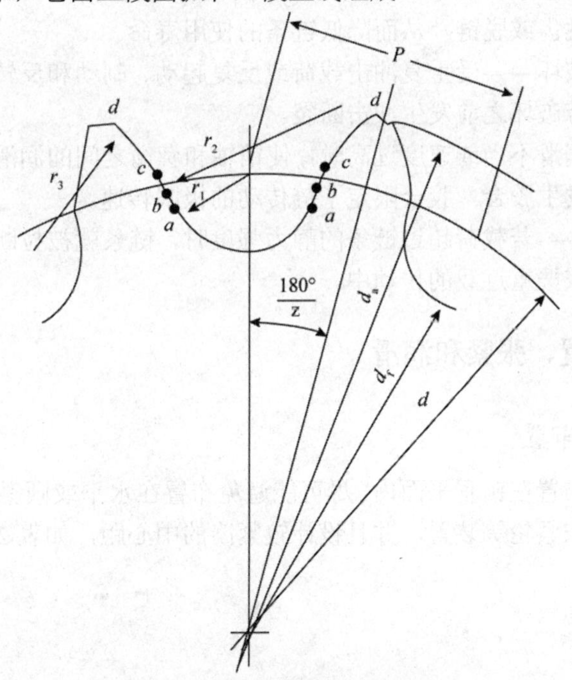

图 2-5-7　滚子链链轮端面齿形

链轮的结构如图 2-5-8 所示。小直径链轮可制成实心（见图 2-5-8a）；中等直径的链轮可制成孔板式（见图 2-5-8b）；直径较大的链轮可设计为组合式（见图 2-5-8c），组合式链轮的齿圈磨损后可以更换。链轮轮毂部分的尺寸参考带轮。

a）

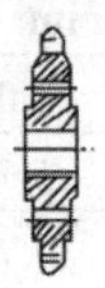
b）

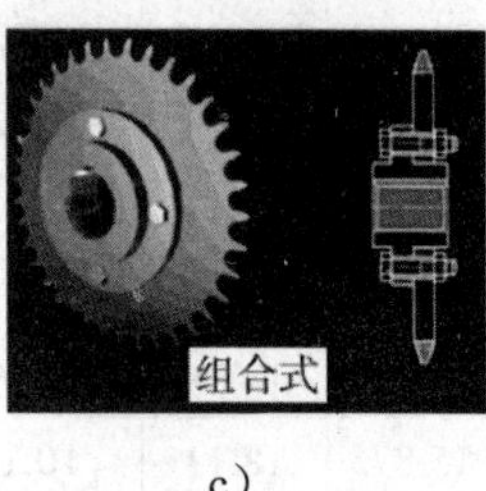

c）

图 2-5-8　链轮结构

a）实心式链轮；b）孔板式链轮；c）组合式链轮

链轮齿应有足够的接触强度和耐磨性，故齿面多经热处理。小链轮的啮合数比大链轮多，所受冲击力也大，故其材料须优于大链轮。常用的链轮材料有碳钢如 Q235、Q275、ZG310－570，灰铸铁如 HT200 等，重要的链轮可采用合金钢，如 15Cr、35CrMo 等。

4. 链传动的失效形式

链轮比链条的强度高、工作寿命长，故设计时应主要考虑链条的失效。链传动的主要失效形式有以下几种：

- 链条疲劳损坏——在链传动中，链条两边拉力不相等。在变载荷作用下，经过一定应力循环次数，链板将产生疲劳损坏，如发生疲劳断裂，滚子表面发生疲劳点蚀。在正常润滑条件下，疲劳破坏常是限定链传动承载能力的主要因素。
- 链条铰链磨损——润滑密封不良时，极易引起铰链磨损，铰链磨损后链节变长，容易引起跳齿或脱链。从而降低链条的使用寿命。
- 多次冲击破坏——受重复冲击载荷或反复起动、制动和反转时，滚子套筒和销轴可能在疲劳破坏之前发生冲击断裂。
- 胶合——润滑不当或速度过高时，使销轴和套筒之间的润滑油膜受到破坏，以致工作表面发生胶合。胶合限定了链传动的极限转速。
- 静力拉断——若载荷超过链条的静力强度时，链条就被拉断。这种拉断常发生于低速重载或严重过载的传动中。

三、链传动的布置、张紧和润滑

1. 链传动的布置

链传动一般应布置在铅垂平面内，尽可能避免布置在水平或倾斜平面内。如确有需要，则应考虑加托板或张紧轮等装置，并且设计较紧凑的中心距，如表 2-5-2 所示。

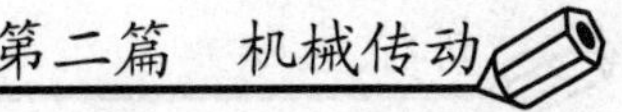

表 2-5-2　链传动的布置

传动参数	正确布置	不正确布置	说明
$i>2$ $a=(30\sim50)p$	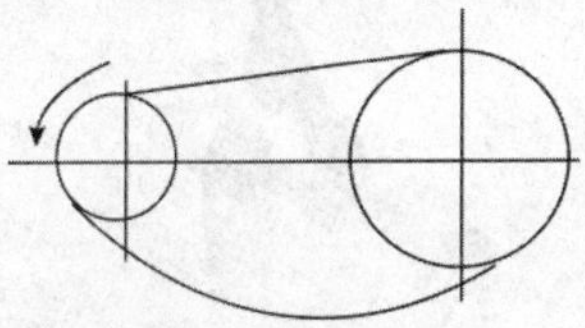	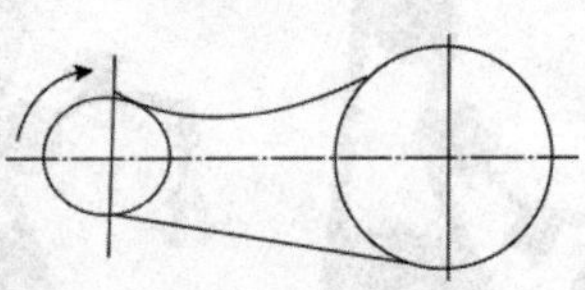	两轮轴线在同一水平面，紧边在上、下均不影响工作
$i>2$ $a<30p$	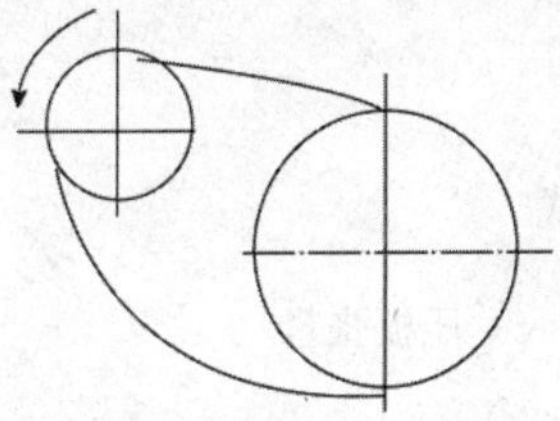	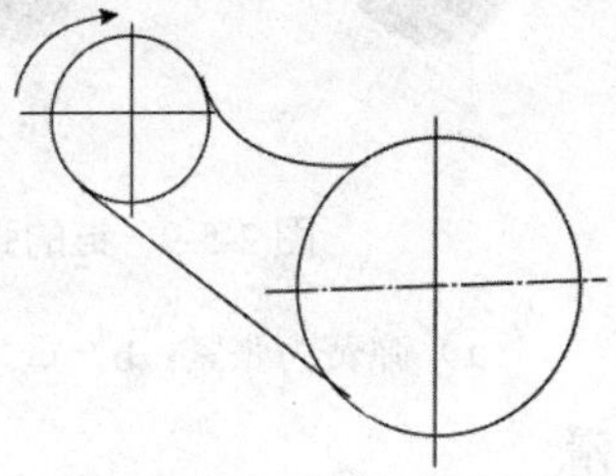	两轮轴线不在同一水平面，松边应在下面，否则松边下垂量增大后，链条易与链轮卡死
$i<1.5$ $a>60p$	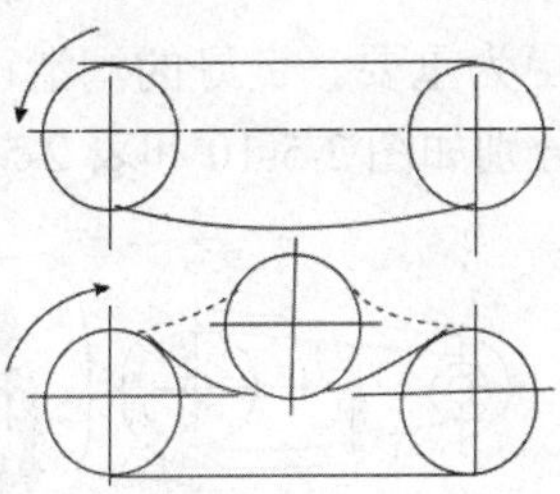	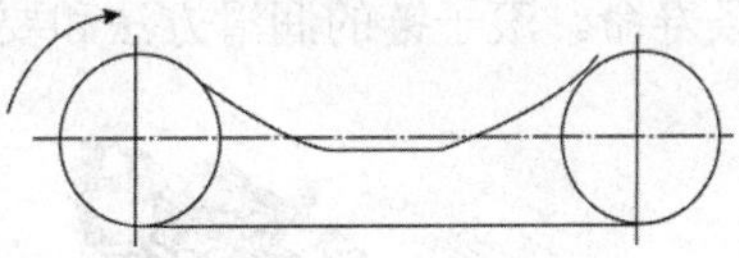	两轮轴线在同一水平面，松边应在下面，否则下垂量增大后，松边会与紧边相碰，需经常调整中心距
i、a 为任意值	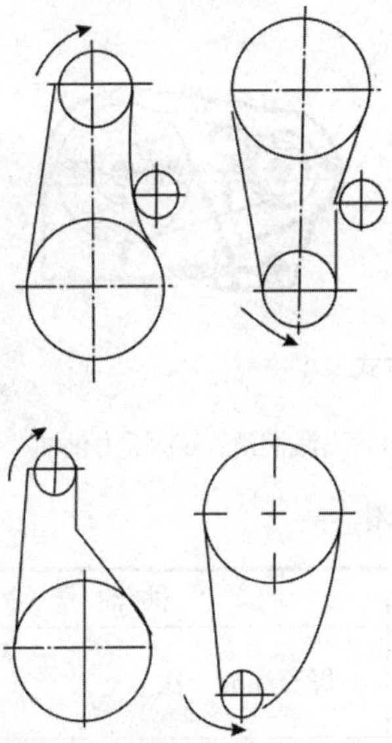	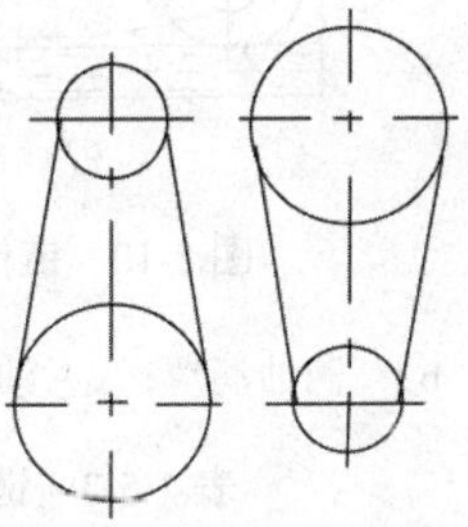	两轮轴线在同一铅垂面内，下垂量增大，会减少下链轮有效啮合轮数，降低传动能力，为此应采用： a）中心距可调； b）张紧装置； c）上下两轮错开，使其不在同一铅垂直面内

2. 链传动的张紧

链传动的张紧目的是：避免在链条的垂度过大时产生啮合不良和链条的振动现象；同时增加链条和链轮的包角。当两轮中心连线倾斜角大于 60°时，通常设有张紧装置。

张紧的方法如图 2-5-9 所示。链传动中心距可调时，调节中心距以控制张紧程度；中心距不可调时，可设置张紧轮或在链条磨损变长后取掉 1~2 个链节，以恢复原来的长度。

张紧轮一般紧压在松边靠近小链轮处，可以是链轮，也可以是无齿的滚轮，其直径与小链轮的直径接近。张紧轮有自动张紧（用弹簧、吊重等自动张紧装置）及定期调整（用螺旋、偏心等调整装置）。另外还可用压板和托板张紧。

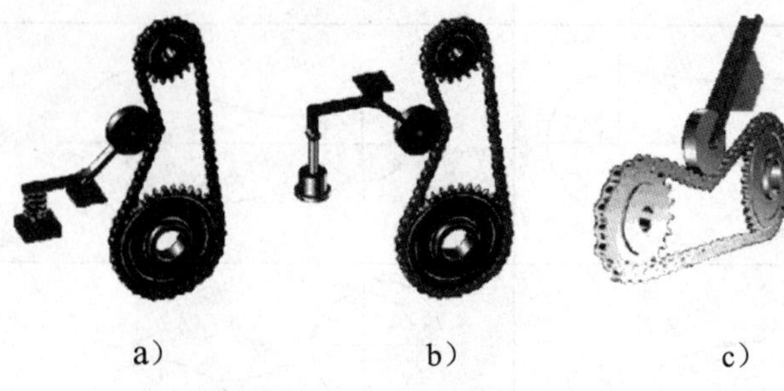

a）　　b）　　c）

图 2-5-9　链的张紧方式

a）弹簧力张紧；b）重力张紧；c）压板张紧

3. 链传动的润滑

链传动的润滑十分重要，对高速、重载的链传动更为重要。良好的润滑可缓和冲击，减轻磨损，延长链条寿命。滚子链的润滑方法和要求分别如图 2-5-10 和表 2-5-3 所示。

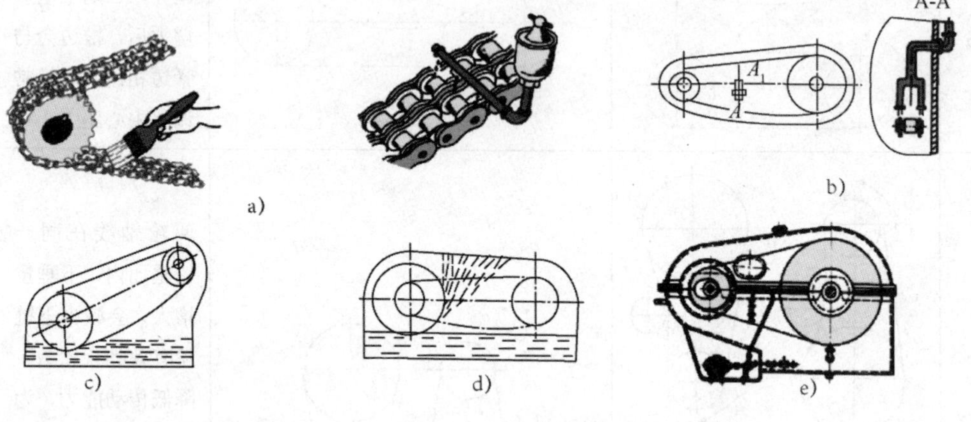

图 5-10　链传动润滑方式

a）人工润滑；b）　滴油润滑；c）油浴供油；d）飞溅润滑；e）压力供油

表 2-5-3　链传动带润滑

方 式	润滑方式	供 油 量
人工润滑	用刷子或油壶定期在链条松边内、外链板间隙中注油	每班注油一次
滴油润滑	装有简单外壳、用油杯滴油	单排链，每分钟供油5～20滴，速度高时取大值
油浴供油	采用不漏油的外壳，使链条从油槽中通过	链条浸入油面过深，搅油损失大，油易发热变质。一般浸油深度为6～12mm

（续表）

方 式	润滑方式	供 油 量
飞溅润滑	采用不漏油的外壳，在链轮侧边 安装甩油盘，飞溅润滑。甩油盘圆周速度 v＞3m/s。当链条宽度大于125mm 时，链轮两侧各装一个甩油盘	甩油盘浸油深度为12～35mm
压力供油	采用不漏油的外壳，油泵强制供油，喷油管口设在链条啮入处，循环油可起冷却作用	每个喷油口供油量可根据链节距及链速大小查阅有关手册

润滑油推荐采用牌号为 L-AN32、L-AN46、L-AN68 的全损耗系统用油。温度低时取前者。对于开式及重载低速传动，可在润滑油中加入 MoS2、WS2 等抗胶合添加剂。对用润滑油不便的场合，允许涂抹润滑脂，但应定期清洗与涂抹。

第三篇　机械零件

机器都是由各种零件装配而成的，零件与零件之间存在着各种不同形式的连接。根据连接后是否可拆分为可拆连接和不可拆连接。在机械连接中属于可拆连接的有键连接、销连接和螺纹连接等；属于不可拆连接的有焊接、铆接和胶接等。

任务一　支承零部件

【知识目标】

- 理解轴和轴承的用途；
- 掌握轴和轴承的分类。

【知识点】

- 轴的用途、材料、分类；
- 轴承的用途、分类、代号。

【相关链接】

在机械中起到支承作用的零部件就是支承零部件，常见的有各类轴和轴承。其中轴承是标准件，由专业工厂大批量生产。轴承分为滑动轴承和滚动轴承，广泛应用于高速、重载、高精度的场合。例如，上图为铁道车辆转向架轮对处的滚动轴承。

支承零部件包括轴和轴承，主要功能是将传动零件支承在机架上，传递转矩和动力。

【知识拓展】

一、轴

轴在人们的生产、生活中到处可见，如减速器中的转轴、自行车中的心轴、汽车中的传动轴以及内燃机中的曲轴等，如图 3-1-1 所示。

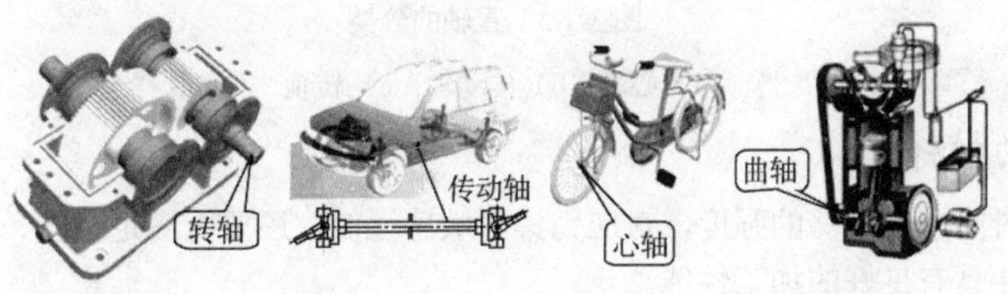

图 3-1-1　轴

1. 轴的用途和分类

轴是机器中最基本、最重要的零件之一。它的主要功用是支承回转零件（如齿轮、带轮等）、传递运动和动力。

根据轴线形状的不同，轴可分为直轴、曲轴和挠性钢丝软轴，如图 3-1-2 所示。

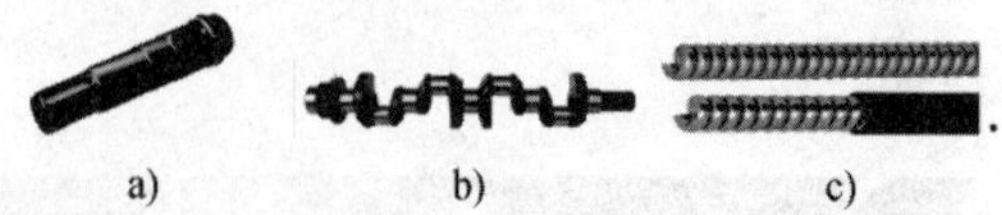

a)　　b)　　c)

图 3-1-2　轴的分类

a）直轴；b）曲轴；c）挠性轴

根据承载情况不同，直轴分为心轴、传动轴和转轴三类，如图 3-1-3 所示。

（1）心轴：如图 3-1-3a 所示，用来支承转动零件，只承受弯矩而不传递扭矩。有些心轴转动，如铁路车辆的轴等；有些心轴则不转动，如支承滑轮的轴等。根据轴工作时是否转动，心轴又可分为转动心轴和固定心轴：转动心轴工作时轴承受弯矩，且轴转动；固定心轴工作时轴承受弯矩，且轴固定。

（2）传动轴：如图 3-1-3b 所示，只承受扭矩不承受弯矩或承受很小的弯矩，主要用于传递转矩。

（3）转轴：如图 3-1-3c 所示，同时承受弯矩和扭矩，既支承零件又传递转矩。

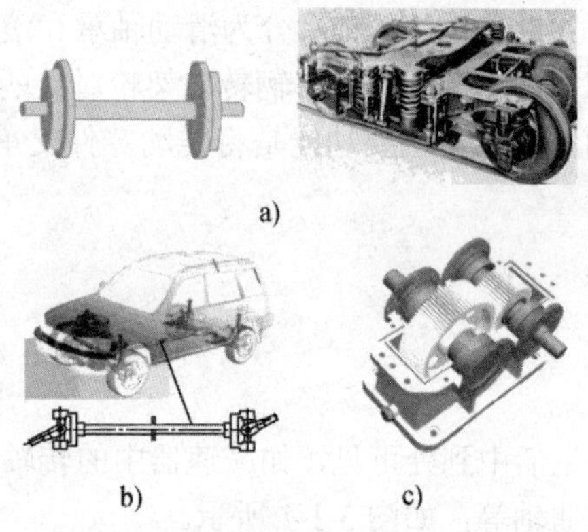

a)

b)　　c)

图 3-1-3　直轴的分类

a）心轴；b）传动轴；c）转轴

2. 轴的材料

轴的材料要求有足够的强度，对应力集中敏感性低；还要能满足刚度、耐磨性、耐腐蚀性要求；并具有良好的加工性能。

3. 轴的常见工艺结构

轴的结构工艺性是指轴的结构形式应用便于加工、便于轴上零件的装配和使用维修，并且能提高生产率、降低成本。所以在满足使用要求的前提下，轴的结构形式应尽量简化。

- 轴的结构和形状应便于加工、装配和维修。
- 阶梯轴的直径应该是中间大、两端小，以便于轴上零件的装拆，如图 3-1-4 所示。

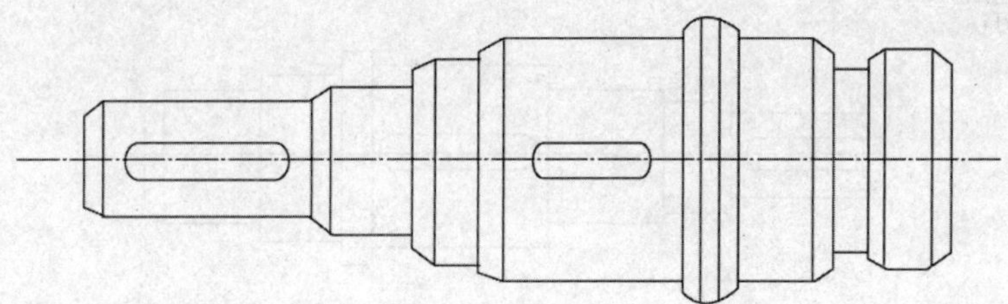

图 3-1-4　阶梯轴

轴端、轴颈与轴肩的过渡部位应有倒角或过渡圆角，便于轴上零件的装配，避免划伤配合表面，减小应力集中。应尽可能使倒角一致，以便于加工，如图 3-1-5 所示。

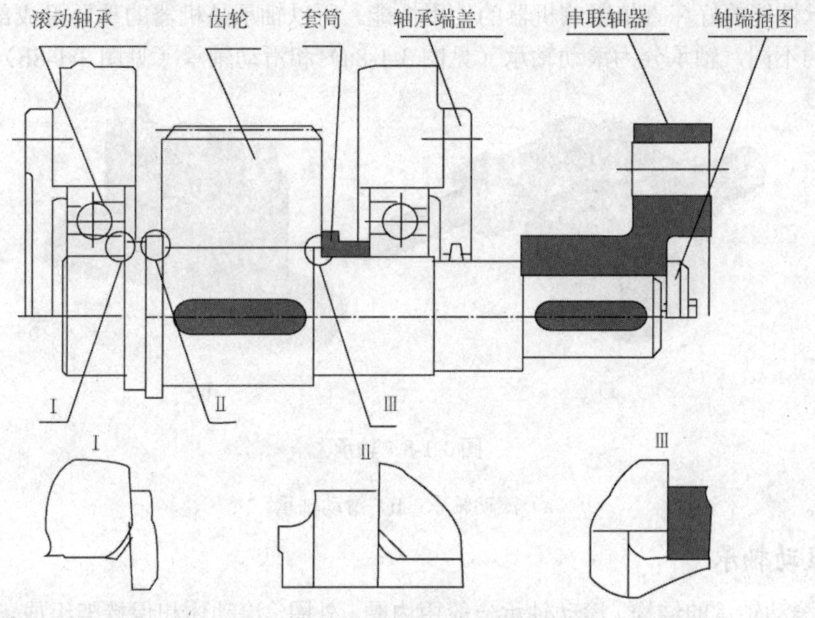

图 3-1-5　轴的倒角与圆角

轴上要切制螺纹或进行磨削时，应有螺纹退刀槽（见图 3-1-6a）或砂轮越程槽（见图 3-1-6b）。

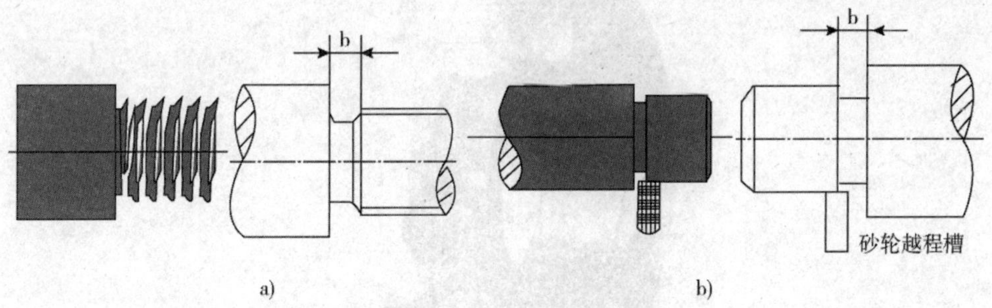

图 3-1-6　退刀槽和越程槽

a）退刀槽；b）越程槽

当轴上有两个及以上键槽时，槽宽应尽可能相同，并布置在同一母线上，以利于加工，如图 3-1-7 所示。

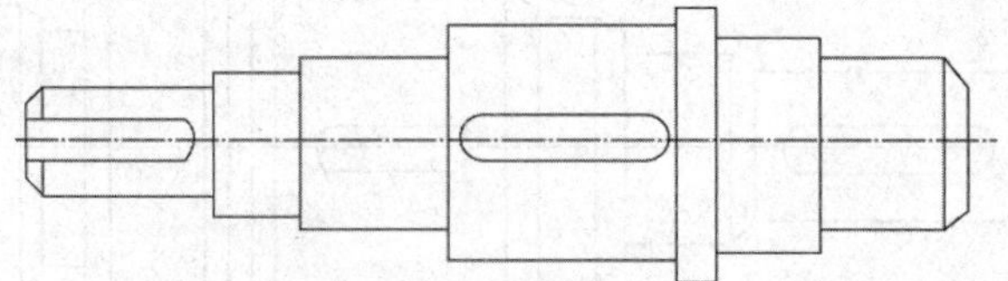

图 3-1-7　轴上的键槽

二、轴承

在机器中，轴承的功用是支承转动的轴及轴上零件，并保持轴的正常工作位置和旋转精度，轴承性能的好坏直接影响机器的使用性能。所以轴承是机器的重要组成部分。根据摩擦性质的不同，轴承分为滚动轴承（见图 3-1-8a）和滑动轴承（见图 3-1-8b）两大类。

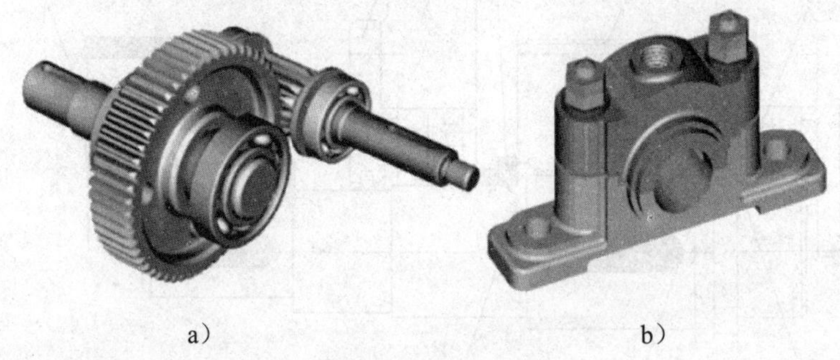

a)　　　　b)

图 3-1-8　轴承

a）滚动轴承；b）滑动轴承

1. 滚动轴承

（1）滚动轴承的结构。滚动轴承一般由内圈、外圈、滚动体和保持架组成，如图 3-1-9 所示。内圈装在轴颈上，外圈装在机座或零件的轴承孔内。多数情况下，外圈不转动，内圈与轴一起转动。

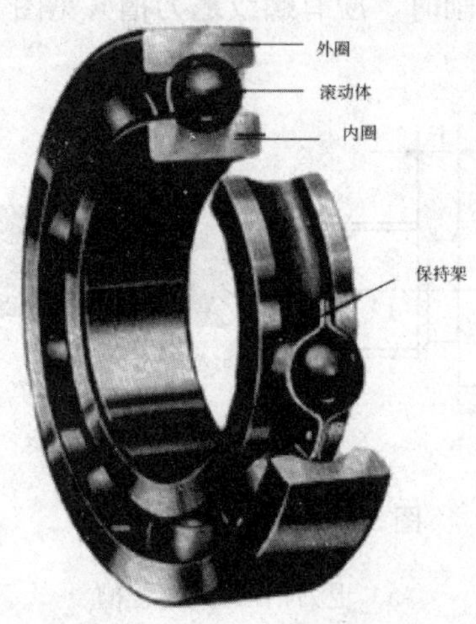

图 3-1-9　轴承结构

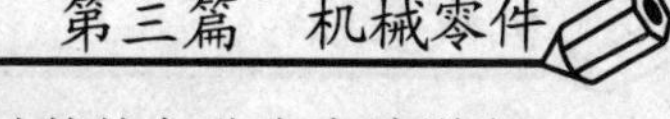

当内外圈之间相对旋转时，滚动体沿着滚道滚动。保持架使滚动体均匀分布在滚道上，并减少滚动体之间的碰撞和磨损。常见的滚动体形状如图 3-1-10 所示。

图 3-1-10　滚动体形状

（2）滚动轴承的类型。为满足机械的各种要求，滚动轴承有多种类型。滚动体的形状可以是球轴承或滚子轴承；滚动体的列数可以是单列或双列等。如表 3-1-1 所示为一般滚动轴承的类型及特性。

表 3-1-1　滚动轴承的类型及特性

轴承类型	结构图	简图	类型代号	特性
调心球轴承		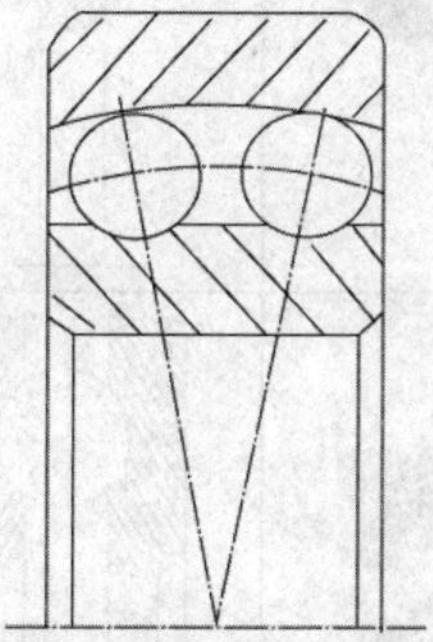	1	主要承受径向载荷，也可同时承受少量的双向轴向载荷。外圈滚道为球面，具有自动调心性能，适用于弯曲刚度小的轴
调心滚子轴承		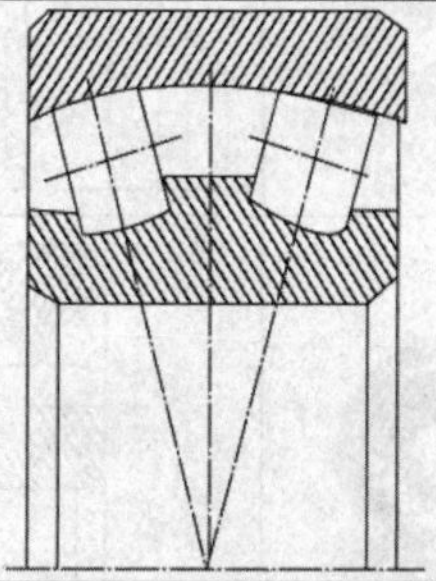	2	能承受较大的径向载荷和轴向载荷。内外圈可分离，故轴承游隙可在安装时调整，通常成对使用，对称安装
圆锥滚子轴承		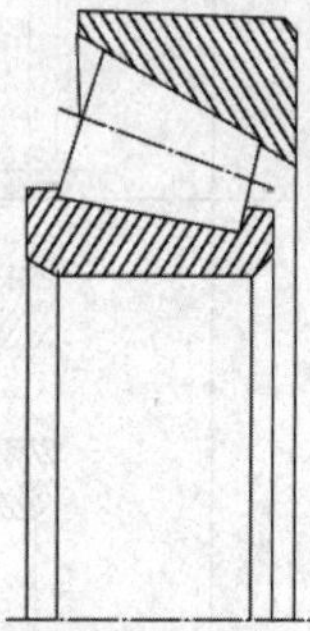	3	能同时承受较大的径向、轴向联合载荷。性能同调心球轴承，比调心球轴承承受载荷的能力大、价格贵、极限转速低

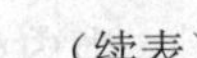
（续表）

轴承类型	结构图	简图	类型代号	特性
双列深沟球轴承			4	主要承受径向载荷，也能承受一定的双向轴向载荷。它比深沟球轴承具有更大的承载能力
推力球轴承	单向		5	只能承受单向轴向载荷，适用于轴向力大而转速较低的场合
	双向		5	可承受双向轴向载荷，常用于轴向载荷大、转速不高处
深沟球轴承			6	主要承受径向载荷，也可同时承受少量双向轴向载荷。摩擦阻力小，极限转速高，结构简单，价格便宜，应用最广泛
角接触球轴承		a	7	能同时承受径向载荷与轴向载荷，接触角 a 有 15°、25°、40°三种。适用于转速较高、 同时承受径向和轴向载荷的场合

（续表）

轴承类型	结构图	简图	类型代号	特性
推力圆柱滚子轴承			8	只能承受单向轴向载荷，承载能力比推力球轴承大得多，不允许轴线偏移。适用于轴向载荷大而不需调心的场合
圆柱滚子轴承			N	只能承受径向载荷，不能承受轴向载荷。承受载荷能力比同尺寸的球轴承大，尤其是承受冲击载荷能力大
滚针轴承			4	径向尺寸最小，径向承载能力很大，摩擦系数较大，极限转速较低。适用于径向载荷很大而径向尺寸受限制的地方，如万向联轴器、活塞销等

（3）滚动轴承的代号。滚动轴承的类型很多，同一类型的轴承又有各种不同的结构、尺寸、公差等级和技术性能等。例如，较为常用的深沟球轴承，在尺寸方面有大小不同的内径、外径和宽度（见图 3-1-5）。为了完整地反映滚动轴承的外形尺寸、结构及性能参数等方面，国家标准在轴承代号中规定了各个相应的项目，其具体内容如表 3-1-2 所示。

滚动轴承代号由前置代号、基本代号和后置代号三部分构成，其中基本代号是滚动轴承代号的核心。基本代号表示轴承的基本类型、结构和尺寸，是轴承代号的基础。除滚针轴承外，基本代号由轴承类型代号、尺寸系列代号及内径代号构成。轴承类型代号由数字或字母表示，具体如表 3-1-3 所示。

尺寸系列代号由两位数字组成，前一位数字为宽（高）度系列代号，后一位数字为直径系列代号。内径代号一般由两位数字表示，并紧接在尺寸系列代号之后注写。内径 $d \geq 10$mm 的滚动轴承内径代号如表 3-1-4 所示。

表 3-1-2 滚动轴承的代号

<table>
<tr><th rowspan="2">前置代号</th><th colspan="5">基本代号</th><th colspan="8">后置代号</th></tr>
<tr><td>五</td><td>四</td><td>三</td><td>二</td><td>一</td><td>1</td><td>2</td><td>3</td><td>4</td><td>5</td><td>6</td><td>7</td><td>8</td></tr>
<tr><td rowspan="3">成套轴承分部件代号</td><td>轴承</td><td colspan="2">尺寸系列代号</td><td colspan="2" rowspan="3">内径代号</td><td rowspan="3">内部结构代号</td><td rowspan="3">密封防尘与外部形状变化代号</td><td rowspan="3">保持架及其材料代号</td><td rowspan="3">轴承材料代号</td><td rowspan="3">公差等级代号</td><td rowspan="3">游隙代号</td><td rowspan="3">配置代号</td><td rowspan="3">其他代号</td></tr>
<tr><td>类型代号</td><td>宽(高)度系列代号</td><td>直径系列代号</td></tr>
<tr><td colspan="3">组合代号</td></tr>
</table>

表 3-1-3 轴承类型代号

类型代号	轴承类型	类型代号	轴承类型
0	双列角接触球轴承	6	深沟球轴承
1	调心球轴承	7	角接触球轴承
2	调心滚子轴承和推力调心滚子轴承	8	推力圆柱滚子轴承
3	圆锥滚子轴承	N	圆柱滚子轴承
4	双列深沟球轴承	U	外球面球轴承
5	推力球轴承	QJ	四点接触球轴承

表 3-1-4 $d \geqslant 10$mm 的滚动轴承内径代号

内径代号（两位数）	00	01	02	03	04~96
轴承内径/mm	10	12	15	17	代号×5

注：内径为 22、28、32 以及不小于 500mm 的轴承，内径代号直接用内径毫米数表示，但标注时与尺寸系列代号之间要用“/”分开。例如，深沟球轴承 62/22 的内径 d=22mm。

前置代号和后置代号是轴承代号的补充，只有在轴承的结构形状、尺寸、公差、技术要求等有所改变时才使用，一般情况下可全部省略，其详细内容查阅《机械设计手册》中相关标准的规定。

2. 滑动轴承

（1）滑动轴承的结构。滑动轴承一般由轴瓦与轴承座构成。滑动轴承根据它所承受载荷的方向，可分为向心滑动轴承（主要承受径向载荷）和推力滑动轴承（主要承受轴向载荷）。常用向心滑动轴承的结构形式有整体式和剖分式两种。

①整体式滑动轴承。图 3-1-11 所示为一种常见的整体式向心滑动轴承，用螺栓与机架连接。轴承座孔内压入用减摩材料制成的轴瓦，在轴承座顶部装有油杯，轴套上有进油孔，内表面开轴向油沟以分配润滑油润滑。

整体式滑动轴承的最大优点是构造简单，但轴承工作表面磨损过大时无法调整轴承间隙；轴颈只能从端部装入，这对粗重的轴或具有中间轴颈的轴安装不便，甚至无法安装。为克服这两个缺点，可采用剖分式滑动轴承。

②剖分式滑动轴承。剖分式滑动轴承如图 3-1-12 所示，由轴承座、轴承盖、剖分轴瓦（分为上、下瓦）及连接螺栓等组成。轴承剖分面应与载荷方向近于垂直，多数轴承剖分面是水平的，也有斜的。轴承盖与轴承座的剖分面常为阶梯形，以便定位和防止工作时错动。其轴瓦磨损后的轴承间隙可用减少剖分面处的金属垫片或刮配轴瓦金属的办法来调整。剖分式滑动轴承装拆方便，轴瓦与轴的间隙可以调整，应用较广泛。

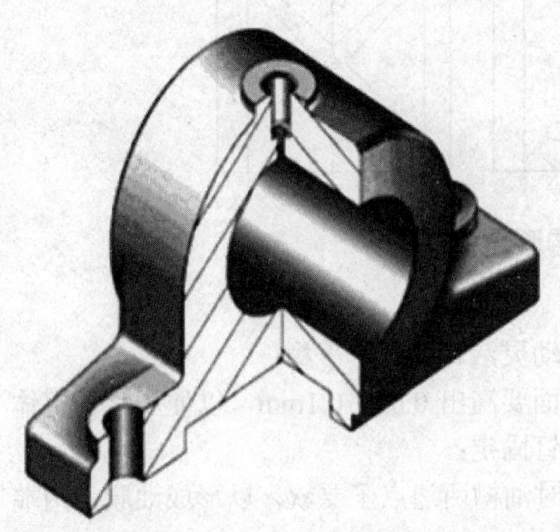

图 3-1-11　整体式滑动轴承

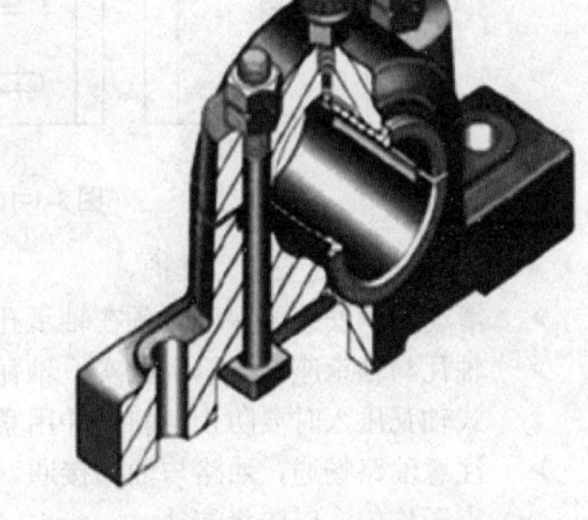

图 3-1-12　剖分式滑动轴承

（2）轴瓦结构。轴瓦是滑动轴承的重要组成部分。常用轴瓦分整体式和剖分式两种结构。

①整体式轴瓦（轴套）。整体式轴瓦一般在轴套上开有油孔和油沟以便润滑，粉末冶金制成的轴套一般不带油沟，如图 3-1-13 所示。

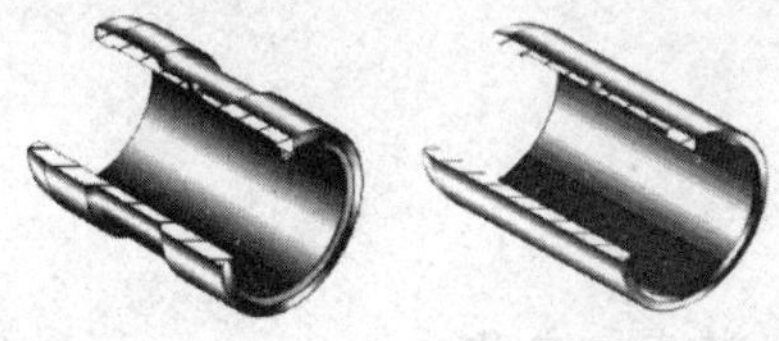

图 3-1-13　整体式轴瓦

②剖分式轴瓦。剖分式轴瓦由上、下两半瓦组成，上轴瓦开有油孔和油沟，图 3-1-14 所示是铸造剖分式厚壁轴瓦。

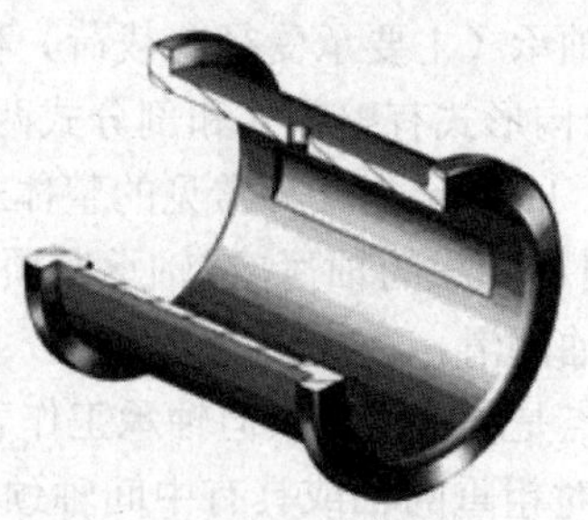

图 3-1-14　剖分式轴瓦

为了改善轴瓦表面的摩擦性质，可在内表面上浇注一层减摩材料，称为轴承衬。轴瓦上的油孔用来供应润滑油，油沟的作用是使润滑油均匀分布。常见油沟的形状如图 3-1-15 所示，应开在非承载区。

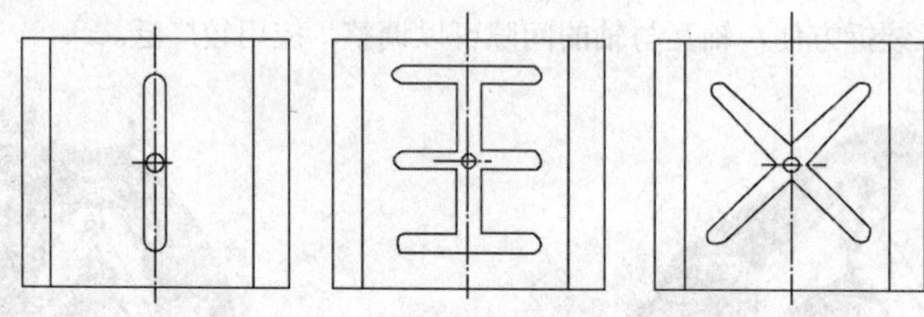

图 3-1-15　油沟形状

（3）滑动轴承的安装、维护。

- 滑动轴承安装要保证轴颈在轴承孔内转动灵活、准确、平稳；
- 轴瓦与轴承座孔要修刮贴实，轴瓦剖分面要高出 0.05～0.1mm，以便压紧。整体式轴瓦压入时要防止偏斜，并用紧定螺钉固定；
- 注意油路畅通，油路与油槽接通。刮研时油槽两边点子要软，以形成油膜，两端点子均匀，以防止漏油；
- 注意清洁，修刮调试过程中凡能出现油污的机件，修刮后都要清洗涂油；
- 轴承使用过程中要经常检查润滑、发热、振动问题。遇有发热（一般在 60℃ 以下为正常）、冒烟、卡死以及异常振动、声响等要及时检查、分析，采取措施。

任务二　机械连接及螺旋传动

【知识目标】

- 掌握键连接的类型、特点、应用；
- 掌握销连接的类型、特点、应用；
- 掌握螺纹连接的类型、特点、应用；
- 掌握螺旋传动的类型、特点。

【知识点】

- 键连接的类型、特点、应用；
- 销连接的类型、特点、应用；
- 螺纹连接的类型、特点、应用；
- 螺旋传动的类型、特点。

【相关链接】

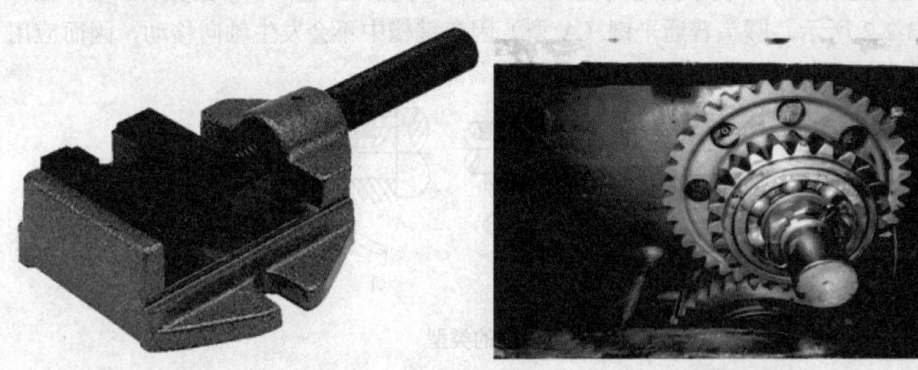

机构连接分为可拆卸连接和不可拆卸连接。不可拆卸连接如焊接、铆接等；可拆卸连接如螺纹连接、销、链等。

左图为机务段和车辆段常用的台式虎钳，属于单螺旋机构，螺母固定，螺杆转动并作轴向移动。右图为东风 4B 型内燃机车的 16V240ZJB 柴油机凸轮轴处的开口销，是一种防松零件。

【知识拓展】

一、机械连接

机器都是由各种零件装配而成的，零件与零件之间存在着各种不同形式的连接。根据连接后是否可拆分为可拆连接和不可拆连接。在机械连接中属于可拆连接的有键连接、销连接和螺纹连接等；属于不可拆连接的有焊接、铆接和胶接等。

1. 键连接

键连接可实现轴与轴上零件（如齿轮、带轮等）之间的轴向固定，并传递运动和扭矩。键连接具有结构简单、装拆方便、工作可靠及标准化等特点，故在机械中应用极为广泛。

键连接分为松键连接和紧键连接，其中松键连接又分为平键连接、半圆键连接、花键连接；紧键连接分为楔键连接和切向键连接。

（1）平键连接。平键连接如图 3-2-1 所示。

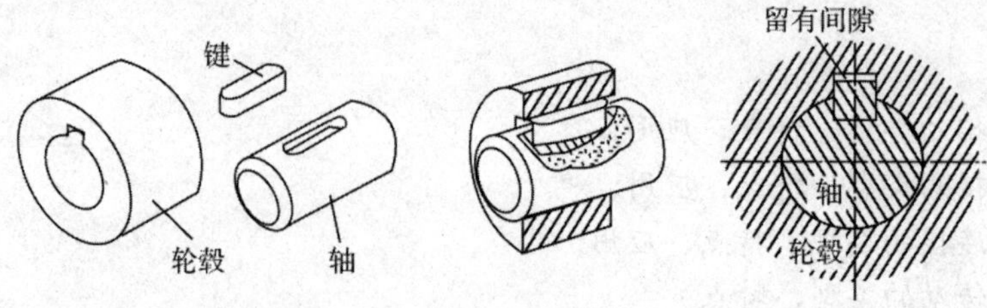

图 3-2-1　平键连接

普通平键按键的端部形状不同分为圆头（A 型）、方头（B 型）和单圆头（C 型）三种形式，如图 3-2-2 所示。圆头普通平键（A 型）因在键槽中不会发生轴向移动，因而应用最广，单圆头普通平键（C 型）则多应用在轴的端部。

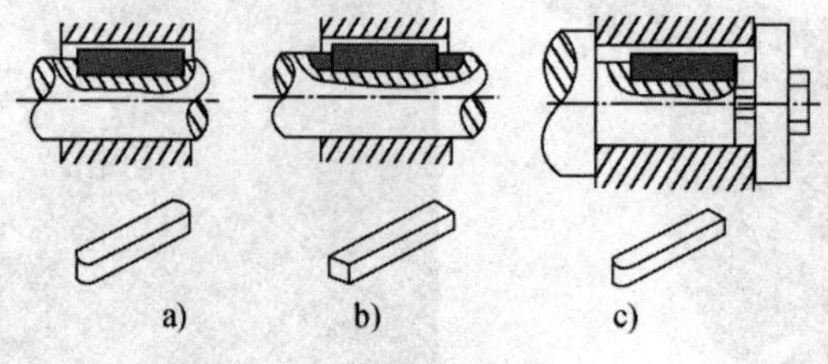

图 3-2-2　平键的类型

a）圆头平键（A 型）；b）方头平键（B 型）；c）半圆头平键（C 型）

A 型用于端铣刀加工的轴槽，键在槽中固定良好，但轴上槽引起的应力集中较大；B 型用于盘铣刀加工的轴槽，轴的应力集中较小；C 型用于轴端。平键靠侧面传递转矩，对中良好，结构简单，装拆方便。

（2）半圆键连接。半圆键工作面是键的两侧面，因此与平键一样，有较好的对中性（见图 3-2-3）。半圆键可在轴上的键槽中绕槽底圆弧摆动，适用于锥形轴与轮毂的连接。它的缺点是键槽对轴的强度削弱较大，只适用于轻载连接。

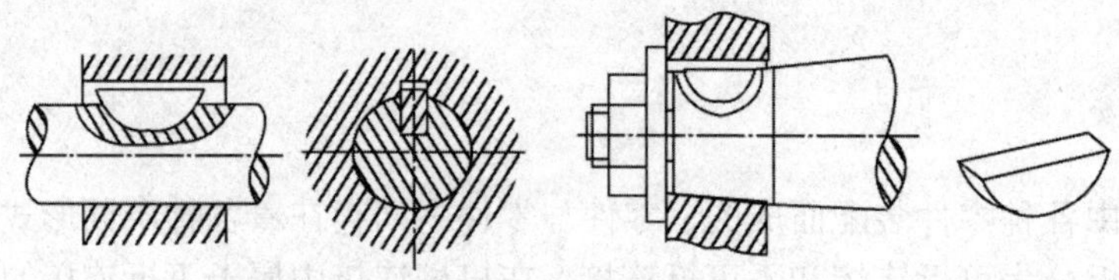

图 3-2-3　半圆键

（3）楔键连接。如图 3-2-4 所示，楔键连接中键的上、下两面是工作面，键的上表面和毂槽的底面各有 1:100 的斜度，装配时需打入，靠楔紧作用传递转矩。这主要用于精度要求不高、转速较低时传递较大的、双向的或有振动的转矩。

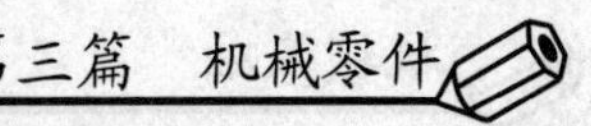

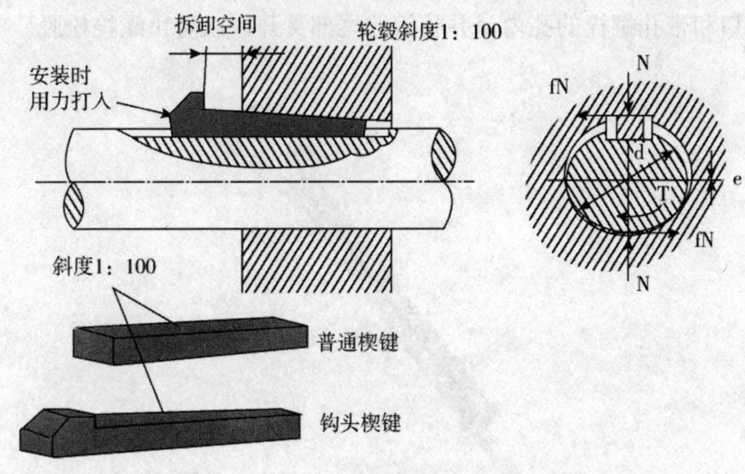

图 3-2-4 楔键连接

（4）花键连接。花键连接是平键在数量上发展和质量上改善的一种联接，它由轴上的外花键和毂孔的内花键组成，工作时靠键的侧面互相挤压传递转矩，如图 3-2-5 所示。

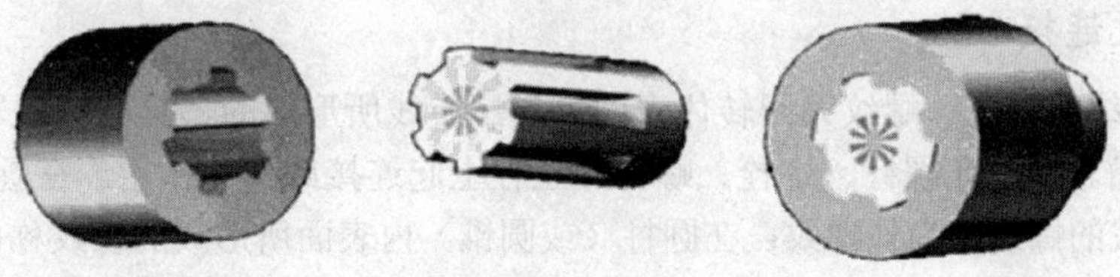

图 3-2-5 花键连接

花键连接的应用广泛，如飞机、汽车、拖拉机、机床制造业、农业机械及一般机械传动装置等。

2. 销连接

（1）销连接的用途和种类。销连接一般用来传递不大的载荷或作安全装置；另一作用是起定位作用。销按形状分为定位销、连接销和安全销三类。定位销主要用于零件间的定位，如图 3-2-6a 所示，常用于组合加工装配时的辅助零件；连接销主要用于零件间的连锁或锁定，如图 3-2-6b 所示，可传递不大的载荷；安全销主要用于安全保护装置中的过载剪断元件，如图 3-2-6c 所示。

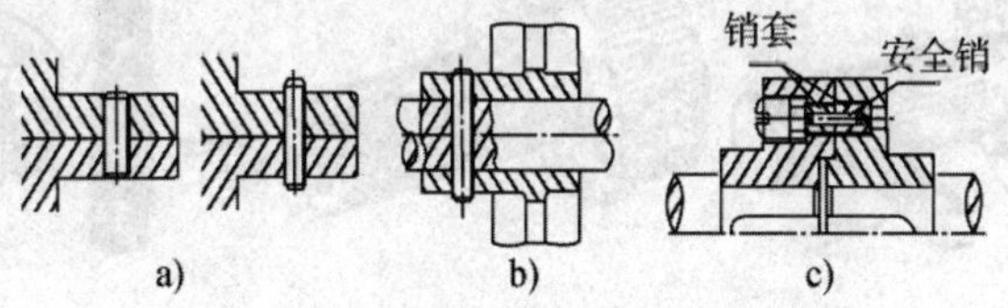

图 3-2-6 销连接

a）定位销；b）连接销；c）安全销

（2）销连接的应用。销是标准件，通常用于零件间的连接或定位。常用的销有圆柱销、圆锥销和开口销。如图 3-2-7 所示的开口销，用在带孔螺栓和带槽螺母上，将其插入槽型螺母的槽口和带孔螺栓的孔内，并将销的尾部叉开，以防止螺栓松脱。

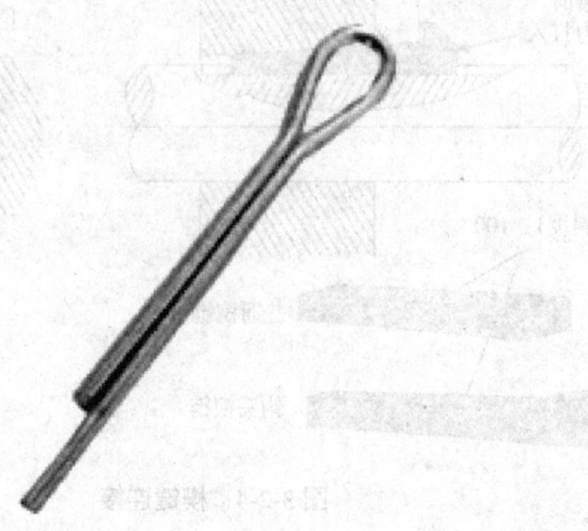

图 3-2-7　开口销

3. 螺纹连接

（1）螺纹的形成。螺纹为回转体表面上沿螺旋线所形成的、具有相同轴向剖面的连续凸起和沟槽。螺纹在螺钉、螺栓、螺母和丝杠上起连接或传动作用。在圆柱（或圆锥）外表面所形成的螺纹称为外螺纹；在圆柱（或圆锥）内表面所形成的螺纹称内螺纹，如图 3-2-8 所示。形成螺纹的加工方法很多，如图 3-2-9 为车床上车削内外螺纹的情况，也可用成型刀具（如板牙、丝锥）加工。加工内螺纹孔时，先用钻头钻出光孔，再在光孔内攻出螺纹。

图 3-2-8　外螺纹和内螺纹

图 3-2-9　螺纹加工方法

车削螺纹时，由于刀具和工件的相对运动而形成圆柱螺旋线，动点的等速运动由车床的主轴带动工件的转动而实现；动点的沿圆柱素线方向的等速直线运动由刀尖的移动来实现。螺纹的形成可看作一个平面图形沿圆柱螺旋线运动而形成。

（2）螺纹的要素。螺纹要素包括牙型、直径、线数、螺距和导程、旋向五个要素，如图 3-2-10 所示。

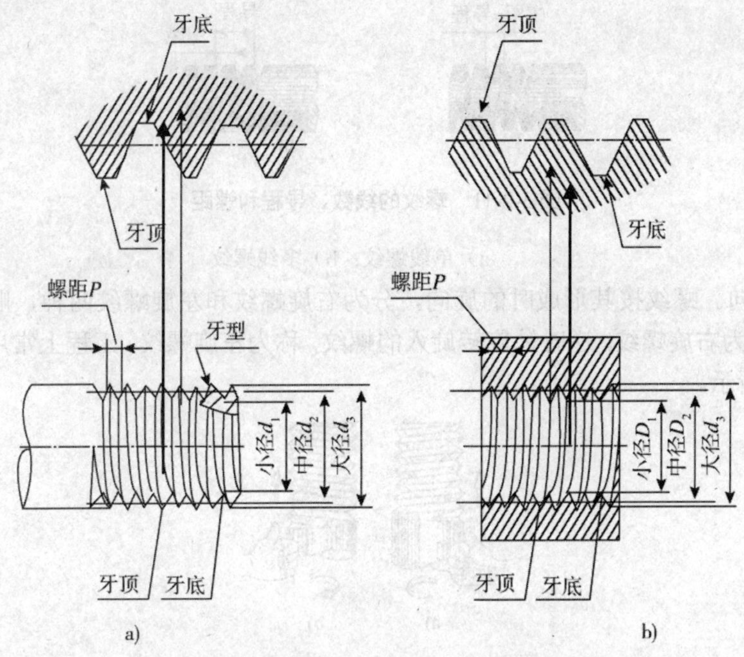

图 3-2-10　**螺纹的牙型、大径、小径和螺距**

a）内螺纹；b）外螺纹

①牙型。螺纹的牙型是指通过螺纹轴线剖切面上所得到的断面轮廓形状，螺纹的牙型标志着螺纹的特征。常见的螺纹牙型有三角形、梯形、锯齿形、矩形等。

②直径。这分为大径、小径、中径、公称直径、顶径和底径。

- 大径——是与外螺纹牙顶或内螺纹牙底相重合的假想的圆柱直径。对内螺纹大径用 D 来表示；对外螺纹大径用 d 来表示。
- 小径——是与外螺纹牙底或内螺纹牙顶相重合的假想圆柱的直径。对内螺纹小径用 D_1 来表示；对外螺纹小径用 d_1 来表示。
- 中径——是母线通过牙型上沟槽和凸起宽度相等处的假想圆柱的直径。对内螺纹中径用 D_2 来表示；对外螺纹中径用 d_2 来表示。
- 公称直径——是螺纹的标准尺寸，指的是螺纹的大径。
- 顶径和底径——顶径是与内螺纹或外螺纹牙顶重合的假想圆柱的直径；底径是与内螺纹或外螺纹牙底重合的假想圆柱的直径。

（3）线数。沿一条螺旋线形成的螺纹叫单线螺纹；沿两条或两条以上、在轴上等距分布的螺旋线形成的螺纹称为多线螺纹。螺纹的线数用 n 来表示，在图 3-2-11 中，图 a 为单线螺纹，n=1；图 b 为多线螺纹，n=2。

（4）螺距和导程

- 螺距——相邻两牙在螺纹中径线上对应两点间的轴向距离叫螺距，用 P 表示，如图 3-2-11 所示。
- 导程——同一条螺纹上相邻两牙在螺纹中径线上对应两点间的轴向距离叫导程，

用 S 表示。对单线螺纹，$S=P$；对多线螺纹，$S=nP$。

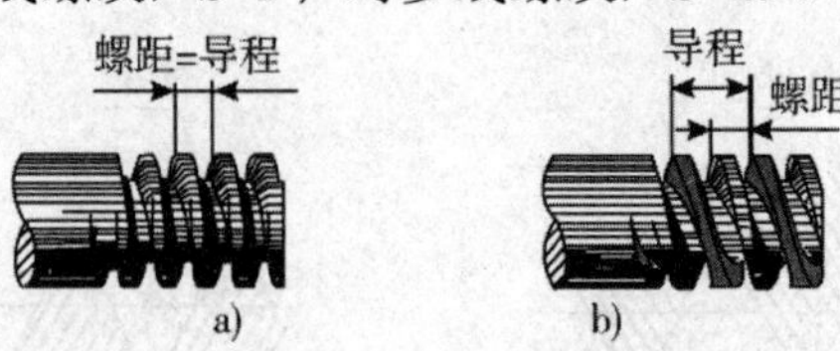

图 3-2-11　螺纹的线数、导程和螺距

a）单线螺纹；b）多线螺纹

（5）旋向。螺纹按其形成时的旋向，分为右旋螺纹和左旋螺纹两种，顺时针旋转旋入的螺纹，称为右旋螺纹，逆时针旋转旋入的螺纹，称为左旋螺纹，工程上常用右旋螺纹，如图 3-2-12 所示。

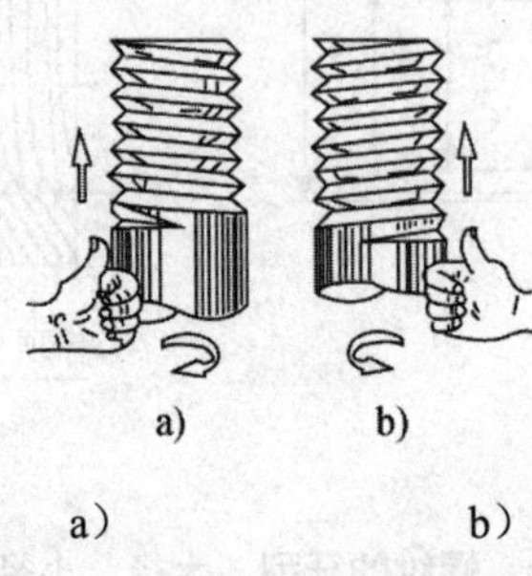

a）　　　　　　b）

图 3-2-12　螺纹旋向

a）左旋螺纹；b）右旋螺纹

内外螺纹相互配合使用，只有上述五要素完全相同，内外螺纹才能旋合在一起。在螺纹五要素中，凡是螺纹牙型、大径和螺距都符合标准的螺纹称为标准螺纹；螺纹牙型符合标准，而大径、螺距不符合标准的称为特殊螺纹；若螺纹牙型不符合标准，则称为非标准螺纹。

（6）螺纹的分类

螺纹根据牙型分为普通螺纹、管螺纹、梯形螺纹、矩形螺纹、锯齿形螺纹等，如图 3-2-13 所示。其中普通螺纹、管螺纹主要用于连接，其他螺纹用于传动。

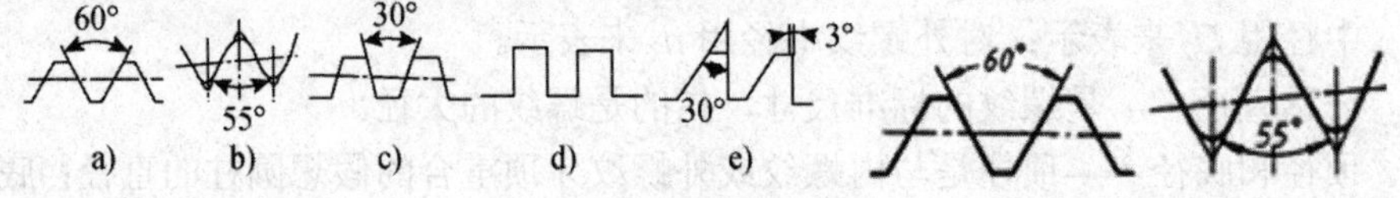

图 3-2-13 螺纹牙型分类

a）普通螺纹；b）管螺纹；c）梯形螺纹；d）矩形螺纹；e）锯齿形螺纹

①普通螺纹：普通螺纹的牙型为等边三角形，牙型角 $\alpha=60°$，$\beta=30°$。牙根强度高、自锁性好，工艺性能好，主要用于连接。同一公称直径按螺距大小分为粗牙螺纹和细牙螺纹。粗牙螺纹用于一般连接。细牙螺纹升角小、螺距小、螺纹深度浅、自锁性最好、螺杆强度较高。适用于受冲击、振动和变载荷的连接和薄壁管件的连接。但细牙螺纹耐磨性较差，牙根强度较低，易滑扣。

②管螺纹：管螺纹的牙型为等腰三角形，牙型角 α=55°，β=27.5°。公称直径近似为管子孔径，以 in（英寸）为单位。由于牙顶呈圆弧状，内、外螺纹旋合后相互挤压变形后无径向间隙，多用于紧密性要求的管件连接，以保证配合紧密。适用于压力不大的水、煤气、油等管路连接。锥管螺纹与管螺纹相似，但螺纹是绕制在 1:16 的圆锥面上，紧密性更好。适用于水、气以及高温、高压的管路连接。

③梯形螺纹：梯形螺纹牙型为等腰梯形，牙型角 α=30°，β=15°。比三角形螺纹当量摩擦因数小，传动效率高；比矩形螺纹牙根强度高，承载能力高，加工容易，对中性好，可补偿磨损间隙，故综合传动性能好，常用于传动螺纹。

④矩形螺纹：矩形螺纹的牙型为正方形，牙厚是螺距的一半。牙型角 α=0°，β=0°。矩形螺纹当量摩擦因数小，传动效率高。但牙根强度较低、难于精确加工、磨损后间隙难以修复和补偿，对中精度低。

⑤锯齿形螺纹：锯齿形螺纹牙型为不等腰梯形，牙型角 α=33°，工作面的牙侧角 β=3°，非工作面的牙侧角 β'=30° 。它综合了矩形螺纹传动效率高和梯形螺纹牙根强度高的优点，但只能用于单向受力的传动。

上述螺纹类型，除了矩形螺纹外，其余都已标准化。

（7）螺纹连接的基本类型和常用螺纹连接件。螺纹连接是利用螺纹零件构成的可拆卸的固定连接。螺纹连接具有结构简单、紧固可靠、装拆迅速方便等特点，因此应用极为广泛。螺纹连接的基本类型有螺栓连接、双头螺柱连接、螺钉连接和紧定螺钉连接四种，它们的结构、特点及应用如表 3-2-1 所示。

表 3-2-1　螺纹连接基本类型的结构、特点

类型	螺栓连接	双头螺柱连接	螺钉连接	紧定螺钉连接
结构	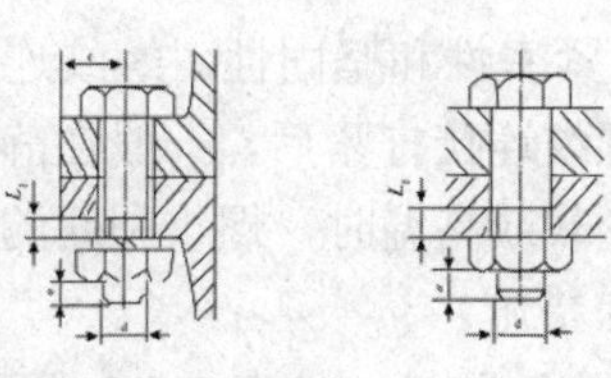	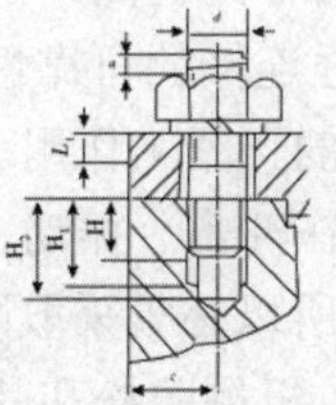	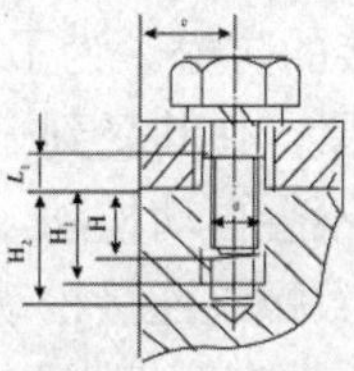	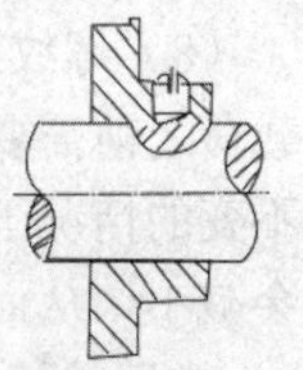
特点和应用	结构简单、装拆方便，适用于被连接件厚度不大且能够从两面进行装配的场合	将螺栓上螺纹较短的一端旋入并紧定在被连接件之一的螺纹孔中，不再拆下。	用于被连接之一较厚不宜制作通孔，且不需经常装拆的场合，因多次装拆会使螺纹孔磨损	利用螺钉的末端顶住被连接件的凹坑中，以固定两零件的相对位置，可传递不大的横向力或转矩

螺纹连接件的类型很多，大多已经标准化。表 3-2-2 所示为常见的螺纹连接件，使用时只需参考有关手册选择。

表 3-2-2 常见螺纹连接件

类型	图例	应用场合
六角头螺栓	M12 40	机械制造业中广泛应用
双头螺柱	M12 40	用于双头螺柱连接
I 型六角螺母	D	机械制造业中广泛应用
开槽盘头螺钉	M10 35	用于螺钉连接
开槽沉头螺钉	M10 35	用于螺钉连接

（8）螺纹连接的防松。为了增强连接的可靠性、紧密性和坚固性，螺纹连接件在承受载荷之前需要拧紧，使其受到一定的预紧力作用。螺纹连接拧紧后，一般在静载荷和温度不变的情况下，不会自动松动，但在冲击、振动、变载或高温时，螺纹副间的摩擦力可能会减小，从而导致螺纹连接松动，所以必须采取防松措施。

常用的放松方法有摩擦力防松、机械防松和其他方法防松，如表 3-2-3 所示。

表 3-2-3 常见防松方法

方法	类型	图例	说明
摩擦力防松	对顶螺母		利用主、副螺母的对顶作用，把该段螺纹拉紧，保持螺纹间的压力。即使外载荷消失，此压力也仍然存在。外廓尺寸大，应用不如弹簧垫圈普遍

（续表）

方法	类型	图例	说明
机械防松	弹簧垫圈	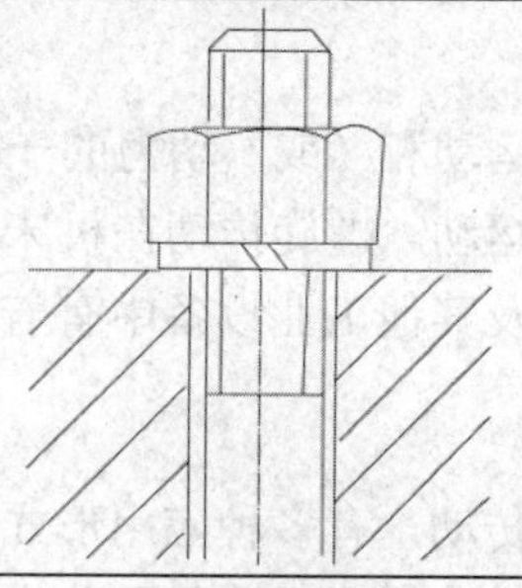	垫圈压平后产生弹力，保持螺纹间的压力，增加了摩擦力，同时切口尖角也有阻止螺母反转作用；结构简单、工作可靠、应用较广泛
	尼龙圈锁紧螺母	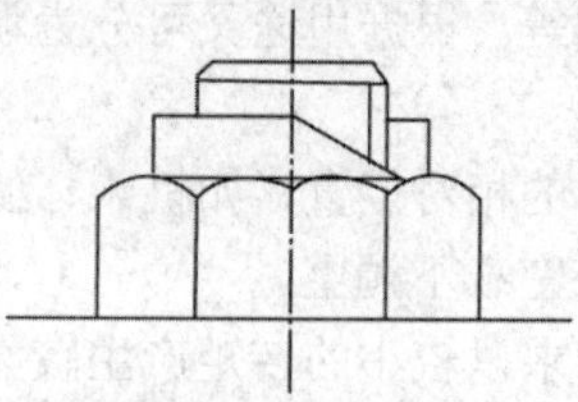	螺母中嵌有尼龙圈，拧上后尼龙圈内孔被胀大，箍紧螺栓
	槽形螺母和开口销	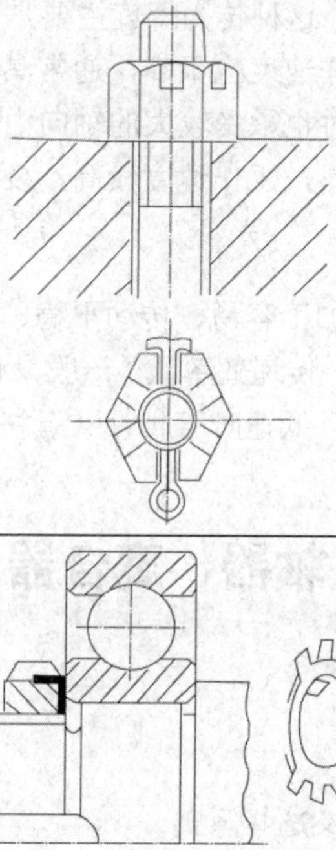	在旋紧槽形螺母后，螺栓被钻孔。销钉在螺母槽内插入孔中，使螺母和螺栓不能产生相对转动。安全可靠，应用较广
	圆螺母和止动垫圈	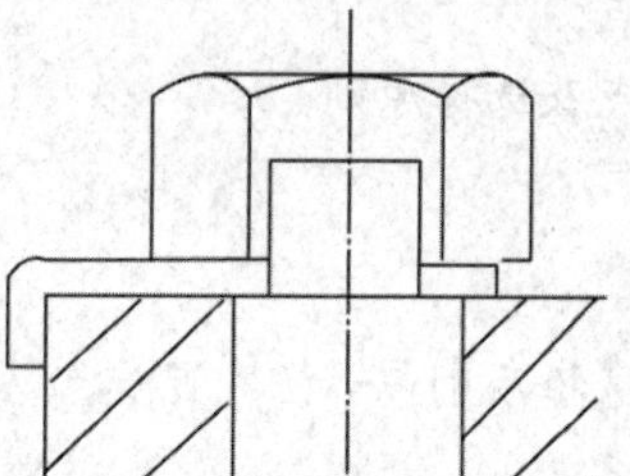	将垫圈内翅插入键槽内，而外翅翻入圆螺母的沟槽中，使螺母和螺杆没有相对运动。常用于滚动轴承的固定
	止动垫片	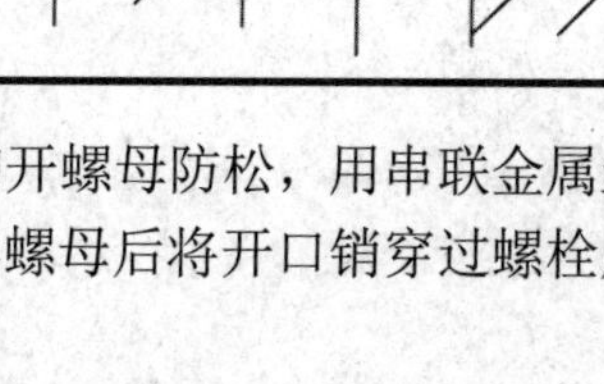	在旋紧螺母后，止动垫圈一侧被折转；垫圈另一侧折于固定处，则可固定螺母与被连接件的相对位置。要求有固定垫片的结构

另外，还有串联金属丝和开螺母防松，用串联金属丝使螺母与螺栓、螺母与连接件互相锁牢而防止松脱。拧紧槽形螺母后将开口销穿过螺栓尾部的小孔和螺母的槽，从而防止

螺母松脱。

二、螺旋传动

螺旋传动是利用螺旋副来传递运动和（或）动力的一种机械传动，可以方便地把主动件的回转运动转变为从动件的直线运动。螺旋传动在机床的进给机构、起重设备、锻压机械、测量仪器、工具、夹具、玩具及其他工业设备中有着广泛的应用。

1. 螺旋传动的类型

螺旋传动是应用较广泛的一种传动，有多种应用形式，常见的有普通螺旋传动、相对位移螺旋传动和差动位移螺旋传动等。根据用途又可分为调整螺旋、传力螺旋、传导螺旋和测量螺旋。

调整螺旋用以调整、固定零件的相对位置，如机床、仪器及测试装置中的微调机构螺旋。调整螺旋不经常转动，一般在空载下调整。

传力螺旋以传递动力为主，要求以较小的转矩产生较大的轴向推力，用以克服工件阻力，如各种起重或加压装置的螺旋。这种传力螺旋主要是承受很大的轴向力，一般为间歇性工作，每次的工作时间较短，工作速度也不高，通常具有自锁能力。

传导螺旋以传递运动为主，有时也承受较大的轴向力，如机床进给机构的螺旋等。传导螺旋常需在较长的时间内连续工作，工作速度较高，要求具有较高的传动精度。

2. 螺旋传动的特点

螺旋传动的优点是结构简单、加工容易、传动平稳、工作可靠、传递动力大。

螺旋传动的缺点是摩擦功耗大，传递效率低（一般只有 30%～40%）；磨损比较严重，易脱扣，寿命短螺旋副中间隙较大，低速时有爬行（滑移）现象，传动精度不高。

任务三　联轴器、离合器、制动器

【知识目标】

- 掌握联轴器的种类、特点及选择原则；
- 掌握离合器的种类、特点；
- 了解制动器的种类、特点及选择原则。

【知识点】

- 联轴器的种类、特点及选择原则；
- 离合器的种类、特点；
- 制动器的种类、特点及选择原则。
-

【相关链接】

上图为盘形制动器，盘形制动是利用制动夹钳，使闸片夹紧制动圆盘（固定在车轴上）而产生制动力。世界各国在高速旅客列车上采用盘型制动装置。我国目前在地铁车辆、双层客车上使用。

【知识拓展】

一、联轴器

如图 3-3-1 所示，联轴器是机构传动中的常用部件，它是用来连接两传动轴，使其一起转动并传递转矩，有时也可作为安全装置。

图 3-3-1　联轴器

用联轴器连接的两传动轴在机器工作时不能分离，只有当机器停止运转后，用拆卸的方法才能将它们分开。联轴器按有无弹性元件可分为刚性联轴器和弹性联轴器两类。

1. 刚性联轴器

刚性联轴器适用于两轴能严格对中并在工作中不发生相对位移的地方。其无弹性元件，不能缓冲吸振；按能否补偿轴线的偏移又可分为固定式刚性联轴器和可移动式刚性联轴器。

只有在载荷平稳，转速稳定，能保证被连两轴轴线相对位移极小的情况下，才可选用刚性联轴器。在先进工业国家中，刚性联轴器已被淘汰。

（1）非移动式刚性联轴器。

①套筒联轴器。套筒联轴器是利用公用套筒并通过键、花键或销等将两轴连接，如图 3-3-2 所示。其结构简单、径向尺寸小、制作方便，但装配拆卸时需做轴向移动，仅适用于两轴直径较小、同轴度较高、轻载荷、低转速、无振动、无冲击、工作平稳的场合。

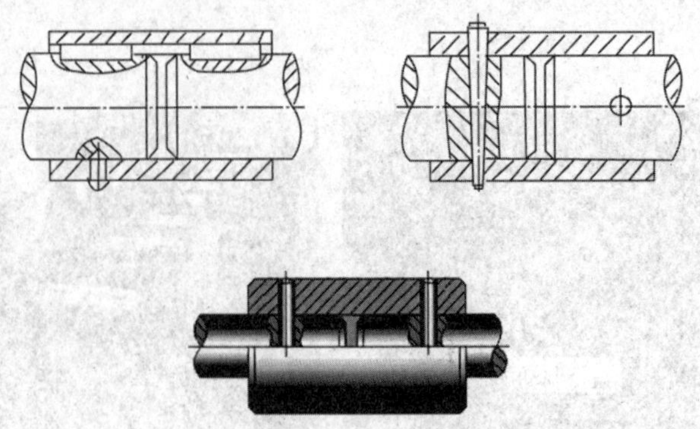

图 3-3-2　套筒联轴器

②凸缘联轴器。凸缘联轴器是刚性联轴器中应用最广泛的一种，其由两个带凸缘的半联轴器组成，两个半联轴器通过键与轴连接，螺栓将两个半联轴器构成一体进行动力传递，如图 3-3-3 所示。其结构简单、价格便宜、维护方便、能传递较大的转矩，但要求两轴必须严格对中。由于没有弹性元件，故不能补偿两轴的偏移，也不能缓冲、吸振。

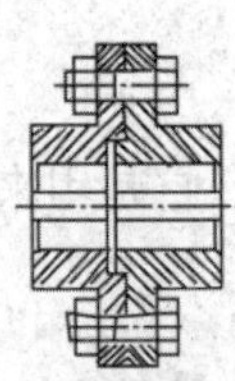
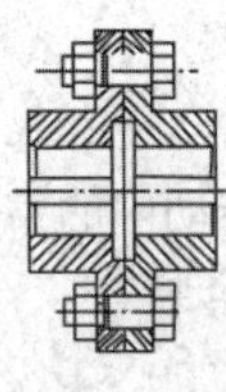

图 3-3-3　凸缘联轴器

（2）可移动式刚性联轴器。

①十字滑块联轴器。十字滑块联轴器是由两个具有较宽凹槽的半联轴器和一个中间滑块组成的，半联轴器与中间滑块之间可相对滑动，能补偿两轴间的相对位移和偏斜，如图 3-3-4 所示。这种联轴器的特点是结构简单，重量轻，惯性力小，又具有弹性，适用于传递转矩不大、转速较高、无剧烈冲击的两轴连接，而且不需要润滑。

图 3-3-4　十字滑块联轴器

②齿式联轴器。齿式联轴器是由两个具有外齿和凸缘的内套筒和两个带内齿及凸缘的外套筒组成的，如图 3-3-5 所示。套筒间用螺栓相连，外套筒内储有润滑油。联轴器工作时通过旋转将润滑油向四周喷洒以润滑啮合齿轮，从而减小啮合齿轮间的摩擦阻力，降低作用在轴和轴承上的附加载荷。齿式联轴器结构紧凑，有较大的综合补偿能力，由于是多齿同时啮合，故承载能力大，工作可靠，但其制造成本高，一般用于起动频繁，经常正、反转，传递运动要求准确的场合。

③万向联轴器。万向联轴器用于两轴相交某一角度的传动，两轴的角度偏移可达 35°～

45°。万向联轴器由两个具有叉状端部的万向接头和十字销组成，如图 3-3-6 所示。这种联轴器有一个缺点，就是当主动轴作等角速度转动时，从动轴作变角速度转动。如果要使它们角速度相等，则可应用两套万向联轴器，使主动轴与从动轴同步转动。

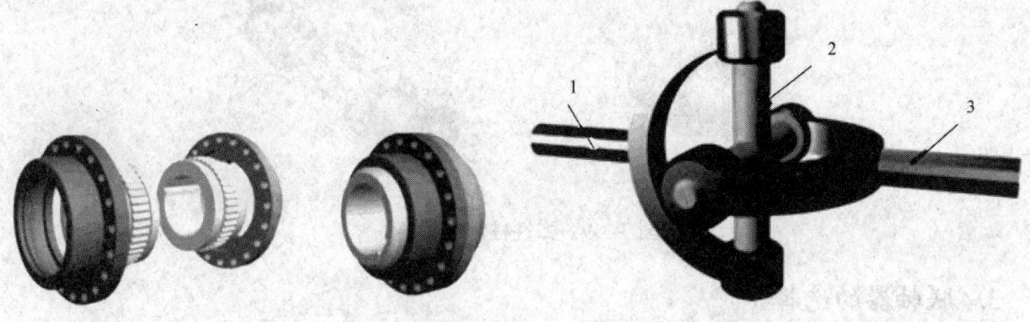

图 3-3-5　齿式联轴器

图 3-3-6　万向联轴器

1-主动轴；2 从动轴；3-轴

2. 弹性联轴器

弹性联轴器适用于两轴有偏移时的连接，如图 3-3-7 所示。弹性联轴器不仅能在一定范围内补偿两轴线间的位移，还具有缓冲、吸振的作用。

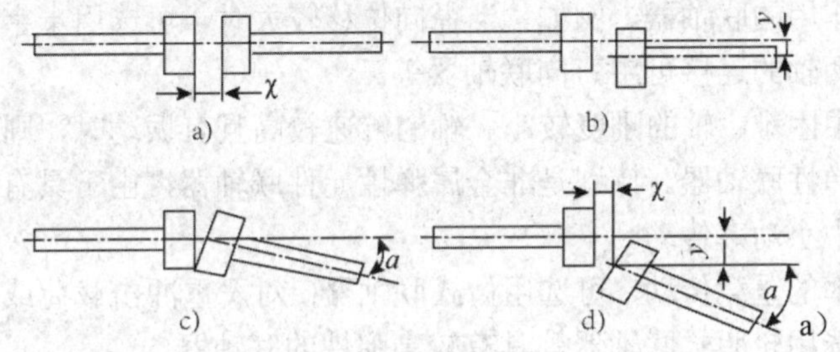

图 3-3-7　轴线的相对位移

a）轴向位移 x；b）径向位移 y；c）偏角位移 α；d）综合位移 x、y、α

（1）弹性套柱销联轴器。弹性套柱销联轴器的结构与凸缘联轴器相似，如图 3-3-8 所示，也有两个带凸缘的半联轴器分别与主、从动轴相连，采用了带有弹性套的柱销代替螺栓进行连接。这种联轴器制造简单、拆装方便、成本较低，但弹性套易磨损、寿命短，适用于载荷平稳，需正、反转或起动频繁，传递中小转矩的轴。

图 3-3-8　弹性套柱销联轴器

（2）弹性柱销联轴器。弹性柱销联轴器如图 3-3-9 所示，采用尼龙柱销将两个半联轴器连接起来，为防止柱销滑出，在两侧装有挡圈。该联轴器与弹性套柱销联轴器结构相似，更换柱销方便，对偏移量的补偿不大，其应用与弹性套柱销联轴器类似。

图 3-3-9　弹性柱销联轴器

3. 联轴器的选择

常用联轴器的种类很多，大多数已标准化和系列化，即一般不需要设计，直接从标准中选用即可。选择联轴器的步骤是：先选择联轴器的类型，再选择型号。

（1）联轴器类型的选择。联轴器的类型应根据机器的工作特点和要求，结合各类联轴器的性能，并参照同类机器的作用来选择。两轴的对中要求较高，轴的刚度大，传递的转矩较大，可选用套筒联轴器或凸缘联轴器。

当安装调整后，难以保持两轴严格精确对中。工作过程中两轴产生较大的位移时，应选用有补偿作用的联轴器。例如，当径向位移较大时，可选用十字滑块联轴器，角位移较大时或相交两轴的连接可用万向联轴器等。

两轴对中困难、轴的刚度较小、轴的转速较高且有振动时，则应选用对轴的偏移具有补偿能力的弹性联轴器。特别是非金属弹性元件联轴器，由于具有良好的综合性能，广泛适用于一般中小功率传动。

对大功率的重载传动，可选用齿式联轴器；对严重冲击载荷或要求消除轴系扭转振动的传动，可选用轮胎式联轴器等具有较高弹性的联轴器。

在满足使用性能的前提下，应选用拆装方便、维护简单、成本低的联轴器。例如，刚性联轴器不但简单，而且拆装方便，可用于低速、刚性大的传动轴。

（2）联轴器型号的选择。联轴器的型号是根据所有传递的转矩、轴的直径和转速，从联轴器标准中选用的。具体选择参见有关资料。

二、离合器

离合器用来联接两轴，使其一起转动并传递转矩，在机器运转过程中可以随时进行接合或分离。另外，离合器也可用于过载保护等，通常用于机械传动系统的启动、停止、换向及变速等操作，如图 3-3-10 所示。

- 离合器与联轴器的区别在于：联轴器只有在机械停转后才能将连接的两轴分离，离合器则可以在机械的运转过程中根据需要使两轴随时接合或分离。
- 离合器在工作时需要随时分离或结合被连接的两根轴，不可避免地受到摩擦、发热、冲击、磨损等，因此要求离合器接合平稳、分离迅速、耐磨损、寿命长。
- 离合器按其传动原理，可分为牙嵌式离合器和摩擦式离合器两大类。前者利用接合元件的啮合来传递转矩，后者则依靠接合面间的摩擦力来传递转矩。

➢ 离合器按其实现离、合动作的过程还可分为操纵式和自动式离合器。

图 3-3-10 离合器

1. 牙嵌式离合器

牙嵌式离合器主要由两个半离合器组成，半离合器的端面加工有若干个嵌牙。其中一个半离合器固定在主动轴上，另一个用导向键与从动轴相连。在半离合器上固定有对中环，从动轴可在对中环中自由转动，通过滑环的轴向移动来操纵离合器的接合和分离，其优点是结构简单，外廓尺寸小，传递的转矩小，但只能在停车或低速下接合。牙嵌式离合器的结构如图 3-3-11 所示。

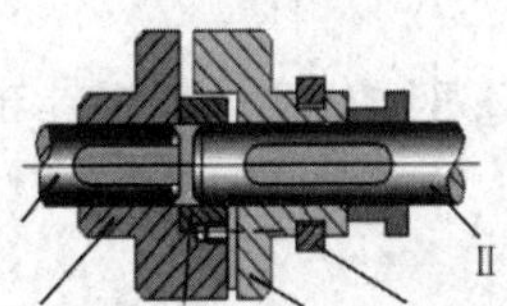

图 3-3-11 牙嵌式离合器

2. 摩擦离合器

摩擦离合器可分为单盘式、多盘式摩擦离合器。

（1）单盘式摩擦离合器。单盘式摩擦离合器是由两个半离合器组成。工作时两离合器相互压紧，靠接触面间产生的摩擦力来传递转矩，如图 3-3-12a 所示。

（2）多盘式摩擦离合器。多盘式摩擦离合器如图 3-3-12b 所示。其优点是径向尺寸小而承载能力大，连接平稳，适用载荷范围大，应用较广；缺点是盘数多，结构复杂，离合动作缓慢，发热磨损较严重。摩擦式离合器接合平稳，可在较高的转速差下接合，但接合中摩擦面间必将发生相对滑动，这种滑动要消耗一部分能量，并引起摩擦面间的发热和磨损。

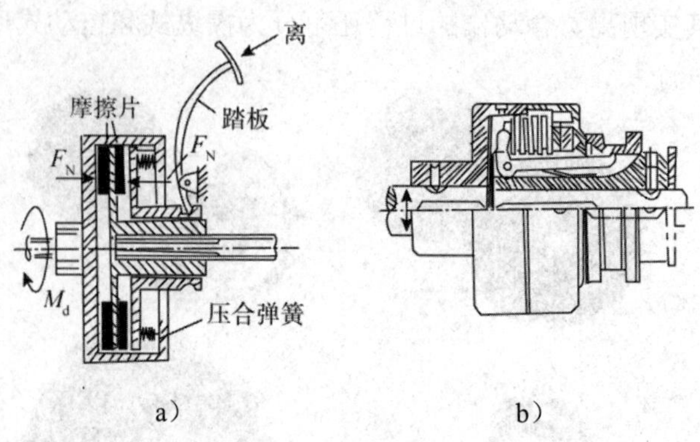

图 3-3-12 摩擦离合器

a）单盘式摩擦离合器；b）多盘式摩擦离合器

三、制动器

当人们骑车发现前面有情况时就会刹车，其目的是让车能尽快地停下。同样，在一些机械设备中，为了降低某些运动部件的转速或使其停止，就要利用制动器。

制动器是迫使其迅速停转或降低运动速度的机械装置。其利用摩擦副中产生的摩擦力矩实现制动作用，或者利用动力与重力的平衡，使机器运转速度保持恒定。为了减小制动力矩和制动器的尺寸，通常将制动器配置在机器的高速轴上。其构造和性能必须满足以下要求：

- 能产生足够的制动力矩；
- 结构简单，外形紧凑；
- 制动迅速、平稳、可靠；
- 制动器的零件要有足够的强度和刚度，还要有较高的耐磨性和耐热性；
- 调整和维修方便。

1. 制动器的类型和特点

（1）按制动器的工作状态分类。按制动器的工作状态，可分为以下两种：

①常开式：经常处于松闸状态，必须施加外力才能实现制动。如各种车辆的主制动器则采用常开式；

②常闭式：经常处于合闸即制动状态，只有施加外力才能解除制动状态。如起重机械中的提升机构常采用常闭式制动器。

（2）按操纵方式分类。按操纵方式，可分为手动、自动和混合式三种。

（3）按制动器的结构特征分类。按制动器的结构特征，主要分为块式制动器、带式制动器、盘式制动器、磁粉制动器、磁涡流制动器等。下面介绍两种常见制动器的基本结构形式。

①块式制动器。如图 3-3-13 所示，块式制动器靠瓦块与制动轮间的摩擦力来制动，通电时，由电磁线圈的吸力吸住衔铁，再通过一套杠杆使瓦块松开，机器便能自由运转。当需要制动时，则切断电流，电磁线圈释放衔铁，依靠弹簧并通过杠杆使瓦块抱紧互动论。该制动器也以可设计为在通电时其制动作用，但为安全起见，通常设计为在断电时起制动

作用。

②带式制动器。如图 3-3-14 所示，带式制动器是由包在制动轮上的制动带与制动轮之间产生的摩擦力矩来制动的。当力 ***F*** 作用时，利用杠杆机构收紧闸带而抱住制动轮，靠带与轮间的摩擦力达到制动的目的。带式制动器结构简单，径向尺寸小，但制动力不大。为增加摩擦作用，闸带材料一般为钢带上覆以石棉或夹铁纱帆布。

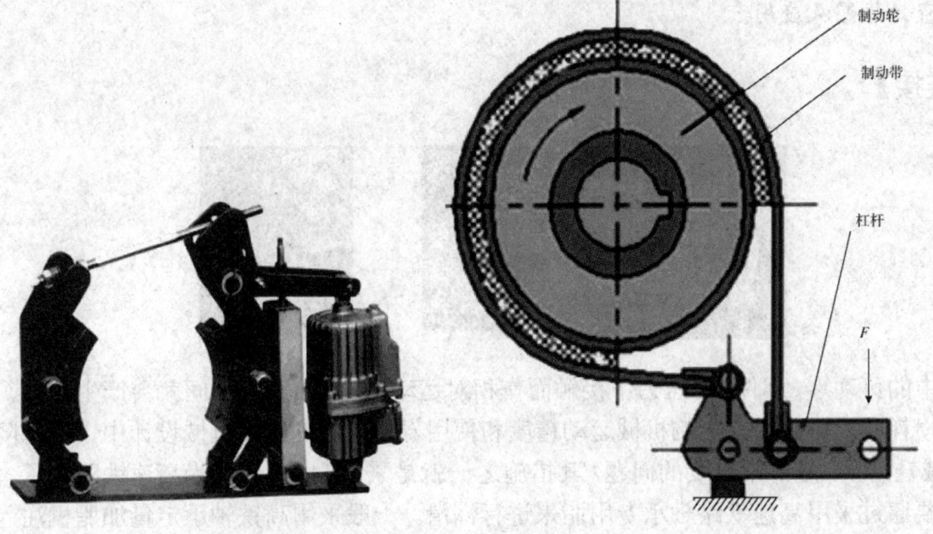

图 3-3-13 块式制动器　　图 3-3-14 带式制动器

2. 制动器的选择

一般情况下，选择制动器的类型和尺寸，主要考虑以下几点：

- 制动器与工作机的工作性质和条件相配；
- 制动器的工作环境；
- 制动器的转速；
- 惯性矩。

一些应用广泛的制动器已经标准化，有系列产品可供选择。额定制动力矩是表征制动器工作能力的主要参数，制动力矩是选择制动器型号的主要依据，所需制动力矩根据不同机械设备具体情况确定。

任务四　机械润滑和密封

【知识目标】

- 了解常见润滑及润滑剂；
- 了解常用机构的润滑方法；
- 了解密封的种类及材料；
- 了解密封装置的原理及应用。

【知识点】

- 润滑及润滑剂；
- 常用机构的润滑方法；
- 密封的种类及材料；
- 密封装置及应用。

【相关链接】

机械中的可动零、部件，在压力下接触而作相对运动时，其接触表面间就会产生摩擦，造成能量损耗和机械磨损，影响机械运动精度和使用寿命。因此，在机械设计中，考虑降低摩擦、减轻磨损，是非常重要的问题，其措施之一就是采用润滑。上图为高速铁路轴承，其润滑就要通过采用高速铁路轴承专用脂来进行润滑，一般采用高铁轴承定量加脂机注入。

【知识拓展 】

一、润滑

1. 润滑及润滑剂

（1）润滑的概念。润滑是在相互接触、相对运动的两固体摩擦表面间，引入润滑剂（流体或固体等物质），将摩擦表面分开的方法。

润滑剂能够牢固地吸附在机器零件的摩擦面上，形成一定厚度的润滑膜，它与摩擦表面的结合力很强，但其本身分子间的摩擦系数很小。当摩擦副被润滑膜隔开时，它们在作相对运动时就不会直接接触，使两摩擦副之间的摩擦转变成润滑剂的本身间摩擦，磨擦系数大大减少，达到减小摩擦、磨损的目的。

（2）润滑的分类。根据润滑膜在摩擦副表面的润滑状态可分为干摩擦、流体润滑和边界润滑。

根据摩擦表面间形成压力膜的条件，可分为液体（或气体）动力润滑和液体（或气体）静压润滑。液体（或气体）动力润滑，借摩擦副和流体膜相对运动而形成压力膜承受载荷。液体（或气体）静压润滑，靠外部提供一定压力的流体，形成压力流体膜承受载荷，使两个相对运动物体摩擦表面隔开。

根据润滑剂的物质形态可分为气体润滑、液体润滑、固体润滑、半流体润滑。气体润滑如空气、氮气、氦气和某些情性气体润滑。液体润滑如矿物油、动植物油、合成油、水等润滑剂润滑。固体润滑如用石墨、二流化铝等作为润滑剂。半流体润滑，采用动植物脂、

矿物脂、合成脂等作为润滑剂。

（3）润滑的作用。

①控制摩擦，减少磨损：液体润滑油在摩擦表面可形成各种油膜状态，按照不同摩擦表面，选用不同润滑油，得到不同摩擦系数。如采用含有不同添加剂的润滑油，应用到不同工况条件下的摩擦副中，能有效控制摩擦，减少磨损。

②降低温度：摩擦副在运动时会产生大量热量，尤其在高速重载的情况下，物体表面的温度将很快升高，甚至可达到熔点的程度。而由于润滑油的热传导，摩擦副所产生的热量通过流体带回到油箱内，物体表面的温度将会降低。

③防止锈蚀：润滑油、脂对金属无腐蚀作用，极性分子吸附在金属表面，能隔绝水分、潮湿空气和金属表面接触，起到防腐、防锈和保护金属表面的作用。

④冲洗、密封作用：摩擦副在运动时产生的磨损微粒或外来杂质，可通过润滑剂的流动将其带走，防止物体磨损，以延长零件使用寿命。润滑油与润滑脂能深入各种间隙，弥补密封面的不平度，防止外来水分、杂质的侵入，起到密封作用。

⑤传递动力、减少振动：在传动中，由于液体的不可压缩性而成为一种良好的动力传递介质。摩擦副在工作时，两表面间会产生噪音与振动，由于液体有黏度，它把两表面隔开，使金属表面不直接接触，从而减少了振动。

（4）润滑剂的分类。

①矿物油。由石油提炼而成，主要成分是碳氢化合物并含有各种不同的添加剂，根据碳氢化合物分子结构不同可分为烷烃、环烷烃、芳香烃和不饱和烃等。

经过初馏和常压蒸馏，提取低沸点的汽油、煤油和柴油后剩下常压渣油。按照提取的方法不同，矿物润滑油分为馏分润滑油、残渣润滑油、调合润滑油三大类。

- 馏分润滑油：黏度小、质量轻，通常含沥青和胶质较少。如高速机械油、汽轮机油、变压器油、仪表油、冷冻机油等。
- 残渣润滑油：黏度大、质量较重。如航空机油、轧钢机油、汽缸油、齿轮油等。
- 调合润滑油：是由馏分润滑油与残渣润滑油调合而成的混合油。如汽油机油、柴油机油、压缩机油、工业齿轮油等。

②合成油（合成脂）。用有机合成的方法制得的具有一定特点结构与性能的润滑油。合成油比天然润滑油具有更为优良的性能，在天然润滑油不能满足现有工况条件时，一般都可改用合成油，如硅油、氟化酯、硅酸酯、聚苯醚、氟氯碳化合物，双醋、磷酸酯等。

③水基润滑油。两种互不相溶的液体经过处理，使液体的一方以微细粒子（直径为0.2~50wm）分散悬浮在另一方液体中，称为乳化油或乳化液。如油包水或水包油乳化油等。它们的主要作用是抗燃、冷却、节油等。

④润滑脂。将稠化剂均匀地分散在润滑油中，得到一种黏稠半流体散状物质，这种物质就称润滑脂。它是由稠化剂、润滑油和添加剂三大部分组成，通常稠化剂占10%～20%，润滑油占75%～90%，其余为添加剂。

⑤固体润滑剂。在相对运动的承载表面间为减少摩擦和磨损，所用的粉末状或薄膜状的固体物质。它主要用于不能或不方便使用油脂的摩擦部位。常用的固体润滑材料有：石墨、二硫化钼、滑石粉、聚四氟乙烯、尼龙、二硫化钨、氟化石墨、氧化铅等。

⑥气体润滑剂。采用空气、氮气、氦气等某些惰性气体作为润滑剂。它的主要优点是摩擦系数低于0.001，几乎等于零，适用于精密设备与高速轴承的润滑。

（5）润滑剂的主要性能指标。

①粘度。粘度表示润滑油的粘稠程度。它是指油分子间发生相对位移时所产生的内摩擦阻力，这种阻力的大小用粘度表示。粘度分绝对粘度和相对粘度两种。绝对粘度又分动力粘度和运动粘度。我们常用的是运动粘度，用工程单位表示“毫米 ^{2}/秒”，即 lmm^2/s=IcSt（厘斯）。

各国工业液体润滑剂粘度等级标准不一，为利于各国之间贸易和用户合理选油，ISO/TC28 于 1975 年发布了《工业液体润滑剂的 ISO 粘度分级标准》。标准中规定，产品粘度等级的划分是以 40℃时运动粘度（mm^2/s）为基础，共分 18 个连续的粘度等级。我国也已采用 ISO 标准，发布了“工业用润滑油粘度分类”国标（GB3141—82），同时也按 ISO 粘度等级制定和修订了一大批产品标准。如原 40 号机械油，现名为 N68 机械油，前缀“N”字母只使用到 1990 年。

②闪点与燃点。润滑油在一定条件下加热，蒸发出来的油蒸气与空气混合达到一定浓度时与火焰接触，产生短时闪烁的最低温度称闪点。如果使闪点时间延长达 5 秒钟以上，此时温度称燃点。闪点是润滑油储运及使用上的安全指标，一般最高工作温度应低于闪点 20～30℃。闪点测定方法有两种：开口法与闭口法，开口法的结果一般比闭口法高 20～30℃。

③锥入度.。它表示润滑脂软硬的程度，是划分润滑脂牌号的一个重要依据。测试方法：在 25℃的温度下将质量为 150g 的标准圆锥体，在 5s 内沉入脂内的深度（单位为 1/10mm），即称为该润滑脂的锥入度。陷入越深，说明脂越软，稠度越小；反之，锥入度越小则润滑脂越硬，稠度越大。润滑脂锥入度是随温度的增高而增大，选用时要根据温度、速度、负载与工作条件而定。我国润滑脂锥入度共分 12 个等级，如表 3-4-1 所示，常用牌号为 0～4 号。

表 3-4-1　润滑脂锥入度划分等级

牌号	000	00	0	1	2	3	4	5	6	7	8	9
锥入度	445 - 475	400 - 430	355 - 385	314 - 340	265 - 295	220 - 250	175 - 205	130 - 160	85 - 115	60 - 80	35 - 55	10 - 30

④滴点。滴点表示润滑脂的抗热特性。将润滑脂的试样，装入滴点计中，按规定条件加热，以润滑脂溶化后第一滴油滴落下来时的温度作为润滑脂的滴点。润滑脂的滴点决定了它的工作温度，应用时应选择比工作温度高 20～30℃滴点的润滑脂。

（6）润滑剂的选择依据。润滑油与润滑脂的品种牌号很多，合理选择必须考虑很多因素，如摩擦副的类型、规格、工况条件、环境及润滑方式与条件等。下面在通用性条件下将主要的几个因素作为选择依据。

- 运动速度：两个摩擦表面相对运动速度愈高，则润滑油的粘度应选择得小一些，润滑脂的锥入度选择大一些。若采用高粘度和小锥入度的油、脂，将增加运动的阻力，产生大量热量，使摩擦副发热。运动速度高低的划分没有统一标准，不同性质的摩擦副，其速度高低的概念也不一样，如滚动轴承：

  D_mN < 100000 为低速；
  D_mN=100000~200000 为中速；
  D_mN=200000~400000 为高速；

$D_mN > 400000$ 为极高速。

式中，D_m 为平均轴承直径（mm）；N 为每分钟转速。

➢ 工作负荷：工作负荷愈大，则润滑油的粘度应选大一些，润滑脂的锥入度应选小些。各种油、脂都有一定承载能力，一般来讲粘度大的油，其摩擦副的油膜不容易破坏。在边界润滑条件干粘度不是起主要作用，而是油性起作用，在此情况下应考虑油、脂的极压性。负荷大小的分类也是按经验数据来定：

500MPa（500N/mm^2）以上为重负荷；

200~500MPa（200~500N/mm^2）为中负荷；

200MPa（200N/mm^2）以下为轻负荷；

1MPa = 1N/mm^2≈10kgf/cm^2。

➢ 工作温度：工作的环境温度、摩擦副负载、速度、材料、润滑材料、结构等各种因素都集中影响工作温度。当工作温度较高时应采用粘度较大的润滑油、锥入度较小的润滑脂。因为油的粘度是随温度升高而降低，同样脂的锥入度也变大。工作温度的划分也没严格的标准，也是凭经验来划分的：

小于－35℃为更低温度；

－34～16℃为低温；

－1～69℃为正常温度；

70～99℃为中等温度；

100～120℃为高温；

大于 120℃为更高温。

其他还有工作条件与周围环境、润滑方式等也必须加以考虑。如遇水接触的润滑条件，应选用不容易被水乳化的润滑油与润滑指，或用水基润滑液。润滑方式是集中润滑，即要选用泵送性好的润滑脂。精密摩擦副应选用粘度较小、锥入度较大的润滑脂等，都应根据实际情况而定。

以上考虑的几个依据，在应用时要根据实际情况加以综合分析，不能机械搬用。在发生矛盾时，应首先满足主要机构的需要，着重考虑速度、负荷、温度等因素，再确定粘度与锥入度的大小。

2. 常见机构的润滑

（1）齿轮传动的润滑。

①润滑方式。对于闭式齿轮传动，一般根据齿轮圆周速度大小确定润滑方式，分为浸油润滑和喷油润滑如图 3-4-1 所示。当齿轮的圆周速度 v<12m/s 时，通常将大齿轮浸入油池中进行润滑如图 3-4-1a 所示，浸入油中深度约为一个齿高，但不应小于 10mm，浸入过深会增大齿轮运动阻力并使油温升高。在多级齿轮传动中，可采用带油轮将油带到未浸入油池内的齿轮齿面上，并且丢到齿轮箱壁上的油，能散热使油温下降。当齿轮圆周速度 v>12m/s 时,由于圆周速度大，齿轮搅油剧烈，且离心力大，会使粘附在齿面上的油被丢掉，不宜采用浸油润滑，可采用喷油润滑如图 3-4-1b 所示，即用油泵将具有一定压力的油经喷油嘴喷到啮合齿面上。

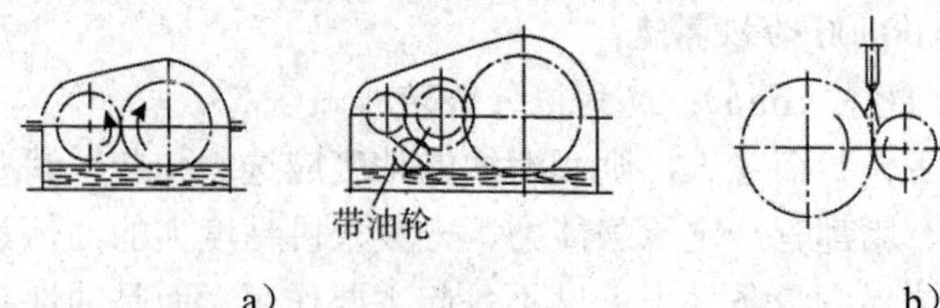

图 3-4-1 闭式齿轮传动的润滑方式

a）油池浸油润滑；b）喷油滑

对于开式齿轮传动的润滑，由于速度较低，通常采用人工定期加油润滑。

②润滑剂的选择。齿轮传动用的润滑油，首先根据齿轮材料和圆周速度查表（见表 3-4-2）确定运动粘度值，再根据运动粘度值确定润滑油的牌号。

表 3-4-2 齿轮传动润滑油粘度荐用值

齿轮材料	强度极限 σ_B /MPa	速度 v/（m/s）						
		<0.5	0.5~1	1~2.5	2.5~5	5~12.5	12.5~25	>25
		运动粘度 υ/（m^2/s）（40℃）						
塑料、青铜、铸铁	—	350	220	150	100	80	55	—
钢	450~1000	500	350	220	150	100	80	55
	1000~1250	500	500	350	220	150	100	80
渗碳或表面淬火钢	1250~1580	900	500	500	350	220	150	100

注：①多级齿轮传动按各级所选润滑油粘度平均值来确定；

②对于 σ_b>800N/mm^2 的镍铬钢制齿轮（不渗碳的），润滑油粘度取高一档的数值。

（2）链传动的润滑。为了减少链条铰链的磨损、延长使用寿命，链传动应该保持良好的润滑。链传动常用润滑方式有：用油刷或油壶人工定期润滑，如图 3-4-2a 所示，用油杯滴油润滑，如图 3-4-2b 所示，将油滴入松边链条元件各摩擦面之间，链条浸入油池中油浴润滑如图 3-4-2c 所示，用丢油轮将油丢起来进行飞溅润滑，如图 3-4-2d 所示，经油泵加压，润滑油通过油管喷在链条上进行压力润滑，如图 3-4-2e 所示，循环的润滑油还可以起冷却作用。润滑油可采用 N32、N46、N68 机械油。

（3）蜗杆传动的润滑。蜗杆传动的润滑不仅能避免轮齿的胶合、减少磨损，而且能有效地提高传动效率。

闭式蜗杆传动的润滑粘度和给油方式，一般根据相对滑动速度、载荷类型等参考表 3-4-3 选择。压力喷油润滑还是改善蜗杆传动散热条件的方法之一，保证蜗杆传动的工作温度不超过许可温度。为提高蜗杆传动抗粘合性能，以选用粘度较高的润滑油。对于青铜蜗轮，不允许采用抗胶合能力强的活性润滑油，以免腐蚀青铜齿面。

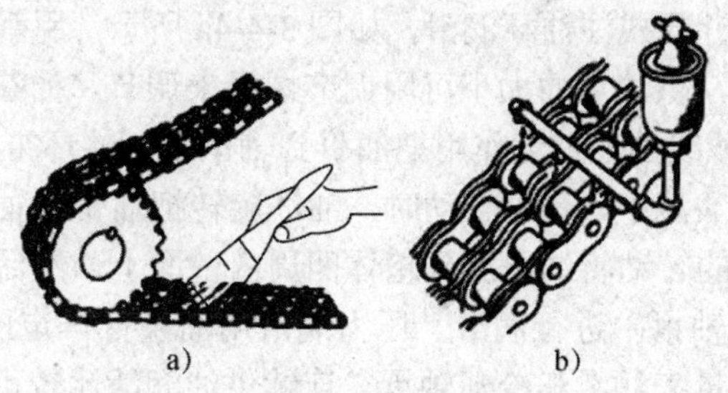

a)　　　　　　b)

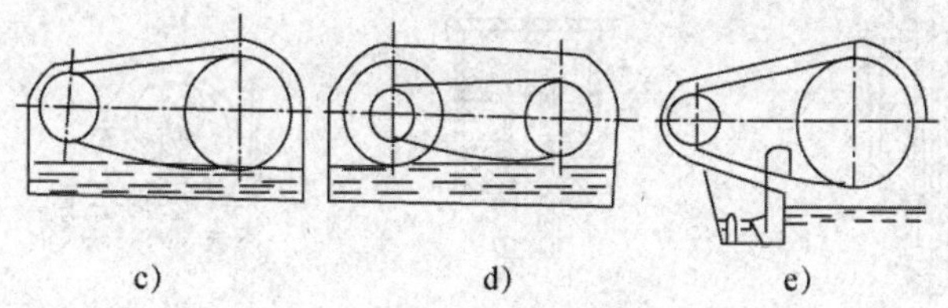

c)　　　　　　d)　　　　　　e)

图 3-4-2　链传动润滑方式

表 3-4-3　蜗杆传动的润滑油粘度及给油方式

滑动速度 vs/（m/s）	<1	<2.5	<5	<5~10	<10~15	<15~25	>25
工作条件	重载	重载	中载	—	—	—	—
运动粘度 v/cSt 50°C(v100°C)	450(55)	300(35)	180(20)	120(12)	80	60	45
给油方式	油池润滑			油池润滑或喷油润滑	压力喷油润滑压力/N/mm^2		
					0.07	0.2	0.3

（4）滑动轴承的润滑。

①润滑方式。常用润滑方式有间歇式润滑和连续式润滑，可供滑动轴承润滑选用，分别介绍如下。

- 间歇式润滑：用油壶定期将润滑油直接注入轴承油孔中，或经压配式压注油杯（见图 3-4-3a）、旋套式注油油杯（见图 3-4-3b），定期将润滑油注入轴承中。以上方法主要用于低速、轻载和次要场合。另外采用脂润滑只能是间歇供油，如图 3-4-3c 所示将润滑脂储存在黄油杯中，定期旋转杯盖，可将润滑脂压送到轴承中，也可用黄油枪向轴承中补充润滑油。

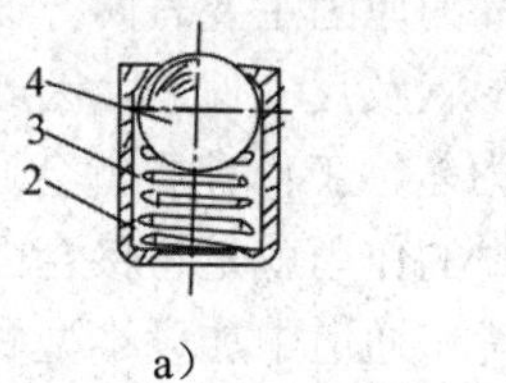

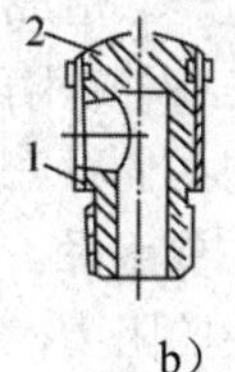

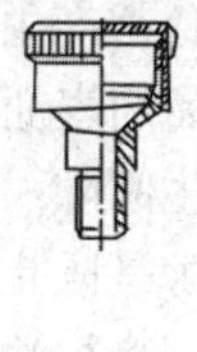

a）　　　　　　b）　　　　　　c）

图 3-4-3　间歇式润滑

a）压配式压注油杯；b）旋套式注油油杯；c）黄油杯

- 连续式油润滑：针阀式注油杯润滑，如图 3-4-4a 所示，用手柄控制针阀运动，使油孔关闭或开启，供油量的大小可用调节螺母来调节。油芯式油杯润滑，如图（3-4-4b）利用纱线的毛细管作用把油引到轴承中。油环带油润滑，如图 3-4-4c 所示，油环浸到油池中，当轴转动时，油环旋转把油带入轴承。飞溅润滑利用转动件（如齿轮）的转动将油飞溅到箱体四周内壁面上，然后通过刮油板或适当的沟槽把油导入到轴承中进行润滑。压力润滑用油泵把一定压力的油注入轴承中，可以有充足的油量来润滑和冷却轴承。连续供油润滑比较可靠。

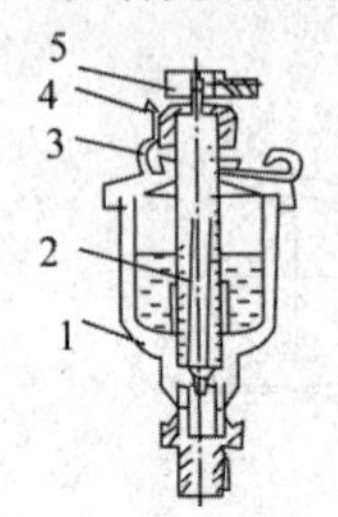

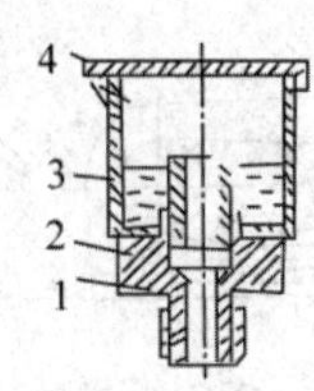

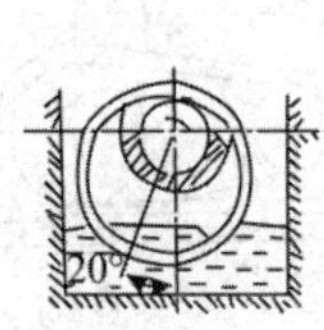

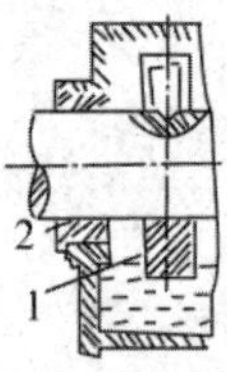

图 3-4-4　连续式油润滑

a）针阀式注油油杯；b）油芯式油杯；c）油环润滑

②润滑剂。润滑油是滑动轴承中最常用的润滑剂，其中以矿物油应用最广。选择润滑油型号时，应考虑轴承压力、轴颈速度及摩擦表面状态等情况。滑动轴承可选用 N15、N22、N32 号机械油。

（5）滚动轴承的润滑。滚动轴承的润滑除减少摩擦、磨损外，同时起到冷却、吸振、防锈和减少噪音的作用。根据轴颈圆周速度大小分别采用脂润滑或油润滑。

- 润滑脂润滑：轴颈圆周速度小于 4~5m/s 时采用。优点是润滑脂不易流失，便于密封和维护，一次填充可运转较长时间。装填润滑脂时一般不超过轴承内空隙的 1/3~1/2，以免因润滑脂过多引起轴承发热，影响轴承的正常工作。
- 润滑油润滑：当轴颈速度过高时采用，润滑油润滑不仅摩擦阻力小，还可起到散热、冷却作用。一般采用浸油或飞溅润滑方式，浸油润滑时，油面不应高于最下方滚动体中心，以免因搅油能量损失较大，使轴承过热。高速轴承可采用喷油或喷雾润滑。

二、密封

泄漏是机械设备常产生的故障之一。造成泄漏的原因主要有两方面：一是由于机械加工的结果，机械产品的表面必然存在各种缺陷和形状及尺寸偏差，因此，在机械零件连接处不可避免地会产生间隙；二是密封两侧存在压力差，工作介质就会通过间隙而泄漏。

减小或消除间隙是阻止泄漏的主要途径。密封的作用就是将接合面间的间隙封住，隔离或切断泄漏通道，增加泄漏通道中的阻力，或者在通道中加设小型做功元件，对泄漏物造成压力，与引起泄漏的压差部分抵消或完全平衡，以阻止泄漏。

对于真空系统的密封，除上述密封介质直接通过密封面泄漏外，还要考虑下面两种泄漏形式：

- 渗漏——即在压力差作用下，被密封的介质通过密封件材料的毛细管的泄漏称为

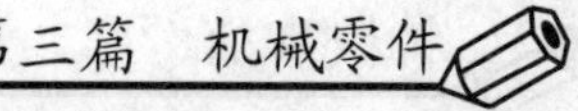

渗漏；

- 扩散——即在浓度差作用下，被密封的介质通过密封间隙或密封材料的毛细管产生的物质传递成为扩散。

1. 密封种类

密封可分为相对静止接合面间的静密封和相对运动接合面间的动密封两大类。静密封主要有点密封、胶密封和接触密封三大类。根据工作压力，静密封又可分为中低压静密封和高压静密封。中低压静密封常用材质较软、垫片较宽的垫密封，高压静密封则用材料较硬，接触宽度很窄的金属垫片。动密封可以分为旋转密封和往复密封两种基本类型。按密封件与其作用相对运动的零部件是否接触，可以分为接触式密封和非接触式密封。一般说来，接触式密封的密封性好，但受摩擦磨损限制，适用于密封面线速度较低的场合。非接触式密封的密封性较差，适用于较高速度的场合。

2. 密封的选型

对密封的基本要求是密封性好，安全可靠，寿命长，并应力求结构紧凑，系统简单，制造维修方便，成本低廉。大多数密封件是易损件，应保证互换性，实现标准化、系列化。

3. 密封材料

（1）密封材料的种类及用途。密封材料应满足密封功能的要求。由于被密封的介质不同，以及设备的工作条件不同，要求密封材料具有不同的适应性。对密封材料的要求一般是：

- 材料致密性好，不易泄漏介质；
- 有适当的机械强度和硬度；
- 压缩性和回弹性好，永久变形小；
- 高温下不软化，不分解，低温下不硬化，不脆裂；
- 抗腐蚀性能好，在酸、碱、油等介质中能长期工作，其体积和硬度变化小，且不粘附在金属表面上；
- 摩擦系数小，耐磨性好；
- 具有与密封面结合的柔软性；
- 耐老化性好，经久耐用；
- 加工制造方便，价格便宜，取材容易。

橡胶是最常用的密封材料。除橡胶外，适合于做密封材料的还有石墨、聚四氟乙烯以及各种密封胶等。

（2）通用的橡胶密封制品材料。通用的橡胶密封制品在国防、化工、煤炭、石油、冶金、交通运输和机械制造工业等方面的应用越来越广泛，已成为各种行业中的基础件和配件。

橡胶密封制品常用材料如下：

- 丁腈橡胶——丁腈橡胶具有优良的耐燃料油及芳香溶剂等性能，但不耐酮、酯和氯化氢等介质，因此耐油密封制品以及采用丁腈橡胶为主。
- 氯丁橡胶——氯丁橡胶具有良好的耐油和耐溶剂性能。它有较好的耐齿轮油和变压器油性能，但不耐芳香族油。氯丁橡胶还具有优良的耐天候老化和臭氧老化性能。氯丁橡胶的交联断裂温度在200℃以上，通常用氯丁橡胶制作门窗密封条。氯丁橡胶对于无机酸也具有良好的耐腐蚀性。此外，由于氯丁橡胶还具有良好的挠曲性和不透气性，可制成膜片和真空用的密封制品。

- 天然橡胶——天然橡胶与多数合成橡胶相比，具有良好的综合力学性能，耐寒性，较高的回弹性及耐磨性。天然橡胶不耐矿物油，但在植物油和醇类中较稳定。在以正丁醇与精制蓖麻油混合液体组成的制动液的液压制动系统中作为密封件的胶碗，胶圈均用天然橡胶制造，一般密封胶也常用天然橡胶制造。
- 氟橡胶——氟橡胶具有突出的耐热（200～250℃）、耐油性能，可用于制造气缸套密封圈，胶碗和旋转唇形密封圈，能显著地提高使用时间。
- 硅橡胶——硅橡胶具有突出的耐高低温，耐臭氧及耐天候老化性能，在-70～260℃的工作温度范围内能保持其特有的使用弹性及耐臭氧、耐天候等优点，适宜制作热机构中所需的密封垫，如强光源灯罩密封衬圈，阀垫等。由于硅橡胶不耐油，机械强度低，价格昂贵，因此不宜制作耐油密封制品。
- 三元乙丙橡胶——三元乙丙橡胶的主链是不含双键的完全饱和的直链型结构，其侧链上有二烯烃，这样就可用硫磺硫化。三元乙丙橡胶具有优良的耐老化性、耐臭氧性、耐候性、耐热性（可在120℃环境中长期使用）、耐化学性（如醇、酸、强碱、氧化剂），但不耐脂肪族和芳香族类溶剂侵蚀。三元乙丙橡胶在橡胶中密度是最低的有高填充的特性，但缺乏自黏性和互黏性。此外，三元乙丙橡胶有突出的耐蒸汽性能，可制作耐蒸汽膜片等密封制品。三元乙丙橡胶已广泛用于洗衣机，电视机中的配件和门窗密封制品，或多种复合体剖面的胶条生产中。
- 聚氨脂橡胶——聚氨脂橡胶具有优异的耐磨性和良好的不透气性，使用温度范围一般为-20～80℃。此外，还具有中等耐油、耐氧及耐臭氧老化特性，但不耐酸碱、水、蒸汽和酮类等。适于制造各种橡胶密封制品，如油封、O形圈和隔膜等。
- 氯醚橡胶——氯醚橡胶兼有丁腈橡胶、氯丁橡胶、丙烯酸酯橡胶的优点，其耐油、耐热、耐臭氧、耐燃、耐碱、耐水及耐有机溶剂性能都很好，并有良好的工艺性能，但其耐寒性较差。在使用温度不太低的情况下，氯醚橡胶仍是制造油封、各种密封圈、垫片、隔膜和防尘罩等密封制品的良好材料。
- 丙烯酸酯橡胶——丙烯酸酯橡胶具有耐热油（矿物油，润滑油和燃料油），特别是在高温下的耐油稳定性能，一般可达175℃，间隙使用或短时间可耐温200℃。它的缺点是耐寒性差。因此，在非寒冷地区适合制作耐高温油的油封，但不适合作高温下受拉伸或压缩应力的密封制品。

4. 密封装置与应用

在机械结构中应用最广泛密封型式有：法兰连接、压紧式填料密封、O形密封圈、唇形密封圈、油封、毛毡密封、涨圈密封等等。这些密封形式的工作原理、使用范围、密封效果及品种、规格、型号等，均可查看在关的机械零件手册。下面介绍几种密封装置：

（1）毛毡密封。毛毡密封如图3-4-5所示，在轴承端盖上的梯形断面槽内装人毛毡圈，使其与轴在接触处径向压紧达到密封。密封处轴颈的速度 v 小于4～5m/s。

（2）密封圈密封。密封圈密封如图3-4-6所示，密封圈由耐油橡胶式皮革制成。安装时密封唇应朝向密封的部位，密封效果比毛毡圈好，密封处轴颈的速度 v 小于 5～6m/s。

接触式密封要求轴颈接触部分表面粗糙度 R_a 小于 1.6～0.8μm。

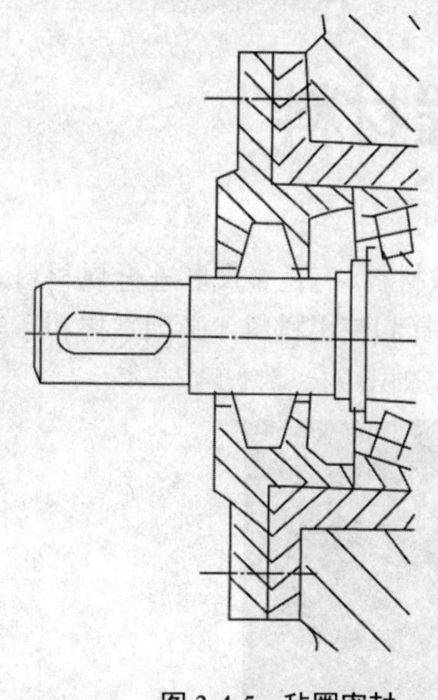

图 3-4-5　毡圈密封

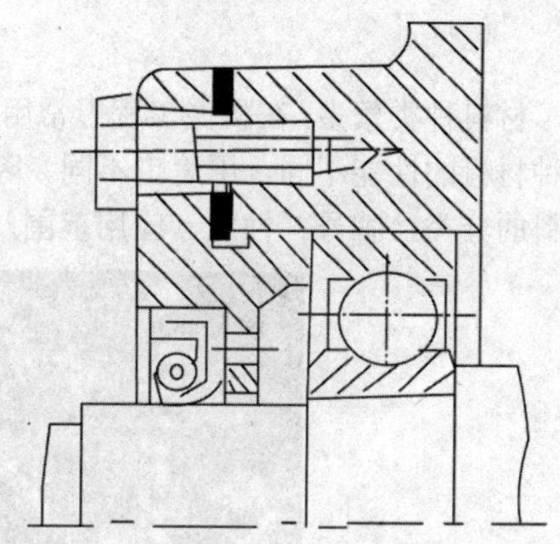

图 3-4-6　密封圈密封

（3）油沟密封。油沟密封属于非接触式密封，如图 3-4-7 所示，在油沟内填充润滑脂，端盖与轴颈的间隙为 0.1～0.3mm，油构密封结构简单，适用于轴颈转速 v 小于 5～6 m/s。

（4）迷宫密封。迷宫密封的结构是在泄漏的通道上，依次排列环形密封齿，在齿与转子间形成一系列节流间隙与膨胀空腔，隙缝宽度为 0.2～0.5mm，产生节流效应，从而起到密封作用,如图 3-4-8 所示。在压力差的作用下，工作介质气流经间隙 h，高速进入环形腔室，突然膨胀而产生强烈的漩涡，使气流的绝大部分动能转化为热能，被腔室中的气流所吸收。而只有一小部分动能仍以余速进入下一个间隙，一级一级地重复上述过程，产生节流效应，来增加泄漏流动中阻力，使造成泄漏的压差急骤地损失，因而起到密封作用。

迷宫密封有很多优点：由于它是非接触式密封，对一般密封所不能胜任的高温、高压、高速和大尺寸密封部位特别有效，它具有不需润滑，允许热膨胀，功率消耗低，使用寿命长，维修简单等优点。但也存在一定缺点：泄漏量大，加工精度高，装配比较困难等，因而限制其应用范围。

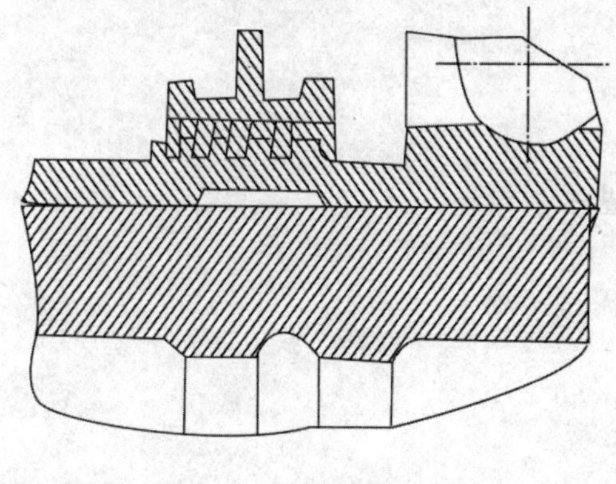

图 3-4-7　油沟密封

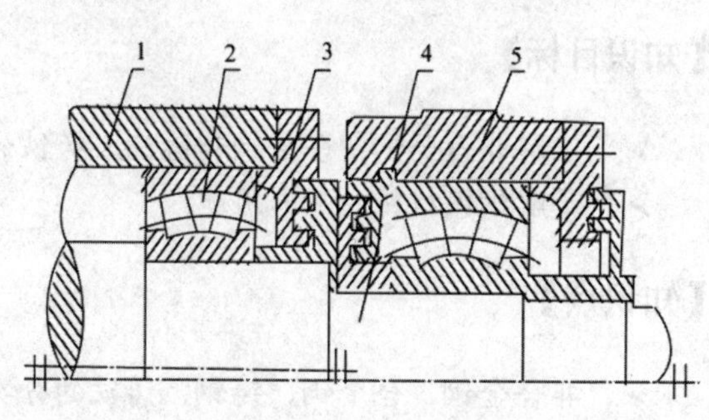

图 3-4-8　迷宫密封

1-动颚；2-动颚轴承；3-迷宫密封；4-轴；5-机架

第四篇　机械工程材料

材料种类繁多，在机械工程上常用的材料主要有：钢铁材料、有色金属和非金属材料。各种材料的性能不同，用途也不同。因此，为了正确的选择和使用材料，必须掌握和了解材料的分类、牌号、性能、应用范围及热处理等有关基本知识。

任务一　金属材料的性能

【知识目标】

- 了解非合金钢、合金钢和铸钢、铸铁的基本知识；
- 了解钢铁材料的基本用途。

【知识点】

- 非合金钢、合金钢、铸钢、铸铁的分类；
- 钢铁材料的用途。

【相关链接】

作用于直线轨道钢轨上的力主要是竖直力，其结果使钢轨挠曲，为了使钢轨具有最佳的抗挠曲性能，钢轨采用“工”字形断面。如图，钢轨由轨头、轨腰和轨底组成。为使钢轨更好承受来自各方面的力，钢轨应具有一定高度；轨头为适应轮轨接触，应大而厚，并具有足够面积；为保证稳定性，轨底应有一定宽度和一定厚度。

金属材料包括两大类：铁和以铁为基础的合金（俗称黑金属）以及非铁金属材料（俗称有色金属)。其中，以铁为基础的合金材料占全部结构材料、零件材料和工具材料的 90%以上。

为了正确合理地使用金属材料，必须了解其性能。金属材料的性能包括使用性能和工艺性能。使用性能是指材料在使用过程中所表现出的特性，包括力学性能、物理性能和化学性能。工艺性能是指材料在加工制造过程中所表现出的特性，包括热处理性能、切削加工性能、铸造性能、压力加工性能和焊接性能等。

【知识拓展】

一、金属材料的力学性能

金属零件或工具在使用时，会受到各种载荷的作用。金属材料在外力的作用下表现出来的特性，称为金属材料的力学性能。主要有强度、塑性、硬度和冲击韧度等。

1. 强度和塑性

强度是指金属材料抵抗塑性变形和断裂的能力。塑性是指材料在静载荷作用下产生塑性变形而不破坏的能力。它们都是通过拉伸试验来测定的。进行拉力试验时，将制成一定形状的金属试样装在拉伸试验机上，然后逐渐增大拉力，直到将试样拉断为止。试样在外力作用下，开始只产生弹性变形，当拉力增大到一定程度时，就产生塑性变形，拉力继续增大，最终试样将会被拉断。

2. 硬度

硬度是指材料抵抗局部塑性变形和破坏的能力。硬度是衡量材料软硬程度的指标。材料的硬度可用硬度试验来测定。工业上采用的是静载荷压入法硬度试验，即在规定的静态试验力下将压头压入材料表面，用压痕表面面积或压痕深度来评定硬度。常用的主要有布氏硬度、洛氏硬度等。

（1）布氏硬度。布氏硬度的测试原理如图 4-1-1 所示。布氏硬度测试是指用一定直径的淬火钢球或硬质合金球以相应的试验力压入试件表面，保持规定的时间并达到稳定状态后卸除试验力，测量材料表面压痕直径，即可通过计算或布氏硬度表得出相应的硬度值。材料越软，压痕直径越大，则布氏硬度值越低。

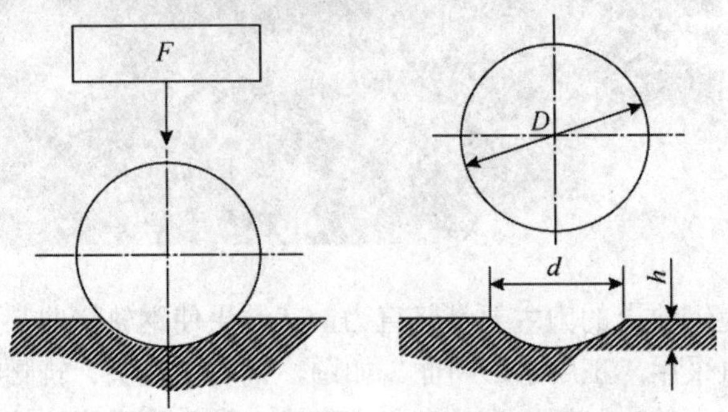

图 4-1-1　布氏硬度

当压头为淬火钢球时，硬度符号为HBS，适用于测量布氏硬度值在450以下的金属材料；当压头为硬质合金球时，硬度符号为HBW，适用于测量布氏硬度在450～650的金属材料。布氏硬度一般不标单位。其表示方法为：在符号HBS或HBW之前写出硬度值，符号后面依次用相应的数字注明压头直径、试验力和保持时间（l0～15s不标注）。例如：120HBS10/1000/30表示用直径为10mm的淬火钢球作压头，在1000kgf（9.807kN）试验力作用下保持30s所测得的布氏硬度值为120。

布氏硬度压痕面积较大，测量误差小，数据稳定、准确，但布氏硬度试验不够简便。又因压痕大，不适应测量成品零件或薄件。目前使用的布氏硬度计多用淬火钢球作压头，主要用来测定灰铸铁、有色金属以及退火、正火和调质处理的钢材等。

（2）洛氏硬度。洛氏硬度的测试原理如图 4-1-2 所示。洛氏硬度是采用顶角为 120°的金刚石圆锥或直径为 1.588mm 的淬火钢球，在试验力的作用下压入试样表面，保持规定的时间并达到稳定状态后卸除试验力，用测量的残余压痕深度值来确定硬度值。压痕越深，硬度越低；反之，硬度越高。实际测量时，洛氏硬度可直接从洛氏硬度计刻盘上读出。

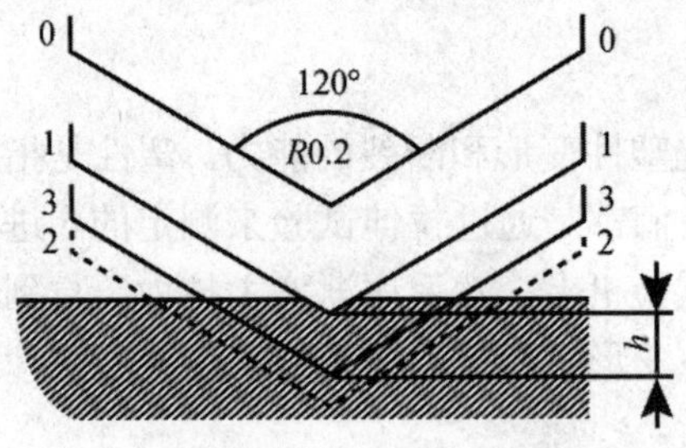

图 4-1-2　洛氏硬度

洛氏硬度的符号用HR表示。在洛氏硬度计上，通过变换压头类型和不同载荷配合，扩

大硬度的测试范围。常用的洛氏硬度标尺有A、B、C三种，用符号HRA、HRB、HRC表示，其试验条件和应用范围，如表4-1-1所示。

表 4-1-1　常用洛氏硬度的试验条件和应用范围

硬度符号	测量范围	初始试验力/N	主试验力/N	压头类型	应用举例
HRC	20～70	98.07	1373	金刚石圆锥体	调质钢、淬火钢等
HRB	20～100	98.07	882.6	钢球	非铁金属、退火钢、正火钢等
HRA	20～88	98.07	490.3	金刚石圆锥体	硬质合金、表面淬火层、渗碳层等

洛氏硬度试验操作简便、迅速、压痕小，可测成品或较薄工件表面硬度；但测定结果波动较大，稳定性较差，需在试件上测定三点取其平均值。

此外，还有维氏硬度、肖氏硬度等。维氏硬度用符号HV表示，主要用于测定很薄的材料和表面薄层硬度。肖氏硬度用符号HS表示，主要用于测定大而笨重的工件或大型钢材的硬度。

3. 冲击韧度

许多机械零件在工作中，往往是在冲击力下工作，如冲床用的冲头、冷冲模、锻锤的锤杆、内燃机车上的活塞销、铁路车辆的车钩等。这类零件，不仅要满足静载荷作用下的强度、塑性、硬度等性能要求，还应具有足够的韧性。

韧性是指金属材料在断裂前吸收变形能量的能力。金属材料的韧性一般随加载速度的提高、温度降低、应力集中程度的加剧而减少。韧性的判定是通过冲击试验确定的。试验时以标准试样在冲击载荷作用下发生断裂所消耗的能量作为衡量指标，用A_K表示，称为冲击吸收功，单位为J。在单位截面面积上的冲击吸收功称为冲击韧度，用a_K表示。冲击韧度主要取决于塑性、硬度，尤其是温度对冲击韧度的影响具有更重要的意义。

工程上把冲击韧度低的材料称为脆性材料，冲击韧度高的材料称为韧性材料。脆性材料在断裂前无明显的塑性变形，断口较平整，有金属光泽；韧性材料在断裂前有明显的塑性变形，断口呈流线状，无光泽。

冲击试验操作简单，能灵敏地反映材料的品质、内部缺陷和冶炼及热处理工艺质量，因而在生产上广泛用它来检验材料的冷脆、回火脆性、裂纹等。此外，在选材方面，a_K的值也是一个十分重要的力学指标。

二、金属材料的物理和化学性能

1. 物理性能

金属材料的物理性能是指金属固有的属性，主要有密度、熔点、导电性、导热性、导热膨胀性和磁性等。

（1）密度：密度是物体的质量与其体积的比值。根据密度大小，可将金属分为轻金属和重金属。一般将密度小于 4.5g/cm^3 的金属称为轻金属，而把密度大于 4.5g/cm^3 的金属称为重金属。材料的密度，直接关系到由它所制成的设备的自重和效能，航空工业为了减轻飞行器的自重，应尽量采用密度小的材料，如钛及钛合金在航空工业中应用很广泛。

（2）熔点：熔点是指材料从固态转变为液态的转变温度。工业上一般把熔点低于700°C的金属或合金称为易熔金属或易熔合金，把熔点高于700°C的金属或合金称为难熔金属或难熔合金。在高温下工作的零件，应选用熔点高的金属来制作，而焊锡、保险丝等则应选用熔点低的金属制作。纯金属都有固定的熔点，合金的熔点决定于它的成分。例如钢和生铁虽然都是铁和碳的合金，但由于含碳量不同，熔点也不同。熔点对于金属和合金的冶炼、铸造、焊接是重要的工艺参数。

（3）导电性：导电性是指工程材料传导电流的能力。衡量材料导电性能的指标是电阻率ρ，ρ越小，工程材料的导电性越好。纯金属中，银的导电性最好，其次是铜、铝。合金的导电性比纯金属差。导电性好的金属如纯铜、纯铝，适宜作导电材料。导电性差的某些合金如Ni—Cr合金、Fe—Cr—Al合金可用作电热元件（电阻丝等）。

（4）导热性：导热性是指工程材料传导热量的能力。导热性的大小用热导率λ来衡量，λ越大，工程材料的导热性越好。金属中银的导热性好，铜、铝次之。纯金属的导热性又比合金好。金属的导热性与导电性之间有密切的联系，凡是导电性好的金属其导热性也好。导热性好的金属，在加热或冷却时，温度升高或降低就比较均匀和迅速。有些需要迅速散热的零件，如润滑油散热器、气缸头等，就选用了导热性好的铜合金、铝合金来制作。维护工作中应注意防止导热性差的物质如油垢、尘土等粘附在这些零件的表面，以免造成散热不良。

（5）热膨胀性：热膨胀性是指工程材料的体积随受热而膨胀增大、冷却而收缩减小的特性。工程材料的热膨胀性的大小可用线胀系数α来衡量。

在实际工作中应考虑材料的热膨胀性的影响。工业上常用热膨胀性来紧密配合组合件，如热压铜套筒就是利用加温时孔径扩大而压入衬套，待冷却后孔径收缩，使衬套在孔中固紧不动。铺设钢轨时，在两根钢轨衔接处应留有一定的间隙，以便钢轨在长度方向有膨胀的余地。但热膨胀性对精密零件不利。因为切削热、摩擦热等，都会改变零件的形状和尺寸，有的造成测量误差。精密仪器或精密机床的工作常需要在标准温度（20°C）或规定温度下加工或测量就是这个原因。

（6）磁性：磁性是指金属材料导磁的性能。铁磁性材料（如钴、铁等）容易被外磁场磁化和吸引，顺磁性材料（如锰、铬等）在外磁场中只能微弱地被磁化，逆磁性材料（如铜、锌等）不但不会被外磁场吸引，还会削弱磁场。铁磁性材料可用于制造变压器、电动机、仪器仪表，顺磁性材料和逆磁性材料可用来制造防磁结构件，如仪表外壳等。

2. 金属的化学性能

金属材料的化学性能是指金属抵抗周围介质侵蚀的能力，包括耐腐蚀性和热稳定性。

（1）耐腐蚀性：耐腐蚀性是指金属材料在常温下，抵抗氧、水蒸气及其他化学介质腐蚀破坏作用的能力。

腐蚀作用对材料危害极大，因此，提高金属材料的耐腐蚀性能，对于节约工程材料、延长工程材料的使用寿命，具有现实的经济意义。船舶上所用的钢材须具有抗海水腐蚀的能力，储藏及运输酸类用的容器、管道应有较高的耐酸性能。

（2）热稳定性：热稳定性是指金属材料在高温下抵抗氧化的能力。在高温条件下工

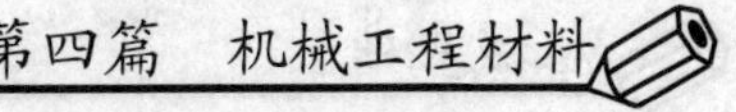

作的设备，如锅炉、加热设备、喷气发动机上的部件需要选择热稳定性好的材料制造。

三、金属材料的工艺性能

要将金属材料变成毛坯或零件，就要对其进行加工，以改变其形状和尺寸。按加工原理分，主要的加工方法有以下四种：铸造、锻压、焊接和切削加工。其中切削加工主要用于零件的最终加工，而铸造、锻压和焊接主要用于生产毛坯，但在某些情况下也可以直接生产成品。

1. 铸造

将熔化的金属浇注到铸型的型腔中，待其冷却后得到毛坯或直接得到零件的加工方法称为铸造。通过铸造得到的毛坯或零件称为铸件。铸造的应用十分广泛，据统计，在机械设备中，铸件质量占整体质量的50%～80%。

2. 锻压

锻压是指锻造和板料冲压。

锻造是指金属加热后，用锤或压力机使其产生塑性变形，从而获得具有一定形状、尺寸和机械性能的毛坯或零件的加工方法。锻造广泛用于机床、汽车、拖拉机、化工机械中，如齿轮、连杆、曲轴、刀具、模具等都采用锻造加工。板料冲压是指板料在机床压力作用下，利用装在机床上的冲模使其变形或分离，从而获得毛坯或零件的加工方法。

3. 焊接

焊接是一种永久性连接金属材料的工艺方法。它通过局部加热、加压或加热同时加压的方法，使分离金属借助原子间结合与扩散作用而连接起来的工艺方法，其应用十分广泛。

4. 切削加工

金属切削加工是利用金属切割工具，从金属坯件上切去多余的金属，从而获得成品或半成品金属零件的加工方法。切削加工分机械加工和钳工两大类，常用的机械加工有：车削、钻削、铣削、刨削、镗削及磨削加工。

任务二　钢铁材料

【知识目标】

- 了解非合金钢、合金钢和铸钢、铸铁的基本知识；
- 了解钢铁材料的基本用途。

【知识点】

- 非合金钢、合金钢、铸钢、铸铁的分类；
- 钢铁材料的用途。

【相关链接】

钢是以铁为主要元素，含碳量在 2.11%以下，并含有其他元素的黑色金属材料。钢的品种多、规格齐全、价格低，并且能用热处理的方法改善性能，是工业中应用最广的材料。如图是铁路轨道，一般采用高锰钢，属于特殊性能钢的一种。

钢铁材料是钢和铸铁的统称。钢是以铁为主要元素，含碳量一般在 2%以下，并含有其他元素的材料。铸铁是碳含量大于 2.11%的铁碳合金。含碳量 2%通常是钢和铸铁的分界线。根据化学成分，钢分为非合金钢、低合金钢和合金钢。

【知识拓展】

一、非合金钢（碳素钢）

非合金钢也称碳素钢或碳钢，是含碳量 ω_c 小于 2%的铁碳合金。它还含有少量的硫、磷、锰、硅等杂质。其中硫、磷是炼钢时由原料进入钢中，炼钢时难于除尽的有害杂质。硫有热脆性，磷有冷脆性。锰、硅是在炼钢加入脱氧剂时带入钢中的，是有益元素。

1. 碳素钢的分类

非合金钢的种类很多，常按以下方法分类。

（1）按钢中碳的质量分数分类。按钢中碳的质量分数分类课分为低碳（ω_c<0.25%）、中碳钢（0.25≤ω_c≤0.60%）、高碳钢（ω_c>0.60%）。

（2）按钢的用途分类。按钢的用途分类可分为：碳素结构钢，主要用于制作机械零件、工程结构件，一般属于低、中碳钢；碳素工具钢，主要用于制作刀具、量具和模具，一般属于高碳钢。

（3）按钢的主要质量等级分类。按钢的主要质量等级分类可分为：普通钢（ω_s≤0.035%、ω_p≤0.035%）；优质钢（ω_s≤0.030%、ω_p≤0.030%）；高级优质钢（ω_s≤0.020%，ω_p <0.025%）。

普通质量碳钢是指不规定生产过程中需要特别控制质量要求的钢种。主要包括：一般用途碳素结构钢、碳素钢筋钢、铁道用一般碳钢等。

优质碳钢是指除普通质量碳钢和特殊质量碳钢以外的碳钢，在生产过程中需要特别控制质量（例如控制晶粒度、降低硫、磷含量、改善表面质量等），以达到特殊的质量要求（与普通质量碳钢相比，有良好的抗脆断性能和冷成型性等）。这主要包括：机械结构用优质碳钢、工程结构用碳钢、冲压薄板的低碳结构钢、焊条用碳钢、非合金易切削结构钢、优质铸造碳钢等。

高级优质钢是指在生产过程中需要特别严格控制质量和性能（例如控制淬透性和纯洁度）的碳钢。这主要包括：保证淬透性碳钢、铁道用特殊碳钢、航空、兵器等专用碳钢、核能用碳钢、特殊焊条用钢、碳素弹簧钢、碳素工具钢和特殊易切削钢等。

此外，钢按冶炼方法不同可分为转炉钢和电炉钢；按冶炼时脱氧程度的不同可分为沸腾钢、镇静钢、半镇静钢和特殊镇静钢等。

2. 碳素结构钢

凡用于制造机械零件和各种工程结构件的钢都称为结构钢。根据质量分为普通碳素结构钢和优质碳素结构钢。

（1）普通碳素结构钢。普通碳素结构钢又称普通碳素钢。含碳量为 0.06%～0.22%，以小于 0.25%最为常用。属于低碳钢，每个金属牌号表示该钢种在厚度小于 16mm 时的最低屈服点。与优质碳素钢相比，对含碳量、性能范围以及磷、硫和其他残余元素含量的限制较宽。我国和某些国家根据交货的保证条件，把普通碳素钢分为三类：甲类钢（A 类钢），只保证力学性能，不保证化学成分；乙类钢（B 类钢），只保证化学成分，不保证力学性能；特类钢（C 类钢），既保证化学成分，又保证力学性能。特类钢常用于制造较重要的结构件。

普通碳素结构钢主要用于制作工程结构件。钢中硫、磷含量较高，分别允许达 0.050%和 0.045%。钢的总产量中此类钢占很大的比例。

此类钢可由氧气转炉、平炉或电炉冶炼，一般热轧成钢板、钢带、型材和棒材。钢板一般以热轧（包括控制轧制）或正火处理状态交货。钢材的化学成分、拉伸性能、冲击功和冷弯性能应符合有关规定。

在中国国家标准 GB700—88 中，此类钢按屈服点数值分为 5 个牌号，并按质量分为 4 个等级。其牌号由代表屈服点的字母 Q、屈服点数值、质量等级符号、脱氧方法符号等 4 个部分按顺序组成。

此类钢的应用范围非常广泛，其中大部分用作焊接、铆接或栓接的钢结构件，少数用于制作各种机器部件。强度较低的 Q195、Q215 钢用于制作低碳钢丝、钢丝网、屋面板、焊接钢管、地脚螺栓和铆钉等。Q235 钢具有中等强度，并具有良好的塑性和韧性，而且易于成形和焊接。这种钢多用作钢筋和钢结构件，另外还用作铆钉、铁路道钉和各种机械零件，如螺栓、拉杆、连杆等。强度较高的 Q255、Q275 钢用于制作各种农业机械，也可用作钢筋和铁路鱼尾板。

根据一些工业用钢的特殊性能要求，对普通碳素结构钢的成分稍加调整而形成一系列专业用钢，如铆螺钢、桥梁钢、压力容器钢、船体钢、锅炉钢。专业用钢除严格控制化学成分、保证常规性能外，还规定某些特殊检验项目，如低温冲击韧性、时效敏感性、钢中气体、夹杂和断口等。

（2）优质碳素结构钢。优质碳素结构钢的硫磷含量低于 0.035%，主要用来制造较为重要的机件。在工程中一般用于生产预应力砼用钢丝、钢绞线、锚具，以及高强度螺栓、重要结构的钢铸件等。

依据 GB/T 699—1999，优质碳素结构钢的牌号用两位数字表示，即钢中平均含碳量的万分位数。例如，20 号钢表示平均含碳量为 0.20%的优质碳素钢。对于沸腾钢则在尾部加上 F，如 10F、15F 等。

优质碳素结构钢中 08、10、15、20、25 等牌号属于低碳钢，其塑性好，易于拉拔、冲压、挤压、锻造和焊接。其中 20 钢用途最广，常用来制造螺钉、螺母、垫圈、小轴以及冲压件、焊接件，有时也用于制造渗碳件。30、35、40、45、50、55 等牌号属于中碳钢，因钢中珠光体含量增多，其强度和硬度较前提高，淬火后的硬度可显著增加。其中，以 45 钢最为典型，它不仅强度、硬度较高，且兼有较好的塑性和韧性，即综合性能优良。45 钢在机械结构中用途最广，常用来制造轴、丝杠、齿轮、连杆、套筒、键、重要螺钉和螺母等。60、65、70、75 等牌号属于高碳钢，它们经过淬火、回火后不仅强度、硬度提高，且弹性优良，常用来制造小弹簧、发条、钢丝绳、轧辊等。

3. 碳素工具钢

碳素工具钢适用于制造刃具、模具、量具。这些工具都要求高硬度和高耐磨性。工具钢的含碳量都在 0.7%以上，是优质的或高级优质高碳钢。其牌号是拼音字母“T”加数字表示，其中 T 表示碳素工具钢，数字表示平均含碳量的千分数，如 T8，表示平均含碳量为 0.8%碳素工具钢。若为高级优质碳钢则在牌号后加“A”，如 T10A，表示平均含碳量为 1.0%的高级优质碳素工具钢。

二、合金钢

随着工业生产和科学技术的不断发展，对钢材的某些性能提出了更高的要求。如对大型重要的结构零件，要求具有更高的综合力学性能；对切削速度较高的刀具要求更高的硬度、耐磨性和红硬性（即在高温时仍能保持高硬度和高耐磨性），大型电站设备、化工设备等不仅要求高的力学性能，而且还要求具有耐蚀、耐热、抗氧化等特殊物理、化学性能。碳钢不能满足这些要求，于是产生各种合金钢，以适应对钢材更高的要求。

合金钢就是在碳钢的基础上加入其他元素的钢，加入的其他元素就叫做合金元素。常用的合金元素有硅、锰、铬、镍、钨、钼、钒、钛、铝、硼及稀土元素等。合金元素在钢中的作用，是通过与钢中的铁和碳发生作用、合金元素之间的相互作用提高了钢的力学性能，改善钢的热处理工艺性能。

1. 合金钢的分类和牌号

合金钢按用途一般分为以下几种：

- 合金结构钢：主要用于制造重要的机械零件和工程结构。
- 合金工具钢：主要用于制造刃具、模具和量具。
- 特殊性能钢：具有特殊物理、化学、力学性能的钢种。

合金结构钢的牌号采用两位数字加元素符号加数字表示。前面的两位数字表示钢的平均碳含量的万分数，元素符号表示钢中所含的合金元素，而后面数字表示该元素平均含量的质量分数。当合金元素含量小于 1.5%时，牌号中只标明元素符号，而不标明含量，如果

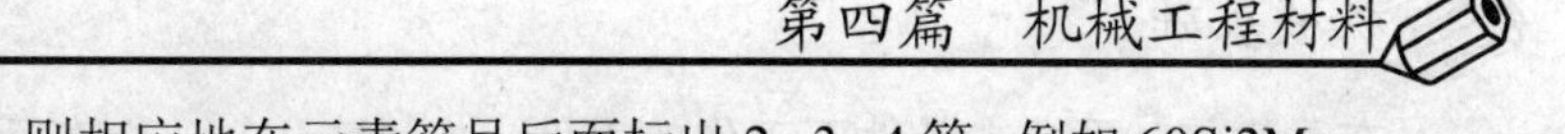

含量大于 1.5%、2.5%、3.5%等，则相应地在元素符号后面标出 2、3、4 等。例如 60Si2Mn，表示平均含碳量为 0.6%、含硅量约为 2%、含锰量小于 1.5%。

合金工具钢的牌号表示方法与合金结构钢相似，其区别在于用一位数字表示平均含碳量的千分数，当含碳量大于或等于 1.00%时则不予标出。如：9SiCr，其中平均碳含量为 0.9%，Si、Cr 的含量都小于 1.5%；Cr12MoV，表示平均含碳量大于 1.00%，铬含量约为 12%，钼和钒的含量都小于 1.5%的合金工具钢。

除此之外，还有一些特殊专用钢，为表示钢的用途在钢号前面冠以汉语拼音，而不标出含碳量。如 GCr15 为滚珠轴承钢，G 为“滚”的汉语拼音字首。还应注意，在滚珠轴承钢中，铬元素符号后面的数字表示铬含量的千分数，其他元素仍用百分数表示。如 GCr15SiMn，表示铬含量为 1.5‰，硅、锰含量均小于 1.5%的滚珠轴承钢。

合金钢一般都为优质钢，合金结构钢若为高级优质钢，则在钢号后面加“A”，如 38CrMoA1A。合金工具钢一般都为高级优质钢，所以其牌号后面不再标“A”。

2. 合金结构钢

合金结构钢按用途可分为工程结构用钢和机械制造用钢。

（1）工程结构用钢。工程结构用钢又称为普通低合金结构钢，用于制造在大气和海洋工作的大型焊接结构件，如桥梁、车辆、船舶、输油气管、压力容器等。

这类钢是在普通碳素结构钢的基础上加入少量合金元素制成的钢，由于合金元素的作用，普通低合金结构钢比相同含量的普通碳素结构钢强度高得多，而且还具有良好的塑性、韧性、焊接性和较好的耐磨性。因此，采用普通低合金结构钢代替普通碳素结构钢可减轻结构重量，保证使用可靠，节约钢材。如用普通低合金结构钢 16Mn 代替 Q235 钢，一般可节约钢材 25%～30%。

普通低合金结构钢大多数是在热轧状态下生产。加工过程中经常采用冷弯、冷卷和焊接成构件后不再进行热处理。主加元素为锰（0.8%～1.8%），为了某些需要，还加入钒、钛、铌、铜或铬、钼、硼等元素，合金元素总量一般不超过 3%。

（2）机械制造用钢。机械制造用钢主要用于制造各种机械零件。它是在优质或高级碳素结构钢的基础上加入合金元素制成的合金结构钢。这类钢一般都要经过热处理才能发挥其性能。因此，这类钢的性能与使用都与热处理无关。机械制造用合金结构钢按用途和热处理特点，可以分为合金渗碳钢、合金调质钢和合金弹簧钢等。

①合金渗碳钢：在机械制造中有许多零件是在高速、重载、较强烈的冲击和受磨损条件下工作的，如汽车、拖拉机的变速齿轮、十字轴以及内燃机凸轮轴等，要求零件的表面具有高硬度、高耐磨性，而芯部有足够的韧性，为了满足这样的性能要求，可采用合金渗碳钢。所谓合金渗碳钢，就是用于制造渗碳零件的合金钢。合金渗碳钢的含碳量一般在 0.1%～0.25%，加入的主要合金元素是铬、镍、锰、硼等，还加入少量的钒、钛等元素。经过渗碳处理后，再进行淬火和低温回火处理，达到表面高硬度、高耐磨性和芯部高强度并有足够韧性。20CrMnTi 是应用最广泛的合金渗碳钢。

②合金调质钢：一般指经过调质处理（淬火后高温回火）后使用的合金结构钢。这种钢经调质处理后具有高强度和高韧性相结合的良好的综合力学性能。为了获得综合力学性能，必须具有合理的化学成分。合金调质钢的含碳量在 0.25%～0.50%，主加合金元素为锰、铬、硅、镍、硼等，还加入少量的钼、钨、钒、钛等元素。合金调质钢主要用于那些

在重载荷、受冲击条件下工作的零件，如机床主轴、汽车后桥半轴、连杆等。40Cr 钢是合金调质钢中最常用的一种，其强度比 40 钢高 20%，并有良好的韧性。

③合金弹簧钢：用于制造各种弹簧的专用合金结构钢。弹簧是各种机构和仪表的重要零件，它是利用在工作时产生弹性变形，在各种机械中起缓和冲击和吸收振动的作用，并可利用其储存能量，使机件完成规定动作。弹簧一般是在动载荷下工作，要求合金弹簧钢具有高的弹性极限、高疲劳强度、足够的塑性和韧性、良好的表面质量。因此，合金弹簧钢具有合理的化学成分，并进行适当的热处理。合金弹簧钢含碳量一般在 0.45%～0.75%，加入主要元素有锰、硅、铬等，有些弹簧钢还加入钼、钨、钒等元素。合金弹簧钢经淬火后进行中温回火处理。

3. 滚珠轴承钢

滚珠轴承钢是制造各种滚动轴承的滚动体和内、外套圈的专用钢。滚动轴承在工作时，承受着高而集中的交变应力，还有强烈的摩擦，因此滚珠轴承钢必须具有高而均匀的硬度和耐磨性，高的疲劳强度，足够的韧性和淬透性，以及一定的耐蚀性等。目前应用最广的是高碳铬钢，其碳含量在 0.95%～1.15%，铬含量在 0.6%～1.65%，其中 GCr15 和 GCr15SiMn 应用最多。

由于滚珠轴承钢的化学成分和主要性能特点与低合金工具钢相近，生产中常用它制造刃具、冷冲模具、量具以及性能要求与滚动轴承相似的零件。

4. 合金工具钢

碳素工具钢淬火后，虽能达到高的硬度和耐磨性，但因它的淬透性差、红硬性差（只能在 200℃以下保持高硬度），因此模具、量具及刃具大多都要采用合金工具钢制造。合金工具钢按用途可分为刃具钢、模具钢和量具钢。

（1）合金刃具钢。合金刃具钢分为低合金刃具钢和高速钢。

低合金刃具钢，是在碳素工具钢的基础上加入少量合金元素形成的一类钢。这类钢中常加入铬、锰、硅等元素，此外还加入钨、钒等元素，硬度、耐磨性、强度、淬透性均比碳素工具钢好。但其红硬性略高于碳素工具钢，一般仅在 250℃以下保持高硬度。常用的低合金刃具钢是 9CrSi 和 CrWMn，主要用于制造丝锥、板牙、铰刀等。

高速钢，是一种含钨、铬、钒等多种元素的高合金刃具钢。经过适当热处理后，具有高的硬度、红硬性和耐磨性。当其切削刃的温度高达 600℃时，仍能保持其高硬度和高耐磨性。高速钢主要合金元素总量达到 10%～25%，具有较高的淬透性。常用的高速钢有：钨系高速钢，其代表为 W18Gr4V；钼系高速钢，其代表为 W6Mo5Cr4V2。高速钢主要用于制造切削速度较高的刃具和形状复杂、负荷较重的成型刀具。此外，高速钢还可用于制造冷冲模、冷挤压模以及某些耐磨零件。但为了使高速钢具有良好性能，必须经过正确锻造和热处理。

（2）合金模具钢。模具钢是指用于制造冲压、热锻、压铸等成形模具的钢。根据工作条件不同，可分为冷变形模具钢和热变形模具钢。

冷变形模具钢用来制造使金属在高温下成形的模具，如热锻模、压铸模等。热模具在高温下工作并承受很大的冲击力，因此要求热模具钢要在高温下能保持足够的强度、韧性和耐磨性，以及较高的抗热疲劳性和导热性。目前常采用 5CrMnMo 和 5CrNiMo 制作热锻

模，采用 3Cr2W8 制作热挤压模和热铸模。

（3）合金量具钢。合金量具钢是用于制造测量工具的钢。测量尺寸的工具即量具，如千分尺等。它们的工作部分要求高硬度、高耐磨性和高的尺寸稳定性，一般采用微变形合金工具钢制造，如 CrWMn、GCr15 等。

（4） 特殊性能钢。特殊性能钢是指具有特殊物理、化学性能的钢。特殊性能钢的种类很多，在机械制造中常用的有不锈耐酸钢、耐热钢和耐磨钢。

①不锈耐酸钢：指在腐蚀介质中具有高的抗腐蚀能力的钢，一般称不锈钢。常用不锈钢有铬不锈钢和铬镍不锈钢。铬不锈钢可抗大气、海水、蒸汽等的锈蚀。常用铬不锈钢为 Cr13 型不锈钢，牌号有 1Cr13、2Cr13、3Cr13 和 4Cr13，钢中的铬含量约为 13%，碳含量为 0.1%～0.4%。其中 1Cr13、2Cr13 用于制造汽轮机叶片、水压机阀等，3Cr13、4Cr13 用于制造弹簧、轴承、医疗器械及在弱腐蚀条件下工作而要求高强度的耐蚀零件。铬镍不锈钢主要用于制造在强腐蚀介质中工作的设备，如管道、容器等。这些钢的化学成分为平均铬含量 18%，镍含量 8%～11%，其牌号为 0Cr18Ni9、1Cr18Ni9，这些钢含碳量很低，前一牌号碳含量 $\omega_c \leqslant 0.08\%$，后一牌号碳含量 $\omega_c \leqslant 0.14\%$。

②耐热钢：钢的耐热性是高温抗氧化性和高温强度的总称。耐热钢通常分为抗氧化钢和热强钢。抗氧化钢又称为不起皮钢，其特点是高温下有较好的抗氧化能力并有一定强度。这类钢主要用于制造长期工作在高温下的零件，如各种加热炉底板、渗碳箱等。常用的抗氧化钢有 4Cr9Si2、1Cr13SiA1。热强钢的特点是在高温下有良好的抗氧化能力并具有较高的高温强度。常用的热强度钢有 15CrMo、4Cr14Ni4WMo。前者是典型的锅炉用钢，可以制造在 300～500℃下长期工作的零件；后者可以制造在 600℃以下工作的零件，如汽轮机叶片、大型发电机排气阀等。耐热钢中加入合金元素铬、硅、铝等可提高抗高温氧化性，加入合金元素钨、钼、钒等可提高高温强度。

③耐磨钢：是指高耐磨性的高锰钢。它的主要化学成分是：碳含量 1.0%～1.3%，锰含量 11%～14%，它的钢号写成 Mn13，这种钢基本上都是铸造成型的，高锰钢主要用于制造铁路道岔、拖拉机履带、挖土机铲齿等。

三、铸铁与铸钢

铸铁是含碳量大于 2.11%的铁碳合金。在实际生产中，一般铸铁的含碳量为 2.5%～4.0%，硅含量为 0.8%～3%，锰、硫、磷杂质元素的含量也比碳钢高。有时也加入一定量的其他合金元素，获得合金铸铁，以改善铸铁的某些性能。

铸铁具有良好的铸造性、耐磨性、减振性和切削加工性，生产简单，价格便宜，经合金化后具有良好的耐热性或耐蚀性。因此，铸铁在工业生产中获得广泛应用。由于铸铁的塑性、韧性较差，只能用铸造工艺方法成形零件，而不能用压力加工方法成形零件。

根据碳在铸铁中的存在形式，一般可将铸铁分为白口铸铁、灰铸铁、球墨铸铁和可锻铸铁。白口铸铁断口呈白亮色，性能硬而脆，不易切削加工，在机械工业中很少直接应用。

1. 灰铸铁

灰铸铁断口呈暗灰色，故称灰铸铁。灰铸铁实质上是在碳钢的基体上分布着一些片状石墨。由于石墨的强度、硬度较低，塑性、韧性极差，所以石墨的存在相当于钢中分布着许多裂纹和“空洞”，起到割裂基体的作用，严重降低了铸铁的抗拉强度。铸铁中的石墨数量越多，尺寸越大，分布越不均匀，铸件的抗拉强度、塑性和韧性就越差。但石墨对铸铁的抗压强度影响不大。

石墨虽然降低了铸铁的抗拉强度和塑性，但也给铸铁带来了一系列其他的优越性能，如优良的铸造性能，良好的切削加工性，良好的减摩擦性和减振性，因而被广泛地用来制作各种承受压力和要求消振性的床身、机架、结构复杂的箱体、壳体和经受摩擦的导轨、缸体等。

灰铸铁的牌号以“HT 加数字”表示，其中“HT”是“灰”和“铁”的汉语拼音字首，表示灰口铸铁，数字表示其最低的抗拉强度。

用热处理的方法来提高灰铸铁的强度、塑性等力学性能效果不大。通常对灰铸铁进行热处理的目的是减少铸件中的应力，消除铸件薄壁部分的白口组织，提高铸件工作表面的硬度和耐磨性等。常用的热处理方法是去应力退火、表面淬火。

2. 可锻铸铁

可锻铸铁是将一定成分的白口铸铁经过退火处理，使渗碳体分解，形成团絮状石墨的铸铁。由于石墨呈团絮状，大大减轻了对基体的割裂作用。与灰铸铁相比，可锻铸铁不仅有较高的强度，而且有较好的塑性和韧性，并由此得名“可锻”，但实际上并不可锻。

3. 球墨铸铁

球墨铸铁是指石墨以球状形式存在的铸铁。球墨铸铁的获得是在浇注前往铁水中加入适量的球化剂和孕育剂即球化处理，浇注后可使石墨呈球状分布的铸铁。由于石墨呈球状分布在基体上，对基体的割裂作用降到最小，可以充分发挥基体的性能，所以球墨铸铁的力学性能比灰铸铁和可锻铸铁都高，其抗拉强度、塑性、韧性与相应基体组织的铸钢相近。球墨铸铁兼有铸铁和钢的优点，因而得到广泛应用。它可以用来代替碳钢、合金钢、可锻铸铁等材料，制成受力复杂，强度、硬度、韧性和耐磨性要求较高的零件，如柴油机曲轴、减速箱齿轮以及轧钢机轧辊等。

球墨铸铁的牌号由 QT 加两组数字组成。QT 分别是“球”和“铁”的汉语拼音字首，代表球墨铸铁，两组数字分别表示最低抗拉强度和伸长率。

4. 铸钢

将熔炼好的钢液铸成零件或毛坯，这种铸件称为铸钢件。与铸铁相比，铸钢的力学性能，特别是抗拉强度、塑性、韧性较高。因此，铸钢一般用于制造形状复杂、综合力学性能要求较高的零件，而这类零件在工艺上难于用锻造方法获得，在性能上又不能用力学性能较低的铸铁制造。铸钢有碳素铸钢和合金铸钢两种。

（1）碳素铸钢：碳素铸钢又叫铸造碳钢，简称铸钢。铸钢的碳含量一般在 0.15%～0.60%。铸钢的牌号用 ZG 后面加两组数字表示。如 ZG200—400 表示屈服强度不低于 200MPa，抗拉强度或强度极限不低于 400MPa 的铸钢。

（2）合金铸钢：为了进一步提高铸钢的力学性能，常在碳素铸钢基础上加入锰、硅、铬、钼、钒、钛等合金元素，制成合金铸钢，如 ZG35SiMn、ZG35CrMnMo 等。为了满足铸钢件特殊的物理、化学性能要求，还可用耐蚀、耐热、耐磨铸钢等。

铸钢的流动性较差，常采用提高浇注温度的方法改善其流动性。所以铸钢件的晶粒粗

大，还可能产生组织缺陷。为了晶粒细化，改善铸钢件的力学性能，要进行相应的热处理。

铸钢件一般采用正火或退火处理，以细化晶粒，消除缺陷组织和铸造应力。对于某些局部表面要求耐磨性较高的中碳铸钢件，可采用局部表面淬火。对合金铸钢件，可采用调质处理以改善其力学性能。

任务三　钢的热处理

【知识目标】

- 理解钢的热处理工艺的作用；
- 掌握钢的热处理工艺的基本方法；

【知识点】

- 钢的热处理工艺的类型；
- 钢的热处理工艺的作用。

【相关链接】

在机车车辆厂，通常会采用适当方式将钢或者钢制工件进行加热、保温和冷却，以获得预期的组织结构与性能，这种工艺就是钢的热处理。常见的热处理有普通热处理和表面热处理。普通热处理即退火、正火、淬火、回火，俗称“四把火”。上图就是东风4B型柴油发动机曲轴，一般会对其进行淬火之后再进行高温回火处理，称为调质处理，简称调质。

热处理是将金属材料放在一定的加热炉内加热、保温、在冷却介质内冷却，通过改变材料表面或内部的晶相组织结构，来改变其性能的一种金属热加工工艺。通过适当的热处理，不仅能充分发挥钢材的潜力，提高工件的使用性能和使用寿命，而且还可以改善工件的加工工艺性能。因此，热处理工艺在机械制造业中占有十分重要的地位。热处理工艺的种类很多，根据加热和冷却方法的不同，工业生产中常用的热处理工艺大致可分为：

- 普通热处理：退火、正火、淬火、回火；
- 表面热处理：表面淬火、化学热处理。

【知识拓展】

一、钢的普通热处理

1. 退火和正火

（1）退火是将钢加热到高于或低于临界温度，保温一段时间后，然后缓慢冷却（如随炉或埋入导热性能较差的介质中），从而获得接近于平衡组织的一种热处理工艺。

由于退火可获得接近平衡状态的组织，故与其他热处理工艺比较，退火钢的硬度最低，内应力可全部消除，可提高钢材冷变形后的塑性，又由于退火过程中发生重结晶，故可细化晶粒，改善组织，所以退火可以达到各个不同的目的。根据钢的成分和退火目的不同，主要的退火工艺有：完全退火、球化退火和去应力退火等。

（2）正火是将钢加热到适当温度，保温后从炉中取出在空气中冷却的一种操作。

正火的冷却速度较退火快些，所得到的组织较细，即珠光体组织的片层间距较小，强度和硬度较高。因此，正火对于亚共析钢主要是细化晶粒，均匀组织，提高机械性能，对于力学性能要求不高的普通结构零件，正火可作为最终热处理；对于低中碳结构钢，由于硬度偏低，在切削加工时易产生“粘刀”现象，增大表面粗糙度，正火的主要目的是提高硬度，改善切削加工性能，高碳钢则应采用退火；对于过共析钢，由于正火冷却速度较快，使钢中渗碳体沿晶界析出不能形成连续的网状结构，而是呈断续的链条状分布，有利于球化退火，为淬火作组织准备。

此外，正火是在炉外冷却，不占用加热设备，生产周期比退火短，生产效率高，能量消耗少，工艺简单、经济，所以，低碳钢多采用正火来代替退火。

退火和正火经常作为钢的预先热处理工序，安排在铸造、锻造和焊接之后或粗加工之前，以消除前一工序所造成的某些组织缺陷及内应力，为随后的切削加工及热处理作好组织准备。对于某些不太重要的工件，退火和正火也可作为最终热处理工序。

在工厂里各种机器零件和工具一般都要经过如下过程：

选原料—锻造—预先热处理—机械加工—最后热处理。

2. 淬火

将钢加热到适当温度，保温后在水或油中快速冷却的操作工艺称为淬火。淬火的目的一般都是提高钢的强度、硬度和耐磨性，淬火后必须配合适当的回火，以获得多种多样的使用性能。如刃具和量具要求有高的硬度和耐磨性，各种轴和齿轮等要求有较好的强韧性等，都是通过淬火和回火来达到的，淬火、回火通常作为最终热处理。

3. 回火

经过淬火后的钢应及时进行回火，以保证达到所需要的性能要求。工件淬火后，其性能是硬而脆，并存在着由于冷却过快而造成的内应力，往往会引起工件变形甚至开裂的危险。回火就是将淬火的钢重新加热到低于 727℃的某一温度，保温一段时间，然后置于空气或水中冷却。

回火的目的是降低淬火钢的脆性和内应力，防止变形或开裂；调整和稳定淬火钢的结晶组织以保证工件不再发生形状和尺寸的改变；获得不同需要的机械性能，通过适当的回

火来获得所要求的强度、硬度和韧性，以满足各种工件的不同使用要求，淬火钢经回火后，其硬度随回火温度的升高而降低，回火一般是热处理的最后一道工序。按回火温度范围不同，可将回火分为低温回火、中温回火、高温回火。

（1）低温回火（150～250℃）：低温回火主要是为了降低淬火钢的应力和脆性，提高韧性，而保持高硬度和耐磨性。它主要用于各类高碳钢的刀具、冷作模具、量具、滚动轴承、渗碳或表面淬火件等。

（2）中温回火（350～500℃）：中温回火可显著减少工件的淬火应力，具有较高的弹性极限和屈服极限，并有一定的韧性。它主要应用于各种弹簧、弹性夹头及锻模的处理。

（3）高温回火（500～650℃）：高温回火可使工件获得强度、硬度、塑性和韧性都较好的综合机械性能。淬火后高温回火的热处理称为调质处理，简称调质，常用于受力情况复杂的重要零件，如各种轴类、齿轮、连杆等。

从以上各温度范围中看出，没有在250～350℃进行回火，因为这正是钢容易发生低温回火脆性的温度范围，应避开。

二、钢的表面热处理

在冲击载荷和摩擦条件下工作的零件，要求其表面具有高的硬度和耐磨性，而芯部应具有足够的塑性和韧性。这一工件表面和芯部不同的性能要求，难于从选材和普通热处理解决，而表面热处理能满足这类零件的要求。常用的表面热处理方法有表面淬火和化学热处理两种。

1. 表面淬火

表面淬火是仅对工件表面进行淬火的工艺称为表面淬火。火焰淬火是用火焰加热零件表面，并用水快速冷却的热处理工艺。淬硬层一般为2～6mm，适用于单件小批量生产（中碳钢及合金材料）。感应加热淬火是利用感应电流通过工件表面产生热效应，工件表面受热，并进行快速冷却的淬火工艺。为了得到不同的淬硬层深度，可采用不同频率的电流进行加热，应用举例如表4-3-1所示。

表4-3-1　感应加热的频率选择

类别	频率范围/kHz	淬硬层深度/mm	应用举例
高频感应加热	200～300	0.5～2	在摩擦条件下工作的零件，如小齿轮、小轴
中频感应加热	1～10	2～8	承受扭曲、压力载荷的零件，如曲轴、大齿轮、主轴
工频感应加热	50	10～15	承受扭曲、压力载荷的大型零件，如冷压辊

感应加热的特点：加热速度快，淬火质量好，硬度比普通淬火高HRC2～3，淬硬层深度容易控制；但设备较复杂，适用于大批量生产。

2. 钢的化学处理

常用的钢的化学处理有渗氮和渗碳两种。

（1）钢的渗碳：渗碳的目的是提高钢件表层含碳量。渗碳后工件经淬火及低温回火，表面获得高硬度，而其内部又具有高的韧性。表层硬度可高达 HRC58～64。

（2）钢的渗氮：渗氮的目的是提高零件表面的硬度、耐磨性、耐蚀性及疲劳强度。渗氮后一般深度为 0.1～0.6mm。

渗氮与渗碳相比，有如下特点：渗氮温度高，工件变形很小。钢件渗氮后不用淬火，就可以获得比渗碳高得多的硬度（最高可达 HV1000，相当于 HRC69～72）。渗氮零件具有很好的耐蚀性。渗氮的缺点就是生产周期长，成本较高；渗氮层脆而薄，故不宜承受集中、冲击载荷。

第五篇　液压与气压传动

液压传动和气压传动称为流体传动，是根据 17 世纪帕斯卡提出的液体静压力传动原理而发展起来的一门新兴技术，1795 年英国约瑟夫·布拉曼（Joseph Braman，1749—1814），在伦敦用水作为工作介质，以水压机的形式将其应用于工业上，诞生了世界上第一台水压机。1905 年将工作介质水改为油，又进一步得到改善。

液压传动有许多突出的优点：它重量轻、体积小、反应速度快，操纵控制方便，可实现大范围的无级调速，自动实现过载保护，可自行润滑，使用寿命长，很容易实现机器的自动化，当采用电液联合控制后，不仅可实现更高程度的自动控制过程，而且可以实现遥控。因此它的应用非常广泛，如工业用加工机械、压力机械、机床等；行走机械中的工程机械、建筑机械等；钢铁工业用的冶金机械、提升装置、轧辊调整装置等。

任务一　液压传动

【知识目标】

- 理解液压传动相关概念；
- 掌握液压传动的工作原理；
- 能够正确判断液压系统的类型。

【知识点】

- 液压传动概念;
- 液压传动工作原理;
- 液压传动元件。

【相关链接】

目前无缝线路在国内已得到广泛铺设，为了使无缝线路不在中和温度范围内进行钢轨折断处理与修复，铁道部科学研究院铁建所研究设计了新型配套机具 LG-900 型液压钢轨拉伸器。如上图，该机具不仅能用于无缝线路钢轨折断修复，而且还可用于无缝一路应力放散和普通线路成段调整轨缝，并适用于各种轨型。

液压传动是以液体的压力能进行能量传递、转换和控制的一种传动形式。它是利用液压泵将原动机的机械能转换为液体的压力能，通过液体压力能的变化来传递能量，经过各种控制阀和管路的传递与控制，借助于液压执行元件（缸或马达）把液体压力能转换为机械能，从而驱动工作机构，实现直线往复运动和回转运动。

【知识拓展】

一、液压传动的基本知识

液压传动是以液体为工作介质，利用液体压力来传递动力和进行控制的一种传递方式。液压传动装置的本质是一种能量转换装置，先将机械能转换为便于输送的液压能，又将液压能转换为机械能，以驱动工作机构向外作功，完成相应的功能。

为了正确掌握液压传动的相关知识，必须首先了解液压传动的工作原理。

1. 液压传动工作原理

液压传动系统的工作过程如图 5-1-1 所示。

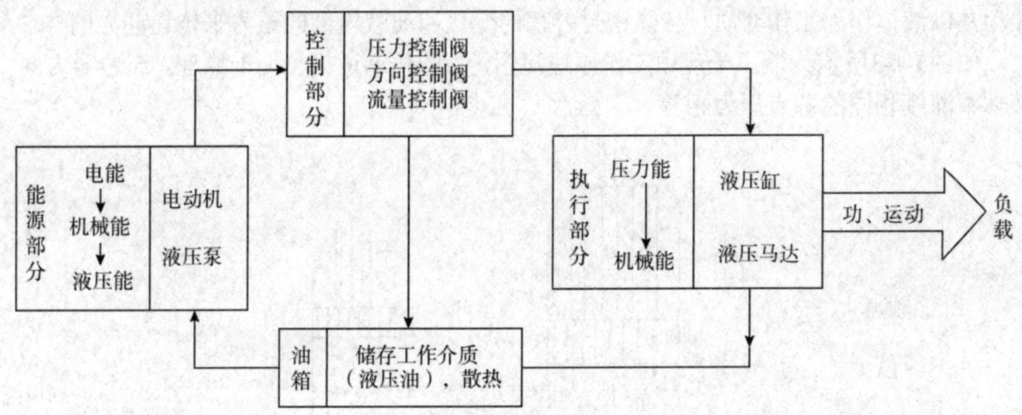

图 5-1-1 液压传动系统的工作过程

下面以液压千斤顶的液压系统为例，分析液压系统的工作原理。

如图 5-1-2 为常见液压千斤顶的工作原理图。

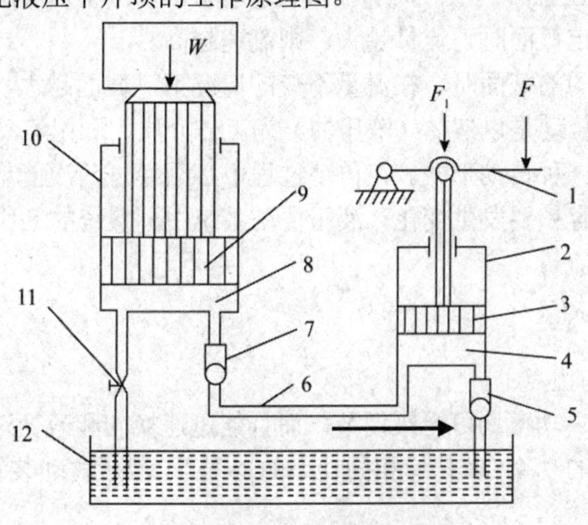

5-1-2 液压千斤顶工作原理图

1-杠杆；2-泵体；3-小活塞；4、8-油腔；5、7-单向阀；
6-油管；9-大活塞；10-缸体；11-放油阀；12-油箱

当向上提起杠杆 1 时，小活塞 3 被带动上升，使油腔 4 的密封容积增大，这时，由于单向阀 5 和 7 分别关闭了它们各自所在的油路，所以在油腔 4 形成了部分真空，油箱 12 中的油液就在大气压的作用下推开单向阀 5 沿吸油孔道进入油腔 4，完成一次吸油动作。接着，下压杠杆 1，小活塞 3 向下移动，油腔 4 的工作容积减小，便把其中的油液挤出，推开单向阀 7（此时单向阀 5 自动关闭了通往油箱的油路），油液便经两缸之间的油管 6 进入液压缸下部的油腔 8。由于油腔 8 也是一个密封的工作容积，所以进入的油液因受挤压而产生的作用力就推动大活塞 9 连同重物 W 一起上升。这样反复上提、下压杠杆 1，油液就不断地被压入油腔 8，使大活塞和重物 W 不断上升，达到起重的目的。

若将放油阀11打开，油腔8与油箱12接通，油液在重物W的作用下，油腔8中的油液流回油箱12，活塞9下降到原位。

液压千斤顶是一个简单的液压传动装置，通过分析液压千斤顶的工作过程，可知液压传动是以液体作为工作介质，依靠密封容积的变化和油液内部的压力来传递动力的。

如图5-1-3所示为液压千斤顶工作原理简图，力的传递遵循帕斯卡原理。连通器内同一液体中深度相同的各点压力相等。

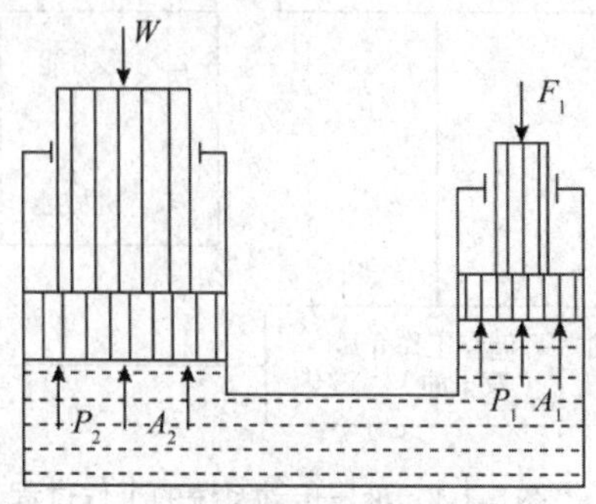

图 5-1-3　液压千斤顶工作原理简图

由图5-1-3可知，压强$p=F_1/A_1=W/A_2$，得到压力$F_1=pA_1=WA_1/A_2$，故压力决定于负载。

- 液体流过一定截面时，流量越大，则流速越高。
- 液体流过不同的截面时，在流量不变的情况下，截面越大，流速越小。

综上所述，液压传动是以液体（液压油）为工作介质，利用流动着液体的压力能来进行能量传递和控制的一种传动形式。在传动过程中必须经过两次能量转换。传动必须在密封容器内进行，而且容积要发生变化。液压传动系统中，系统的工作压力取决于负载液压缸的运动速度取决于流量。

2. 液压传动特点

（1）液压传动的优点：

- 速度、扭矩、功率均可无级调节，而且能迅速换向和改变速度，调速范围宽。
- 能传递较大的功率。在传递相同功率的情况下，液压传动装置的体积小、重量轻、结构紧凑。
- 易于实现过载保护，安全可靠。
- 液压元件已系列化、标准化，便于液压系统的设计、制造、使用和维修。
- 易于控制和调节，便于与电气控制、微机控制等新技术相结合。

（2）液压传动的缺点：

- 油液流动过程存在能量损失，传动效率低。
- 对油温变化比较敏感，不易在温度很高、很低的条件下工作。
- 液压元件结构精密，制造精度较高，给使用和维修带来一定困难。
- 相对运动表面不可避免地存在泄漏，不能保证精确的传动比。

3. 液压传动应用

液压传动广泛应用在机床、起重设备等需要大转矩或推力的场合。一般用于工程机械工作装置的升降、倾斜翻转和水平回转，行走驱动，液压转向和液压助力，液压制动和液

压助力，液压支承，工作装置工作速度的无级调节。

4. 液压传动系统的组成

液压传动系统由以下几个部分组成：

- 动力元件：把机械能转换成液体压力能的装置，用以推动执行元件运动。例如手动柱塞泵、液压泵等。
- 执行元件：把液体的压力能转换成机械能的装置。例如液压缸、液压马达等。
- 控制调节元件：对液压系统中液体的压力、流量和流动方向进行控制和调节，以满足液压系统工作需要。例如单向阀、放油阀、压力阀、流量阀等。
- 辅助元件：对工作介质进行储存、过滤、输送、密封等，保证液压系统正常工作。例如油箱、油管、过滤器蓄能器及各种管接头等。
- 工作介质：用于传递能量。例如液压油。

二、液压传动元件

液压传动系统由以下几个部分组成。

1. 动力元件

把机械能转换成液体压力能的装置，用于推动执行元件运动。

液压系统中的动力元件主要是各种液压泵 液压泵的任务是将电动机输出的机械能转换为液体压力能。如图 5-1-4 所示为单柱塞泵的结构示意图。

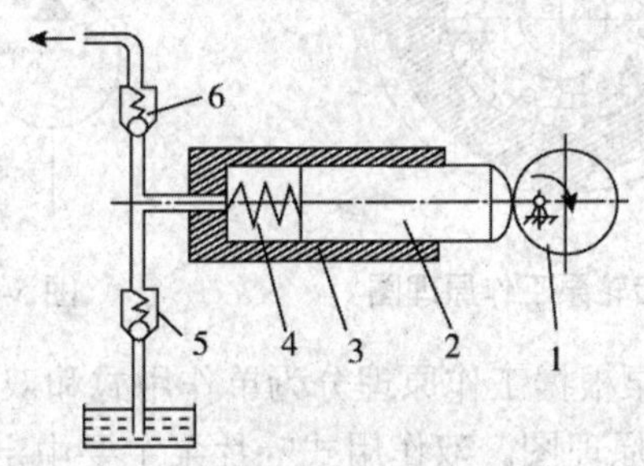

图 5-1-4　液压泵的工作原理图

1-偏心轮；2-柱塞；3-泵体；4-弹簧；5、6-单向阀

柱塞 2 安装在泵体 3 内，泵体 3 和柱塞 2 构成一个密封的油腔，柱塞在弹簧 4 的作用下和偏心轮 1 接触。偏心轮在原动机带动下旋转，当偏心轮转动时，柱塞作左右往复运动。当柱塞向右运动时，左端和泵体所形成的密封容积增大，形成局部真空，油箱中的油液在大气压作用下通过单向阀 5 进入泵体内，单向阀 6 关闭，防止系统中的油液回流，这时液压泵吸油。当柱塞向左运动时，密封容积减小，单向阀 5 关闭，防止油液流回油箱，于是泵体内的油液受柱塞挤压而产生压力，油液顶开单向阀 6 而输入液压系统，完成压油过程。若偏心轮不停地转动，泵就不停地吸油和压油。

由此可见，液压泵是通过密封容积的变化来实现吸油和压油的。为保证吸油充分，油箱必须和大气相通。单向阀5、6保证在吸油过程中使油腔与油箱相通，而切断压油管路。在压油过程中使油腔与压油管路相通，而切断吸油管路。

液压泵按其输出流量能否变化分为定量泵和变量泵；按其输油方向能否改变分为单向泵和双向泵；按其结构形式分为齿轮泵、叶片泵、柱塞泵、螺杆泵等；按其工作压力分为低压泵、中压泵和高压泵。

在液压传动中，常用的液压泵有齿轮泵、叶片泵、柱塞泵三种。

（1）齿轮泵。如图 5-1-5 所示为齿轮泵的工作原理图。泵体内装有一对外啮合齿轮，齿轮两侧靠端盖密封。泵体、端盖和齿轮的各个齿间啮合槽组成了许多密封工作腔，两齿轮的啮合线把密封工作腔分为吸油腔和压油腔。泵体有两个油口，一个是入口（吸油口），一个是出口（压油口）。

当电动机驱动主动齿轮旋转时，两齿轮转动方向如图5-1-5所示。这时，吸油腔的轮齿逐渐分离，由齿间所形成的密封容积逐渐增大，出现了部分真空，因此油箱中的油液就在大气压力的作用下，经吸油管和齿轮泵入口进入吸油腔。吸入到齿轮间的油液随齿轮旋转带到压油腔，随着压油腔轮齿的逐渐啮合密封容积逐渐减小，油液就被挤出，从压油腔经出油口输送到压力管路中。由于齿轮泵的密封容积变化范围不能改变，流量不可调，为定量泵。它的图形符号如图5-1-6所示。

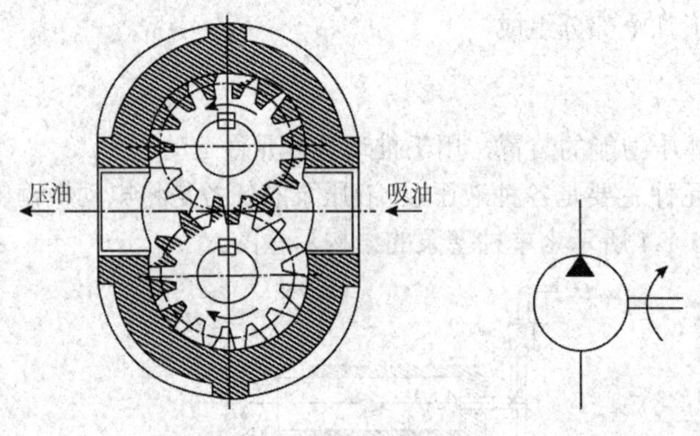

图 5-1-5　齿轮泵工作原理图　　　　图 5-1-6　图形符号

（2）叶片泵,。叶片泵根据工作原理分为单作用式和双作用式两种。如图 5-1-7 所示为双作用式叶片泵的工作原理图。双作用式叶片泵主要由定子 1、转子 2、叶片 3 和前后两侧装有端盖的泵体等组成。

叶片安放在转子槽内，并可沿槽滑动。转子和定子中心重合，定子内表面近似椭圆形，由两段长圆弧、两段短圆弧和四段过渡曲线组成。在端盖上，对应于四段过渡曲线位置开有四条沟槽，两条与泵的吸油槽沟通，另外两条与泵的压油槽沟通。两侧的配油盘上各开有两个吸油窗口和两个压油窗口。当电动机带动转子转动时，叶片在离心力作用下压向定子内表面，并随定子内表面曲线的变化而被迫在转子槽内往复滑动。转子旋转一周，每一叶片往复滑动两次，每相邻叶片间的密封容积就发生变化。容积增大产生吸油作用，容积减小产生压油作用。由于转子每转一周，这种吸、压油作用发生两次，故称为双作用式叶片泵。双作用式叶片泵的流量不可调，是定量泵。

如图5-1-8所示为单作用式叶片泵的工作原理图，定子表面是一圆形，转子与定子间有一偏心量e，端盖上只开有一条吸油槽和一条压油槽。当转子转一周时，每一叶片在转子槽内往复滑动一次，每相邻两叶片间的密封容积就发生一次增大和减小的变化，即转子每转一周，实现一次吸油和压油，因此称为单作用式叶片泵。

单作用式叶片泵的偏心量e通常做成可调的。偏心量的改变会引起叶片泵输油量相应变化，偏心量增大，输油量也会随之增大，所以单作用式叶片泵是变量泵。这种泵的最大特点是只要改变转子和定子中心的偏心距大小及偏心方向，就可改变输油量和输油方向。

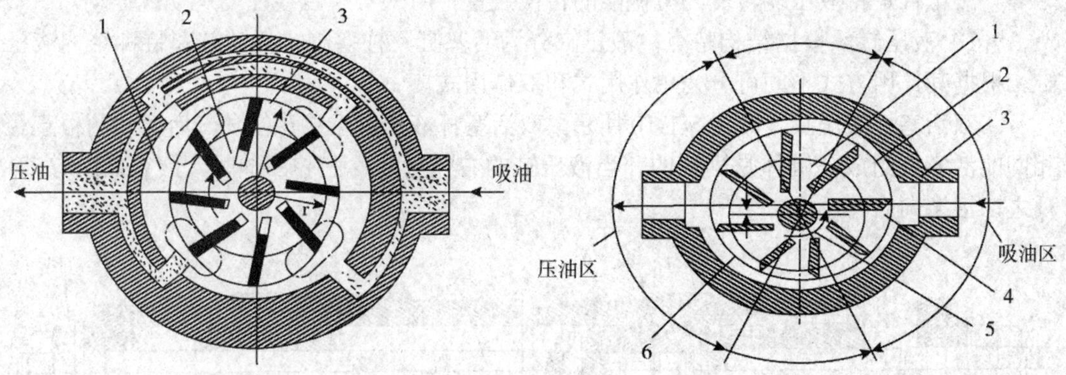

图 5-1-7 双作用式叶片泵的工作原理

1-定子；2-转子；3-叶片

图 5-1-8 单作用式叶片泵的工作原理

1-转子；2-定子；3-泵体；4-叶片；5-传动轴；6-配油盘

（3）柱塞泵。如图 5-1-9 所示，轴向柱塞泵由配油盘、缸体、斜盘和弹簧等组成，柱塞在根部弹簧和液压力作用下，保持头部和斜盘紧密接触。在配油盘上开有两个沟槽，分别与泵的吸油口和压油口连通，形成吸油腔和压油腔。两个弧形沟槽彼此隔开，保持一定的密封性。当缸体转动时，由于斜盘和弹簧的作用，迫使柱塞在缸体内作往复运动，通过配油盘的吸油窗口进行吸油、通过压油窗口进行压油。当缸孔自最低位置向前上方转动(相对配油盘作逆时针方向转动)时，柱塞的转角在 0～π 范围内，柱塞向左运动，柱塞端部和缸体形成的密封容积增大，通过配油盘吸油窗口进行吸油 柱塞转角在 π～2π 范围内，柱塞被斜盘逐步压入缸体，柱塞端部容积减小，泵通过配油盘排油口排油。若改变斜盘倾角的大小，则泵的输出流量改变。若改变斜盘倾角的方向，则进油口和出油口互换，可双向输出高压油液，从而成为双向变量轴向柱塞泵。

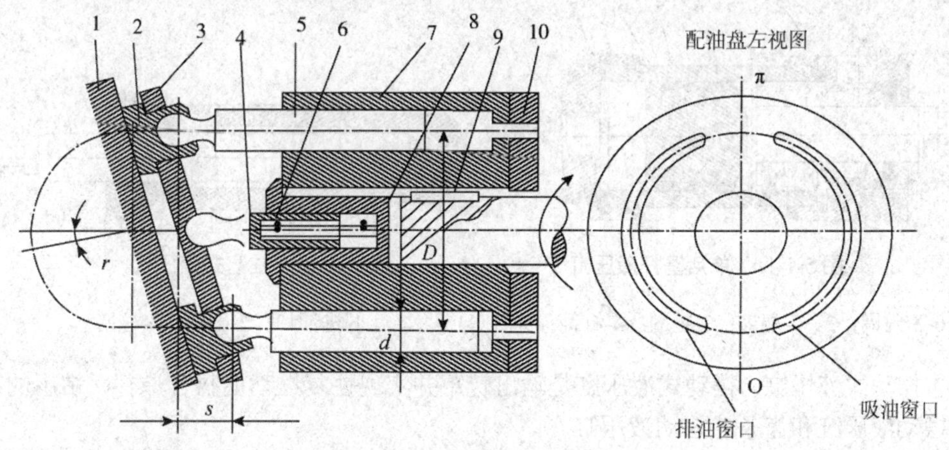

图 5-1-9 轴向柱塞泵工作原理

1-斜盘；2-滑履；3-压板；4-内套筒；5-柱塞；6-弹簧；7-缸体；8-外套筒；9-轴 10-配油盘

2. 执行元件

把液体的压力能转换成机械能的装置。液压系统中的执行元件主要有液压缸、液压马达等。液压缸是将液压能转变为机械能的转换装置。用来实现直线往复运动或摆动。

（1）液压缸。根据结构特点，液压缸分为活塞缸、柱塞缸、摆动缸和特种结构液压缸。根据其作用方式不同可分为单作用式和双作用式。

①双活塞杆液压缸。如图 5-1-10 所示，双活塞杆液压缸主要由缸体、活塞和两根直径相同的活塞杆组成。缸体是固定的，当液压缸的右腔进油、左腔回油时，活塞向左移动；反之，活塞向右移动。

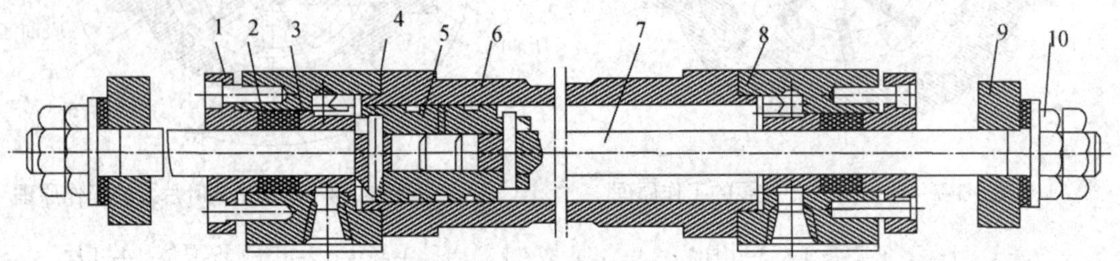

图 5-1-10　实心双活塞杆液压缸

1-压盖；2-密封圈；3-带导向套；4-密封纸垫；5-活塞；
6-缸筒；7-活塞杆；8-端盖；9-床身；10-紧固螺母

②单活塞杆液压缸。如图 5-1-11 所示，这种液压缸只有一端有活塞杆，所以两腔工作面积不等。当左、右两腔分别进入压力油时，即使流量和压力都相等，活塞往复运动的速度和所受的推力也不相等。在无杆腔进油时因活塞有效面积大，所以速度小、推力大。在有杆腔进油时，因活塞有效面积小，所以速度大、推力大。

③柱塞式液压缸。如图 5-1-12 柱塞式液压缸结构示意图，柱塞缸是一种单作用液压缸，工作时压力油从进油口进入缸筒中推动柱塞向右运动，反向退回时必须依靠外力或自重（垂直放置时）驱动。为了获得双向往复运动，柱塞缸通常成对使用。

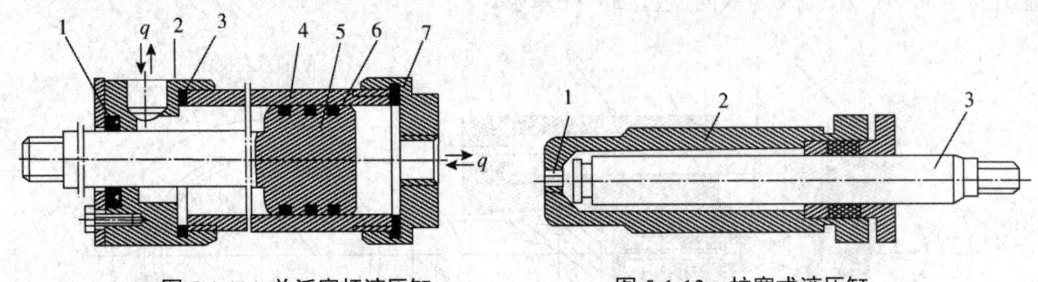

图 5-1-11　单活塞杆液压缸　　　　图 5-1-12　柱塞式液压缸

1、6-密封圈；2、7-端盖；3-垫圈；4-缸筒；5-活塞　　　　1-进油口；2-缸筒；3-柱塞

④摆动式液压缸。摆动式液压缸是输出转矩并实现往复摆动的执行原件，常用的有叶片式摆动液压缸和齿条式摆动液压缸。

叶片式摆动液压缸常称为摆动液压马达，其工作原理如图 5-1-13 所示。轴 3 上装有叶片 4，叶片 4 和封油隔板 2 将缸体 1 内的空间分为两腔。当缸的一个油口接通压力油，另一油口接通回油时，叶片在油压作用下产生转动，带动轴 3 摆动一定的角度。

齿条式摆动缸又称为无杆活塞式液压缸，其结构原理如图 5-1-14 所示。装于缸体内的两个活塞由齿条杆 2 连成一个整体，齿条干又与装在缸体中部一侧的小齿轮 1 相啮合，当缸体一端进入压力油而另一端回油时，活塞杆齿条就带动小齿轮向一个方向摆动；反之，油路换向后，小齿轮则反向摆动。这种液压缸输出的往复摆动角度能在较大范围内变化。

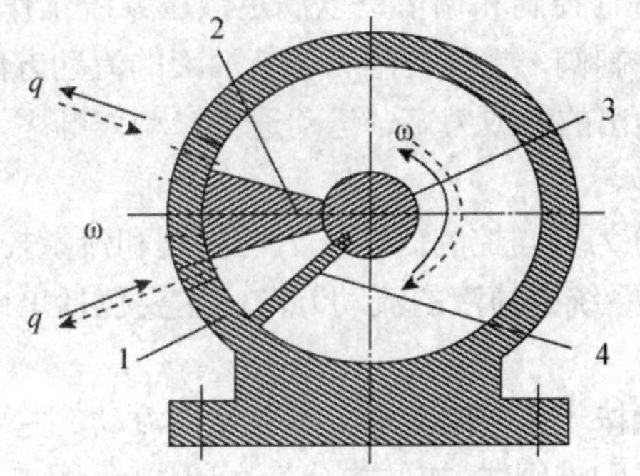

图 5-1-13　叶片式摆动液压缸

1-缸体；2-隔板；3-轴；4-叶片

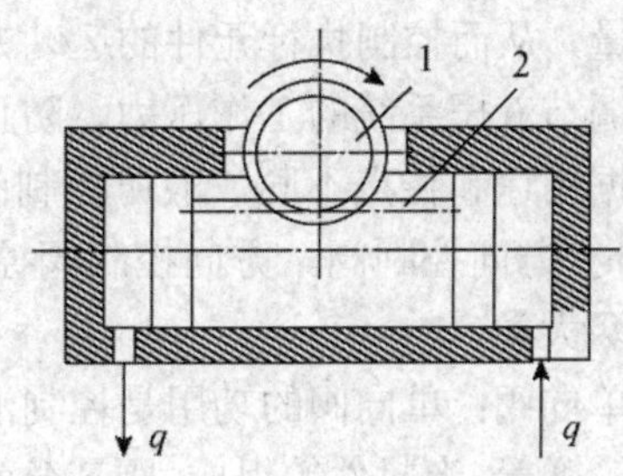

图 5-1-14　齿条式摆动液压缸

（2）液压马达。液压马达是液压系统中的执行元件，它把输入油液的压力能转换成机械能，用来拖动负载作功，液压马达和液压泵在结构上基本相同。液压马达通常有三种类型，即齿轮式液压马达、叶片式液压马达和柱塞式液压马达。如图 5-1-15 所示叶片式液压马达。

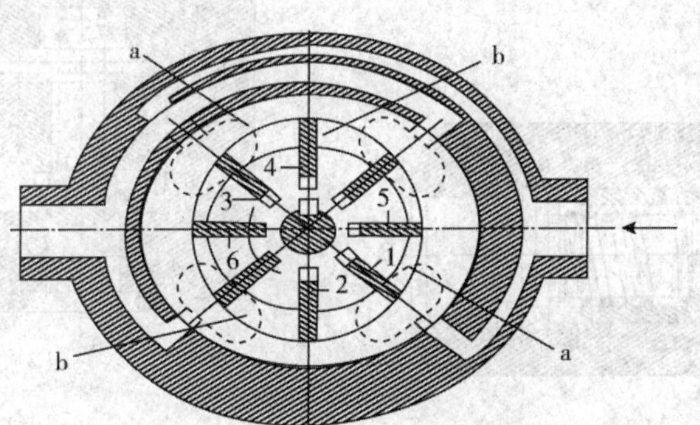

图 5-1-15　叶片式液压马达

a）进油腔；b）回油腔

当压力油输入进油腔 a 以后，此腔内的叶片均受到油液压力 p 的作用。由于叶片 2 比叶片 1 伸出的面积大，两者推力之差相对于转子中心形成一个力矩。同样，叶片 1 和 5、4 和 3、3 和 6 之间，由于液压力的作用而产生的推力差也都形成力矩。这些力矩的方向相同，它们的总和是推动转子沿顺时针方向转动的总力矩。

从图5-1-15可以看出，位于回油腔b的各叶片不受液压推力作用（设出口压力为零），也就不能形成力矩，工作过的液体随着转子的转动，经回油腔流回油箱。

叶片式液压马达的体积较小，动作灵敏;但泄漏较大，效率较低，故适用于高速、低转矩以及要求动作灵敏的工作场合。

液压马达（或液压泵）的每转排油量称为排量（以V表示），单位为m^3/r或cm^3/r (mL/r)。上面介绍的叶片式液压马达因其排量不可调节，因此属于定量马达。若将液压马达做成可以改变排量的结构（如柱塞式液压马达），则为变量马达。

3. 控制调节元件

对液压系统中液体的压力、流量和流向进行控制和调节，以满足液压系统工作需要。

液压系统中的调节控制元件是各种液压控制阀，主要控制和调节油液的流动方向、压力和流量，从而控制执行元件的运动方向、输出的力或力矩、运动速度、动作顺序，以及限制和调节液压系统的工作压力，防止过载等。

根据用途和特点不同，液压控制阀主要分为方向控制阀、压力控制阀和流量控制阀。

（1）方向控制阀。方向控制阀控制液压系统中油液的流动方向，主要包括单向阀和换向阀两大类。

①单向阀：单向阀的功用是控制油液只能按一个方向流动，不能反向流动。主要由阀体、阀芯、弹簧、密封件等组成。阀芯分为钢球式和锥阀式。按结构分为直通式（见图 5-1-16a）和直角式（见图 5-1-16b）。

当压力油从进油口 A 流入时，克服弹簧的作用力，顶开阀芯，从出油口 B 流出，此时单向阀开通。当液体流动方向相反时，因油口一侧的压力油和弹簧的共同作用，阀芯紧压在阀体的阀座上，油液不能通过，油流被切断，此时单向阀截止。

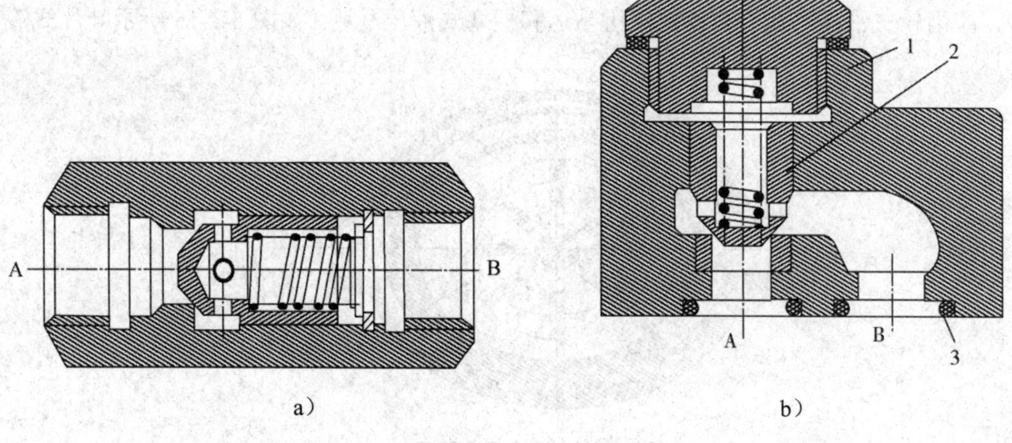

图 5-1-16　单向阀

1-阀体；2-阀芯；3-密封圈

②换向阀：换向阀的作用是利用阀芯和阀体间相对位置的改变，来控制油液的流动方向、接通或关闭油路，从而控制液压执行元件的换向、启动或停止，改变液压系统的工作状态。

滑阀式换向阀是靠阀芯在阀体内沿着轴向作往复滑动而实现换向作用。滑阀（见图 5-1-17）是一个多段环形槽的圆柱体，直径大的部分称为凸肩。阀体内孔与滑阀凸肩相配合，阀体上加工出若干段环形槽。阀体上有若干个与外部相通的通路口，分别与相应的环形槽相通。

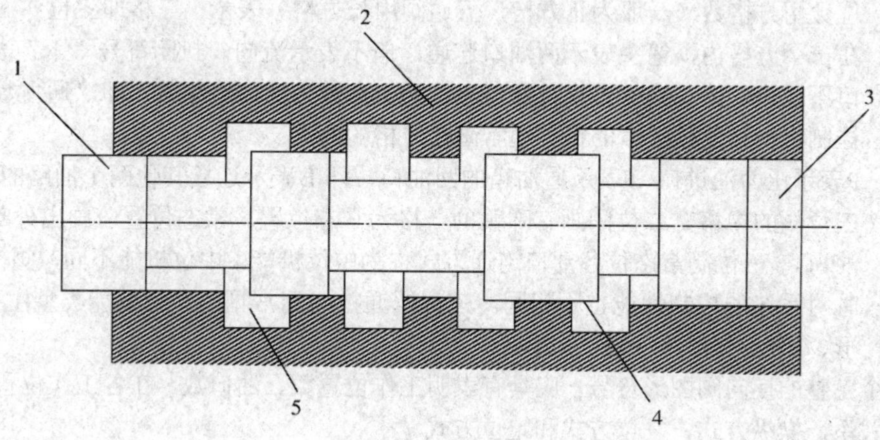

图 5-1-17　滑阀结构

1-滑阀；2-阀体；3-阀孔；4-凸肩；5-环形槽

如图 5-1-18 是三位四通换向阀，它有三个工作位置、四个通路口。三个工作位置就是滑阀在中间以及滑阀移到左、右两端时的位置，四个通路口分别是压力油口 P、回油口 T 和通往执行元件两端的油口 A 和 B。由于滑阀相对阀体作轴向移动，改变了滑阀在阀体中的位置，各油口的连接关系也相应改变。

换向阀按阀芯的可变位置数和所控制的进、出油口的数目可分为二位二通、二位三通、二位四通、二位五通、三位四通、三位五通等。根据改变阀芯位置的操纵方法不同，换向阀分为手动、机动、电磁、液动和电液动换向阀。

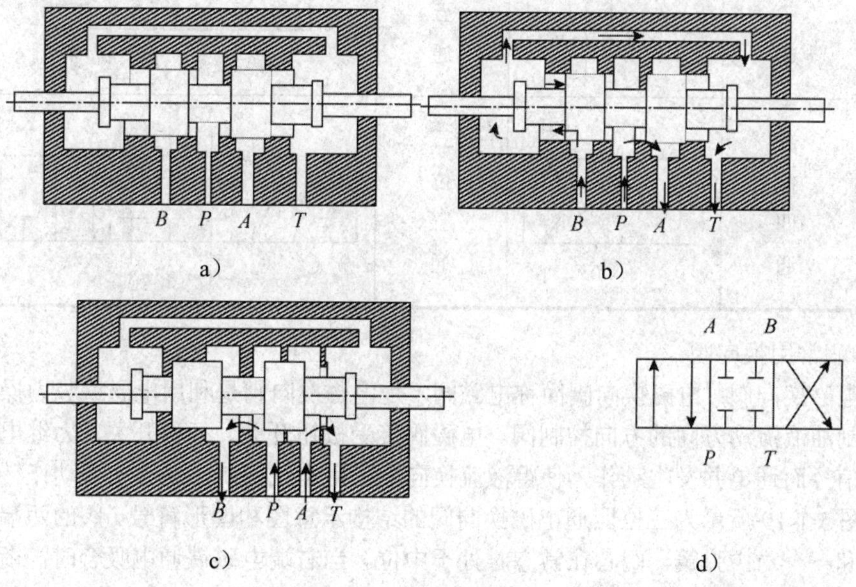

图 5-1-18　三位四通换向阀

a）滑阀处于中位；b）滑阀移动到右端；c）滑阀移动到左端；d）图形符号

（2）换向阀的图形符号含义（见表 5-1-1）。

- 位数用方格数（一般为正方格，五通阀用长方格）表示，三格即三位；
- 在一个方格内，箭头表示两油口连通，但不表示流向。封闭符号“丅”表示油口不通流。箭头或“丅”符号与方框的交点数为油口通路数，即“通”数；
- 控制机构和复位弹簧的符号通常画在方格的两端；
- P表示压力油进口，T表示通油箱的回油口，A和B表示连接其他两个油路的油口；
- 三位阀的中格、二位阀画有弹簧的一格为常态位置。常态位置应画出外部连接油口。 三位阀常态位各油口连通方式称为中位机能。中位机能不同，阀在中位时对系统的控制性能也不相同。三位四通换向阀常见的中位机能类型主要有O形、H形、Y形、 P形、M形等。

一个完整的换向阀图形符号，应具有表明工作位置数、油口数，在各工作位置上油口的连通关系，操纵方式，复位方式和定位方式。

表 5-1-1　常用换向阀图形符号

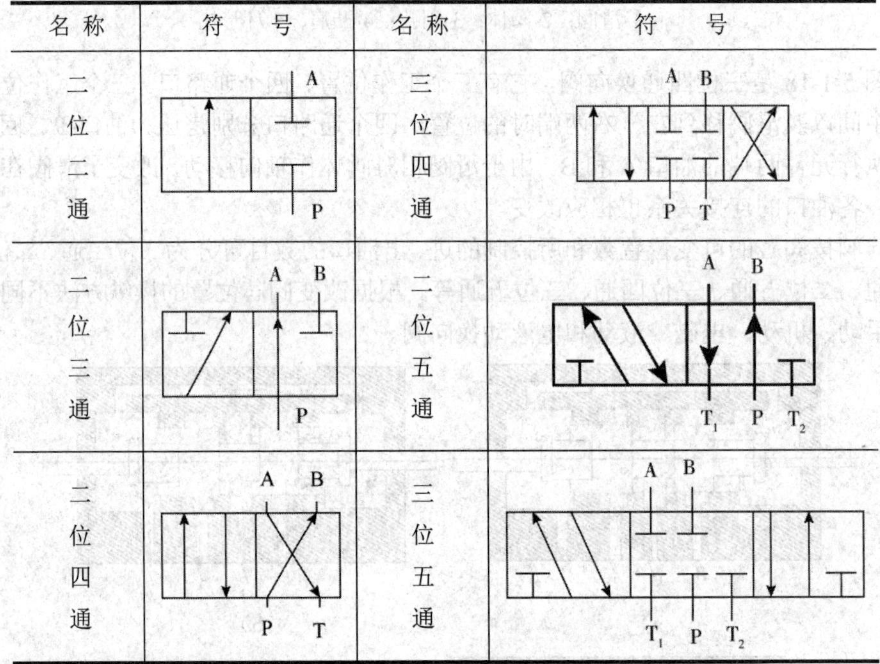

名称	符号	名称	符号
二位二通	A P	三位四通	A B P T
二位三通	A B P	二位五通	A B T_1 P T_2
二位四通	A B P T	三位五通	A B T_1 P T_2

（3）常用换向阀。

①电磁换向阀：电磁换向阀简称电磁阀，是电磁换向阀是利用电磁铁吸力操纵阀芯换位来控制油液流动方向的方向控制阀。电磁阀接受按钮开关、行程开关、力继电器等电器元件的信号而通电并发生动作，使得液流换向能采用电气控制，易于实现动作转换的自动化，如图 5-1-19 所示为三位四通电磁换向阀的结构示意图和图形符号。阀的两端各有一个电磁铁和一个对中弹簧，阀芯在常态时处于中位。当右端电磁铁通电吸合时，衔铁通过推杆将阀芯推至左端，换向阀就在右位工作，这时进油口 P 和 B 连通，油口 A 和 T 连通。当左端电磁铁通电吸合时，衔铁通过推杆将阀芯推至右端，换向阀就在左位工作，这时油口 P 和 A 连通，油口 B 和 T 连通。当两侧电磁铁都不通电时，阀芯靠弹簧的作用处于中间位置，这时油口 P、A、B、T 均不相通，电磁阀处于中位。

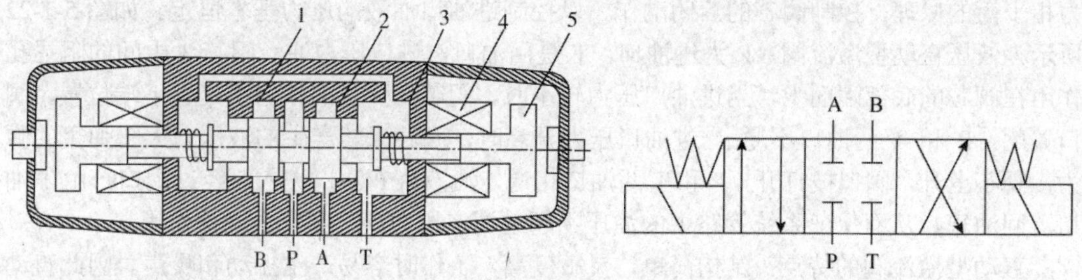

图 5-1-19　电磁换向阀及图形符号

②液动换向阀和电液换向阀：液动换向阀依靠压力油作用于滑阀阀芯的位置，推动滑阀实现换向，如图5-1-20所示为三位四通液动换向阀的结构和图形符号符号。当控制油路的压力油从阀右边的油口K_2进入滑阀右腔时，阀芯被推向左端，油口P与B相通、A与T相通，当控制油路的压力油从阀左边的油口K_1进入滑阀左腔时，阀芯被推向右端，油口P与A相通、B与T相通，实现油路换向。当两个控制油口均不通压力油时，阀芯在两端弹簧作用下处于中位。

电液换向阀是由电磁阀和液动阀组合而成。其中，电磁阀起先导作用（称为先导阀），用以改变控制压力油的流动方向，实现液动阀（主阀）的换向。电液换向阀的符号如图5-1-21所示。当三位电磁阀的左侧电磁铁通电时，它的左位即接入控制油路，控制压力油推开左边的止回阀进入液动阀的左端油腔，液动阀右端油腔的油液经过右边的节流阀及电磁阀流回油箱，这时，液动阀的阀芯右移，它的左位接入主油路系统。当三位电磁阀的右侧电磁铁通电（左侧电磁铁断电）时，情况则相反，液动阀的右位便接入主油路系统。当电磁阀两侧电磁铁皆不通电时，液动阀两端油腔均通过电磁阀中位与油箱相连，在平衡弹簧的作用下，液动阀的中位接入系统。

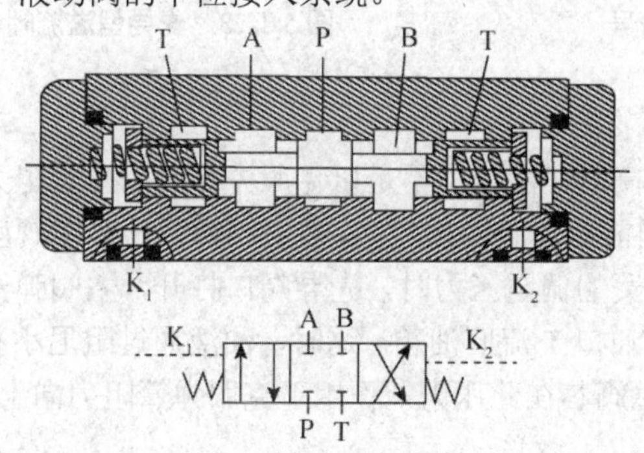

图 5-1-20　三位四通液动换向阀及图形符号

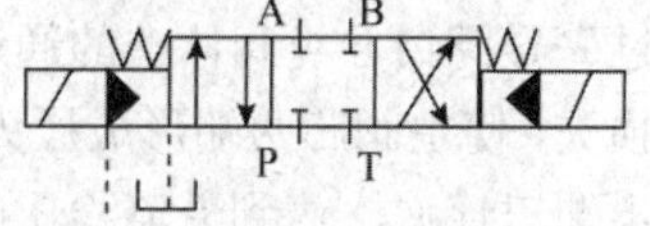

图 5-1-21　电液换向阀图形符号

（4）压力控制阀。压力控制阀通过控制液压系统中液压油压力高低变化来控制某些液压元件的动作，按照用途不同，压力控制阀分为：溢流阀、顺序阀、减压阀、压力继电器等。

①溢流阀：溢流阀常用来控制和调整液压系统的压力，以保持系统压力的恒定、避免系统压力超过极限值。溢流阀分为直动型和先导型。直动型溢流阀一般用于低压系统，先导型溢流阀用于中、高压系统。

②直动型溢流阀：直动型溢流阀是利用系统中油液直接作用在阀芯上的液压力与弹簧

力相平衡的原理，控制阀芯的启闭动作，以控制进油口油液的压力基本恒定。如图 5-1-22 所示为低压直动型溢流阀。P 为进油口，T 是回油口，进口压力油经阀芯 3 中间的阻尼孔作用在阀芯的底部端面上，当进油口压力较小时，阀芯在弹簧的作用下处于下端位置，阀口关闭，P 和 T 两油口不通 当进油口压力升高时，阀芯下端产生的液压力大于弹簧的弹力，阀芯上升，阀口被打开，P 和 T 两油口相通，油液从 P 油口进入，经过阀口，由 T 油口流回油箱。从而保证系统管路中的油压不超过调定压力，起到安全保护作用。

直动型溢流阀的特点：结构简单，灵敏度高，工作时容易产生振动和噪声。因此直动型溢流阀一般用在压力较低或流量较小的系统中。

③先导型溢流阀：先导型溢流阀由主阀和先导阀两部分组成（见图 5-1-23）。先导阀部分是一种直动型溢流阀，其作用是控制和调节溢流压力。主阀阀芯是一个具有锥部、中间开有阻尼小孔的圆柱体，其功能在于溢流。

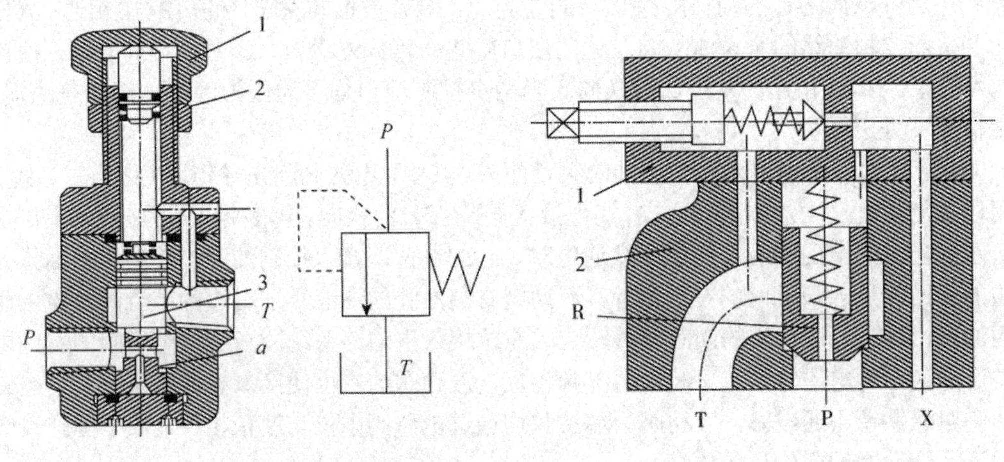

图 5-1-22　直动型溢流阀结构及图形符号

1-调压螺母；2-调压弹簧；3-阀芯

图 5-1-23　先导型溢流阀

1-先导阀；2-主阀

油液从进油口 P 进入，当油液压力不高时，液压力不足以克服先导阀的弹簧阻力，先导阀口关闭，阀内没有油液流动。主阀芯因前后油腔油压相同，被主阀弹簧压紧在阀座上，阀口关闭。当进油口压力升高到先导阀弹簧的调定压力时，先导阀口打开，主阀弹簧腔的油液流过先导阀口并经阀体上的通道和回油口 T 流回油箱。这时，油液通过阻尼小孔，产生压力损失，使主阀芯两端形成压力差。主阀芯在此压力差作用下克服弹簧阻力向上移动，使进、出油口连通，达到溢流稳压的目的。

先导型溢流阀的稳压性能优于直动型溢流阀，但灵敏度低于直动型溢流阀。

①减压阀：减压阀用来减压、稳压，将较高的进口油压降为较低的出口油压的一种压力控制阀。用来降低液压系统中某一油路的压力，满足执行元件对油压的要求。常用的是定值减压阀（件图 5-1-24）。

高压油（一次压力油）从 P_1 进入，低压油（二次压力油）从 P_2 流出，同时油口 P_2 的压力油经主阀阀体、底盖的通道作用在主阀芯的底部，并经阻尼孔至主阀芯上腔，作用在先导阀阀芯上。当油口 P_2 的油液压力低于先导阀弹簧的调定压力时，先导阀关闭，主阀芯上阻尼孔中的油液不流动，主阀阀芯上、下两腔压力相等，此时，主阀芯在主阀弹簧作用下处于最下端，主阀阀口处于最大开口状态，不起减压作用 当油口 P_2 的油压力超过先导阀弹簧的调定压力时，先导阀打开，一小部分油液经阻尼小孔至主阀芯上腔，作用在先导阀阀芯上，推动阀芯右移，打开先导阀口，液流经先导阀口再到泄油口流回油箱，主阀由于阻尼孔的作用，在主阀芯上、下两腔形成压力差，使主阀芯在两端压力差的作用下向上移动，使主阀阀口关小而起到减压作用，降低出口压力至新的平衡位置，导阀关闭，保持一定的出油口压力。由此可见，减压阀降压原理是利用油液通过缝隙时的液阻来降压的。

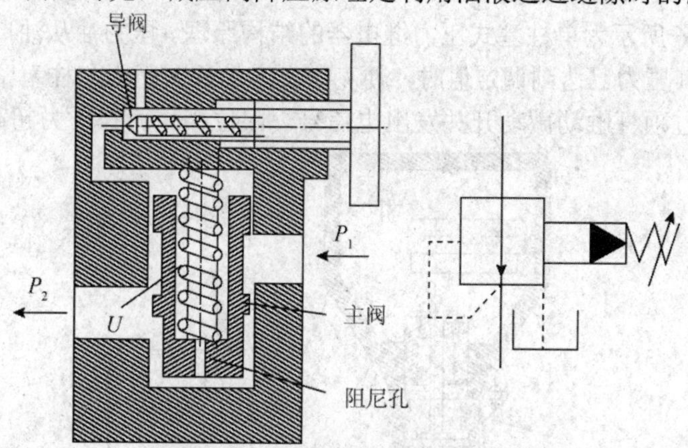

图 5-1-24 减压阀及图形符号

②顺序阀：顺序阀是利用液压系统本身的压力来控制执行元件动作的先后顺序的液压元件（件图 5-1-25）。当油路压力达到顺序阀的调定压力值时，顺序阀动作，压力油经过顺序阀流入另一油路，实现系统的自动控制。顺序阀也有直动型和先导型，直动型一般用于低压系统，先导型用于中高压系统。顺序阀主要用来控制液压缸顺序动作，也可用作卸荷阀和平衡阀。

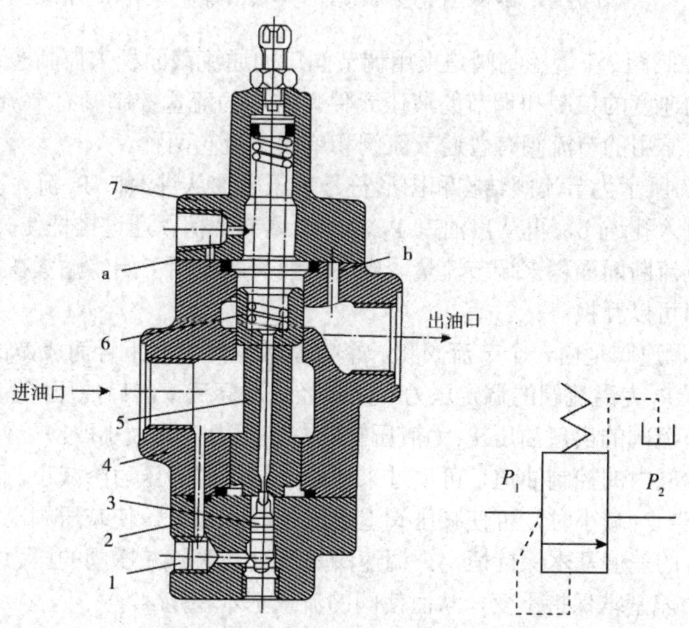

图 5-1-25 直动型顺序阀及图形符号

1-螺堵；2-下阀盖；3-控制活塞；4-阀体；5-阀芯；6-弹簧；7-上阀盖

当顺序阀进油口的压力低于弹簧的调定压力时，阀芯在弹簧的作用下处于下端位置，进油口和出油口不相通。当进油口的油压力大于弹簧的预紧力时，阀芯向上移动，阀口打开，油液从出油口流出，使顺序阀出油口端的执行元件动作。

压力继电器：压力继电器是利用油液压力来控制电器触头的接触与分离，从而将液压信号转换为电气信号，使电器元件动作的一种压力元件。压力继电器可实现液压—电气系统的自动程序控制和安全保护。

如图 5-1-26 所示为单柱塞式压力继电器的结构原理。压力油从油口 P 通入，作用在柱塞的底部，如其压力已达到调定值时，便克服上方的弹簧阻力和柱塞摩擦力的作用，推动柱塞上升，通过顶杆触动微动开关发出电信号。限位挡块可在压力超载时保护微动开关。

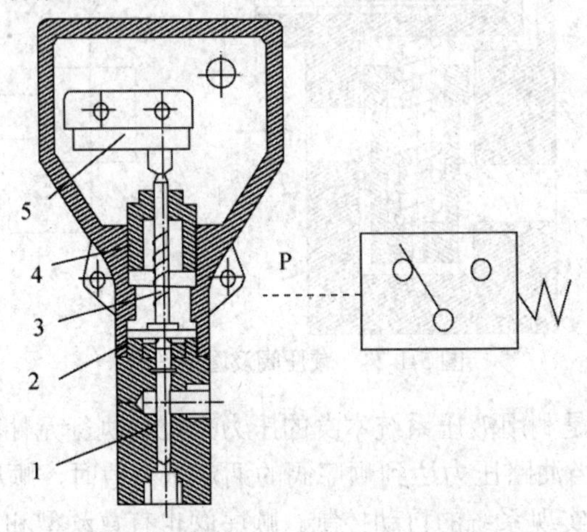

图 5-1-26　压力继电器及图形符号

1-柱塞；2-限位挡块；3-顶杆；4-调节螺杆；5-微动开关

（5）流量控制阀。流量控制阀是采用调节阀口的通流截面积来控制通过阀口的流量，以实现工作机构速度的控制和调节的液压元件。常用的流量控制阀有节流阀、调速阀等。

①节流阀：常用的节流阀有普通节流阀和单向节流阀两种。

如图 5-1-27 所示为节流阀结构和图形符号。压力油从进油口 P_1 流入孔道 a 和阀芯 1 左端的三角槽进入孔道 b，再从出油口 P_2 流出。调节手柄，通过推杆使阀芯作轴向移动，改变节流口的过流断面面积来调节流量。阀芯在弹簧的作用下始终贴紧在推杆上。这种节流阀的进出油口可以互换。

②调速阀：调速阀是由一个节流阀和一个定差减压阀串联组合而成，如图 5-1-28 所示。调速阀进口油压 P_1 为溢流阀的调定压力，油液经减压阀后，出口油压降为 P_2, P_2 为节流阀的进口油压，节流阀的出口油压 P_3 为液压缸的左腔压力，其大小取决于外载荷。当 P_3 增大时，通过调速阀内的控制油道，可反过来使减压阀造成的压力降减小，而使减压阀出口油压 P_2 上升。当 P_3 减小时，可使减压阀造成的压力降加大，使减压阀出口油压 P_2 减小，从而使 P_2 与 P_3 的差值基本保持恒定。调速阀是通过其内部减压阀的压力补偿作用，使节流阀两端的压力差基本保持不变，从而使阀的流量基本稳定。

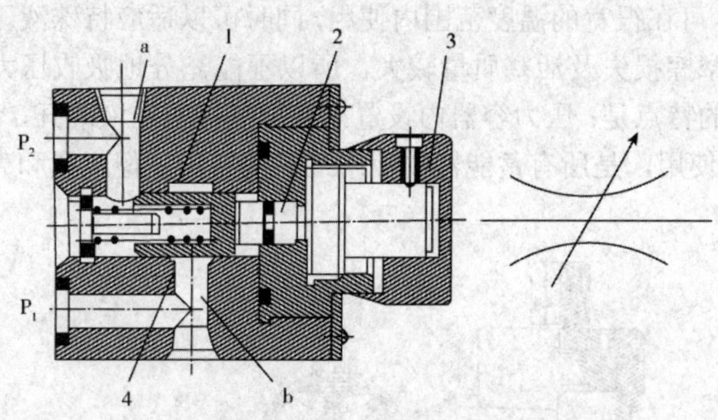

图 5-1-27　L 型节流阀及图形符号

1-阀芯；2-推杆；3-手柄；4-弹簧

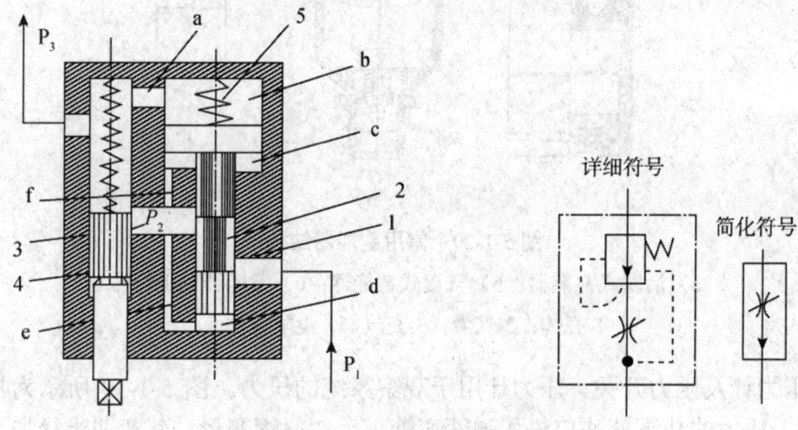

图 5-1-28　调速阀及图形符号

1-减速口；2-减压阀部分；3-节流口；4-节流阀部分；5-弹簧

4. 辅助元件

对工作介质进行储存、过滤、输送、密封等，保证液压系统正常工作。液压系统中的辅助元件主要包括蓄能器、过滤器、油管、管接头、油箱、压力计和压力计开关等。这些辅助装置是液压系统不可缺少的组成部分，是液压系统正常工作的重要保证。

（1）过滤器。液压系统中的故障约有 80％是由液压油污染造成的，液压油中存在的杂质会引起相对运动零件的表面划伤、磨损，甚至发生卡死，有时会堵塞节流孔。过滤器的作用就是清除油液中的各种杂质，以减少相对运动件的磨损和卡死，防止油路堵塞而影响液压系统正常工作。常用的过滤器有网式、线隙式、烧结式和纸芯式等多种类型。网式过滤器也称滤网，是用铜丝网包装在骨架上制成的。它的结构简单、通油性能好，但过滤效果差，一般作粗滤之用。

（2）蓄能器。蓄能器是液压系统中的储能元件。它将液压系统中的能量储存起来，在短时间内供应大量压力油，以实现执行机构的快速运动，补偿泄漏以保持系统压力，消除压力脉动缓和液压冲击。实际中应用较多的是活塞式蓄能器和气囊式蓄能器。

图 5-1-29 所示为常用的两种蓄能器。活塞式蓄能器的特点是：用带密封件的浮动活塞

把气体与油液隔开，可在很宽的温度范围内使用，同时可以适应特殊液压油，其结构简单、寿命长。但活塞的摩擦损失及活塞质量较大，所以不能充分地吸收压力脉动和液压冲击。

气囊式蓄能器的特点是：压力容器内设置气囊把气体与油液隔开，容量和压力规格丰富,能在各种条件下使用，是所有蓄能器中使用最多的一种。但气囊和壳体制造较困难,气囊的使用寿命较短。

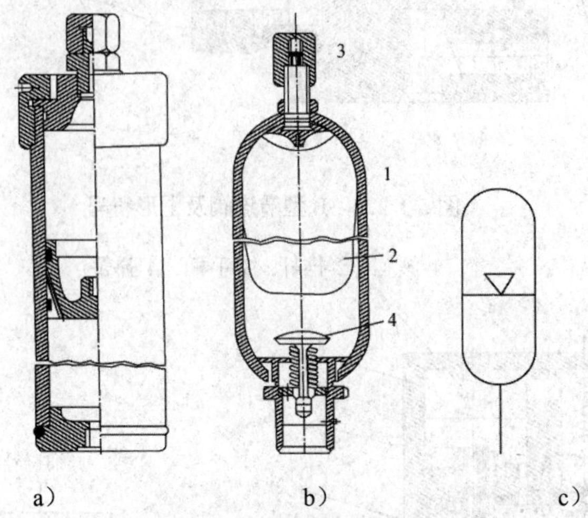

图 5-1-29　常用蓄能器结构

a）活塞式蓄能器；b）气囊式蓄能器；c）蓄能器图形符号

1-壳体；2-气囊；3-充气阀；4-限位阀

（3）压力计及压力开关。压力计用于观察系统的压力。图 5-1-30 所示为常用的弹簧管式压力计。压力油从下部油口进入弹簧弯管 1 后，弯管变形，其弯曲半径加大，弯管端部的位移通过扇齿杠杆 2 和中心小齿轮（图中因其被其他零件遮住没有画出）放大成为指针 3 的转角。压力越大,指针偏转的角度越大。压力数值可由刻盘读出。

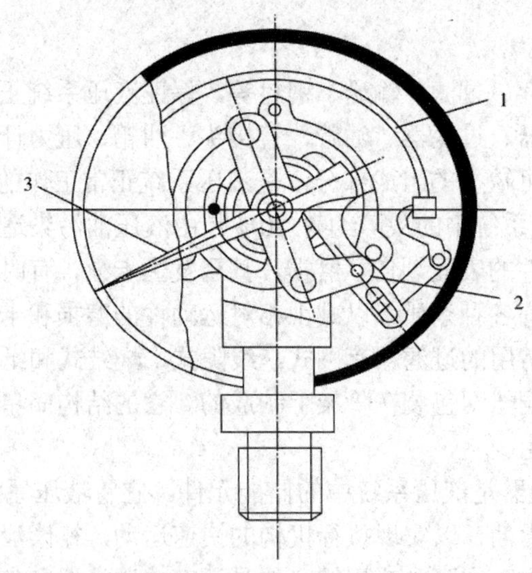

图 5-1-30　压力计

1-弹簧弯管；2-扇齿杠杆；3-指针

压力计开关用于切断或接通压力计和油路的通道。压力计开关的通道很小，有阻尼作用，测压时可减轻压力计的剧烈跳动，防止压力计损坏。在不需要测压时，用它切断油路，也可保护压力计。压力计开关按其所能测量的测点数目分为一点、三点和六点三种。多点压力计开关，可使一个压力计分别和几个被测油路接通，以测量几部分油路的压力。

（4）油箱。油箱主要用来储存液压油，还可以散热、分离油液中的空气和杂质。

根据油箱的液面与大气是否相通，分为开式油箱和闭式油箱。开式油箱应用广泛，油箱的油面与大气相通。

如图 5-1-31，油箱用钢板焊接而成。为便于清洗，上盖板一般是可以拆开的，底板有适当的倾斜度，以利于排油。油箱底部应有底脚，使底板与地面间有一定的距离，以便通风散热 设上下隔板将吸油和回油区分开，为使油液循环流动，以利于散热和沉淀杂质，下隔板的高度应为箱内最低液面高度的 3/4 左右，它的底部开有若干孔道，便于清洗油箱。吸油管的管口离油箱底部的距离不应小于管径的二倍，防止将沉淀在箱底的污物吸入 也不宜太大，以免将液面上的泡沫吸入或生成漩涡而吸入空气。同时，管口应切成 45°斜面，并面向油箱侧壁，这样可以增加吸油口的面积、加大油液在油箱中的流程。过滤器通常为粗滤器，以减小吸油阻力。回油管应插入液面下，以免回油冲击液面产生气泡，管口也应切成 45°斜面，并面向油箱侧壁，加大流程，以提高散热效率，使污物充分沉淀。此外，油箱输油口应安装空气滤清器，防止空气中杂质进入油箱，油标设在油箱的壁板上，油箱内壁应进行防锈处理。

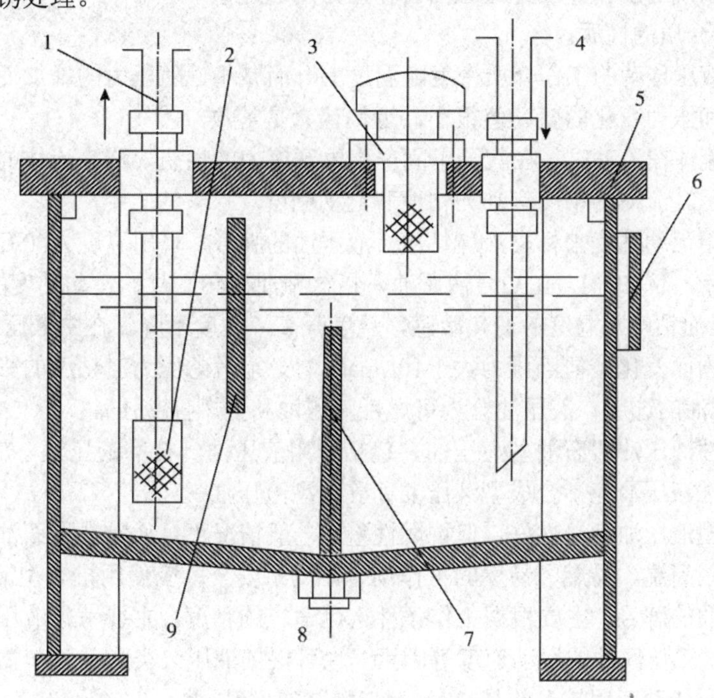

图 5-1-31 开式油箱结构简图

1-油管；2-滤清器；3-空气滤清器；4-回油管；5-上盖；

6-油位指示器；7-下隔板；8-放油阀；9-上隔板

（5）油管、管接头。油管是液压传动系统中油液的流动通道。常用的油管有铜管、紫铜管、塑料管、尼龙管和橡胶软管等，需根据系统的工作压力及其安装位置正确选用。在装配液压系统时，油管的弯曲半径一般应为管道半径的3～5倍。

液压传动系统中的吸油管路和回油管路一般使用焊接钢管，也可使用橡胶和塑料软管。控制油路中的流量小时，多用小直径铜管，必要时可采用承受40MPa的高压软管。

液压系统中的油液泄漏多发生在管路的连接处。管接头是油管与油管、油管与液压元件间的连接件。因此，管接头的作用是十分重要的。常用的管接头有以下几种：

- 焊接管接头：高压管路应用较多的一种管接头，适用于连接管壁较厚的钢管，工作压力小于32 MPa；
- 卡套管接头：卡套管接头的工作压力可达 32MPa，常用于高压系统中；
- 扩口管接头：适用于紫铜管、薄壁钢管、尼龙管及塑料管等中、低压管件的连接，工作压力小于8 MPa；
- 胶管接头：有可拆式和扣压式两种连接形式，可用于工作压力在6～10MPa的液压系统中；
- 快速接头：这种管路接头结构复杂，压力损失大，无需装拆工具，适用于经常装拆处。

5. 工作介质

液压传动系统的工作介质是液压油，作用是传递能量。

（1）工作介质的性质。

①密度：液压传动的工作介质密度随温度上升而减小，随压力的增加而增大。液压油的密度随温度和压力变化的变动值很小，近似认为是常数。

②粘性：流体在流动时，在其分子间产生内摩擦力的性质，称为流体的粘性，粘性的大小用粘度表示。流体的粘度有动力粘度和运动粘度。

习惯上常用运动粘度来标志液体粘度。液压油的牌号，采用温度为40℃时的运动粘度的平均值来表示。例如，L-HL32号液压油，指这种油在40℃时的运动粘度的平均值为32mm^2/s。液压油粘度对温度的变化敏感，温度升高，粘度下降。在中低压时液压油粘度可看作不随压力而变化，但当压力大于10Mpa时，必须考虑压力对粘度的影响。

（2）液压油的选用。液压油分为可燃性液压油和抗燃性液压油。

- 可燃性液压油即石油型液压油，包括通用液压油、抗磨液压油、低温液压油等。
- 抗燃性液压油包括合成型液压油和乳化型液压油。
- 石油型液压油润滑性好，但抗燃性差。一般情况下，通常选用石油型液压油。但在一些高温、易燃、易爆的工作场合，为了安全，应使用抗燃型液压油。

选择液压油的牌号，主要根据工作条件选用适宜的粘度。主要考虑液压系统的工作压力、环境温度、工作部件的运动速度等因素，也可根据液压泵类型及工作情况选择液压油粘度。通常液压传动应用较多的是32号、46号或68号液压油。

三、液压系统基本回路

所谓基本回路是指系统中起某一作用或控制某一参数，由部分元件和管路构成的单元回路。任何液压系统，无论它所要完成的动作多么复杂，都是由一些基本回路组成的。

液压基本回路按功能可分为：方向控制回路、压力控制回路和速度控制回路。

1. 方向控制回路

在液压系统中，控制执行元件的起动、停止及换向的回路，称为方向控制回路。方向控制回路是利用控制液压系统各油路中油流的通、断及改变油流方向来实现的。

（1）换向回路。换向回路的作用是改变执行元件的方向，可由换向阀来实现。

用换向阀控制的换向回路

- 用二位四通换向阀控制的换向回路（见图5-1-32）当换向阀的电磁铁处于断电状态(换向阀处于图中所示位置)时，液压泵输出的油液经换向阀左位进入液压缸左腔推动活塞右移，右腔油液经换向阀回油口流回油箱 当电磁铁通电时换向阀右位接入系统，液压泵输出的油液进入液压缸右腔，推动活塞左移，左腔油液经换向阀回油口流回油箱。
- 用二位三通换向阅控制的换向回路（见图5-1-33）换向阀处于左位时，油液进入液压缸左腔，活塞在油压作用下向右运动;换向阀处于右位时，左腔中的油液经换向阀回油口流回油箱，活塞靠弹簧力返回（弹簧力大于活塞返程时的摩擦力)。这种换向回路是利用换向阀的电磁铁通电或断电来控制液压缸中活塞的移动方向。

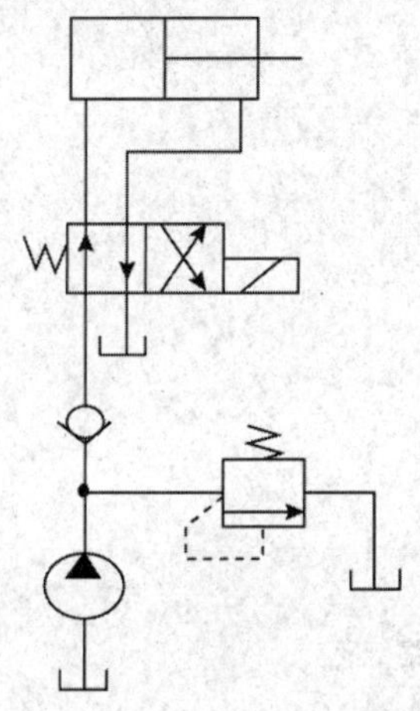

图 5-1-32　二位四通换向阀控制的换向回路

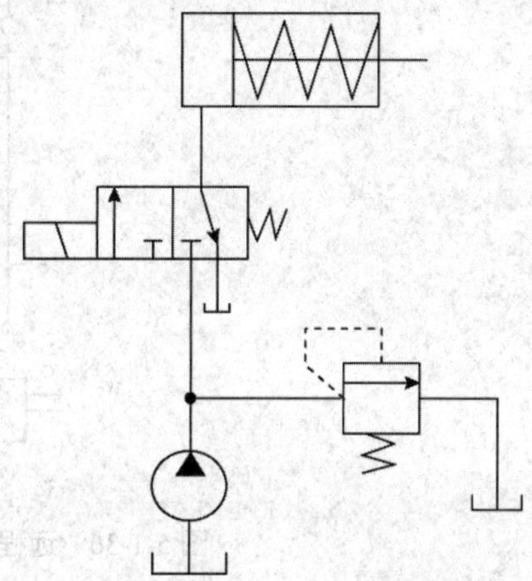

图 5-1-33　二位三通换向阀控制的换向回路

（2）锁紧回路。锁紧回路是指通过回路的控制使执行元件在运动过程中的任意位置上停留，停留后即使在外力作用下也不会改变位置。常用的锁紧回路有换向阀锁紧回路和平衡阀锁紧回路。

①换向阀锁紧回路。图 5-1-34 是用单向阀将液压缸单向锁紧的单向锁紧回路。图示状态活塞只能向右运动，向左运动由单向阀锁紧。换向阀换向后，活塞可向左运动，向右则被锁紧。

图5-1-35是三位四通O形中位机能换向阀控制的锁紧回路。当阀芯处于中间位置，液压缸的两个油口被封闭。由于液压缸两腔都充满了油液，且油液不可压缩，所以向左或向右的外力都不能使活塞移动，活塞双向锁紧。

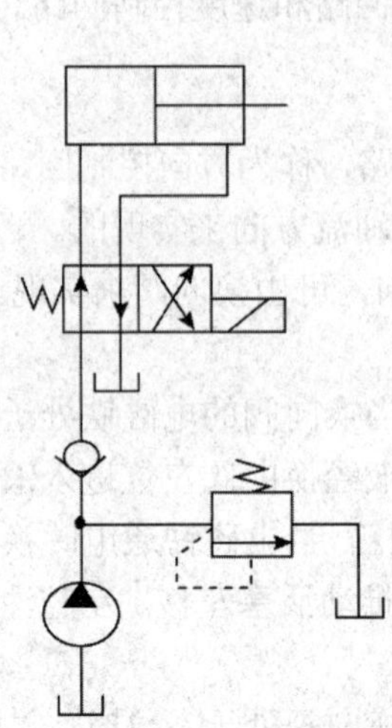

图 5-1-34　单向锁紧回路

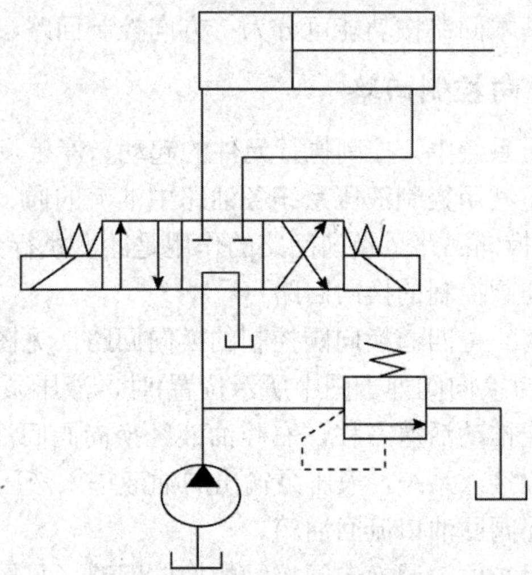

图 5-1-35　中位机能为 O 形的换向阀控制的锁紧回路

②平衡阀锁紧回路。当执行元件带动垂直运动的重物时，为防止重物突然加速下落的危险，需要采用锁紧回路。图 5-1-36 所示为远程控制平衡阀的锁紧回路。

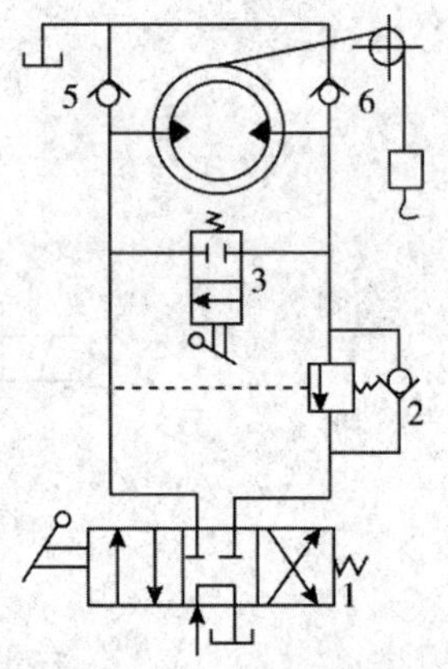

图 5-1-36　远程控制平衡阀的锁紧回路

1-换向阀；2，5，6-止回阀；3-阀；4-液压马达；7-重物

它在重物下降的回油路上装接一个止回平衡阀。提升重物时，换向阀右位接入油路，压力油通过止回平衡阀中的止回阀进入液压马达右腔。重物下降时，换向阀左位接入油路，压力油进入液压马达左腔并建立一定压力。当该压力达到顺序阀的调定压力时，使重物按控制速度下降。当换向阀处于中位时，由于液压马达左腔不通压力油，液压马达右腔油路被平衡阀锁紧，所以重物被锁紧在任意位置。

由上述分析可知，该回路具有限速和锁紧双重作用。当重物下降时起限速作用，当重物在中途停顿时起锁紧作用。这种回路广泛应用于液压起重机、液压挖掘机等液压系统中。

2. 速度控制回路

速度控制回路是调节和控制液压执行元件运动速度的回路。包括调速回路、快速运动回路和速度换接回路。按调速方式不同可分为节流调速和容积调速两大类。

节流调速回路是通过改变通流面积的大小，调节进入执行元件的流量，从而改变执行元件运动速度的基本回路。这种回路适用于定量泵的液压系统。根据节流阀在回路中安装位置不同，节流调速回路分为以下三种基本形式。

（1）进油节流调速回路。如图 5-1-37a 所示，定量泵的供油压力由溢流阀调定，单向节流阀安装在液压缸的进油路上。液压泵输出的压力油经节流阀进入液压缸，调节节流阀开口的大小即可调节进入液压缸的流量，从而调节液压缸的工作速度。但只有活塞杆外伸时速度可调，反向不可调。若将单向阀省去，节流阀安装在液压泵和换向阀之间，那么液压缸可双向调速。由于液压缸的运动速度随外载荷的变化而变化，故此进油节流调速回路不能保证液压缸运动速度的平稳性。

（2）回油节流调速回路 如图 5-1-37b 所示，单向节流阀安装在回油路上，用流量控制阀来调节从液压缸流出的流量，从而可以限制进入液压缸的流量变化。调节节流阀开口的大小，同样可调节液压缸的运动速度。来自液压泵的供油流量中，除液压缸所需流量外，多余的流量经溢流阀返回油箱。所以和进油节流调速回路一样，液压泵始终在溢流阀的设定压力下工作。活塞杆外伸时速度可调，反向时速度不可调。若将单向阀省去，将节流阀安装在换向阀的回油路上，则可实现双向调速。

（3）旁路节流阀调速回路。如图 5-1-37c 所示，在液压泵与液压缸之间设置旁通用的流量控制阀，即节流阀安装在分支油路中，与液压缸并联。泵输出的压力油分成两路：一路进入液压缸，另一路经旁通流量阀流回油箱。调节旁路上节流阀的流量即可改变经主油路进入液压缸的流量，从而达到调速目的。

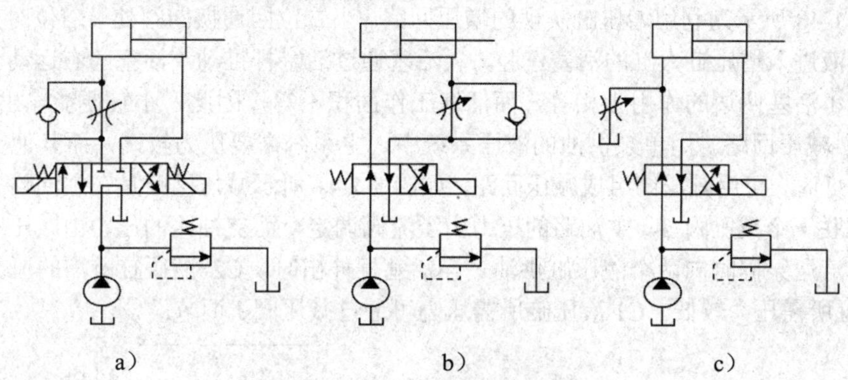

图 5-1-37　三种基本调速回路

3. 压力控制回路

压力控制回路是用压力控制阀在油路中调节系统的压力，以满足执行机构对压力的要求。常用的压力控制回路有调压回路、增压回路、减压回路和卸荷回路。

（1）调压回路。调压回路是指控制系统的工作压力，使其不超过预先调好的数值，或者使工作机构运动过程的各个阶段中具有不同的压力。

①单级调压回路：图 5-1-38 所示为单级调压回路。液压泵输出的油液由溢流阀调定其最大供油压力，以适应系统的负载并保护系统安全工作。这种回路功率损失小，在系统中应用十分广泛。

②多级调压回路：图 5-1-39 所示为三级调压回路。系统可以得到由三个溢流阀分别调

定的压力。当两电磁铁均不通电时，系统最高压力由先导型溢流阀调定 当 1YA 通电时，系统压力由溢流阀 2 调定。当 2YA 通电时，系统压力由溢流阀 3 调定。但在这种调压回路中，阀 2 和阀 3 的调定压力要满足 P2 小于 P1，P3 小于 P1，溢流阀 2 和溢流阀 3 之间的调定压力没有相关关系。

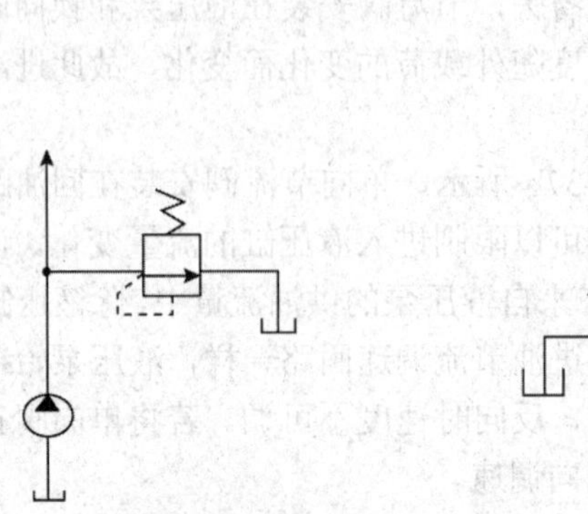

图 5-1-38　单级调压回路

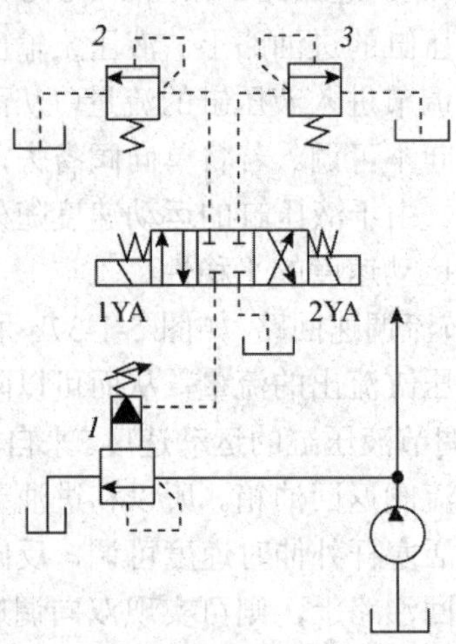

图 5-1-39　三级调压回路

（2）增压回路。增压回路是用来使系统局部工作压力大于液压泵的供油压力。增压回路中实现增压的主要元件是增压缸。

图 5-1-40 所示为利用增压缸实现的增压回路。当二位四通换向阀处于右位时，液压泵出口的油液进入增压缸大缸的活塞左腔，大活塞通过活塞杆推动小活塞向右运动。由于在大活塞和小活塞两边的作用力相等，而活塞工作面积不等，因此，小缸便能输出高压油。

（3）减压回路。用单泵供油的液压系统中，主系统需要压力较高，而其他支系统需要压力较低时，可用减压阀组成减压回路，如图 5-1-41 所示减压回路是在主油路并联的支油路上串联一个减压阀 J，主油路的压力由溢流阀调定，而支油路的压力由减压阀调定。工作时，液压泵同时向两个液压缸供油，当活塞杆伸出时，C2 液压缸所需的压力较高，C1 液压缸所需压力较低。C1 液压缸所需压力可通过减压阀 J 调节。

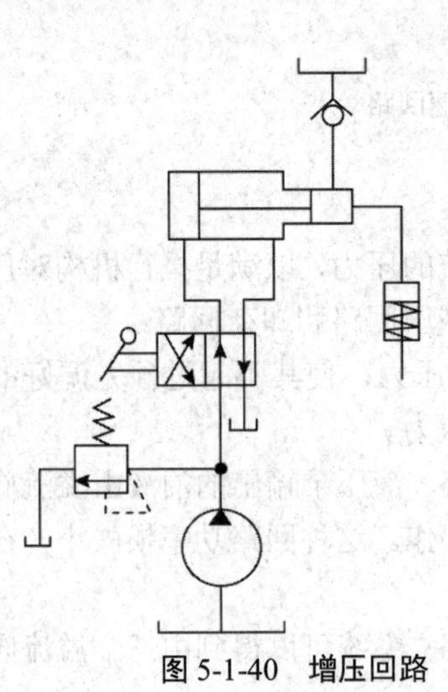

图 5-1-40　增压回路

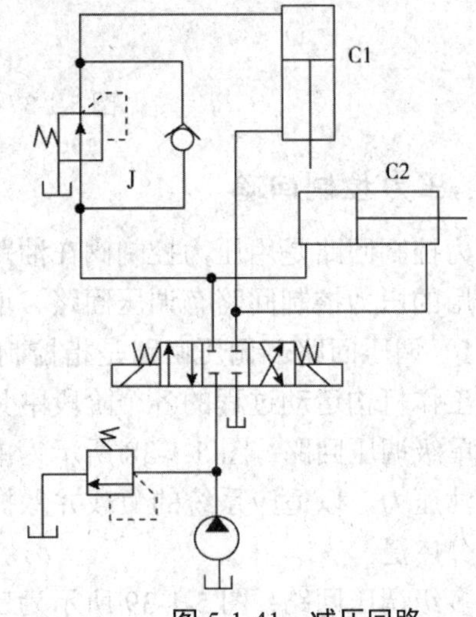

图 5-1-41　减压回路

任务二　气压传动

【知识目标】

- 理解气压传动相关概念；
- 掌握气压传动的工作原理；
- 能够正确判断气压系统的类型。

【知识点】

- 气压传动概念和工作原理；
- 气压传动元件。

【相关链接】

气压传动是以压缩空气为工作介质进行能量传递和信号传递的一门技术。气动技术目前发展很快，广泛应用于机械、电子、轻工、纺织、食品、医药、航空、交通等行业。上图为机车制动空压机。空压机将电机输出的机械能转换为空气的压力能，在控制元件的作用下，通过执行元件把压力能转化为机械能，并对外做功。

【知识拓展】

一、气压传动概述

气压传动的工作原理是利用空气压缩机使空气介质产生压力能，在控制元件的控制下，将气体压力能传输给执行元件，控制执行元件（气缸或气马达）完成直线运动和旋转运动。为了正确掌握气压传动的相关知识，必须首先了解气压传动的工作原理。

1. 气压传动工作原理

下面以气动剪切机为例，分析气压传动的工作原理。气动剪切机的结构及工作原理如图5-2-1所示。

图 5-2-1a 为剪切前的预备状态。空气压缩机 1 产生的压缩空气经过初次净化（冷却器 2、油水分离器 3）后贮藏在贮气罐 4，再经过气动三大件（空气过滤器 5、减压阀 6、油雾器 7）及气控换向阀 9 进入气缸 10。此时，气控换向阀 9 的 A 腔的压缩空气将阀芯推到上位，使气缸上腔充压，活塞处于下位，剪切机的剪口张开，处于预备工作状态。

当送料机构将工料 11 送入剪切机并到达规定位置时，工料将行程阀 8 的阀芯向右推动，气控换向阀 9 的阀芯在弹簧的作用下移动到下位，将气缸上腔与大气连通，下腔与压缩空气连通。此时活塞带动剪刀快速向上运动将工料切下。工料被切下后，即与行程阀 8 脱开，行程阀的阀芯在弹簧作用下复位，将排气口封死，气控换向阀 9 的 A 腔压力上升，阀芯上移，使气路换向。气缸上腔进入压缩空气，下腔排气，活塞带动剪刀向下运动，系统又恢复到图示的预备状态，等待第二次进料剪切。气压传动用符号来表示工作原理如图 5-2-1b 所示。

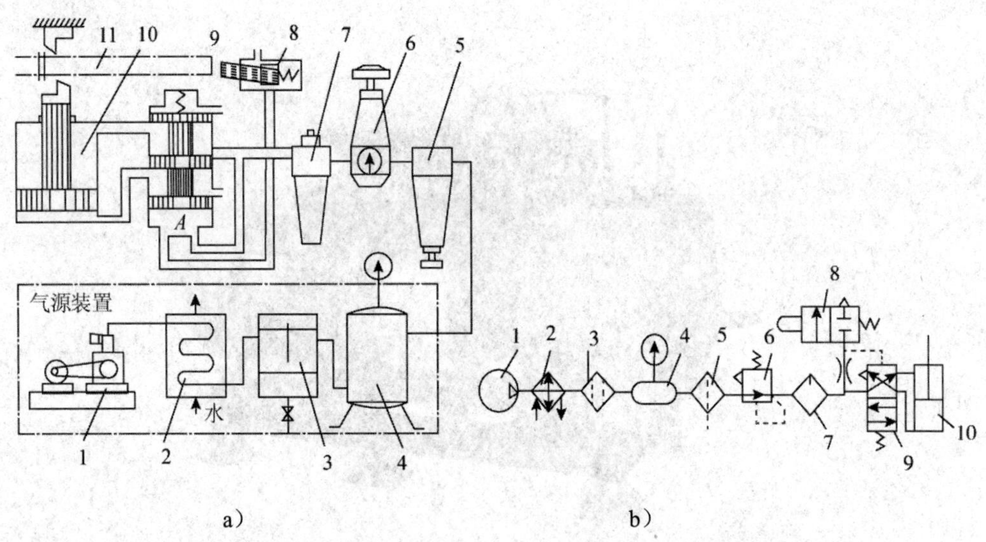

图 5-2-1　气压传动的工作原理

a）结构及工作原理图；b）图形符号表示的工作原理图

2. 气压传动特点

（1）气压传动的优点。

- 气压传动的工作介质是空气，排放方便，不污染环境，经济性好；
- 空气的黏度小，便于远距离输送，能源损失小；
- 气压传动反应快，维护简单，不存在介质维护及补充问题；
- 蓄能方便，可用储气筒储气获得气压能；
- 工作环境适应性好，允许工作温度范围宽；
- 有过载保护作用。

（2）气压传动的缺点。

- 由于空气具有可压缩性，因此工作速度稳定性较差；
- 工作压力低，气动传动装置总输出力较小；
- 工作介质无润滑性能，需设润滑辅助元件；
- 噪声大。

3. 气压传动应用

液压传动广泛应用在机械加工生产线上工件的装夹及搬送，铸造生产线上的造型、捣固、合箱等。铁路车辆刹车装置和车门开闭装置也采用了气动传动。

二、气压传动系统的组成

气压传动系统

气压传动系统由以下四部分组成：

（1）能源元件：能源元件是使空气压缩并产生压力能，为各类气动设备提供动力的装置，例如空气压缩机。

（2）控制元件：控制元件是用来控制压缩空气的压力、流量、流动方向及执行元件工作顺序的元件，例如压力阀、流量阀、方向阀、逻辑元件和行程阀等。

（3）执行元件：执行元件是把气体的压力能转换为机械功的一种装置，例如气缸、气马达等。

（4）辅助元件：辅助元件是使空气净化、润滑、消声及用于元件间连接的元件，例如过滤器、油雾器、消声器及管件等。

三、气动元件

1. 气源装置及辅助元件

驱动各种气动设备进行工作的动力是由气源装置提供的，气源装置的主要任务是向气动系统提供干燥、洁净的压缩空气。其主体是空气压缩机，空气压缩机生产的压缩空气温度高、含杂质多，不能直接使用，必须经过降温、除尘、除油、过滤等一系列处理才能用于气压系统。因此气源装置也包括气源净化装置。

（1）空气压缩机。空气压缩机是将机械能转换成气体压力能的装置，即产生压缩空气的装置。

①空气压缩机的分类。空气压缩机种类很多，按工作原理分为容积式空气压缩机和速度式空气压缩机 按润滑方式分为油润滑空气压缩机和无油润滑空气压缩机；按输出压力分为低压空气压缩机、中压空气压缩机、高压空气压缩机和超高压空气压缩机。

在气压传动系统中，一般多采用容积式空气压缩机 容积式空气压缩机是指通过运动部件的位移，使一定容积的气体顺序地吸入和排出封闭空间，以提高静压力的压缩机。按结构又分为往复式和回转式两种，常见的是油润滑的活塞式低压空气压缩机，其产生的压缩空气的压力通常小于 1MPa。

②空气压缩机的工作原理。图 5-2-2 为活塞式空气压缩机的工作原理图。曲柄作回转运动，通过连杆、滑块在滑道内移动，带动活塞杆，使活塞在在气缸内作直线往复运动。

当活塞向右运动时，气缸左腔容积增大而形成局部真空，吸气阀打开，空气在大气压作用下由吸气阀进入气缸左腔内，此过程称为吸气过程；当活塞向左运动时，吸气阀关闭，随着活塞的左移，压缩空气进入上部排气管内，此过程为排气过程。气缸活塞不断作循环往复运动，不断产生并向系统提供具有一定压力的压缩空气。

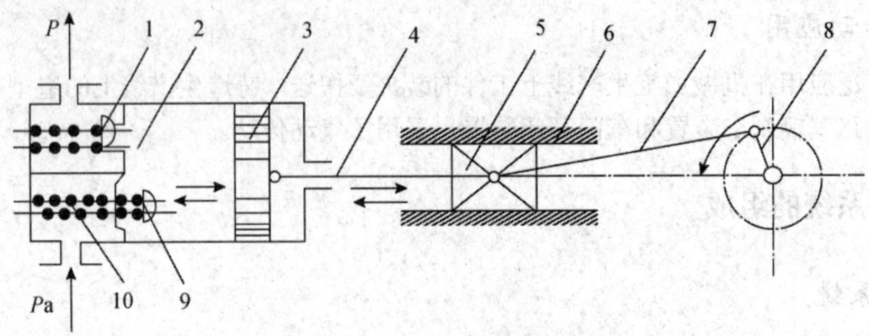

图 5-2-2　活塞式空气压缩机工作原理图

1-排气阀；2-气缸；3-活塞；4-活塞杆；5-滑块

6-滑道；7-连杆；8-曲柄；5-吸气阀；10-弹簧

（2）气源净化装置。在气压传动系统中设置除油、除水、除尘和干燥等气源净化装置，对保证气动系统正常工作是十分必要的。在某些特殊场合，压缩空气必须经过多次净化后才能使用。

几种常见的气源净化装置。

①后冷却器。后冷却器一般安装在空气压缩机的出口管路上，它的作用是将空气压缩机排出的压缩空气温度由 140～170℃降至 40～50℃，使压缩空气中的油雾和水汽达到饱和，大部分析出并凝结成油滴和水滴，以便经油水分离器排出，达到初步净化空气的目的。

图 5-2-3 所示为蛇管式后冷却器结构形式和图形符号。

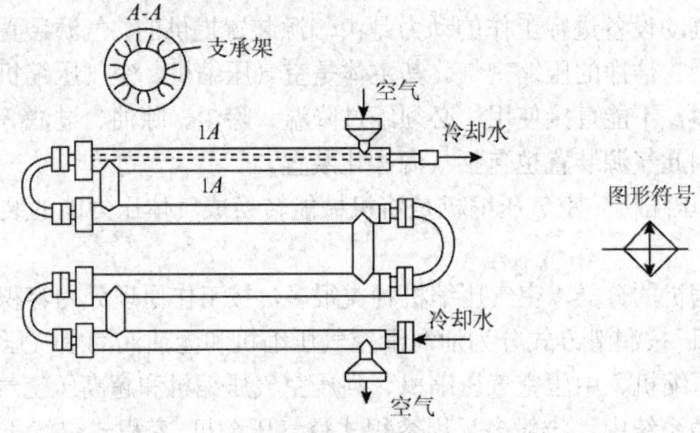

图 5-2-3　蛇管式后冷却器及图形符号

蛇管式后冷却器采用高温压缩空气在管内流动，冷却水从管外流动以进行冷却，安装时应注意冷却水和压缩空气的流动方向。

②油水分离器。油水分离器的作用是将经后冷却器降温凝结的水滴、油滴等杂质从压缩空气中分离出来。图 5-2-4 所示为油水分离器及其图形符号。压缩空气从

入口进入分离器壳体，气流受隔板的阻挡被撞击折向下方，产生环形回转上升，油滴、水滴等杂质由于惯性力和离心力的作用沉降于壳体的底部，由排污阀定期排出。

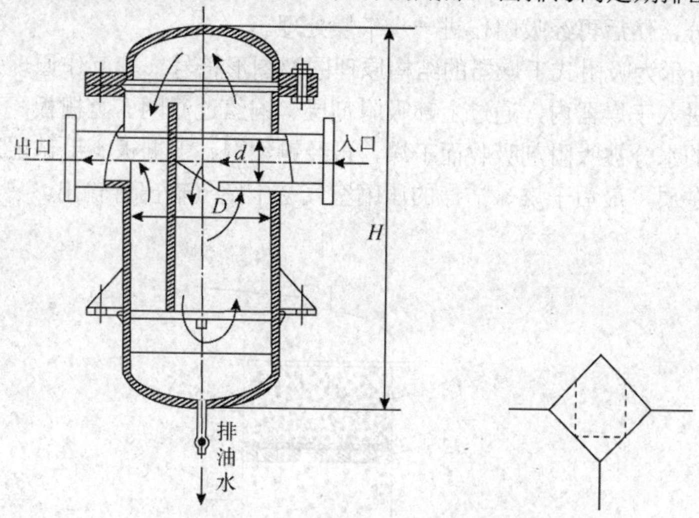

图 5-2-4　油水分离器及其图形符号

③储气罐。储气罐是气压传动系统中重要的辅助装置，它的作用是消除压力波动，保证供气的连续性、稳定性，储存一定数量的压缩空气，以备发生故障或临时需要应急使用，进一步分离压缩空气中的油、水及粉尘等杂质。储气罐一般采用焊接结构，立式储气罐的高度一般为内径的 2～3 倍。安装时应使进气管在下，出气管在上，并尽可能加大两管口的间距，以利充分分离空气中的杂质。图 5-2-5 所示为立式储气罐。

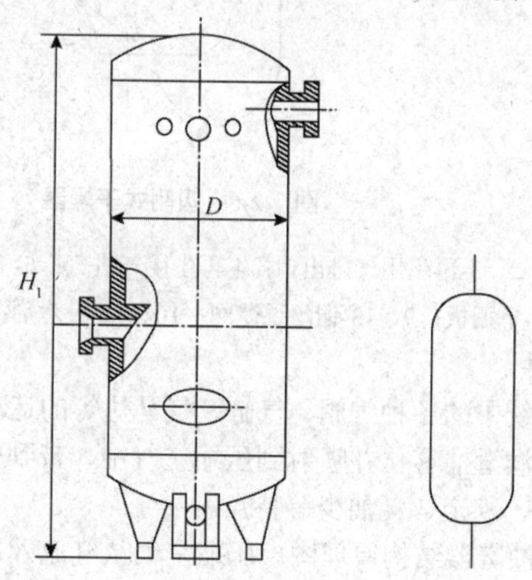

图 5-2-5　立式储气罐及其图形符号

④干燥器。经过后冷却器、油水分离器和储气罐后得到初步净化的压缩空气，基本上可以满足一般气压传动的需要，但对于精密的气动装置和气动仪表用气，还需经过进一步的干燥处理后才能使用。

常用的干燥方法有吸附法和冷冻法。吸附法是利用具有吸附性能的吸附剂(如硅胶、铝胶或分子筛)来吸附压缩空气中水分，使其达到干燥的目的。冷冻法是利用制冷设备使空气冷却到一定的露点温度，析出空气中所含的多余水分，从而达到所需要的干燥度。为提高干燥效果，可将上述方法结合使用，先将压缩空气经制冷设备冷却到 5～10℃，除去其中所含的大量水分，然后再经吸附作进一步干燥处理。

图 5-2-6 所示为吸附式干燥器的结构原理图及图形符号。其工作原理是：压缩空气由湿空气进气管进入干燥器内，通过上部吸附剂层、铜丝过滤网、上栅板、下部吸附剂层之后，湿空气中的水分被吸附剂吸收而干燥，再经铜丝网、下栅板、毛毡层过滤空气中的灰尘和其他固体杂质，最后干燥、洁净的压缩空气从干空气输出管输出。

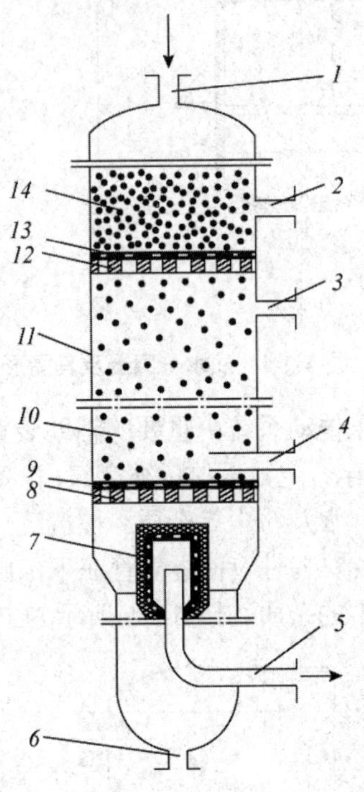

图 5-2-6　吸附式干燥器

1-湿空气进气管；2、3-再生用气排出口；4-再生用气进气；5-干空气输出管；6-排水管；7-过滤网；8-下栅板；9、13-铜丝过滤网；10、14-吸附剂；11-壳体：12-上栅板

（3）气动辅助元件

①油雾器。气动系统中的各种气阀、气缸、气马达等的运动部分需要润滑，油雾器是以压缩空气为动力，将润滑油雾化并喷射到压缩空气中，带到需要润滑的部位。用这种方法加油，具有润滑均匀、稳定、耗油少等特点。

如图 5-2-7 所示为油雾器结构原理图。压缩空气从气流入口 1 进入，一部分由小孔 2 通过单向阀 10 进入储油杯 5 的上腔 A。油面受压缩空气的作用，使油液从吸油管 11 上升，顶开节流阀 7 滴入喷嘴小孔 3 中，由主管道通过的气流从小孔 3 把油引射出来，油滴被高速气流打碎雾化，并随气流由出口 4 输出，送入气动系统。

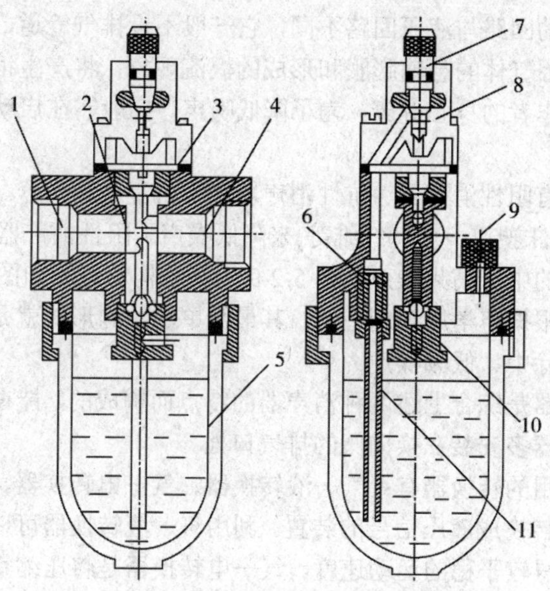

图 5-2-7　油雾器结构原理图及图形符号

1-气流进口；2、3-小孔；4-出口；5-储油杯；6-止回阀；

7-节流阀；8-视油；9-旋塞；10-单向阀；11-吸油管

②过滤器。过滤器的作用是滤除压缩空气中的杂质，达到气压系统所要求的净化程度。常用的过滤器有：一次过滤器、二次过滤器和高效过滤器。

图 5-2-8 所示为空气过滤器结构。气流由切线方向进入筒内，碰上壁面，在惯性作用下，分离出液滴，然后气体由下向上通过多孔钢板、毛毡、硅胶、焦炭、滤网的过滤吸附材料，最后从筒顶流出。

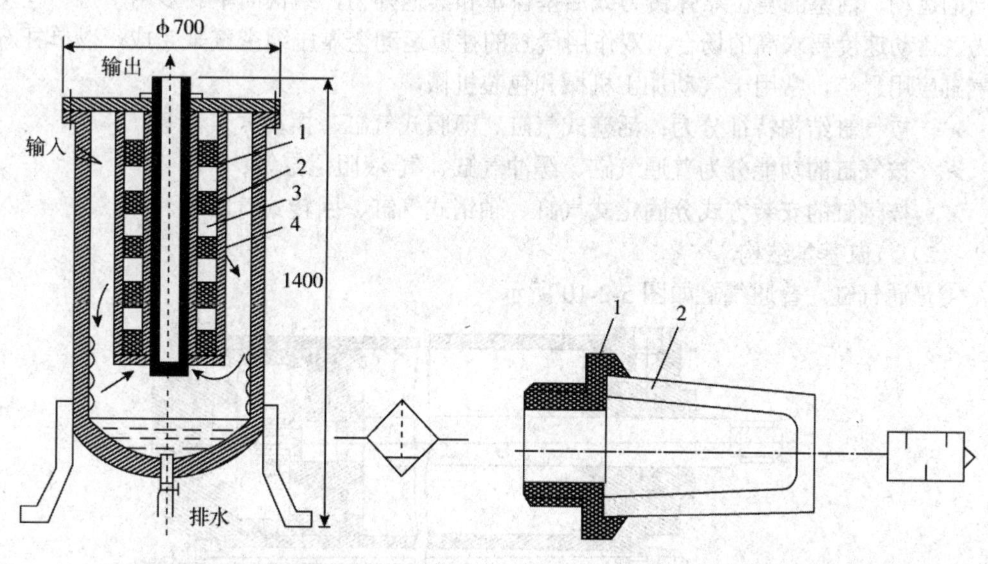

图 5-2-8　空气过滤器及图形符号

图 5-2-9　阻性消声器

1-连接螺钉；2-消声罩

③消声器。气动回路与液压回路不同，它一般不设排气管道，气缸、气阀等排出的废气直接排入大气，因气体的急速膨胀和形成的涡流现象，将产生很大的排气噪声，使工作环境恶化，危害操作者的身心健康。为了降低噪声，一般需在启动系统的排气口安装消声器。

常用的消声器有阻性消声器、抗性消声器和阻抗复合消声器。阻性消声器主要是利用吸音材料(毛毡、泡沫塑料、玻璃纤维等)来降低噪声。阻性消声器结构简单，可以排除气压传动系统中主要的中、高频噪声。图 5-2-9 为其结构示意图和图形符号。

抗性消声器是根据声学原理制造的，其最简单的结构形式就是一段管件。它的特点是排气阻力小，可消除中、低频噪声。

阻抗复合消声器是综合上述两种消声器的特点而构成的，能在很宽的频率范围内起消声作用。一般消声器多安装在换向阀的排气口处。

④转换器。常用的转换器有：气—液转换器、气—电转换器、电—气转换器。气—液转换器是将气信号转换成液压信号的装置。利用气—液转换器可以将气缸的运动转换成液压缸的运动，以获得较平稳的运动速度。气—电转换器是将压缩空气的气信号转变成电信号的装置，即用气信号(气体压力)接通或断开电路的装置。电—气转换器的作用与气—电转换器的作用相反，它是将电信号转换成气信号的装置。

2. 气动执行元件

气动执行元件是以压缩空气为动力，将气体的压力能转化为机械能的元件。气动执行元件主要包括气缸和气动马达。

（1）气缸。气缸是气动系统中使用最多的一种执行元件。根据使用条件不同，其结构、形状有多种形式。

按压缩空气作用在活塞端面的方向分单作用气缸和双作用气缸。单作用气缸只有一个方向的运动，活塞的复位靠弹簧力或活塞自重和其他外力，结构简单。多用于短行程及对推力、运动速度要求高的场合。双作用气缸的往返运动全靠压缩空气来完成，以单杆双作用气缸应用最广，常用于气动加工机械和包装机械。

- 按气缸结构特征分为：活塞式气缸、薄膜式气缸、摆动式气缸等；
- 按气缸的功能分为普通气缸、缓冲气缸、气-液阻尼缸等；
- 按气缸的安装方式分固定式气缸、轴销式气缸、回转式气缸等。

（2）气缸基本结构

①普通气缸。普通气缸如图 5-2-10 所示。

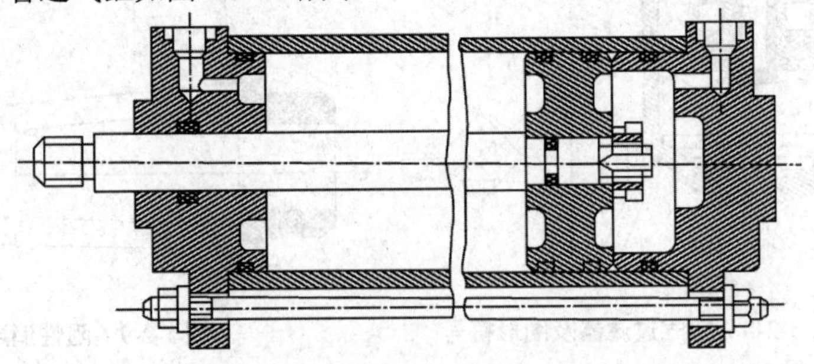

图 5-2-10　普通气缸

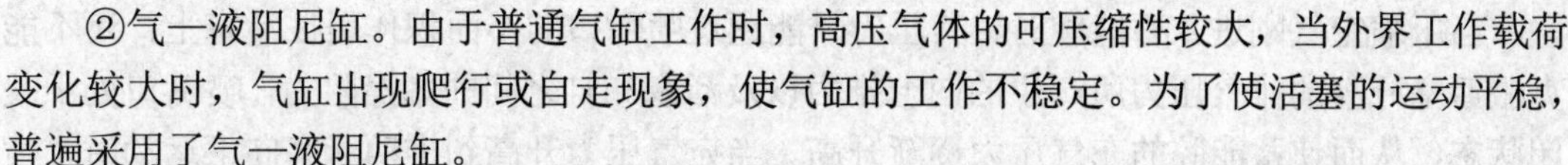

②气—液阻尼缸。由于普通气缸工作时，高压气体的可压缩性较大，当外界工作载荷变化较大时，气缸出现爬行或自走现象，使气缸的工作不稳定。为了使活塞的运动平稳，普遍采用了气—液阻尼缸。

气—液阻尼缸是气缸和液压缸组合而成，以压缩空气为能源，以液压油作为控制调节气缸运动速度的介质，利用液体的不可压缩性控制液体排量，调节活塞的运动速度，获得活塞的平稳运动。

③薄膜式气缸。如图 5-2-11 所示，薄膜式气缸是一种利用压缩空气通过膜片变形来推动活塞杆作直线运动的气缸。它由缸体、膜片、膜盘和活塞杆等主要零件组成，分为单作用式和双作用式两种。

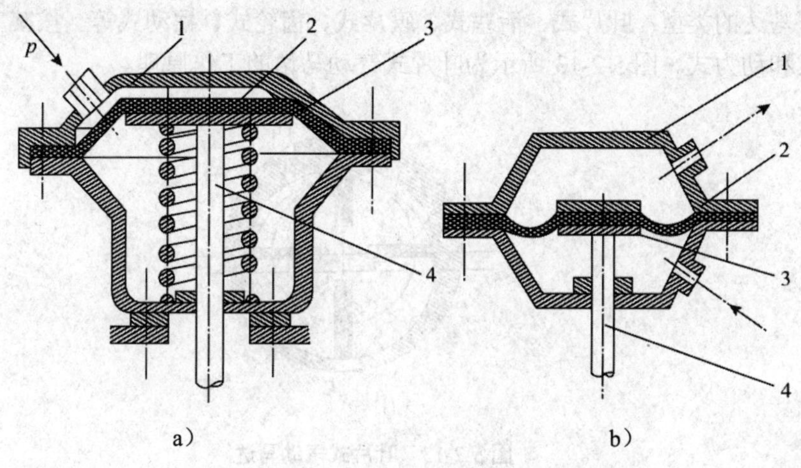

图 5-2-11　薄膜式气缸

a）单作用式薄膜式气缸；b）双作用式薄膜式气缸

1-缸体；2-膜片；3-膜盘；4-活塞杆

④冲击气缸。如图 5-2-12 所示，冲击气缸是将压缩空气的能量转化为活塞高速运动能量的一种气缸，能完成下料、冲孔、镦粗、打印、铆接、弯曲、破碎、模锻等多种作业。

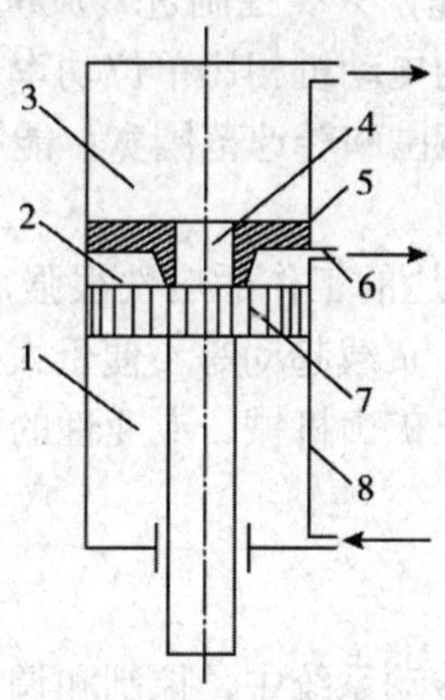

图 5-2-12　普通型冲击气缸结构简图

1-活塞杆腔；2-活塞腔；3-蓄能腔；4-喷嘴口；5-中盖；6-泄气口；7-活塞；8-缸体

当压缩空气刚进入蓄能腔时，其压力只能通过喷嘴口的小面积作用在活塞上，还不能克服活塞杆腔的排气压力所产生的向上推力以及活塞和缸之间的摩擦阻力，喷嘴口处于关闭状态，从而使蓄能腔的充气压力逐渐升高。当充气压力升高到推动活塞向下运动时，喷嘴口打开。此时蓄能腔的压缩空气经过喷嘴口突然以声速作用于活塞顶面，高速气流进入活塞腔进一步膨胀并产生冲击波，其阵面压力高达气源压力的几倍甚至几十倍，这给活塞一个很大的向下推力，此时活塞杆腔的压力很低，所以活塞在很大压差的作用下迅速加速，在很短的时间内，以极高的速度冲下，从而获得巨大的动能。

（3）气动马达。气动马达的作用原理：气动马达是将压缩空气的压力能转换成旋转运动的机械能的装置。它输出转矩，驱动执行机构作旋转运动。

气压马达的类型：叶片式、活塞式、膜片式、齿轮式、摆动式等。按其工作原理可分为容积式和动力式。图 5-2-13 所示为叶片式气动马达的工作原理。

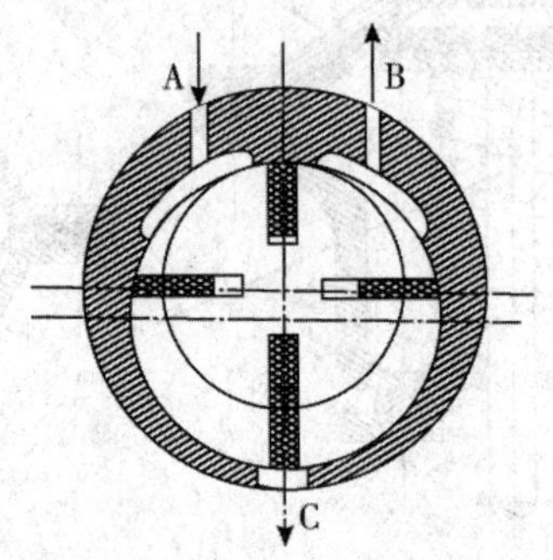

图 5-2-13　叶片式气动马达

压缩空气由 A 孔输入，一小部分经定子两端的密封盖的槽进入叶片底部，将叶片推出，使叶片贴紧在定子内壁上大部分压缩空气进入相应的密封空间而作用在两个叶片上，由于两叶片伸出长度不等，产生了转矩差，使叶片与转子按逆时针方向旋转 作功后的气体由定子上的孔 B 排出。若改变压缩空气的输入方向，可改变转子的转向，输出力矩方向相反。

气动马达的特点：工作安全，适用于恶劣的环境，在易燃、易爆、高温潮湿的条件下都能正常工作。可实现无级调速，只要控制进气流量，就能调节气动马达的功率和转速；具有过载保护能力；与同功率的电动机相比单位功率尺寸小，重量轻；结构简单、操作方便、维修容易、成本低；功率范围和转速范围宽；能够实现正反转。速度稳定性差；耗气量大，效率低。

气动马达的应用：气动马达的工作适应性很强，可适用于无级调速、起动频繁、经常换向、高温潮湿、易燃易爆、负载起动等不便于人工操作及有过载可能的场合。

目前，气动马达主要应用于矿山机械、专业性的机械制造业、化工、炼钢、船舶、航空、工程机械等行业。

3. 气动控制元件

气动控制元件是指在气压传动系统中，控制和调节压缩空气的压力、流量、方向和发送信号的各类控制阀。气压传动中的控制阀按功能和用途可分为方向控制阀、压力控制阀和流量控制阀三大类。利用这些控制阀可以组成各种气动控制回路，使气动执行元件按照设计的程序正常工作。

（1）方向控制阀。方向控制阀是控制压缩空气的流动方向和通断，使执行元件换向。按阀内气流的流动方向不同分为单向型控制阀和换向型控制阀，按控制方式分为手动控制、气动控制、电动控制、电气控制等。

①单向型控制阀。

- 单向阀：单向阀是控制气体只能向一个方向流动而不能反向流动的阀。单向阀及图形符号如图 5-2-14 所示。

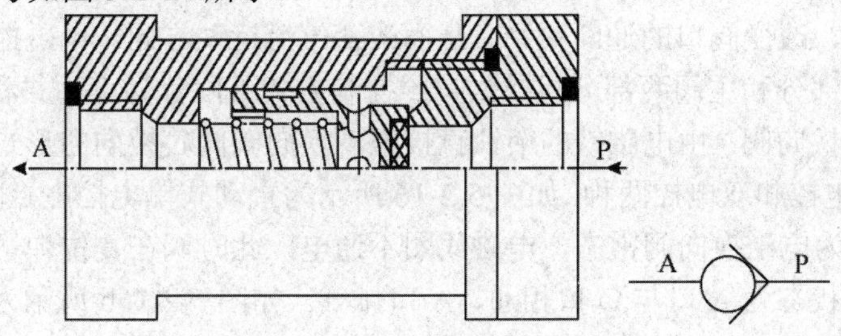

图 5-2-14　单向阀及图形符号

- 梭阀：梭阀相当于两个单向阀的组合，其作用相当于逻辑元件中的“或门”，又称为“或门型梭阀”。

如图 5-2-15 所示，当 P_1 或 P_2 有压缩空气输入时，A 口都有压缩空气输出，当 P_1 口进气时，推动阀芯右移，使 P_2 口不通，P_1 与 A 相通，压缩空气从 A 口输出；当 P_2 口进气时，推动阀芯左移，使 P_1 口不通，P_2 与 A 相通，压缩空气从 A 口输出；当 P_1 和 P_2 两边都有压缩空气，两边压力相等时，阀芯可停在左边或右边，这时要看压力加入的先后顺序而定，若两边压力不等，高压口一端的通路开放，低压口端的通路关闭。

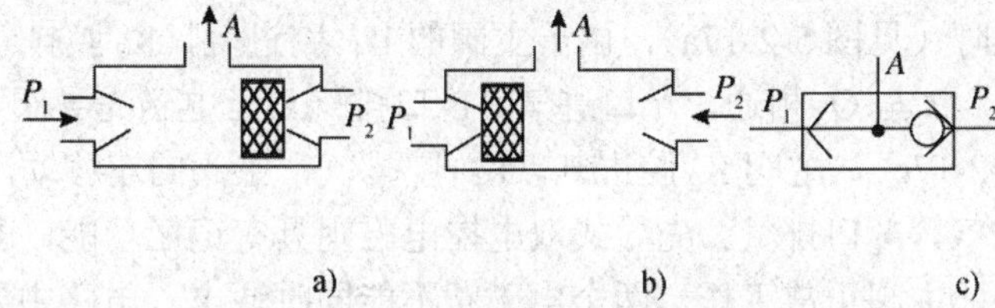

图 5-2-15　梭阀工作原理及图形符号

- 快速排气阀：快速排气阀又称快排阀，它是为加快气缸运动速度作快速排气的，一般安装在气缸的出口。通常气缸排气时，气体是从气缸出口经过管道再由换向阀的排气口排出。若气缸到换向阀的距离较长，换向阀的排气口较小时，排气时间长，气缸运动速度慢。若采用快速排气阀代替换向阀，则气缸中的气体可以直接由快速排气阀排入大气，加速气缸的运动速度。

②换向型控制阀。换向型控制阀又称为换向阀，它的作用是改变气体通道使气体流动方向发生变化，从而改变气动执行元件运动方向或启动、停止的方向控制元件。换向型控制阀包括气压控制换向阀、电磁控制换向阀、时间控制换向阀等。

- 气压控制换向阀。气压控制换向阀是利用压缩空气压力推动主阀阀芯运动，改变换向阀各口的通断关系，从而改变气流运动方向。按照控制方式不同可分为加压控制、卸压控制、差压控制、延时控制四种类型。气压控制换向阀常用于易燃、易爆、潮湿和粉尘多的工作场合。

加压控制是指所加的控制信号压力是逐渐上升的，当控制信号的气压增加到阀的切换动作压力时，改变阀口间的通断关系，主阀换向，从而改变流体的流动方向。卸压控制是指所加的气压控制信号的压力是减小的，当减小到某一压力值时，主阀换向。差压控制是使主阀阀芯在两端压力差的作用下换向。气压延时控制是一种带有时间信号元件的换向阀，由压缩气体容腔和一个单向节流阀组成时间信号元件，用它来控制主阀换向。

➢ 电磁控制换向阀。电磁控制换向阀是指在气压传动中，利用电磁力的作用推动阀芯移动，改变阀口的通断关系，从而改变气流运动方向。电磁控制换向阀由电磁铁控制部分和主阀两部分组成，按照控制方式不同分为直动式和先导式两种。

直动式电磁换向阀：由电磁铁的衔铁直接推动换向阀阀芯换向的形式称为直动式电磁换向阀，分为单电控和双电控两种。如图 5-2-16 所示为直动式单电控电磁阀的工作原理图。

图 5-2-16a 为电磁换向阀常态，电磁线圈不通电，此时阀在复位弹簧的作用下处于上端位置，其通路状态为 A 口与 O 口相通，A 口排气。如图 5-2-16b 所示为通电状态，电磁铁推动阀芯下移，气路换向，其通路状态为 P 口与 A 口相通，A 口进气。

直动式电磁换向阀的通径一般较小，常用于小流量控制的场合或作为先导式电磁气阀的电磁先导阀。

先导式电磁换向阀：当电磁阀通径较大时，用直动式结构所需的电磁铁体积和电力消耗都必然加大，为克服此弱点可采用先导式结构。由电磁铁首先控制气路，产生先导压力，再由先导压力去推动主阀阀芯使其换向，称之为先导式电磁阀。先导式电磁阀由电磁先导阀和主阀两部分组成，有先导式单电控电磁阀和先导式双电控电磁阀，便于实现电、气联合控制，应用广泛。

图 5-2-17 所示为先导式双电控换向阀的工作原理图。当电磁先导阀 1 的电磁铁通电、而先导阀 2 断电时（见图 5-2-17a），由于主阀的 K_1 腔进气，K_2 腔排气，主阀阀芯向右移动。此时 P 与 A、B 与 O_2 相通，A 口进气，B 口排气。当电磁先导阀 2 通电，而先导阀 1 断电时（见图 5-2-17b），主阀 K_2 腔进气，K_1 腔排气，主阀向左移动，此时 P 与 B、A 与 O_1 相通，B 口进气，A 口排气。先导式双电控电磁阀具有记忆功能，即通电换向，断电保持原状态。为保证主阀正常工作，两个电磁阀不能同时通电，电路中要考虑互锁。

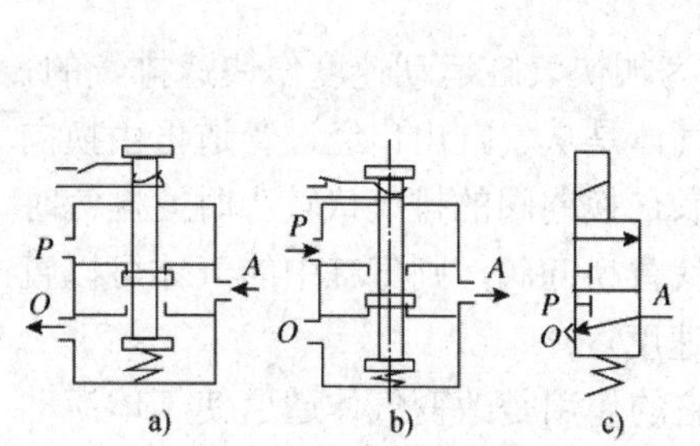

图 5-2-16　电控电磁阀

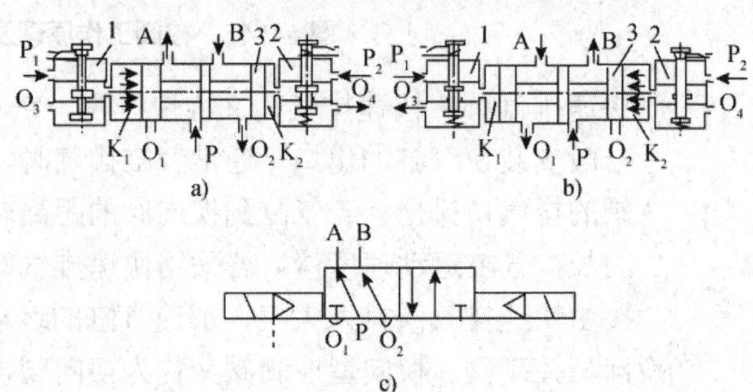

图 5-2-17　先导式双电控换向阀的工作原理图

➢ 时间控制换向阀

时间控制换向阀是使气流通过气阻（如小孔、缝隙）节流后到气容（储气空间）中，经一定时间气容内建立起一定压力后，再使阀芯换向的阀。时间控制换向阀包括延时换向阀和脉冲换向阀。

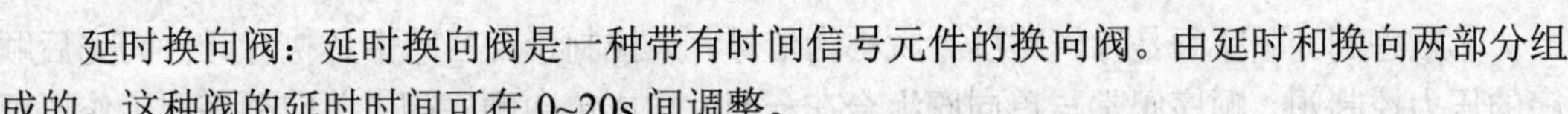

延时换向阀：延时换向阀是一种带有时间信号元件的换向阀。由延时和换向两部分组成的。这种阀的延时时间可在 0~20s 间调整。

脉冲换向阀：脉冲换向阀与延时换向阀一样也是靠气流流经气阻，气容的延时作用，使压力输入长信号变为短暂的脉冲信号输出。

（2）压力控制阀。在气压传动系统中，控制压缩空气的压力以控制执行元件的输出推力或转矩和依靠空气压力来控制执行元件动作顺序的阀统称为压力控制阀。这类阀的共同特点是：利用作用于阀芯上的压缩空气压力和弹簧力相平衡的原理进行工作。压力控制阀按照其控制功能分为减压阀、顺序阀和安全阀。

①减压阀。由压缩空气站输出的压力通常都高于每台装置所需的工作压力，并且压力波动较大，因此需要用调节压力的减压阀来降压，使其输出压力与每台气动设备和装置实际需要的压力相一致，并保证该压力值稳定。

如图 5-2-18 为减压阀的工作原理图。当顺时针方向调整旋钮 1 时，调压弹簧 2、3 推动下弹簧座 4、膜片 5 和阀芯 6 向下移动，使阀口开启，气流通过阀口后压力降低，与此同时，有一部分气流由阻尼孔 7 进人膜片室，在膜片下面产生一个向上的推力与弹簧力平衡，调压阀便有稳定的压力输出。当输入压力 P1 增高时，输出压力 P2 也随之增高，使膜片下面的压力也增高，将膜片向上推，阀芯 6 在复位弹簧 8 的作用下上移，从而使阀口的开度减小，节流作用增强，使输出压力降低到调定值为止；反之，若输入压力下降，则输出压力也随之下降，膜片下移，阀口开度增大，节流作用降低，使输出压力回升到调定压力，以维持压力稳定。

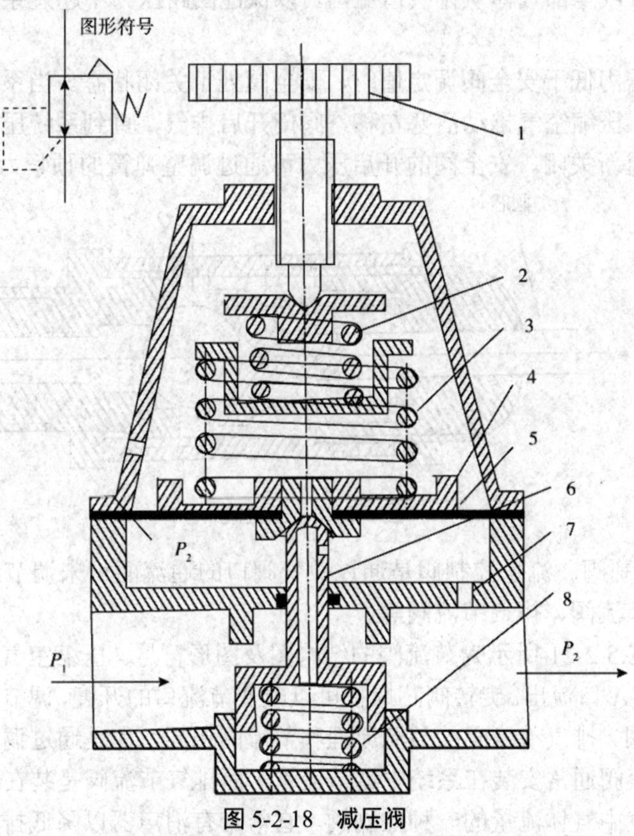

图 5-2-18　减压阀

1-调整旋钮；2、3 调压弹簧；4-弹簧底座；5-膜片；6-阀芯；7-阻尼孔；8-复位弹簧

②顺序阀。顺序阀是以气路压力大小为信号，来控制气动回路中各执行元件的先后顺序的压力控制阀。顺序阀常与单向阀组合在一起，构成单向顺序阀。单向顺序阀工作原理图如图 5-2-19 所示。

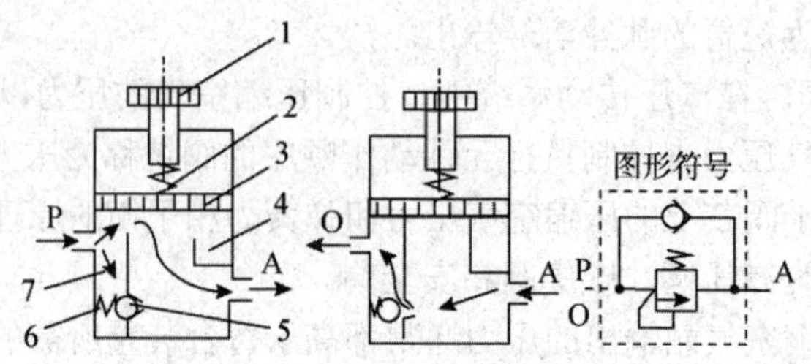

图 2-19　单向顺序阀工作原理图

1-旋钮；2、6-弹簧活塞；4、7-气腔；5-单向阀

当压缩空气由 P 口输入时，单向阀在压差力及弹簧力的作用下处于关闭状态，作用在活塞上输入侧的空气压力如超过弹簧的预压力时，活塞被顶起，顺序阀打开，压缩空气由 A 口输出。当压缩空气反向流动时，输入侧变成排气口，输出侧变成进气口，其进气压力将单向阀顶开，由 O 口排气。调节旋钮可以改变单向顺序阀的开启压力。

③安全阀。在气压系统中，为了防止气动回路或储气罐被破坏，应限制回路中的最高压力，此时应使用安全阀（见图 5-2-20）。安全阀的工作原理是：当回路中的压力达到某给定值时，使部分或全部气体从排气口溢出，以保证回路压力不超过系统规定的最大稳定压力。

当系统中的压力低于安全阀调定值时，安全阀处于关闭状态。当系统压力升高到安全阀的开启压力时，压缩空气推动活塞左移，阀门开启排气，直到系统压力降至低于安全阀调定值时，阀口重新关闭。安全阀的开启压力可通过调整弹簧的预紧力来调节。

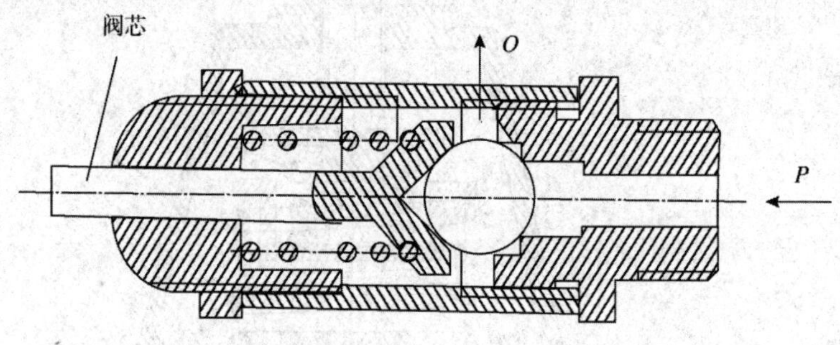

图 5-2-20　安全阀

（3）流量控制阀。流量控制阀是通过改变阀口的通流面积来调节压缩空气的流量。流量控制阀包括节流阀、排气节流阀等。

①节流阀。图 5-2-21 所示为节流阀的结构图及图形符号。压缩空气由 P 口进入，经过节流口节流后，由 A 口流出。旋转阀芯螺杆可以改变节流口的开度，调节压缩空气的流量。

②排气节流阀。排气节流阀的节流原理和节流阀相同，也是通过调节节流面积来调节阀的流量。但节流阀通常安装在系统中调节流量，而排气节流阀是装在执行元件的排气口处，调节进入大气中气体流量的一种控制阀。它常带有消声器以降低排气噪声，并能防止外界杂质进入气道。图 5-2-22 所示为排气节流阀工作原理。

气流由 A 口进入阀内，由节流口节流后经消声套排出。排气节流阀不仅能调节执行元件的运动速度，而且能降低排气噪音。

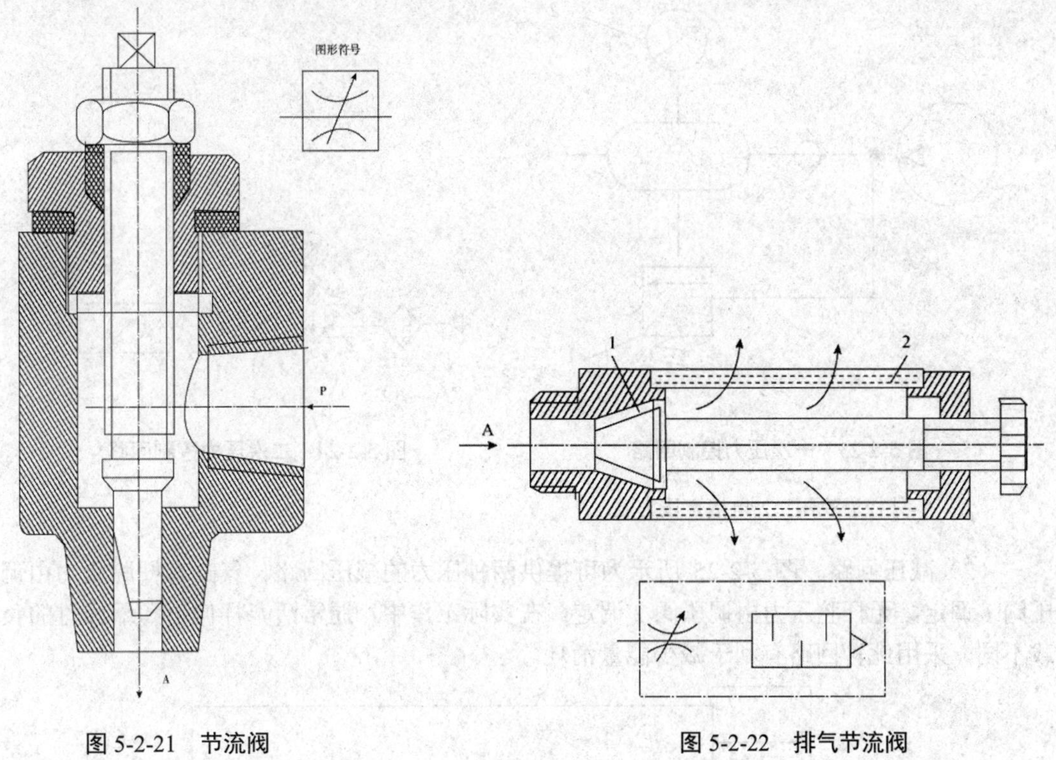

图 5-2-21　节流阀　　　　图 5-2-22　排气节流阀

四、气动基本回路

气动系统是由气源装置、气动控制元件、气动执行元件和辅助元件组成，任何复杂的气动控制回路，都是由一些具有特定功能的基本回路和常用回路组成。

气动基本回路主要有压力控制回路、速度控制回路、换向控制回路和其他控制回路。掌握具有各种用途的基本回路的构成、工作原理和性能，是分析和设计气动回路的基础。

1. 压力控制回路

压力控制回路主要用于控制和调节气动系统的工作压力，使回路中的压力保持在一定范围内，或使回路得到高、低不同的压力。常用的压力控制回路有调压回路、减压回路和增压回路。

（1）调压回路。图 5-2-23 所示为一次压力控制回路，主要控制储气罐内的压力，使其不超过规定压力的回路。当采用电接点压力表来控制时，利用它直接控制空压机的转动或停止，使储气罐内压力保持在规定范围内。采用外控溢流阀来控制时，若储气罐压力超过规定压力值时，溢流阀接通，空压机输出的压缩空气由溢流阀排入大气，使储气罐内压力保持在规定范围内。采用溢流阀控制时，结构简单，工作可靠，但由于一定压力下溢流阀溢流，气量浪费大。采用电接点压力表控制时，对电动机及控制要求较高，常用于对小型空压机的控制。

图 5-2-24 所示为二次压力控制回路。二次压力控制回路主要控制气动控制系统的气源

压力，输出压力的大小由溢流式减压阀调整。在该回路中，分水滤气器、减压阀、油雾器联合使用。

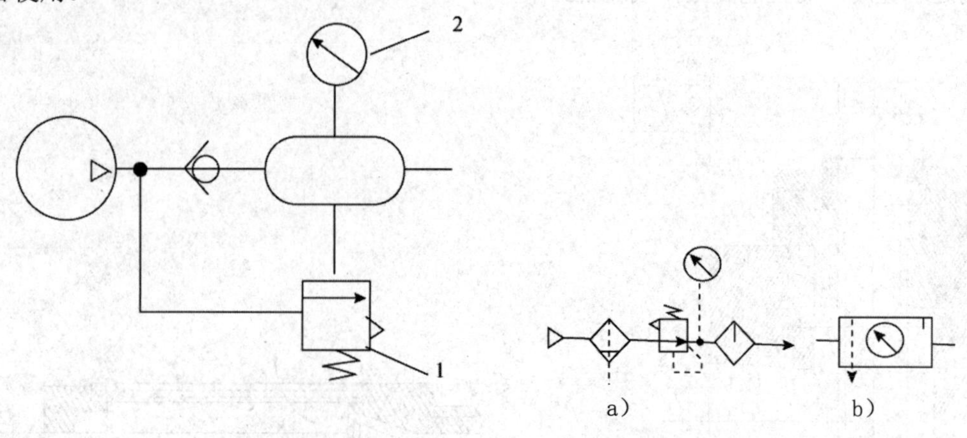

图 5-2-23　一次压力控制回路

1-外控溢流阀；2-电接点压力表

图 5-2-24　二次压力控制回路

（2）减压回路。图 5-2-25 所示为可提供两种压力的减压回路。气缸有杆腔压力由调压阀 1 调定，无杆腔压力由调压阀 2 调定。在实际工作中，通常活塞杆伸出和缩回时的负载不同，采用此种回路有利于减少能量消耗。

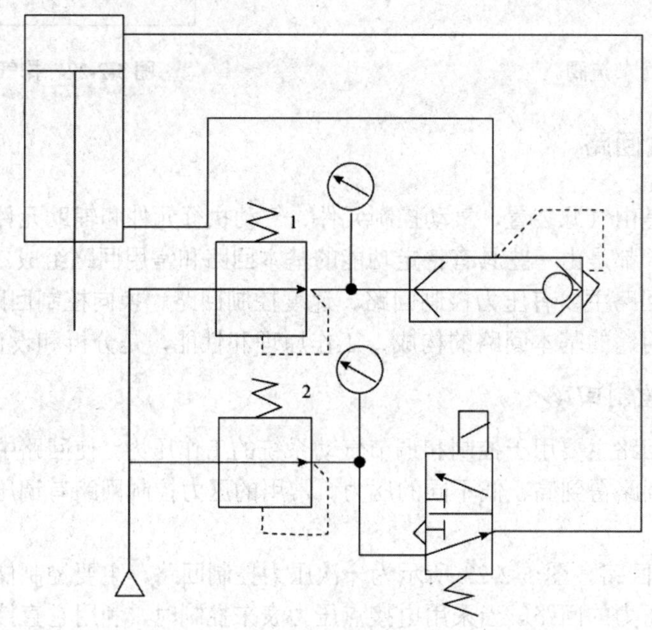

图 5-2-25　减压回路

（3）增压回路。如图 5-2-26 所示，压缩空气经电磁换向阀 1 进入气缸 2 或气缸 3 的大活塞端，推动活塞杆把串联在一起的小活塞端的压缩空气压入工作气缸 5，使活塞在高压空气作用下运动。节流阀 4 用于调节活塞运动速度。

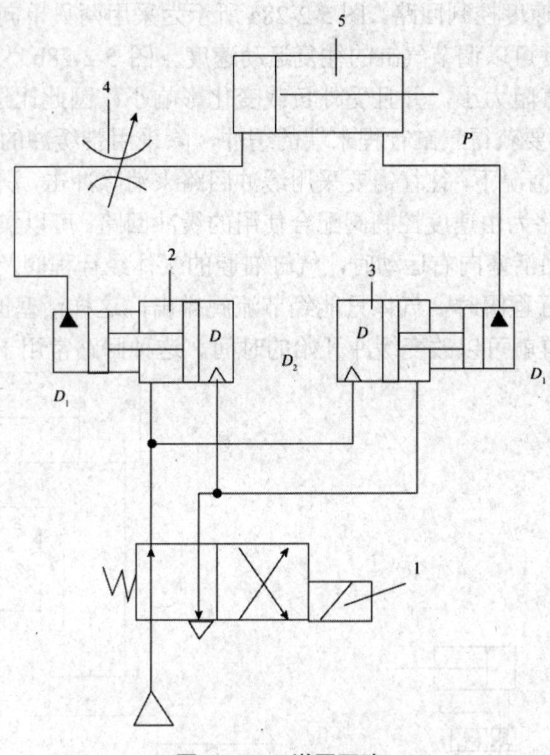

图 5-2-26　增压回路

1-电磁换向阀；2、3、5-气缸；4-节流阀

2. 速度控制回路

在气压传动系统中，经常要求控制气动执行元件的运动速度，这就要靠调节压缩空气的流量来实现。目前气动系统中使用的功率都不太大，因而调速方法大都采用节流调速。气缸活塞运动速度可以采用进气节流调速和排气节流调速，但由于在进气节流调速系统中，气缸排气压力很快降至大气压力，随着活塞运动，气缸腔也将增大，进气压力变化很大，造成气缸产生“爬行”现象。因而在实际应用中，大多采用排气节流调速的方法。这是因为排气节流调速时，排气腔内的压力在节流阀的作用下，产生与负载相应的背压，在负载保持不变或变动很小的条件下，运动速度比较平稳。但当负载变化很大时，排气腔背压也随着变化，有可能使气缸产生“自走”现象。

（1）单作用气缸速度控制回路。图 5-2-27 所示为单作用气缸速度控制回路。图 a 用两个反接的单向节流阀来分别控制活塞杆伸出和缩回的速度。图 b 为快速返回回路，气缸在上升时节流调速，下降时气缸下腔气体通过快速排气阀排气，活塞杆快速缩回。

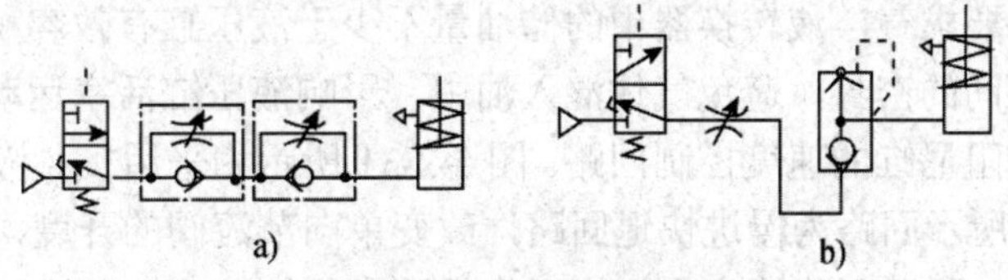

图 5-2-27　单作用气缸速度控制回路

a）两个反接的单向节流阀来分别控制活塞杆伸出和缩回的速度；b）快速返回回路

（2）双作用气缸速度控制回路。图 5-2-28a 所示为采用两只单向节流阀的双向调速回路，调节节流阀的开度可以调节气缸的往复运动速度。图 5-2-28b 为采用排气节流阀的调速回路，此时调速进气阻力小，并且受外负载变化影响小，因此比进气节流调速效果好。

（3）缓冲回路。要获得气缸行程末端的缓冲，除采用带缓冲的气缸外，特别在行程长、速度快、惯性大的情况下，往往需要采用缓冲回路来消除冲击，满足气缸速度的要求。

图 5-2-29 所示回路为由速度控制阀配合使用的缓冲回路。可以实现快进—慢进缓冲—停止—快退的循环，当活塞向右运动时，气缸右腔的气体经行程阀及三位五通阀排掉，当活塞运动到末端碰到行程阀时，气体只能经节流阀排出，这样活塞的运动速度得到缓冲。调整行程阀的安装位置就可以改变缓冲开始的时间。这种回路常用于惯性大的场合。

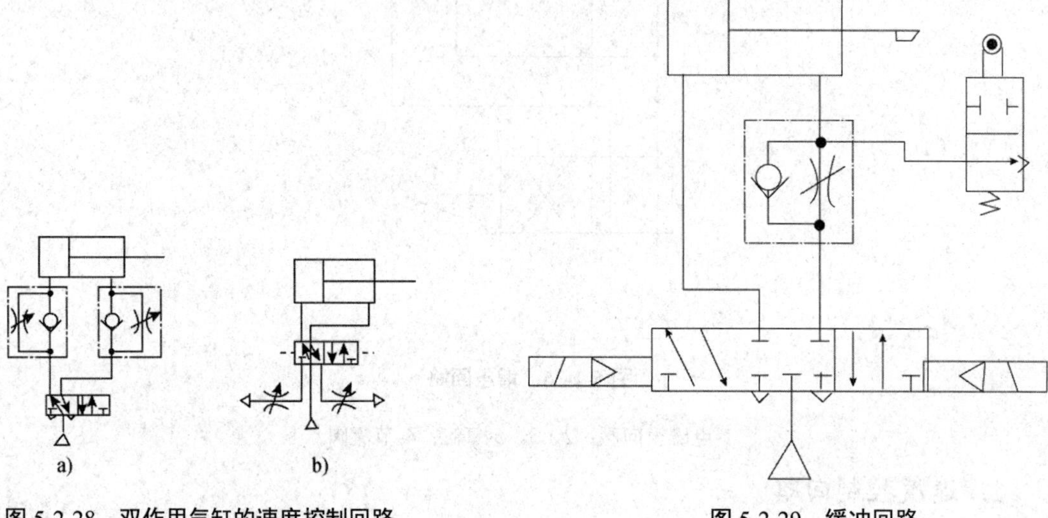

图 5-2-28 双作用气缸的速度控制回路

a）两只单向节流阀的双向调速回路；

b）排气节流阀的调速回路

图 5-2-29 缓冲回路

（3）气—液转换速度控制回路。空气的可压缩性，是影响气缸运动速度稳定的关键因素。在外载有变化而又要求平稳、低速的场合，用普通气缸的节流调速方法是无法达到的。为此，在气压回路中，采用气—液传送器或气—液阻尼缸，相当于把气压传动转换成液压传动，使执行元件的速度调节更加稳定，运动更平稳。

采用气—液传送器的速度控制回路。图 5-2-30 所示为能双向调速的气液回路。它是利用气—液转换器将气压转换成液压，用液压油驱动液压缸，从而得到平稳易控制的活塞运动速度。当压缩气体由换向阀进入气—液转换器的气腔后，会以同样大小的压力传递到油压腔，即将气压力转换为液压力，然后通过两个单向节流阀分别调节活塞两个方向的运动速度。这种回路要求气—液转换器中的储油量不少于液压缸有效容积的 1.5 倍，同时需要注意气—液腔之间的密封，避免气体混入油中，影响液压缸活塞运动的稳定性。

采用气—液阻尼缸的速度控制回路。图 5-2-31 所示为采用气—液阻尼缸的速度控制回路。图 5-2-31a 所示回路为慢进快退回路，改变单向节流阀的开度，即可控制活塞的前进速度。图 5-2-31b 所示回路能实现机床工作循环常用的快进—工进—快退的动作，通过控制信号 K1 和 K2 来实现控制活塞的左右动作方向。

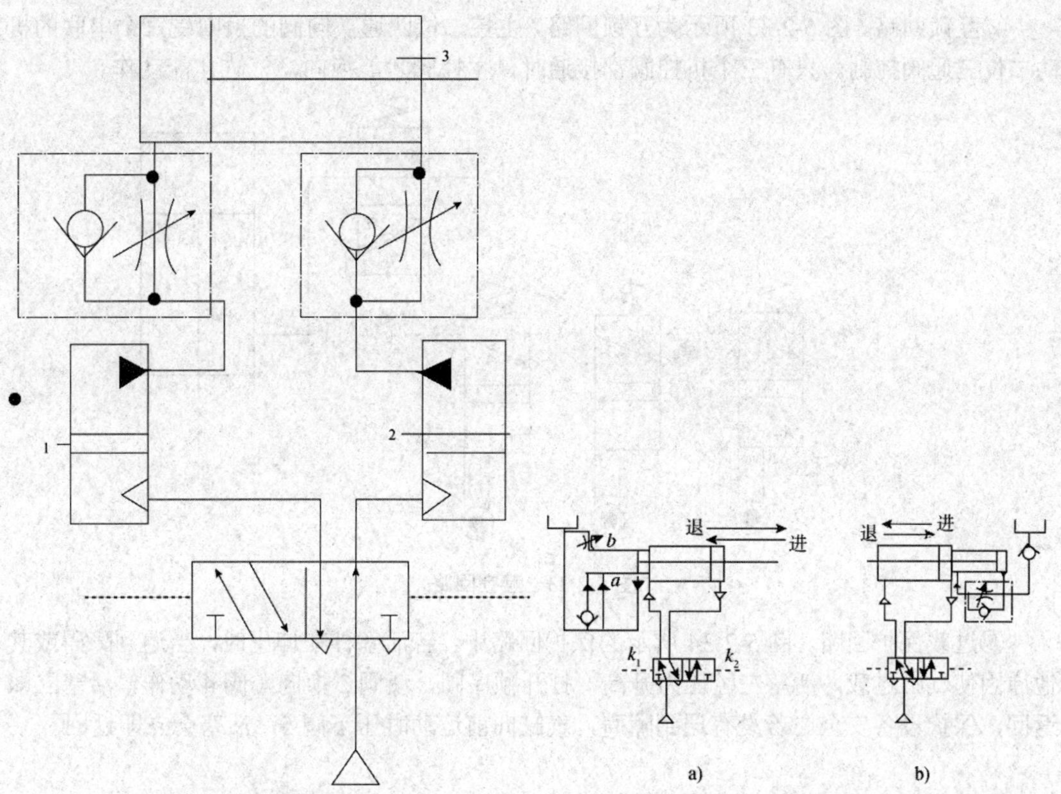

图 5-2-30　气—液速度控制回路　　　图 5-2-31　采用气—液阻尼缸的速度控制回路

3. 其他控制回路

（1）安全保护回路。由于气动机构负荷的过载、气压的突然降低以及气动执行机构的快速动作等原因都可能危及操作人员或设备的安全，因此在气压传动系统中，根据需要常采用一些安全保护回路，以保护操作者的安全及设备的正常工作。

①双手操作安全回路。图 5-2-32 所示回路中，只有两手同时按下手动二位三通阀 1 和 2 时，才能使二位四通换向阀动作，气体进入气缸活塞上部，使气缸活塞下落锻压或冲压工件。以保证操作者的双手安全。

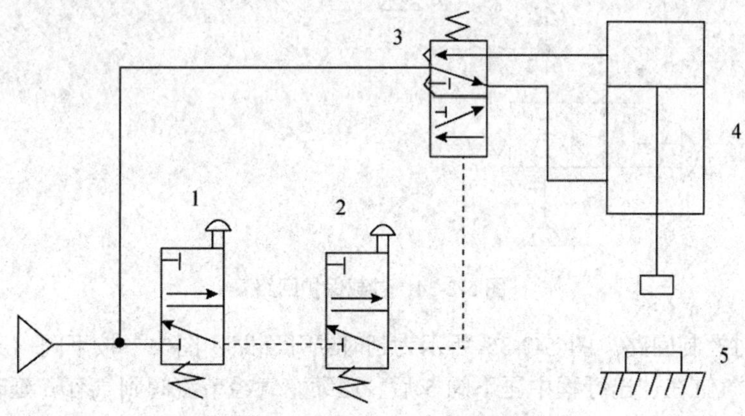

图 5-2-32　双手操作安全回路

②互锁回路。图 5-2-33 所示为互锁回路。主控二位四通换向阀的换向受三个串联的机动二位三通阀控制。只有三个机控阀都接通时，主控阀才能换向，气缸才能动作。

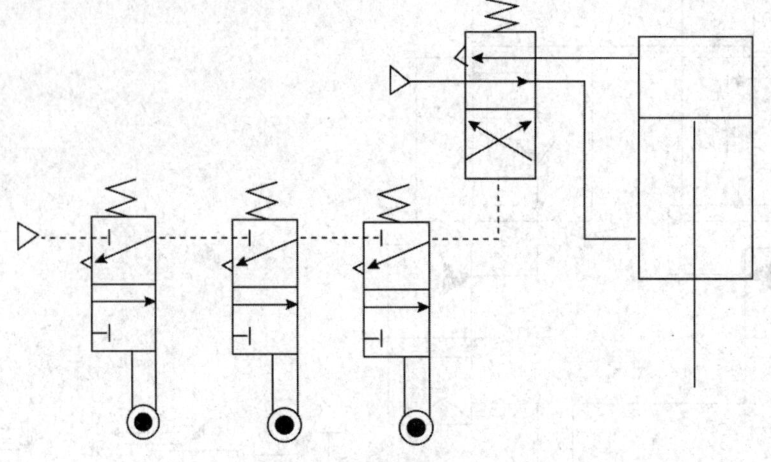

图 5-2-33　互锁回路

③过载保护回路。图 5-2-34 所示的保护回路中，若活塞杆在伸出时，当遇到障碍或其他原因使气缸过载，活塞左腔压力升高，打开顺序阀，使阀 2 换向，阀 4 动作，活塞立即返回，保护设备安全。若没有遇到障碍，气缸向前运动时压下阀 5，活塞会立即返回。

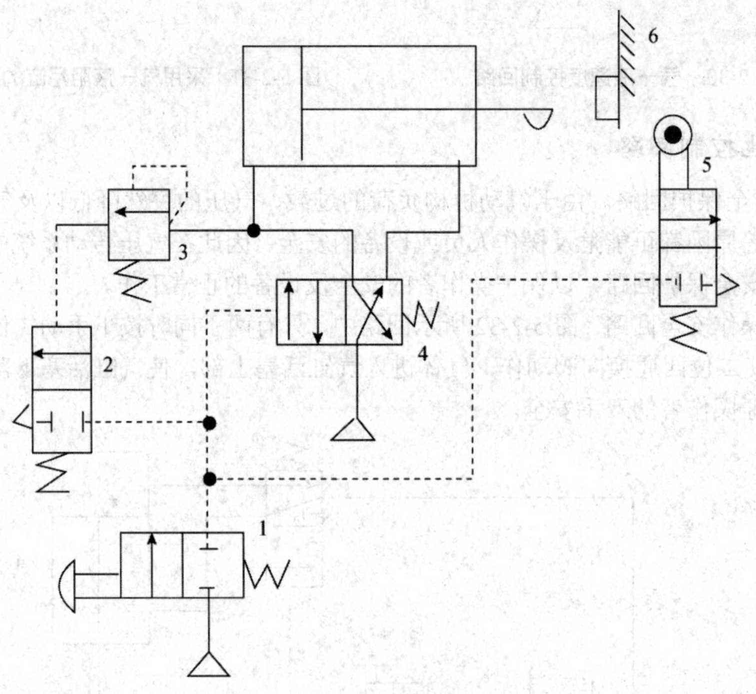

图 5-2-34　过载保护回路

（2）延时控制回路。图 5-2-35 所示为延时断开回路。图中，按下阀 8，气缸活塞杆向外伸出，当气缸在伸出行程中压下阀 5 后，压缩空气经节流阀到气容 6 延时后才将阀 7 切换，气缸活塞杆退回。

图 5-2-36 所示为延时接通回路。当控制信号 A 切换阀 4 后，压缩空气经单向节流阀 3 向气容 2 充气。当充气压力经延时升高到使阀 1 换位时 1，阀 1 有输出。

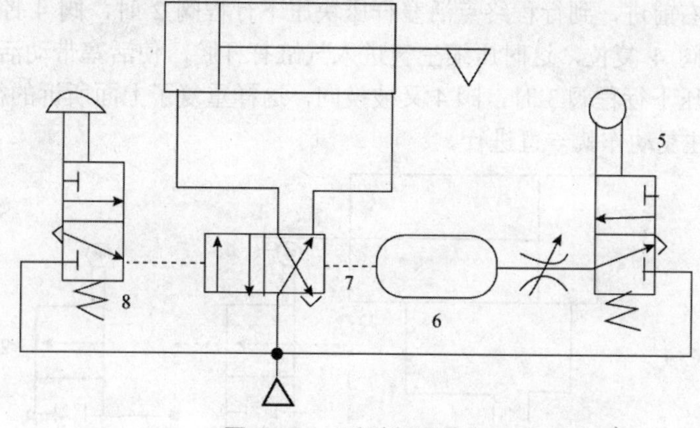

图 5-2-35 延时断开回路

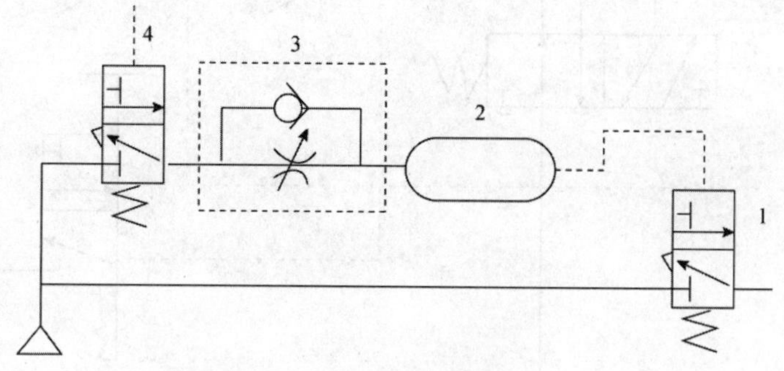

图 5-2-36 延时接通回路

（3）往复动作回路。气动系统中采用往复动作回路，可提高自动化程度，常用的往复回路有单往复和连续往复回路两种。

①单往复动作回路。如图 5-2-37a 所示为行程阀控制的单往复回路。该回路是由左端手动阀 1 和右端机控阀 2 使阀 3 的阀芯动作，以控制气缸的活塞作往复运动。当按下手动阀 1 的手动按钮后，压缩空气使阀 3 换向，活塞杆右移，当活塞杆上的挡块压下行程阀 2 时，阀 3 复位，活塞杆返回，气缸活塞完成往复动作一次。如图 2-37b 所示为压力控制的单往复回路，按下阀 1 的手动按钮后，阀 3 的阀芯右移，气缸左腔进气，活塞杆右移，当活塞行程到达终点时，气压升高，打开顺序阀 2，使阀 3 换向，气缸返回，完成往复一次。

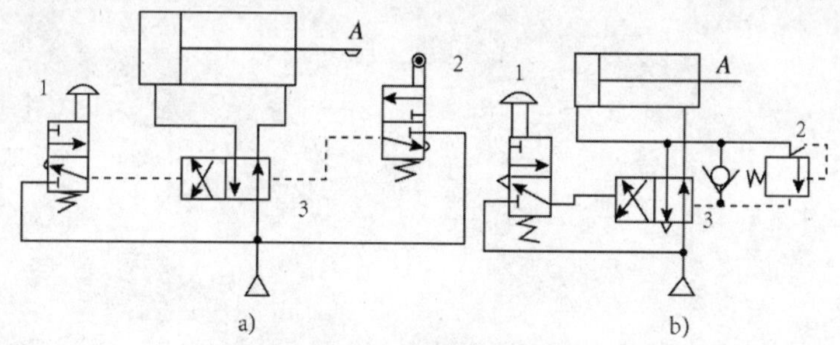

图 5-2-37 单往复动作回路

a）行程阀控制的单往复回路；b）压力控制的单往复回路

②连续往复回路。图 5-2-38 所示为连续往复动作控制回路。活塞杆挡块压下阀 3 后，阀 4 换向，这时气缸活塞带动活塞杆向右运动。由于阀 3 复位将气路封闭，使阀 4 不能复位，活塞继续向右前进，到行程终点活塞杆压块压下行程阀 2 时，阀 4 控制的气路排气，在弹簧力作用下阀 4 复位，这时压缩空气进入气缸有杆腔，使活塞带动活塞杆向左运动。当返回到终点并压下行程阀 3 时，阀 4 又被换向，这样重复了上面所诉的循环动作。只要压下阀 1，连续往复动作就一直进行。

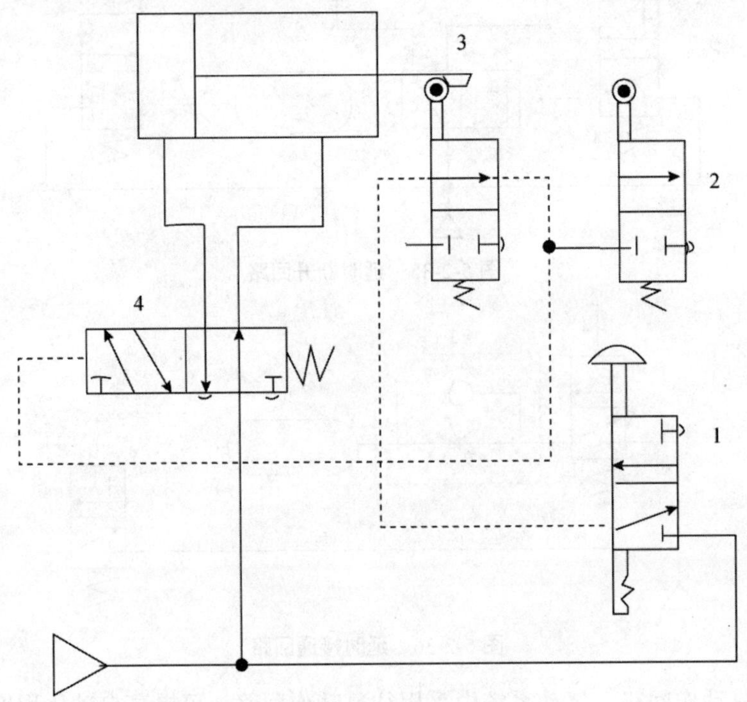

图 5-2-38 连续往复动作回路

第六篇　公差与配合

现代化大规模生产中，常采用专业化的协作生产即分散加工、集中装配。例如在机车车辆制造业中，成千上万个机车车辆零部件是由上百个厂家进行专业化生产的，机车车辆制造厂只负责生产主要零部件，最后集中进行总装。由此可知，实现专业化协作生产的重要条件是所生产的零部件必须具有互换性。本篇主要研究极限与配合、几何公差、表面粗糙度等相关内容。

任务一　孔、轴结合的极限与配合

【知识目标】

- 理解极限与配合相关概念；
- 掌握极限与配合国家标准相关规定；
- 能够正确选用公差与配合。

【知识点】

- 极限与配合基本术语；
- 极限与配合国家标准；
- 公差与配合的选用。

【相关链接】

两个车轮和一根车轴按规定的压力和尺寸牢固的压在一起叫做轮对。铁道机车和车辆的车轴和车轮轮毂孔之间就是典型的孔、轴结合的例子，车轴最大直径处轮座与车轮轮毂孔通过过盈配合安装。

【知识拓展】

一、基本术语

为使零件具有互换性，必须保证零件的尺寸、几何形状和相互位置，以及表面粗糙度等技术要求的一致性。就尺寸而言，互换性要求尺寸的一致性，并不是要求零件都准确地制成一个指定的尺寸，而只是要求这些零件的尺寸处在某一合理的范围之内。对于相互结合的零件，这个范围既要保证相互结合的尺寸之间形成一定的关系，以满足不同的使用要求，同时在制造上是经济合理的，这就形成了“极限与配合”的概念。

为了正确掌握极限与配合标准及其应用，必须首先熟悉极限与配合的基本术语。

1. 孔和轴

在极限与配合中，轴和孔的定义有其广泛的含义。

➢ 孔：通常指工件的圆柱形内表面，也包括非圆柱形内表面（由两相同的平行平表面或切平面形成的包容面），如图 6-1-1a 所示。

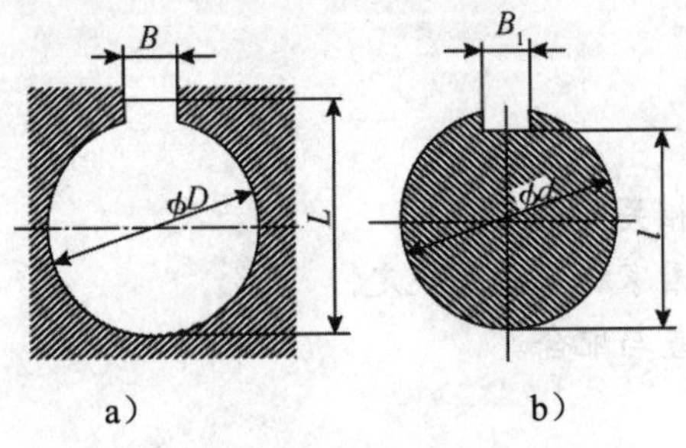

图 6-1-1　孔和轴

a）孔；b）轴

➢ 轴：通常是指工件的圆柱形外表面，也包括非圆柱形外表面（由两相反的平行平

表面或切平面形成的包容面），如图 6-1-1b 所示。

从装配关系看，孔与轴的区别在于孔是包容面，轴是被包容面；从加工过程看，孔的尺寸由小变大，轴的尺寸由大变小。

2. 尺寸的术语

（1）尺寸。以特定单位表示长度大小的数值称为尺寸。零件的直径、半径、宽度、深度、高度和中心距等都是长度。尺寸由数值和特定单位两部分组成，单位通常为毫米单位。如轴的直径是 100mm，在机械图样中，一般以毫米为单位时，图样上只标注数值而不标注单位，即 $\Phi100$。

（2）公称尺寸（基本尺寸）。在设计时根据零件的结构、力学性质和加工等方面要求确定的尺寸。孔的公称直径用大写字母 D 表示；轴的公称直径用小写字母 d 表示。

（3）实际尺寸。加工后通过测量所得的尺寸。但由于测量存在误差，所以实际尺寸并非真值。同时由于工件存在形状误差，所以同一个表面不同部位的实际尺寸也不相等。孔的实际尺寸用 D_a 表示，轴的实际尺寸用 d_a 表示。

（4）极限尺寸。允许尺寸变化的两个界限值。在机械加工中，由于各种误差的存在，要把统一规格的零件加工成同一尺寸是不可能的。从使用的角度来讲，也没有必要。只需将零件的实际尺寸控制在一个具体范围内，就能满足使用要求，这个范围由两个极限尺寸确定，即：

最大极限尺寸（孔 D_{max}、轴 d_{max}）——允许实际尺寸变动的最大值；

最小极限尺寸（孔 D_{min}、轴 d_{min}）——允许实际尺寸变动的最小值。

公称尺寸和极限尺寸都是设计时给定的。公称尺寸可以在两个极限尺寸确定的范围之内，也可以在两个极限尺寸确定的范围之外，但合格零件的实际尺寸，必须介于两个极限尺寸之间。

3. 尺寸偏差的术语

尺寸偏差（简称偏差）是某一尺寸减其公称尺寸所得的代数差。它可以是正值、负值或零值。偏差分为极限偏差和实际偏差。

极限偏差是指极限尺寸减其公称尺寸所得的代数差。由于极限尺寸分为最大极限尺寸和最小极限尺寸，因此极限偏差也分为两个，即上偏差、下偏差。孔的上偏差用 ES 表示、下偏差用 EI 表示，轴的上偏差用 es 表示、下偏差用 ei 表示。用公式表示即：

$$\mathrm{ES} = D_{max} - D$$

$$\mathrm{EI} = D_{min} - D$$

$$\mathrm{es} = d_{max} - d$$

$$\mathrm{ei} = d_{min} - d$$

标注极限偏差时，上、下偏差小数点应对其，如 $\phi50^{+0.018}_{+0.002}$；当上、下偏差中其中一个数值为零时，用数字“0”表示，并与另一极限偏差的个位数字对齐；当上、下偏差数值相等而符号相反时，应简化标注，如 $\phi40 \pm 0.008$；极限偏差必须标注正、负号。

实际偏差是指实际尺寸减其公称尺寸所得的代数差。合格零件的实际偏差应在规定的极限偏差的范围内。

4. 公差的术语

（1）尺寸公差。尺寸公差是指允许尺寸的变动量。公差数值等于最大极限尺寸与最小极限尺寸代数差的绝对值，也等于上偏差与下偏差之代数差的绝对值。公差取绝对值，因此不存在负公差，也不允许为零。公差大小反映零件加工的难易程度、尺寸的精确程度。如图 6-1-2 所示。孔的公差用 T_h 表示，轴的公差用 T_s 表示，用公式表示即：

$$孔公差 \quad T_h = |D_{max} - D_{min}| = |ES - EI|$$

$$轴公差 \quad T_s = |d_{max} - d_{min}| = |es - ei|$$

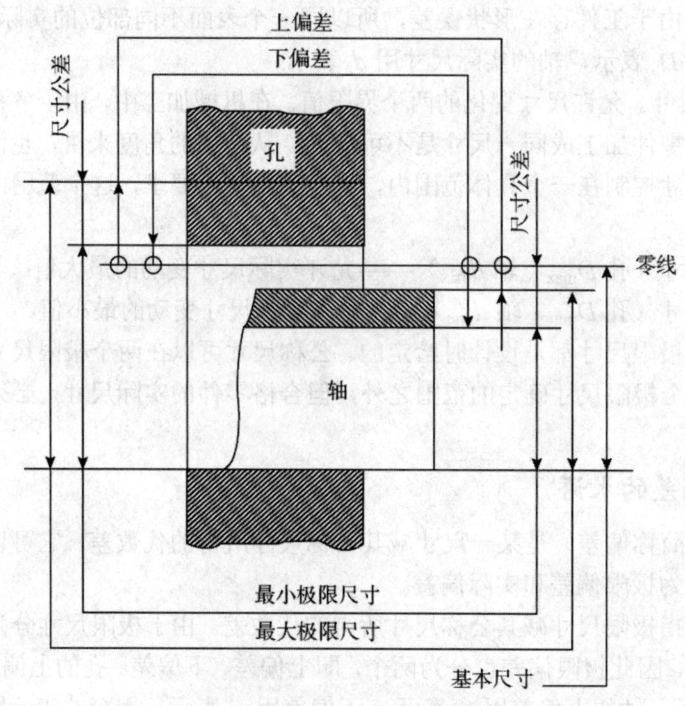

图 6-1-2 尺寸公差相关术语图解

（2）尺寸公差带及公差带图。表示零件的尺寸相对其基本尺寸所允许变动的范围，叫做尺寸公差带。图解方式为公差带图，如图 6-1-3 所示。

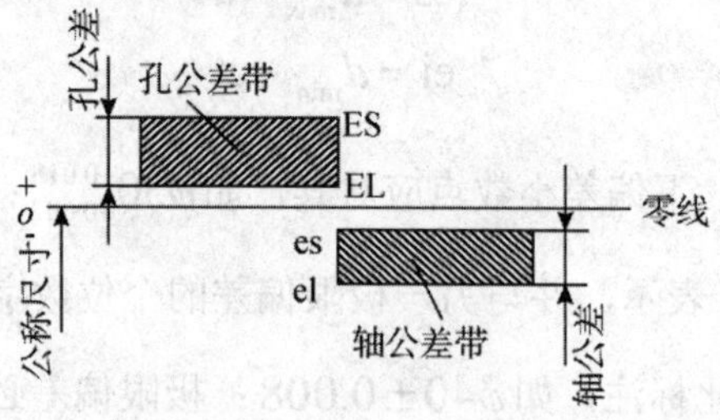

图 6-1-3 公差带图

零线：在公差带图中，确定偏差的一条基准直线，即零偏差线，标注为“0”。通常以零线表示公称尺寸（图中以 mm 为单位标出），零线以上为正偏差，零线以下为负偏差，分别标注“+”、“−”号，若为零，可不标注。

公差带：在公差带图中，由代表上偏差和下偏差的两条直线所限定的区域，称为公差带。用图表示的公差带，称为公差带图。

公差带沿零线方向的长度可以适当选取。为了区别，一般在同一图中，孔和轴的公差带的剖面线方向相反，或疏密程度不同。

公差带图由“公差带的大小”和“公差带位置”两个要素决定。公差带的大小指公差带在垂直方向上的宽度，即公差值的大小；公差带的位置指公差带相对于零线的位置。

【例 1】公称直径为 *Φ*50mm，上极限尺寸为 *Φ*50.008mm，下极限尺寸为 *Φ*49.992mm，试计算偏差和公差。

【解】上极限偏差=上极限尺寸 - 公称尺寸

=*Φ*50.008 - Φ50

=+0.008mm

下极限偏差=下极限尺寸-公称尺寸

=*Φ*49 - 992-*Φ*50

= - 0.008mm

公差=上极限尺寸 - 下极限尺寸=*Φ*50.008 - *Φ*49 - 992=0.016mm

或：公差=上极限偏差 - 下极限偏差=+0.008 - （ - 0.008）=0.016

5. 配合的术语

配合是指公称尺寸相同，相互结合的孔和轴公差带之间的位置关系。

（1）间隙和过盈。孔的尺寸减去相配合的轴的尺寸所得的代数差为正时称为间隙，用 X 表示；差值为负时称为过盈，用 Y 表示，如图 6-1-4 所示。

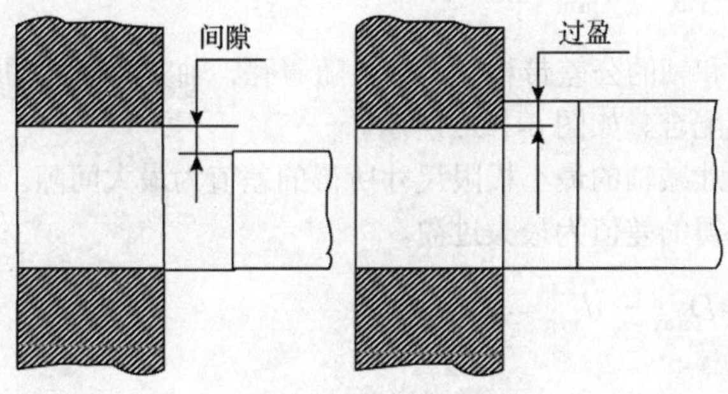

图 6-1-4　间隙和过盈

（2）配合类型。配合可分为间隙配合、过盈配合和过渡配合三种。

①间隙配合。孔的公差带在轴的公差带之上，即为具有间隙的配合（包括最小间隙为零的配合），如图 6-1-5a 所示。

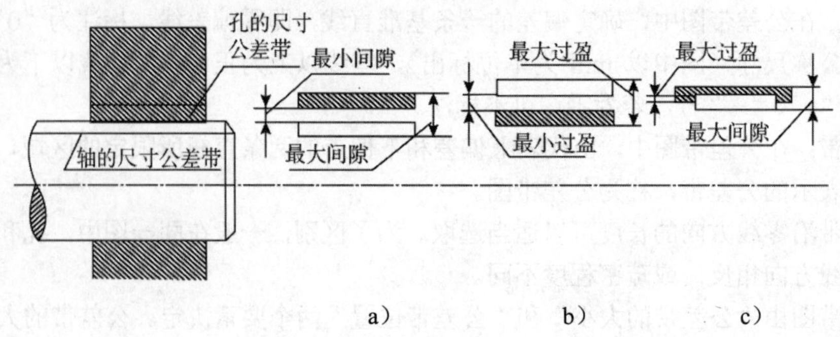

图 6-1-5 配合类型

由于孔和轴都有公差，所以实际间隙的大小随着孔和轴的实际尺寸而变化。孔的最大极限尺寸减轴的最小极限尺寸所得的差值为最大间隙，也等于孔的上偏差减轴的下偏差。以 X 代表间隙，则：

最大间隙：$X_{max}=D_{max}-d_{min}=ES-ei$

最小间隙：$X_{min}=D_{min}-d_{max}=EI-es$

②过盈配合。孔的公差带在轴的公差带之下，即为具有过盈的配合（包括最小过盈为零的配合），如图 6-1-5b 所示。

实际过盈的大小也随着孔和轴的实际尺寸而变化。孔的最大极限尺寸减轴的最小极限尺寸所得的差值为最小过盈，也等于孔的上偏差减轴的下偏差，以 Y 代表过盈，则：

最大过盈 $Y_{max}=D_{min}-d_{max}=EI-es$

最小过盈 $Y_{min}=D_{max}-d_{min}=ES-ei$

③过渡配合。孔和轴的公差带相互交叠，随着孔、轴实际尺寸的变化可能得到间隙或过盈的配合称为过渡配合。如图 6-1-5c 所示。

孔的最大极限尺寸减轴的最小极限尺寸所得的差值为最大间隙。孔的最小极限尺寸减轴的最大极限尺寸所得的差值为最大过盈。

最大间隙 $X_{max}=D_{max}-d_{min}=ES-ei$

最大过盈 $Y_{max}=D_{min}-d_{max}=EI-es$

（3）配合公差。在上述间隙、过盈和过渡三类配合中，允许间隙或过盈在两个界限内变动，这个允许的变动量为配合公差，这是设计人员根据使用要求确定的。配合公差越大，配合精度越低；配合公差越小，配合精度越高。在精度设计时，可根据配合公差来确定孔和轴的尺寸公差。

配合公差的大小为两个界限值的代数差的绝对值，也等于相配合孔的公差和轴的公差之和。取绝对值表示配合公差，在实际计算时常省略绝对值符号。

$$\left.\begin{aligned}&\text{间隙配合：}T_f = X_{max} - X_{min}\\&\text{过盈配合：}T_f = Y_{min} - Y_{max}\\&\text{过渡配合：}T_f = X_{max} - Y_{max}\end{aligned}\right\} = T_h + T_s$$

【例 2】孔 $\phi 50_{0}^{+0.039}$ 和轴 $\phi 50_{-0.050}^{-0.025}$ 相配合，判断配合类型，绘制公差带图，并计算标准公差、极限尺寸、极限间隙、配合公差。

【解】公差带图如下图所示。

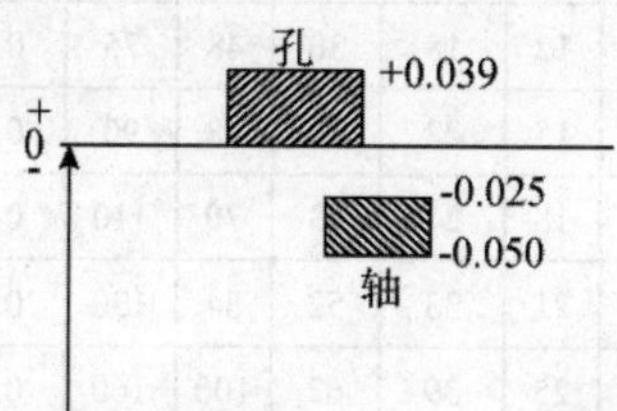

根据公差带图，孔的公差带在轴的公差带以上，因此判断为间隙配合。

$T_h = ES - EI = +0.039 - 0 = 0.039\text{mm}$

$T_s = es - ei = -0.025 - (-0.050) = 0.025\text{mm}$

$D_{max} = D + ES = 50 + 0.039 = 50.039\text{mm}$

$D_{min} = D + EI = 50 + 0 = 50\text{mm}$

$d_{max} = d + ei = 50 - 0.025 = 49.975\text{mm}$

$d_{min} = d + es = 50 - 0.050 = 49.950\text{mm}$

$X_{max} = ES - ei = 0.039 - (-0.050) = 0.089\text{mm}$

$X_{min} = EI - es = 0 - (-0.025) = 0.025\text{mm}$

$T_f = T_h + T_s = 0.039 + 0.025 = 0.064\text{mm}$

或 $T_f = X_{max} - T_{min} = 0.089 - 0.025 = 0.064\text{mm}$

二、极限与配合的国家标准

各种配合都是由孔、轴公差带组合形成的，而公差带是由“公差带的大小”和“公差带位置”两个要素决定的。标准公差决定公差带大小，基本偏差决定公差带位置。为了使公差带与配合标准化，国家标准规定了标准公差和基本偏差两个系列。

1. 标准公差系列

GB/T 1800 系列标准极限与配合制度中所规定的任一公差称为标准公差。标准公差的数值如表 6-1-1 所示。标准公差的数值与标准公差等级和公称尺寸分段两个因素有关。

表 6-1-1　标准公差数值表(摘自 GB/T 1800.1—2009)

公称尺寸/mm		标准公差等级																	
		IT1	IT2	IT3	IT4	IT5	IT6	IT7	IT8	IT9	IT10	IT11	IT12	IT13	IT14	IT15	IT16	IT17	IT18
大于	至	μm											mm						
—	3	0.8	1.2	2	3	4	6	10	14	25	40	60	0.1	0.14	0.25	0.4	0.6	1	1.4
3	6	1	1.5	2.5	4	5	8	12	18	30	48	75	0.12	0.18	0.3	0.48	0.75	1.2	1.8
6	10	1	1.5	2.5	4	6	9	15	22	36	58	90	0.15	0.22	0.36	0.58	0.9	1.5	2.2
10	18	1.2	2	3	5	8	11	18	27	43	70	110	0.18	0.27	0.43	0.7	1.1	1.8	2.7
18	30	1.5	2.5	4	6	9	13	21	33	52	84	130	0.21	0.33	0.52	0.84	1.3	2.1	3.3
30	50	1.5	2.5	4	7	11	16	25	39	62	100	160	0.25	0.39	0.62	1	1.6	2.5	3.9
50	80	2	3	5	8	13	19	30	46	74	120	190	0.3	0.46	0.74	1.2	1.9	3	4.6
80	120	2.5	4	6	10	15	22	35	54	87	140	220	0.35	0.54	0.87	1.4	2.2	3.5	5.4
120	180	3.5	5	8	12	18	25	40	63	100	160	250	0.4	0.63	1	1.6	2.5	4	6.3
180	250	4.5	7	10	14	20	29	46	72	115	185	290	0.46	0.72	1.15	1.85	2.9	4.6	7.2
250	315	6	8	12	16	23	32	52	81	130	210	320	0.52	0.81	1.3	2.1	3.2	5.2	8.1
315	400	7	9	13	18	25	36	57	89	140	230	360	0.57	0.89	1.4	2.3	3.6	5.7	8.9
400	500	8	10	15	20	27	40	63	97	155	250	400	0.63	0.97	1.55	2.5	4	6.3	9.7
500	630	8	10	15	20	27	40	63	97	155	250	400	0.63	0.97	1.55	2.5	4	6.3	9.7
630	800	10	13	18	25	36	50	80	125	200	320	500	0.8	1.25	2	3.2	5	8	12.5
800	1000	11	15	21	28	40	56	90	140	230	360	560	0.9	1.4	2.3	3.6	5.6	9	14
1000	1250	13	18	24	33	47	66	105	165	260	420	660	1.05	1.65	2.6	4.2	6.6	10.5	16.5
1250	1600	15	21	29	39	55	78	125	195	310	500	780	1.25	1.95	3.1	5	7.8	12.5	19.5
1600	2000	18	25	35	46	65	92	150	230	370	600	920	1.5	2.3	3.7	6	9.2	15	23
2000	2500	22	30	41	55	78	110	175	280	440	700	1100	1.75	2.8	4.4	7	11	17.5	28
2500	3150	26	36	50	68	96	135	210	330	540	960	1350	2.1	3.3	5.4	8.6	13.5	21	33

注：①公称尺寸大于 500mm 的 IT1~IT5 的标准公差数值为试行；

②公称尺寸小于 1mm 时，无 IT14`IT18；

③IT01 和 IT0 在工业上很少用到，因此本表中未列出。

（1）标准公差等级。标准公差等级是指确定尺寸精确程度的等级。为了满足机械制造中各零件尺寸不同精度的要求，国家标准在基本尺寸至 500mm 范围内规定了 20 个标准公差等级，用符号 IT 和数值表示，IT 表示国际公差，数值表示公差（精度）等级代号：IT01、IT0、IT1、IT2、……、IT18。其中，IT01 精度等级最高，其余依次降低，IT18 等级最低。在基本尺寸相同的条件下，标准公差数值随公差等级的降低而依次增大。同一公

差等级、同一尺寸分段内各基本尺寸的标准公差数值是相同的。同一公差等级对所有基本尺寸的一组公差也被认为具有同等精确程度。

（2）公称尺寸分段.在实际生产中使用的公称尺寸很多，如果每一个公称尺寸都对应一个公差值，就会形成一个庞大的公差数值表，不利于实现标准化，给实际生产带来困难。因此，国家标准对公称尺寸进行了分段，尺寸分段后，同一尺寸段内所有的公称尺寸，在相同公差等级下，规定具有相同的公差值。如公称尺寸 35mm 和 40mm 都在大于 30~50mm 尺寸段内，两尺寸的 IT8 数值均为 0.039mm。

【例 3】D=50mm，公差等级为 7 级，试根据表 6-1-1 查出其标准公差值。

【解】从表 6-1-1 中基本尺寸栏找到大于 30～50mm 一行，再对齐 IT7 一栏可知，T_h=0.025mm。

2. 基本偏差系列

（1）基本偏差.在 GB/T 1800 系列标准极限与配合中，确定公差带相对零线位置的那个极限偏差称为基本偏差（一般为靠近零线的那个偏差），如图 6-1-6 所示。

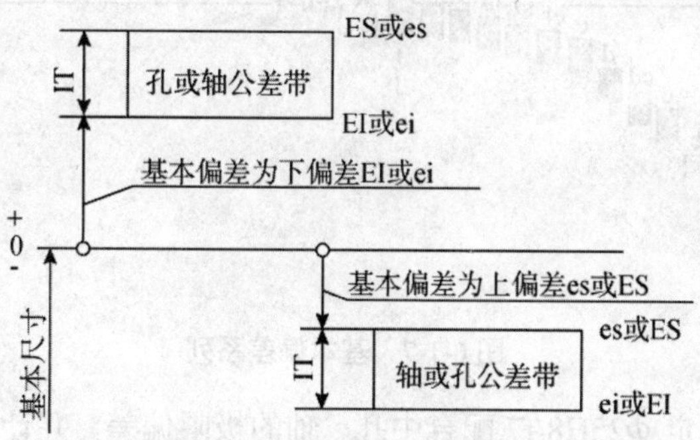

图 6-1-6　基本偏差

（2）基本偏差代号。国家标准（简称国标）中已将基本偏差标准化，规定了孔、轴各 28 种公差带位置，孔用大写字母表示，轴用小写字母表示。在 26 个英文字母中，去掉 5 个字母（孔去掉 I，L，O，Q，W；轴去掉 i，l，o，q，w），加上 7 组字母（孔为 CD，EF，FG，JS，ZA，ZB，ZC；轴为 cd，ef，fg，js，za，zb，zc）共 28 种，基本偏差系列如图 6-1-7 所示。

（3）基本偏差系列特点。

- 基本偏差系列中的 H（h）其基本偏差为零；
- *JS*（*js*）与零线对称，上偏差 *ES*(*es*)=＋IT/2，下偏差 *EI*(*ei*)= －IT/2，上下偏差均可作为基本偏差；
- 孔的基本偏差系列中，A～H 的基本偏差为下偏差，J～ZC 的基本偏差为上偏差；轴的基本偏差中 a～h 的基本偏差为上偏差，j～zc 的基本偏差为下偏差；
- 公差带的另一极限偏差“开口”，表示其公差等级未定。

（4）基本偏差数值表。国标对孔和轴的基本偏差进行了标准化，见附表 A 和附表 B 所示。

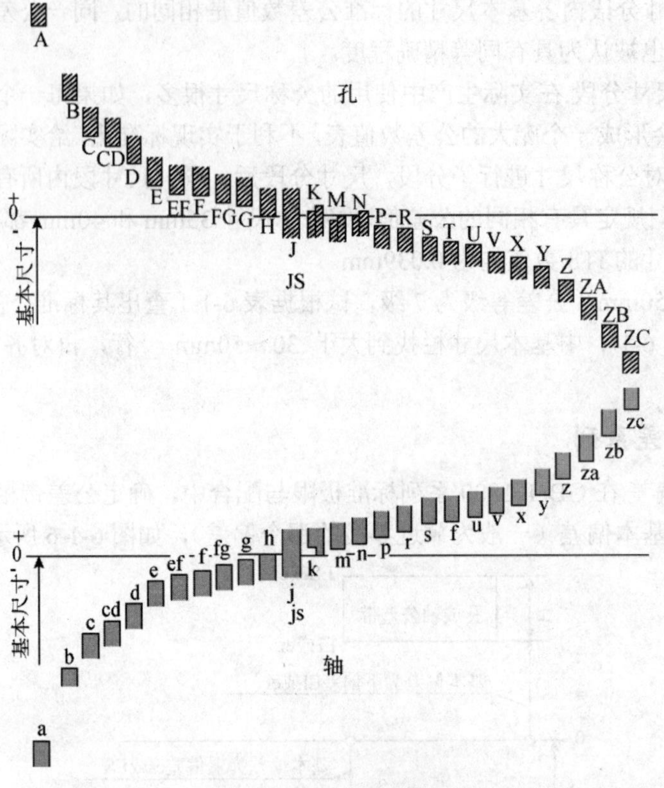

图 6-1-7　基本偏差系列

【例 4】试查表确定 Φ25H8/f7 配合中孔、轴的极限偏差，并计算极限尺寸和公差，画出公差带图。判断配合类型，并求出配合的极限间隙或极限过盈及配合公差。

【解】根据孔 Φ25H8，查表 6-1-1 可得 T_h=0.033mm；查附表 B 可得 EI=0mm。

根据轴 Φ25f7，查表 6-1-1 可得 T_S=0.021mm；查附表 A 可得 es=－0.020mm。

因为 $T_h = ES - EI$，所以 $ES = T_h + EI = 0.033 + 0 = +0.033\text{mm}$

因为 $T_s = es - ei$，所以 $ei = es - T_s = -0.020 - 0.021 = -0.041\text{mm}$

由此可得孔：$\Phi 25_{0}^{+0.033} H8$，轴：$\Phi 25_{-0.041}^{-0.020} f7$

公差带图如下：

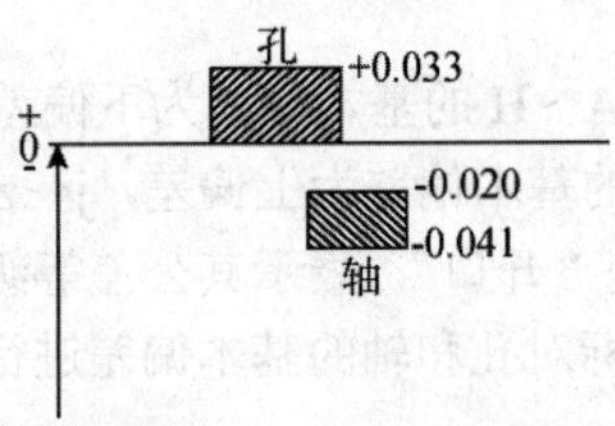

由公差带图可知该孔、轴的配合属于间隙配合。

$X_{max} = ES - ei = 0.033 - (-0.041) = 0.074\text{mm}$

$$X_{min} = EI - es = 0 - (-0.020) = 0.020\text{mm}$$

$$T_f = T_h + T_S = 0.033 + 0.021 = 0.054\text{mm}$$

3. 基准制

如前所述，变更孔、轴公差带相对位置，可以组成不同性质、不同松紧程度的配合，为简化起见，无需孔、轴公差带同时变更，只要固定一个，变动另一个，便可以满足不同使用性能要求的配合，且获得良好的经济效益。为了以尽可能少的标准公差带形成最多种的配合，标准规定了两种基准制：基孔制和基轴制。如有特殊需要，允许将任一孔、轴公差带组成配合。孔、轴尺寸公差代号用基本偏差代号与公差等级代号组成。

（1）基孔制。基本偏差为一定的孔的公差带，与不同基本偏差的轴的公差带形成各种配合的一种制度。在基孔制配合中选作基准的孔称为基准孔，国家标准选下偏差为零的孔作基准孔（代号 H）。基孔制配合如图 6-1-8a 所示。

（2）基轴制。基本偏差为一定的轴的公差带，与不同基本偏差的孔的公差带形成各种配合的一种制度。在基轴制配合中选作基准的轴称为基准轴，国家标准选上偏差为零的轴作基准轴(代号 h)。基轴制配合如图 6-1-8b 所示。

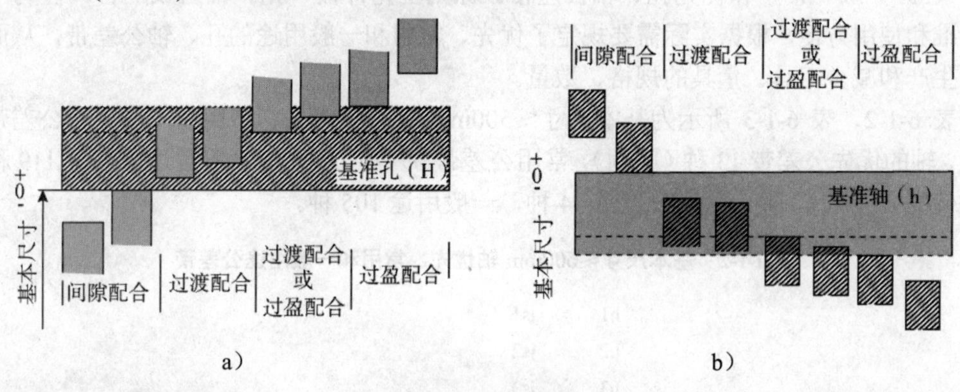

图 6-1-8　配合制

a）基孔制；b）基轴制

三、极限与配合的代号

1. 尺寸公差带

（1）公差带代号的组成。孔、轴公差带代号由基本偏差代号和公差等级数字组成，并要求用同一号字体书写，如 *Φ*50H8 中 ，*Φ*50 表示公称尺寸，H 表示孔的基本偏差代号（表示公差带位置），8 表示公差等级为 8 级（表示公差带大小），H8 表示孔的公差带代号；如 *Φ*40k6 中，*Φ*40 表示公称尺寸，k 表示轴的基本偏差代号（表示公差带位置），6 表示公差等级为 6 级（表示公差带大小），k6 表示轴的公差带代号。

（2）尺寸公差带代号的标注。国家标准规定了尺寸公差带代号的标注方法有三种，如图 6-1-9 所示。

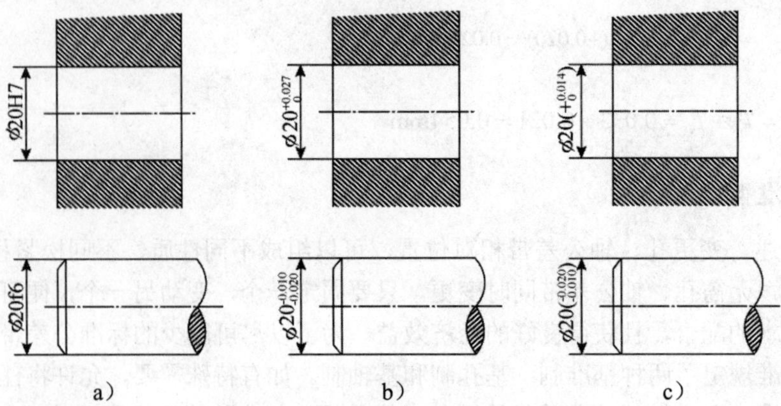

图 6-1-9　公差带的三种标注方法

- 只标注公差带代号，这种方法能清楚表示公差带的性质，如图 6-1-9a 所示；
- 只标注极限偏差数值，这种方法便于零件的加工，如图 6-1-9b 所示；
- 公差带代号与极限偏差数值一起标注，兼有上面两种标注方法的优点，但比较繁琐，如图 6-1-9c 所示。

（3）一般、常用和优先孔、轴公差带。原则上允许任一孔、轴组成配合。但为了简化标准和使用方便，根据实际需要规定了优先、常用和一般用途的孔、轴公差带，从而有利于生产和减少刀具、量具的规格、数量。

表 6-1-2、表 6-1-3 所示为基本尺寸≤500mm 孔、轴优先、常用和一般用途公差带。表中，轴的优先公差带 13 种（圆圈），常用公差带 59 种（方框），一般用途公差带 119 种；孔的优先公差带 13 种，常用公差带 44 种，一般用途 105 种。

表 6-1-2　基本尺寸≤500mm 轴优先、常用和一般用途公差带

a	b	c	d	e	f	g	h	j	js	k	m	n	p	r	s	t	u	v	x	y	z
							h1		js1												
							h2		js2												
							h3		js3												
						g4	h4		js4	k4	m4	n4	p4	r4	s4						
					f5	g5	h5	j5	js5	k5	m5	n5	p5	r5	s5	t5	u5	v5	x5		
				e6	f6	(g6)	(h6)	j6	js6	(k6)	m6	(n6)	p6	(r6)	s6	(t6)	u6	(v6)	x6	y6	z6
			d7	e7	(f7)	g7	(h7)	j7	js7	k7	m7	n7	p7	r7	s7	t7	u7	v7	x7	y7	z7
		c8	d8	e8	f8	g8	h8		js8	k8	m8	n8	p8	r8	s8	t8	u8	v8	x8	y8	z8
a9	b9	c9	(d9)	e9	f9		(h9)		js9												
a10	b10	c10	d10				h10		js10												
a11	b11	(c11)	d11				(h11)		js11												
a12	b12	c12					h12		js12												
a13	b13						h13		js13												

表 6-1-3　基本尺寸≤500mm 孔优先、常用和一般用途公差带

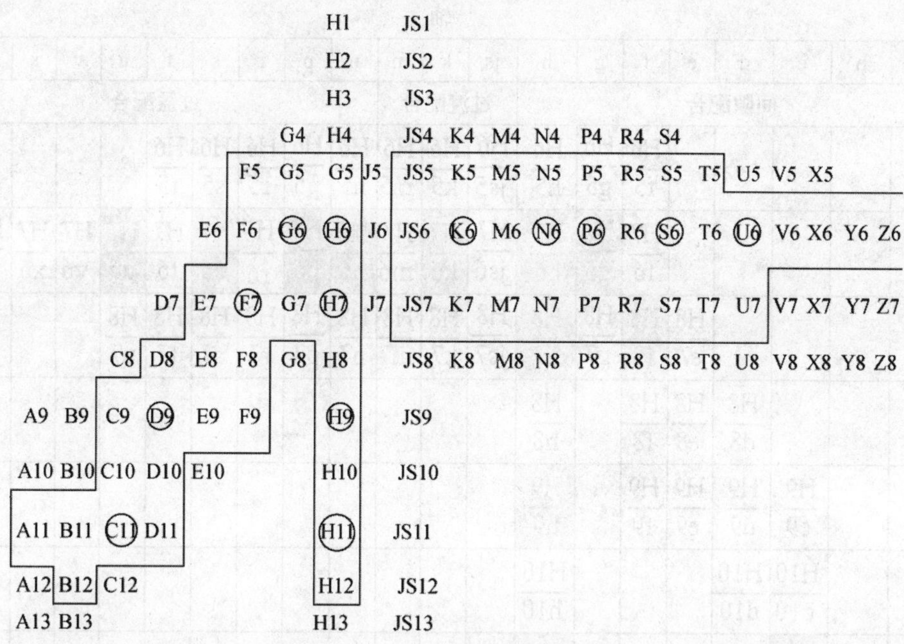

2. 配合公差带

（1）配合代号的组成。配合代号在标准中用孔公差带和轴公差带代号组合的形式表示，写成分数形式，其中分子部分代表孔的公差带代号，分母部分代表轴的公差带代号。例如：

$$\Phi 60\frac{\mathrm{H7}}{\mathrm{f6}}$$

其中：$\Phi 60$ 为公称尺寸；H7 为孔公差带代号（基准孔）；f6 为轴公差带代号。

（2）配合代号的标注。在装配图上标注极限与配合，一般采用图 6-1-10 的标注方法，通常分子中含 H 的为基孔制配合，分母中含 h 的为基轴制配合。

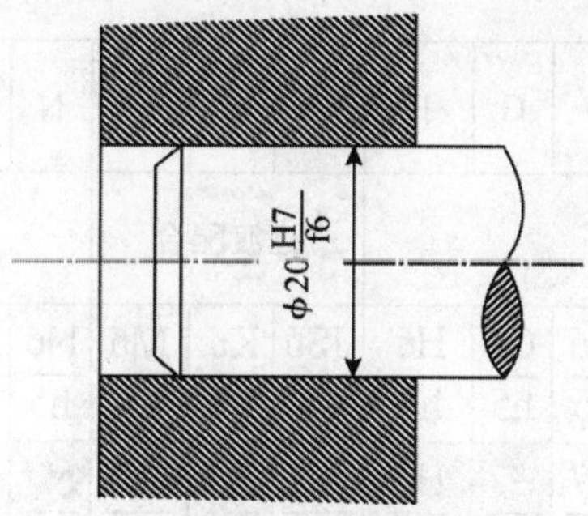

图 6-1-10　配合代号的标注

（3）常用和优先配合。孔、轴公差带进行组合可得 30 万种配合，远远超过了实际需要。现将尺寸小于等于 500 mm 范围内，对基孔制规定 13 种优先配合和 59 种常用配合，如表 6-1-4 所示；对基轴制规定了 13 种优先配合和 47 种常用配合，如表 6-1-5 所示。

表 6-1-4　基孔制优先和常用配合 (摘自 GB/T1801—1999)

基准孔	轴																				
	a	b	c	d	e	f	g	h	js	k	m	n	p	r	s	t	u	v	x	y	z
	间隙配合								过渡配合			过盈配合									
H6						$\frac{H6}{f5}$	$\frac{H6}{g5}$	$\frac{H6}{h5}$	$\frac{H6}{js5}$	$\frac{H6}{k5}$	$\frac{H6}{m5}$	$\frac{H6}{n5}$	$\frac{H6}{p5}$	$\frac{H6}{r5}$	$\frac{H6}{s5}$	$\frac{H6}{t5}$					
H7						$\frac{H7}{f6}$	$\frac{H7}{g6}$	$\frac{H7}{h6}$	$\frac{H7}{js6}$	$\frac{H7}{k6}$	$\frac{H7}{m6}$	$\frac{H7}{n6}$	$\frac{H7}{p6}$	$\frac{H7}{r6}$	$\frac{H7}{s6}$	$\frac{H7}{t6}$	$\frac{H7}{u6}$	$\frac{H7}{v6}$	$\frac{H7}{x6}$	$\frac{H7}{y6}$	$\frac{H7}{z6}$
H8					$\frac{H8}{e7}$	$\frac{H8}{f7}$	$\frac{H8}{g7}$	$\frac{H8}{h7}$	$\frac{H8}{js7}$	$\frac{H8}{k7}$	$\frac{H8}{m7}$	$\frac{H8}{n7}$	$\frac{H8}{p7}$	$\frac{H8}{r7}$	$\frac{H8}{s7}$	$\frac{H8}{t7}$	$\frac{H8}{u7}$				
H8				$\frac{H8}{d8}$	$\frac{H8}{e8}$	$\frac{H8}{f8}$		$\frac{H8}{h8}$													
H9			$\frac{H9}{c9}$	$\frac{H9}{d9}$	$\frac{H9}{e9}$	$\frac{H9}{f9}$		$\frac{H9}{h9}$													
H10			$\frac{H10}{c10}$	$\frac{H10}{d10}$				$\frac{H10}{h10}$													
H11	$\frac{H11}{a11}$	$\frac{H11}{b11}$	$\frac{H11}{c11}$	$\frac{H11}{d11}$				$\frac{H11}{h11}$													
H12		$\frac{H12}{b12}$						$\frac{H12}{h12}$													

注：① $\frac{H7}{n5}$、$\frac{H7}{p6}$ 在公称尺寸小于或等于 3mm 和 $\frac{H8}{r7}$ 在小于或等于 100mm 时，为过渡配合；

②标注“灰色”的配合为优先配合。

表 6-1-5　基轴制优先和常用配合 (摘自 GB/T1801—1999)

基准轴	孔																				
	A	B	C	D	E	F	G	H	JS	K	M	N	P	R	S	T	U	V	X	Y	Z
	间隙配合								过渡配合			过盈配合									
h5						$\frac{F6}{h5}$	$\frac{G6}{h5}$	$\frac{H6}{h5}$	$\frac{JS6}{h5}$	$\frac{K6}{h5}$	$\frac{M6}{h5}$	$\frac{N6}{h5}$	$\frac{P6}{h5}$	$\frac{R6}{h5}$	$\frac{S6}{h5}$	$\frac{T6}{h5}$					
h6						$\frac{F7}{h6}$	$\frac{G7}{h6}$	$\frac{H7}{h6}$	$\frac{JS7}{h6}$	$\frac{K7}{h6}$	$\frac{M7}{h6}$	$\frac{N7}{h6}$	$\frac{P7}{h6}$	$\frac{R7}{h6}$	$\frac{S7}{h6}$	$\frac{T7}{h6}$	$\frac{U7}{h6}$				
h7					$\frac{E8}{h7}$	$\frac{F8}{h7}$		$\frac{H8}{h7}$	$\frac{JS8}{h7}$	$\frac{K8}{h7}$	$\frac{M8}{h7}$	$\frac{N8}{h7}$									
h8				$\frac{D8}{h8}$	$\frac{E8}{h8}$	$\frac{F8}{h8}$		$\frac{H8}{h8}$													

（续表）

h9				$\frac{D9}{h9}$	$\frac{E9}{h9}$	$\frac{F9}{h9}$		$\frac{H9}{h9}$													
h10				$\frac{D10}{h10}$				$\frac{H10}{h10}$													
h11	$\frac{A11}{h11}$	$\frac{B11}{h11}$	$\frac{C11}{h11}$	$\frac{D11}{h11}$				$\frac{H11}{h11}$													
h12		$\frac{B12}{h12}$						$\frac{H12}{h12}$													

注：① $\frac{H7}{n5}$、$\frac{H7}{p6}$ 在公称尺寸小于或等于 3mm 和 $\frac{H8}{r7}$ 在小于或等于 100mm 时，为过渡配合；

②标注“灰色”的配合为优先配合。

四、极限与配合的选择

在机械制造中，合理地选择公差带与配合是非常重要的，它对提高产品性能和质量，降低制造成本都有非常重要的意义。极限与配合的选择就是配合制、公差等级和配合种类的选择。在实际工作中，三者是有机联系、同时进行的。

1. 配合制的选择

（1）一般情况下，优先采用基孔制。

（2）有些情况下选择基轴制。如：

①用冷拉钢制圆柱型材制作光轴作为基准轴。这一类圆柱型材的规格已标准化，尺寸公差等级一般为 IT7～IT9。它作为基准轴，轴径可以免去外圆的切削加工，只要按照不同的配合性质来加工孔，可实现技术与经济的最佳效果；

②与标准件或标准部件配合（如键、销、轴承等），应以标准件为基准件来确定用基孔制还是基轴制。

滚动轴承外圈与箱体孔的配合应采用基轴制，滚动轴承内圈与轴的配合应采用基孔制，如图 6-1-11 所示。

③所谓“一轴多孔”指一轴与两个或两个以上的孔组成配合。如图 6-1-12 所示内燃机中活塞销与活塞孔及连杆套孔的配合，它们组成三处两种性质的配合。图 6-1-12 中采用基孔配合制，轴为阶梯轴，且两头大中间小，既不便加工，也不便装配。

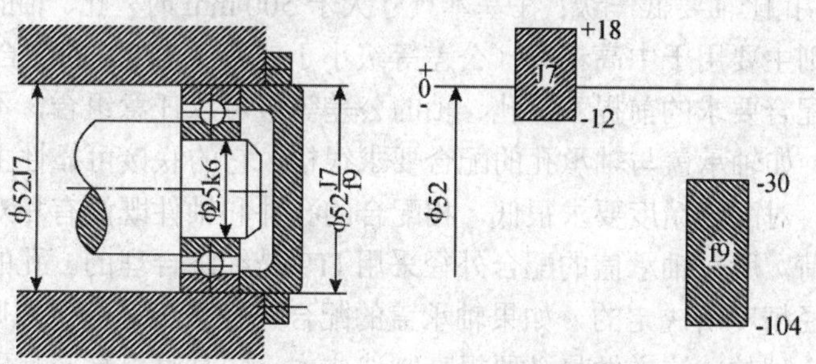

图 6-1-11　配合制的选择示例

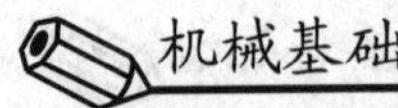

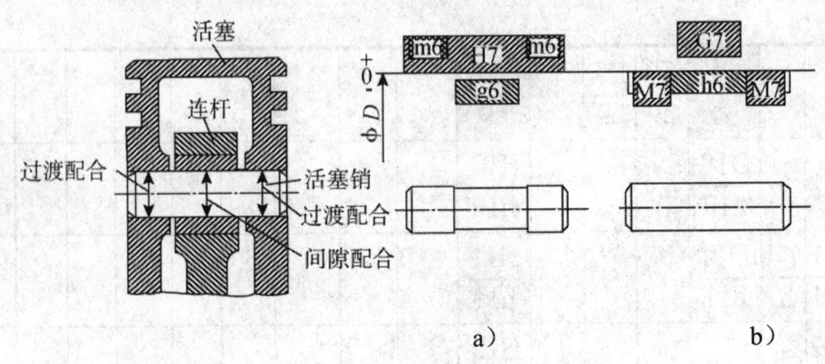

图 6-1-12　配合制的选择示例

a）不合理；b）合理

（3）特殊情况可以采用非基准制。

为了满足配合的特殊需要，允许采用非基准制配合，即采用任一孔、轴公差带（基本偏差代号非 H 的孔或 h 的轴）组成的配合。

2. 公差等级的选择

（1）公差等级的选择原则。选择公差等级就是解决制造精度与制造成本之间的矛盾。在满足使用性能的前提下，尽量选取较低的公差等级。

所谓“较低的公差等级”是指：假如 IT7 级以上（含 IT7）的公差等级均能满足使用性能要求，那么，选择 IT7 级为宜。它既保证使用性能，又可获得最佳的经济效益。

（2）公差等级的选择方法。

①类比法（经验法）。类比法是参考经过实践证明合理的类似产品的公差等级，将所设计的机械（机构、产品）的使用性能、工作条件、加工工艺装备等情况与之进行比较，从而确定合理的公差等级。对初学者来说，多采用类比法，此法主要是通过查阅有关的参考资料、手册，并进行分析比较后确定公差等级。类比法多用于一般要求的配合。

②计算法计算法是指根据一定的理论和计算公式计算后，再根据尺寸公差与配合的标准确定合理的公差等级。即根据工作条件和使用性能要求确定配合部位的间隙或过盈允许的界限，然后通过计算法确定相配合的孔、轴的公差等级。计算法多用于重要的配合。

（3）确定公差等级应考虑的几个问题。

- 一般的非配合尺寸要比配合尺寸的公差等级低。
- 遵守工艺等价原则——孔、轴的加工难易程度相当，在基本尺寸等于或小于 500 mm 时，孔比轴要低一级；在基本尺寸大于 500 mm 时，孔、轴的公差等级相同。这一原则主要用于中高精度（公差等级小于或等于 IT8）的配合。
- 在满足配合要求的前提下，孔、轴的公差等级可以任意组合，不受工艺等价原则的限制。如轴承盖与轴承孔的配合要求很松，它的联接可靠性主要是靠螺钉联接来保证。对配合精度要求很低，相配合的孔件和轴件既没有相对运动，又不承受外界负荷，所以轴承盖的配合外径采用 IT9 是经济合理的。孔的公差等级是由轴承的外径精度所决定的，如果轴承盖的配合外径按工艺等价原则采用 IT6，则反而是不合理的。这样做势必要提高制造成本，同时对提高产品质量又起不到任何作用。

- 与标准件配合的零件，其公差等级由标准件的精度要求所决定。如与轴承配合的孔和轴，其公差等级由轴承的精度等级来决定。与齿轮孔相配的轴，其配合部位的公差等级由齿轮的精度等级所决定。
- 用类比法确定公差等级时，一定要查明各公差等级的应用范围和公差等级的选择实例，如表 6-1-6 和表 6-1-7 所示。

表 6-1-6 公差等级的应用

公差等级 / 应用	01	0	1	2	3	4	5	6	7	8	9	10	11	12	13	14	15	16	17	18
块规	—	—	—																	
量规			—	—	—	—	—	—	—	—										
配合尺寸							—	—	—	—	—	—	—	—						
特别精密零件				—	—	—	—	—												
非配合尺寸														—	—	—	—	—	—	—
原材料										—	—	—	—	—	—	—				

表 6-1-7 公差等级的应用范围

公差等级	应用
5 级	主要用在配合公差，形状公差要求很小的地方，它的配合性质稳定，一般在机床、发动机、仪表等重要部位应用。如：与 D 级滚动轴承配合的箱体孔；与 E 级滚动轴承配合的机床主轴，机床尾架与套筒，精密机械及高速机械中轴径，精密丝杠轴径等
6 级	配合性质达到较高的均匀性，如：与 E 级滚动轴承相配合的孔、轴径；与齿轮、蜗轮、联轴器、带轮、凸轮等连接的轴径，机床丝杠轴径；摇臂钻立柱；机床夹具中导向件外径尺寸；6 级精度齿轮的基准孔，7、8 级精度齿轮基准轴径
7 级	7 级精度比 6 级稍低，应用条件与 6 级基本相似，在一般机械制造中应用较为普遍。如：联轴器、带轮、凸轮等孔径；机床夹盘座孔，夹具中固定钻套，可换钻套；7、8 级齿轮基准孔，9、10 级齿轮基准轴
8 级	在机械制造中属于中等精度。如：轴承座衬套沿宽度方向尺寸，9、10 级齿轮基准孔；11、12 级齿轮基准轴
9 级 10 级	主要用于机械制造中轴套外径与孔；操纵件与轴；空轴带轮与轴；单键与花键

（续表）

公差等级	应　　用
11 级 12 级	配合精度很低，装配后可能产生很大间隙，适用于基本上没有什么配合要求的场合。如：机床上法兰盘与止口；滑块与滑移齿轮；加工中工序间尺寸；冲压加工的配合件；机床制造中的扳手孔与扳手座的连接

➢ 在满足设计要求的前提下，应尽量考虑工艺的可能性和经济性。各种加工方法所能达到的精度如表 6-1-8 所示。

表 6-1-8　各种加工方法的加工精度

加工方法＼公差等级	01	0	1	2	3	4	5	6	7	8	9	10	11	12	13	14	15	16	17	18
研磨	—	—	—	—	—	—	—	—												
圆磨							—	—	—	—										
平磨							—	—	—	—										
拉削							—	—	—	—										
铰孔								—	—	—	—	—	—							
车									—	—	—	—	—							
镗									—	—	—	—	—							
铣										—	—	—	—							
刨、插												—	—							
钻削												—	—	—	—					
冲压												—	—	—	—	—				
压铸													—	—	—	—				
粉末冶金成型								—	—	—	—									
砂型铸造、气割																		—		
锻造																	—			

3. 配合的选择

配合有间隙配合、过渡配合和过盈配合三种，选择哪一种配合类型，应根据孔、轴配合的使用要求而定，配合类型选择的方向如表 6-1-9 所示。

表 6-1-9　配合类型选择的方向

结合件的工作情况		配合类型
有相对运动	只有移动	间隙较小的间隙配合
	转动或与移动的复合运动	间隙较大的间隙配合

（续表）

<table>
<tr><td rowspan="4">无相对运动</td><td rowspan="3">传递扭矩</td><td rowspan="2">要求精确同轴</td><td>永久结合</td><td>过盈配合</td></tr>
<tr><td>可拆结合</td><td>过渡配合或间隙最小的间隙配合加紧固件</td></tr>
<tr><td colspan="2">不需要精确同轴</td><td>间隙较小的间隙配合加紧固件</td></tr>
<tr><td colspan="3">不传递扭矩</td><td>过渡配合或过盈小的过盈配合</td></tr>
</table>

确定配合种类后，尽可能选择优先配合，其次是常用配合，再次是一般配合。如果仍不能满足要求，可选择其他配合。尺寸小于或等于 500mm 基孔制常用和优先配合的特征及应用举例如表 6-1-10 所示。

表 6-1-10 尺寸≤500mm 基孔制常用和优先配合的特征及应用

配合类别	配合代号	应 用
间隙配合	H11/c11	间隙非常大，用于装配很松的、转动很慢的动配合；要求大公差与大间隙的外露组件；要求装配方便的很松的配合
	H9/d9	间隙很大的自由转动配合，用于精度非主要要求时，或有大的温度变化、高转速或大的轴颈压力时的配合
	H8/f7	间隙不大的转动配合，用于中等转速与中等轴颈压力的精确转动；也用于装配容易的中等定位配合
	H7/g6	间隙很小的滑动配合，用于不希望自由转动，但可自由移动和滑动并精密定位的配合；也可用于要求明确的定位配合
	H7/h6 、H8/h7 、H9/h9	均为间隙定位配合，零件可自由装拆，而工作时一般相对静止不动。在最大实体条件下的间隙为零，在最小实体条件下的间隙由公差等级决定
过渡配合	H7/k6	用于精密定位配合
	H7/n6	允许有较大过盈的更精密定位配合
过盈配合	H7/p6	过盈定位配合，既小过盈配合，用于定位精度特别重要时，能以最好的定位精度达到部件的刚性及对中性要求，而对内孔承受压力无特殊要求，不依靠配合的紧固性传递摩擦负荷的配合
	H7/s6	中等压入配合，适用于一般钢件，或用于薄壁件的冷缩配合，用于铸铁件可得到最紧的配合
	H7/u6	压入配合，适用于可以承受高压入力的零件，或不易承受大压入力的冷缩配合

五、线性尺寸的一般公差

一般公差是指在车间一般加工条件下可保证的公差，是机床设备在正常维护和操作情况下，能达到的经济加工精度。采用一般公差时，在该尺寸后不标注极限偏差或其他代号，所以也称未注公差。

一般公差主要用于较低精度的非配合尺寸。当功能上允许的公差大于或等于一般公差时，均应采用一般公差；当要素的功能允许比一般公差大的公差，且注出更为经济时，如装配所钻盲孔的深度，则相应的极限偏差值要在尺寸后注出。在正常情况下，一般可不必检验。一般公差适用于金属切削加工的尺寸，一般冲压加工的尺寸。对非金属材料和其他工艺方法加工的尺寸亦可参照采用。

在 GB/T1804－2000 中，规定了四个公差等级，其线性尺寸一般公差的公差等级及其极限偏差数值如表 6-1-11 所示。采用一般公差时，在图样上不标注公差，但应在技术要求中做相应注明，例如选用中等级 m 时，表示为 GB/T1804－m。

表 6-1-11　线性尺寸的未注极限偏差的数值（摘自 GB/T1804—2000）　单位：mm

公差等级	尺寸分段							
	0.5～3	＞3～6	＞6～30	＞30～120	＞120～400	＞400～1000	＞1000～2000	＞2000～4000
f(精密级)	±0.5	±0.05	±0.1	±0.15	±0.2	±0.3	±0.5	—
m(中等级)	±0.1	±0.1	±0.2	±0.3	±0.5	±0.8	±1.2	±2
c(粗糙级)	±0.2	±0.3	±0.5	±0.8	±1.2	±2	±3	±4
v(最粗级)	—	±0.5	±1	±1.5	±2.5	±4	±6	±8

任务二　几何公差

【知识目标】

- 掌握几何公差在图样上的标注方法；
- 理解常用几何公差带的含义；
- 了解几何公差的选择原则。

【知识点】

- 几何公差标注方法；
- 几何公差带；
- 几何公差的选择。

【相关链接】

在孔和轴的制造过程中，不可避免的会产生误差，这样实际制造的零件和标准值之间就会存在一个数值，数值的允许变动范围就是公差。对于机械制造来说，制定公差的目的就是为了确定产品的几何参数，使其变动量在一定的范围之内，以便达到互换或配合的要求。几何参数的公差有尺寸公差、形状公差、位置公差等。如图是铁路内燃机车上常见的柴油机喷油泵凸轮轴，凸轮转动，改变喷油泵的喷油量，来进行油量调节。其中凸轮的制造公差等级一般为6~7级，使得配合性质能达到较高的均匀性。

【知识拓展】

一、几何公差概述

在零件加工过程中，不仅会产生尺寸误差，也会出现形状、方向、位置和跳动的误差，如加工轴时可能会出现轴线弯曲成一头粗、一头细的现象，这种现象属于零件形状误差。如图6-2-1a所示，为了保证Φ12轴的工作质量，除了注出直径的尺寸公差（$\Phi 12^{-0.006}_{-0.017}$）外，还需要标注轴线的形状公差[— | φ0.006]，这个代号表示实际轴线直线度误差，必须控制在直径Φ0.006mm的圆柱面内。如图6-2-1b所示，箱体上两个孔是安装锥齿轮轴的孔，如果两孔轴线歪斜太大，就会影响锥齿轮的啮合传动。为了保证正常的啮合，应该使两孔轴线保持一定的垂直位置，所以要注上方向公差——垂直度要求，图中[⊥ | 0.05 | A]说明一个孔的轴线，必须位于距离为0.05mm且垂直于另一个孔的轴线的两平行平面之间。上述两个实例就属于几何公差。

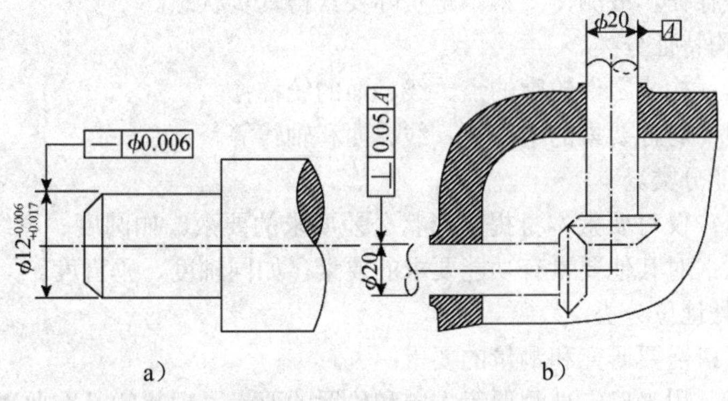

图6-2-1 形位公差示例

由于结合公差的误差过大，会影响机器的工作性能，因此对精度要求高的零件，除了应保证尺寸精度外，还应控制其形状、方向、位置、跳动公差。形状、方向、位置、跳动公差合称几何公差，是指零件的实际形状和实际位置对理想形状和理想位置所允许的最大变动量。

形位误差对机器或仪表的使用性能有很大影响。例如：圆柱表面的形状误差，在间隙配合中，会使间隙大小分布不均，造成局部磨损加快，降低零件的使用寿命，甚至无法装配；在过盈配合中，造成各处过盈量不一致而影响联接强度，甚至无法装配，如图6-2-2

所示。

轴、孔的轴线不同轴时，也会影响正常装配，如图 6-2-3 所示。平面的形状误差会减小相互配合零件的实际支撑面积，增大单位面积压力，使接触表面的变形增大。

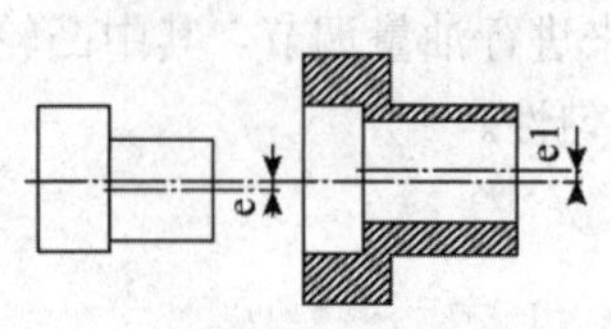

图 6-2-2　形位公差示例

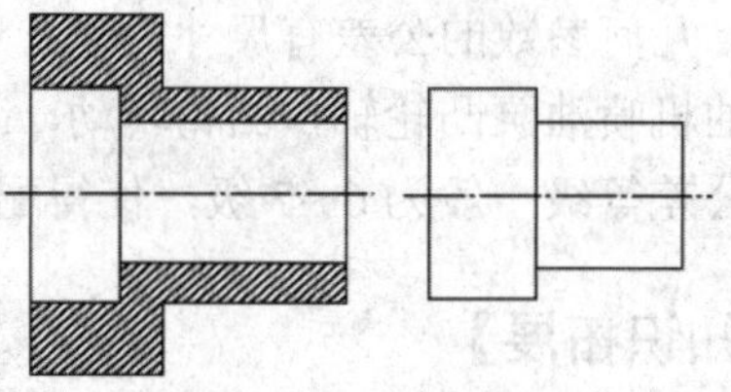

图 6-2-3　形位公差示例

机床导轨表面的直线度、平面度误差将影响刀架的运动精度，齿轮箱上各轴承孔的位置误差将影响齿面的接触均匀性和齿侧间隙等。

由上述分析可以得出如下基本结论：零件的形位误差影响零件的使用功能、工作精度和寿命，是评定机械产品质量的重要指标之一。

1. 研究对象及分类

几何要素是形位误差的研究对象。构成零件特征的点、线、面统称为几何要素。几何要素根据特征不同，有四种分类方法。

（1）按存在状态分类。

①理想要素：具有几何学意义的要素。没有误差。设计时图样上给定的要素均为理想要素；

②实际要素：零件上实际存在的要素。因加工误差存在，故实际要素总是偏离理想要素；因测量误差存在，故测得要素不是实际要素得真实状态。

（2）按结构特征分类。

①轮廓要素：构成零件轮廓的点、线、面的统称；

②中心要素：对称要素的中心点、线、面和轴线等。

（3）按功能分类。

①单一要素：仅对要素本身提出形状公差要求的要素。如圆度、直线度、圆柱度等；

②关联要素：对其他要素有功能要求的要素。如同轴度、垂直度。

（4）按所处地位分类。

①被测要素：需要研究和测量的要素；

②基准要素：用来确定被测要素方向和位置的要素。理想的基准要素称为基准。

2. 几何公差项目及符号

几何公差代号包括：形位公差框格、指引线和基准组成，如图 6-2-4 所示。

（1）公差框格。几何公差代号的框格分为两个或多格。框格从左到右填写以下内容：

第一格——特征项目符号；

第二格——公差数值和有关符号；

第三格和以后各格——基准字母和有关符号。

形状公差没有基准，所以形状公差的代号只有两个框格，而位置、方向、跳动公差的框格可以是三格或多格。

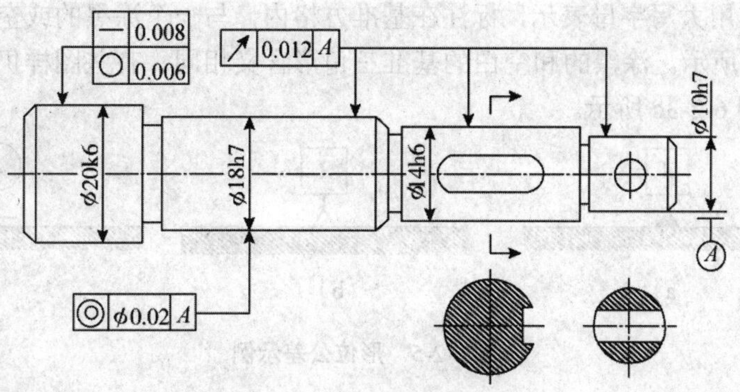

图 6-2-4 形位公差示例

在形位公差代号的第一格框格中填写的是形位公差的特征项目符号。标准规定形状和位置公差共有 14 个项目，其中形状公差 4 个项目，形状或位置公差 2 个项目，位置公差 8 个项目。各个公差特征项目的名称和符号如表 6-2-1 所示。

表 6-2-1 几何公差的几何特征符号

公差类型	几何特征	符号	有无基准
形状公差	直线度	u	无
	平面度	c	无
	圆度	e	无
	圆柱度	g	无
	线轮廓度	k	无
	面轮廓度	d	无
方向公差	平行度	f	有
	垂直度	b	有
	倾斜度	a	有
	线轮廓度	k	有
	面轮廓度	d	有
位置公差	位置度	j	有或无
	同轴度（用于中心点）	r	有
	同轴度（用于轴线）	r	有
	对称度	i	有
	线轮廓度	k	有
	面轮廓度	d	有
跳动公差	圆跳动	h	有
	全跳动	t	有

（2）指引线。形状公差代号的指引线，指向零件的几何要素。指引线一端从公差框格中间平行引出，另一端带有箭头且垂直直线被测要素，指引线最多允许弯折两次。

（3）基准。对于有方向公差、位置公差或跳动公差要求的被测要素，在图样上必须标明基准。基准用大写字母表示，标注在基准方格内，与一个涂黑的或空白的三角形相连如图 6-2-5a、b 所示。涂黑的和空白的基准三角形含义相同。有些图样仍然采用旧标准的基准符号，如图 6-2-3c 所示。

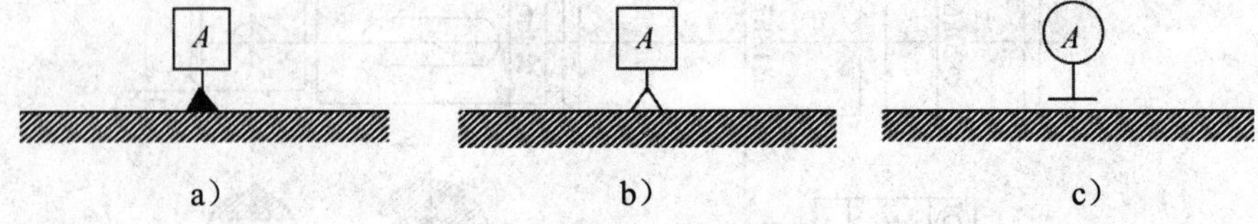

图 6-2-5　形位公差示例

二、几何公差的标注

1. 被测要素的标注

被测要素是给出形状或（和）位置公差要求的要素，其标注方法是用带箭头的指引线将被测要素与公差框格的一端相连。指引线的箭头应指向公差带的宽度方向或直径方向

（1）被测要素为轮廓要素：被测要素为轮廓要素（直线或表面）时，指引线箭头指在该要素的轮廓线或延长线上，并明显地与尺寸线错开，如图 6-2-6 所示。

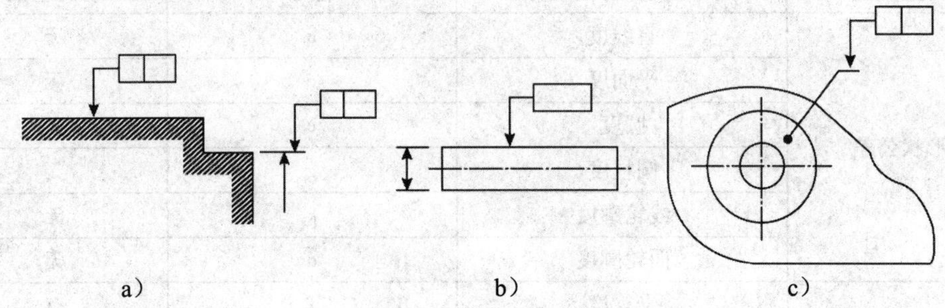

图 6-2-6　被测要素为轮廓要素

（2）被测要素为中心要素：被测要素为中心要素（轴线、球心、或中心平面）时，指引线箭头应与该要素的尺寸线对齐，如图 6-2-7 所示。

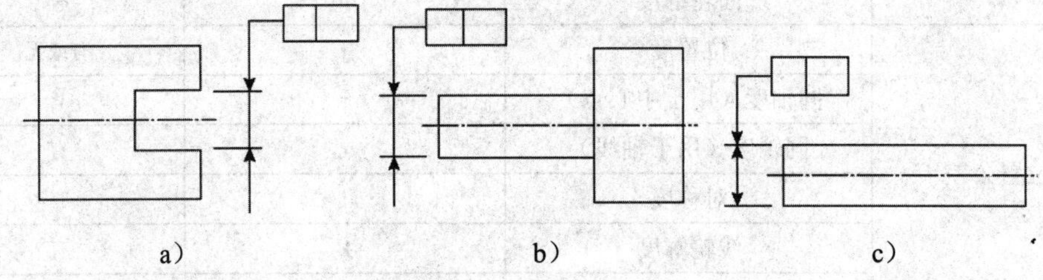

图 6-2-7　被测要素为中心要素

当同一被测要素有多个几何公差要求，其标注方法有一致时，可将一个框格放在另一个框格的下方，用一条指引线指向被测要素，如图 6-2-8 所示的直线度和圆度。

当多个被测要素有相同的几何公差要求时，可以从框格指引线上画出多个箭头，分别指向各被测要素。

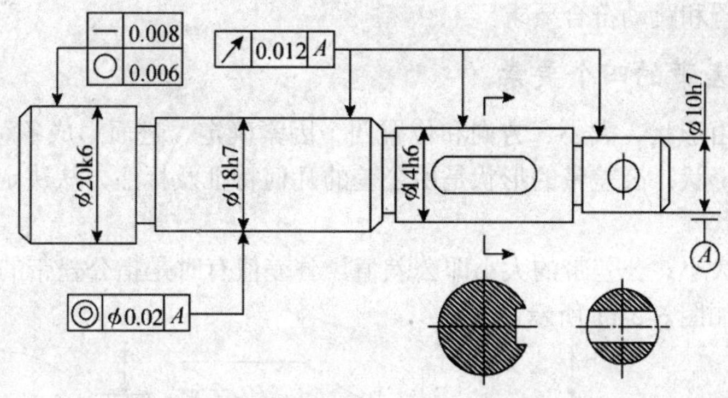

图 6-2-8　测要素

2. 准要素的标注

基准要素是用来确定被测要素方向或位置的要素。

（1）基准要素为轮廓要素：当基准要素为轮廓要素(素线或表面)时，基准符号应靠近该要素的轮廓线或延长线标注，并明显地与尺寸错开，如图 6-2-9 所示。

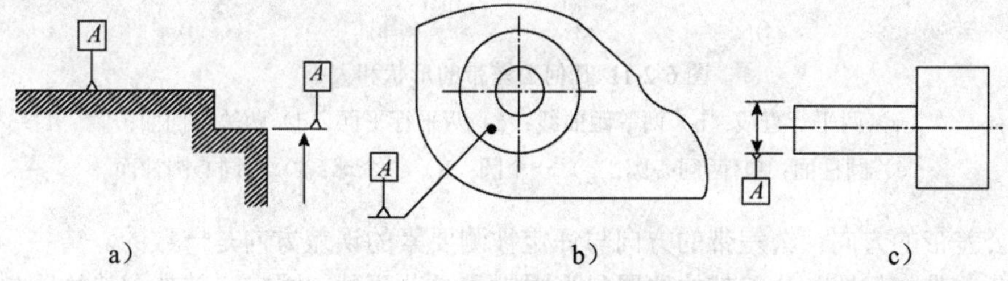

图 6-2-9　准要素为轮廓要素

（2）基准要素为中心要素：当基准要素为中心要素(轴线、球心或中心平面)时，基准符号应与该要素的尺寸线对齐，如图 6-2-10 所示。

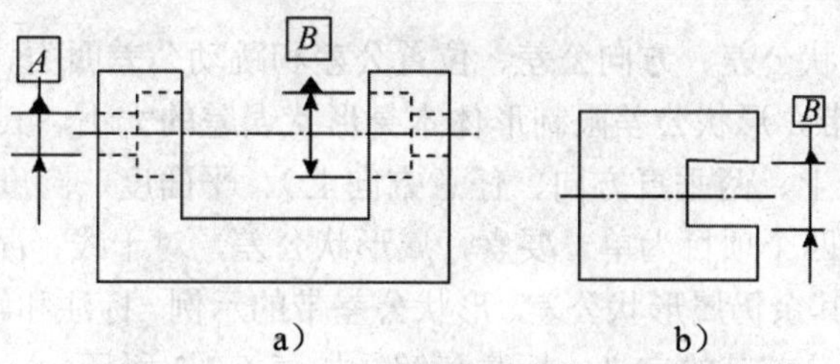

图 6-2-10　准要素为中心要素

三、几何公差带

零件表面的实际要素相对于理想形状和理想位置的变动量，就是形状、方向、位置和跳动误差。变动量越大，误差越大。允许形状、方向、位置和跳动误差的变动量，称为几何公差。

几何公差带是用来限制被测要素变动的区域。由于被测要素具有一定的几何形状，因此几何公差带也是一个几何图形，只要被测要素完全在给定的公差带内，就表示该要素的形状、方向、位置和跳动符合要求。

1. 几何公差带的四个要素

几何公差带由形状、大小、方向和位置四个因素确定，进而形成各种公差带的形式。

①公差带的形状：公差带的形状是由公差的几何特征及标注方法决定的，如图 6-2-11 所示。

②公差带的大小：公差带的大小即公差值。公差值有时是指公差带的宽度，有时是指公差带的直径，如图 6-2-11 所示。

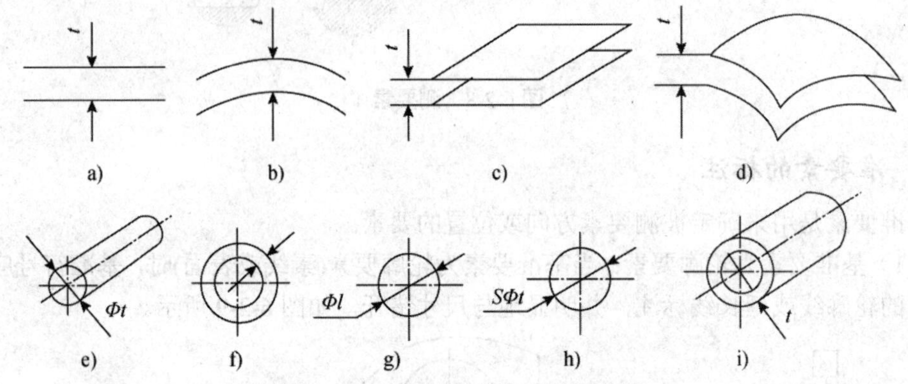

图 6-2-11 几何公差带的形状和大小

a）两平行直线；b）两等距曲线；c）两平行平面；d）两等距曲面；

e）圆柱面；f）两同心圆；g）一个圆；h）一个球；i）两同心圆柱面

③公差带的方向：公差带的方向与评定被测要素的误差方向是一致的。

④公差带的位置：公差带的位置分为固定和浮动两种。固定公差带，其位置与零件实际尺寸的大小无关，如同轴度、对称度、部分位置度和轮廓度等公差；浮动公差带，其位置随着零件实际尺寸的变化而发生变动，大部分几何公差带均为位置公差。

2. 几何公差带的特点

几何公差包括形状公差、方向公差、位置公差和跳动公差四类。

（1）形状公差带。形状公差限制形体本身形状误差的大小，其中直线度（分为在给定平面内、给定方向上、两垂直方向、任意方向上）、平面度、圆度（圆柱体的圆度、圆锥体圆度）和圆柱度四个项目为单一要素，属形状公差，对于线、面轮廓度中有基准要求的应看作位置公差，其余仍属形状公差。形状公差带的示例、标注和解释如表 6-2-2 所示；线轮廓度、面轮廓度公差带的定义、标注和解释如表 6-2-3 所示。

表 6-2-2 形状公差带的定义、标注和解释

符号	标注示例	公差带图	识读与解释
U	− 0.1	t	上表面的直线度公差为 0.1；在任意平行于正投影面的平面内，上表面的实际线应限定在间距等于 0.1 的两平行直线之间

（续表）

符号	标注示例	公差带图	识读与解释
	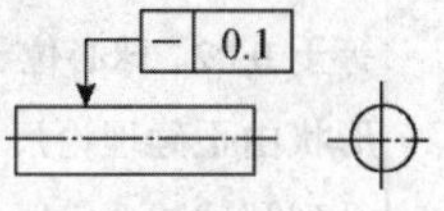	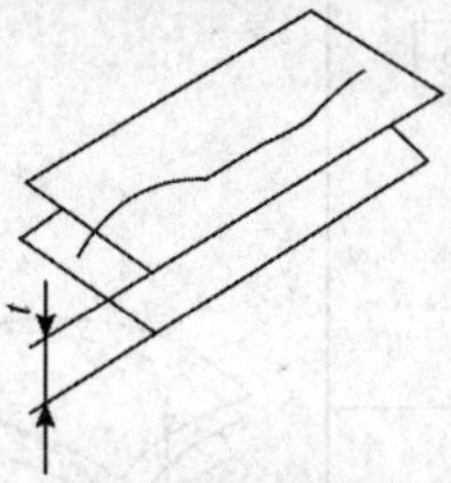	被测圆柱面任一素线的直线度公差为 0.1；被测圆柱面的任一素线必须位于距离为公差值 0.1 的两平行平面之内
	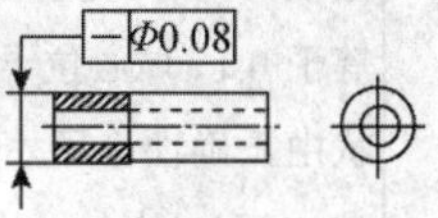	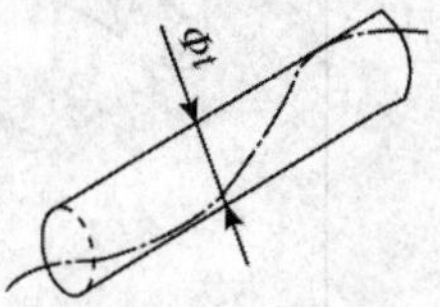	被测圆柱面的轴线的直线度公差为 φ0.8；外圆柱面的实际轴线应限定在直径为 φ0.8 的圆柱面内
c	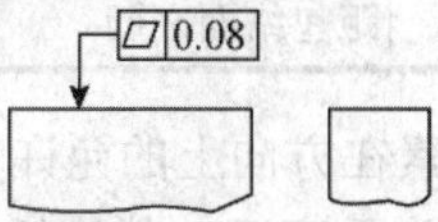	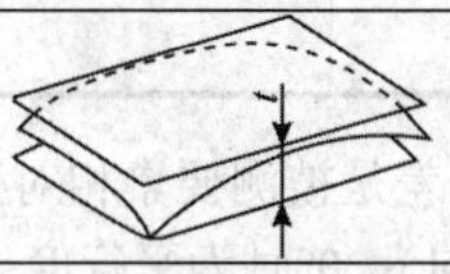	上表面的平面度公差为 0.08；实际表面应限定在间距为 0.08 的两平行平面之间
e	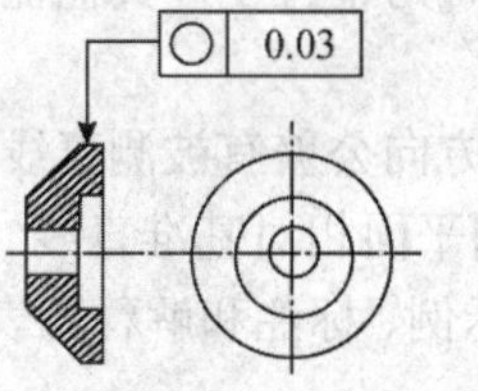	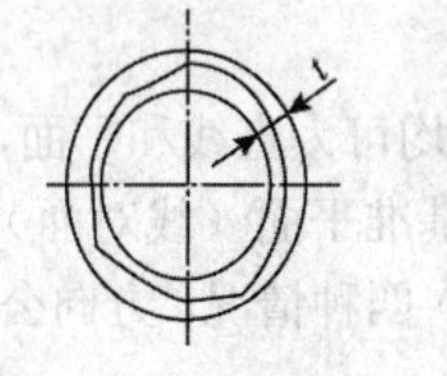	圆柱面任意正截面的圆周的圆度公差为 0.03；被测圆柱面任意正截面的圆周必须位于半径为公差值 0.03 的两同心圆之间
g	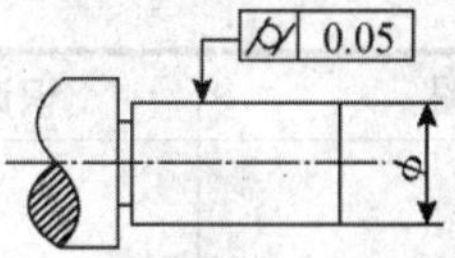	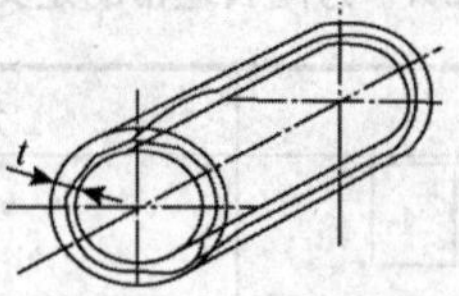	圆柱的圆柱度公差为 0.1；实际圆柱面应限定在半径差等于 0.1 的两同轴圆柱面之间

表 6-2-3　线轮廓度、面轮廓度公差带的定义、标注和解释

符号	标注示例	公差带图	识读与解释
k	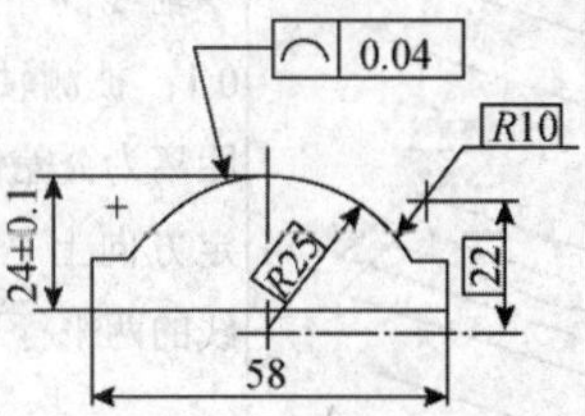		曲线的线轮廓度公差为 0.04（无基准）；在任一平行于正投影面的截面内，实际轮廓线应限定在直径等于 0.04、圆心位于理想曲线（其形状由正确理论尺寸确定）上的一系列圆的两包络线之间
	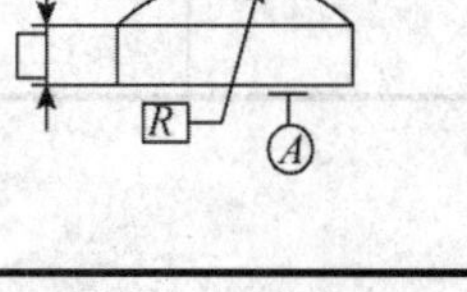		曲线的线轮廓度公差为 0.04（有基准）；任一平行于正投影面的截面内，实际轮廓线应限定在直径等于 0.04、圆心位于理想曲线（其形状由正确理论尺寸确定，位置由基准 A 和基准 B 确定）上的一系列圆的两包络线之间

（续表）

符号	标注示例	公差带图	识读与解释
d	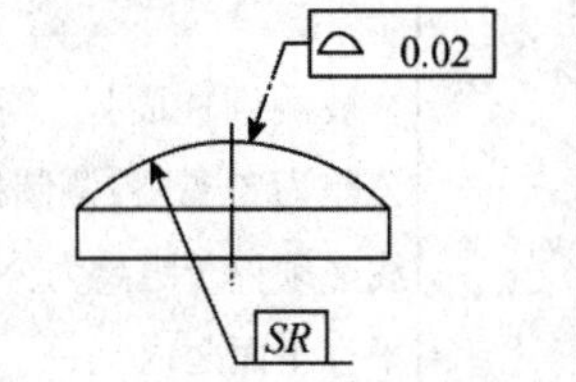	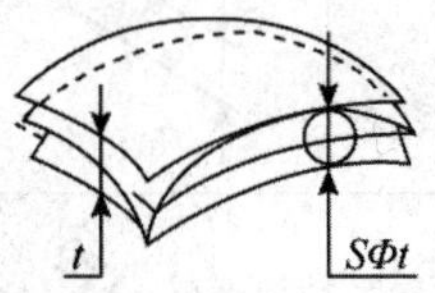	曲面的面轮廓度公差为 0.02（无基准）；实际轮廓面应限定在直径等于 0.02、球心位于理想曲面（其形状由正确理论尺寸确定）上的一系列圆球的两等距包络面之间
	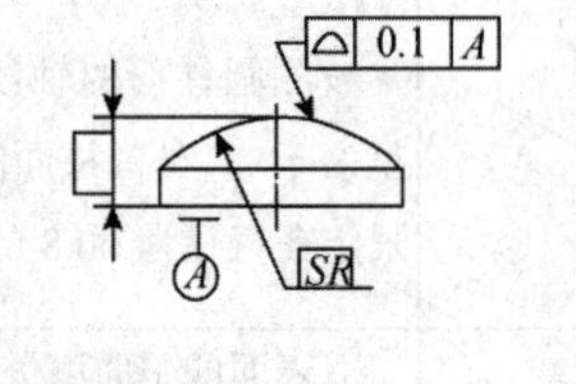		曲面的面轮廓度公差为 0.1（有基准）；实际轮廓面应限定在直径等于 0.1、球心位于理想曲面(其形状由正确理论尺寸确定，位置由基准 A 确定)上的一系列圆球的两等距包络面之间

（3）方向公差带。方向公差是被测要素相对基准要素在方向上的允许变动量。被测要素相对于基准要素的理想方向为 0°时为平行度；90°时为垂直度；其他任意角度均为倾斜度。

由于被测要素和基准要素均可为直线和平面，因此方向公差有被测直线相对基准直线（线对线）、被测直线相对于基准平面（线对面）、被测平面相对基准直线（面对线）、被测平面相对基准平面（面对面）四种情况。方向公差带示例、标注和解释如表 6-2-4 所示。

表 6-2-4　方向公差带的定义、标注和解释

符号	标注示例	公差带图	识读与解释
f（线对线）	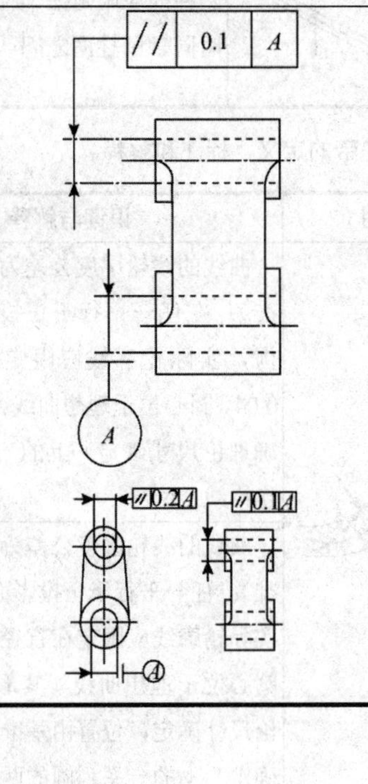	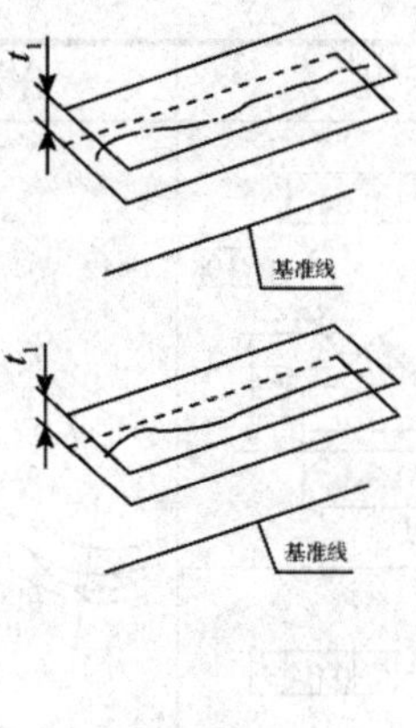	轴线的平行度公差为 0.1；被测轴线必须位于距离为公差值 0.1 且在给定方向上平行于基准轴线的两平行平面之间

（续表）

符号	标注示例	公差带图	识读与解释
	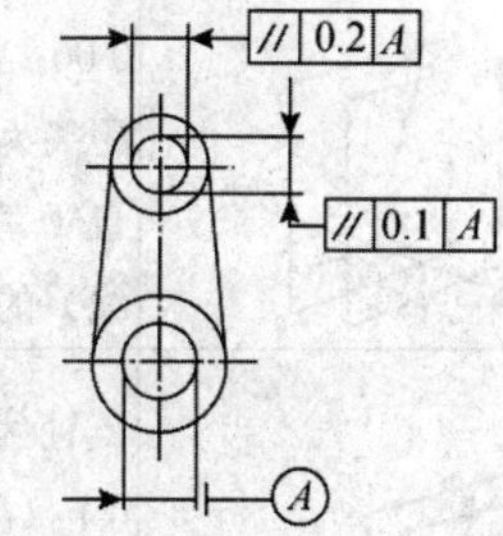 // 0.2 A // 0.1 A A	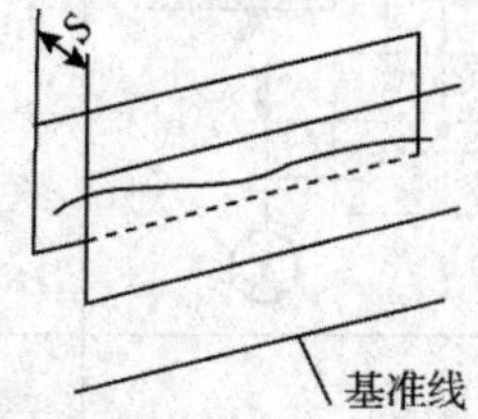 S 基准线	轴线的平行度公差分别为 0.2 和 0.1；被测轴线必须位于距离分别为公差值 0.2 和 0.1，在给定的互相垂直方向上且平行于基准轴线的两组平行平面之间
	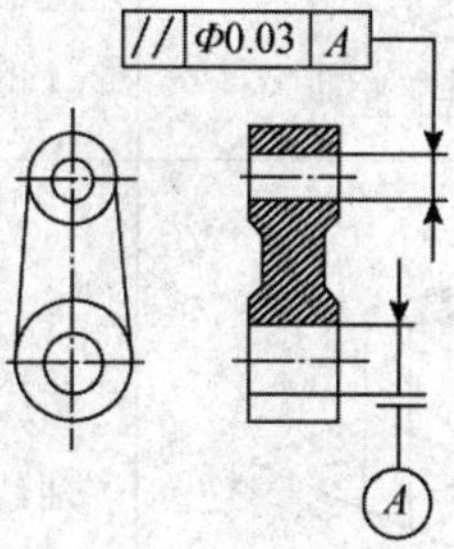 // Φ0.03 A A	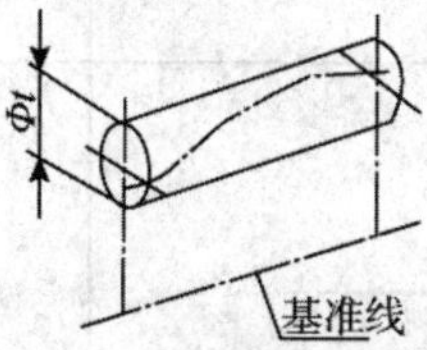 Φt 基准线	轴线的平行度公差为 ϕ0.03；被测轴线必须位于直径为公差值 0.03 且平行于基准轴线的圆柱面内
f （线对面）	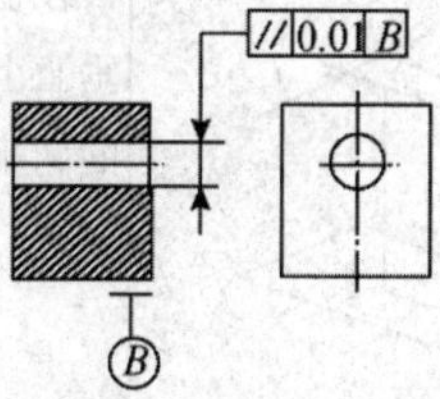 // 0.01 B B	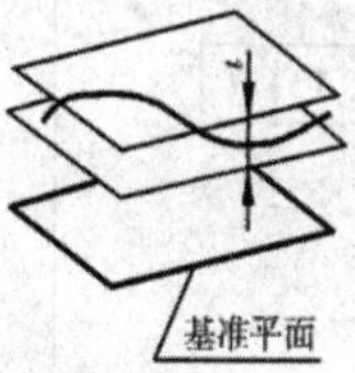 t 基准平面	轴线的平行度公差为 0.01；被测轴线必须位于距离为公差值 0.01 且平行于基准表面 *B*（基准平面）的两平行平面之间
f （面对线）	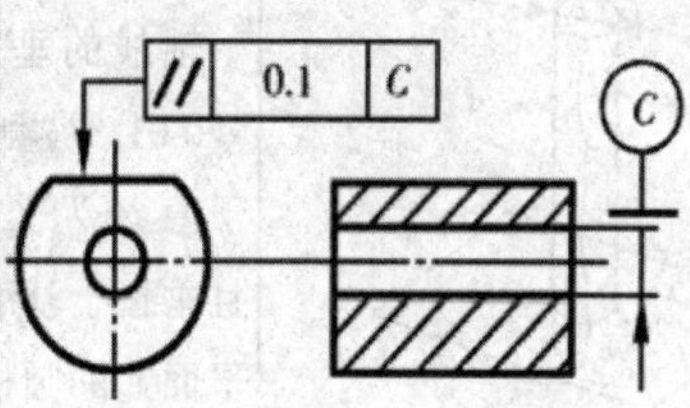 // 0.1 C C	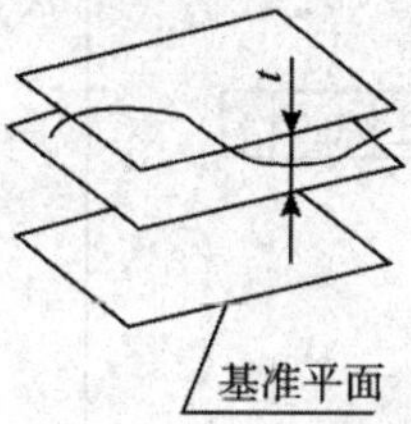 t 基准平面	上表面的平行度公差为 0.1；被测表面必须位于距离为公差值 0.1 且平行于基准线 *C*（基准轴线）的两平行平面之间
f （面对面）	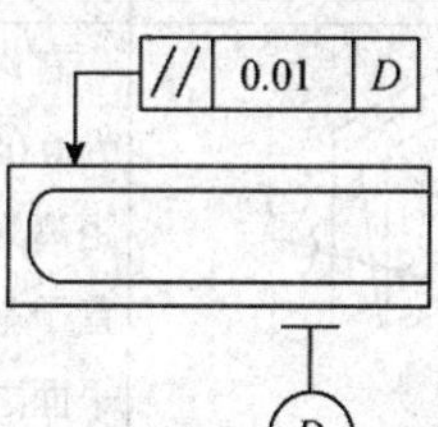 // 0.01 D D	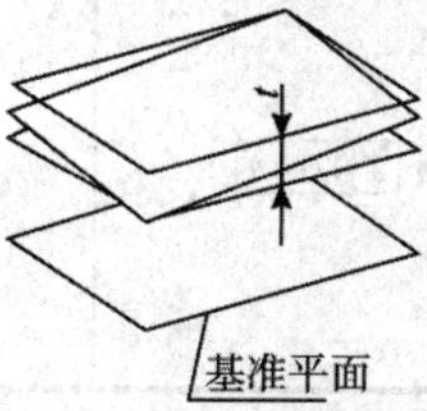 t 基准平面	上表面的平行度公差为 0.01；被测表面必须位于距离为公差值 0.01 且平行于基准表面 *D* 的两平行平面之间

（续表）

符号	标注示例	公差带图	识读与解释
b （线对线）	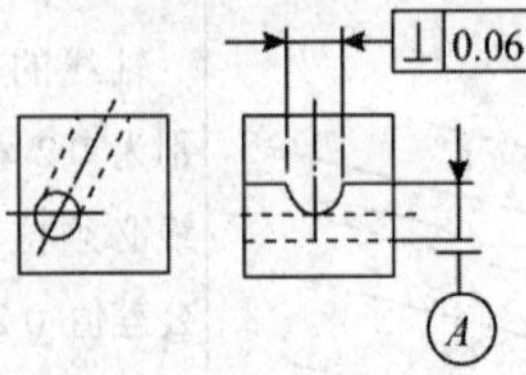 ⊥ 0.06 A	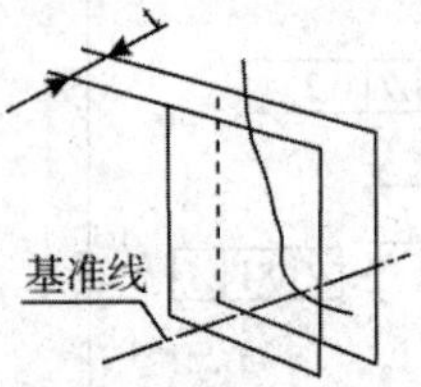 基准线	轴线的垂直度公差为0.06；被测轴线必须位于距离为公差值 0.06 且垂直于基准线 *A*（基准轴线）的两平行平面之间
	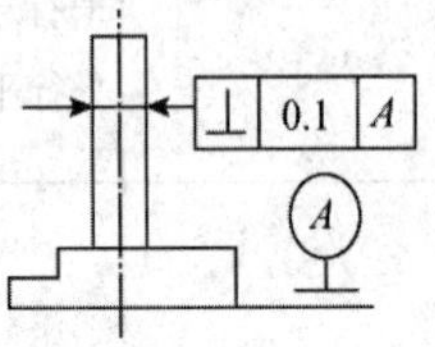 ⊥ 0.1 A	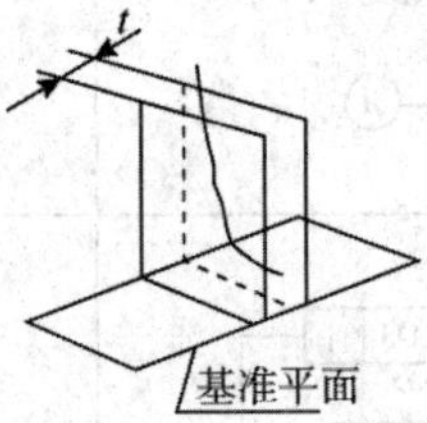 *t* 基准平面	轴线的垂直度公差为0.1；在给定方向上被测轴线必须位于距离为公差值0.1且垂直于基准表面 *A* 的两平行平面之间
b （线对面）	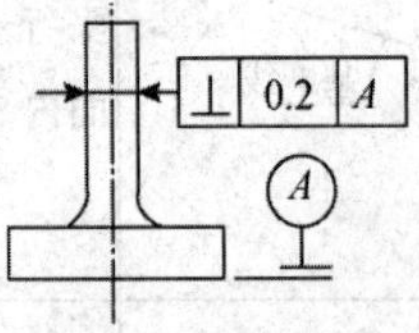 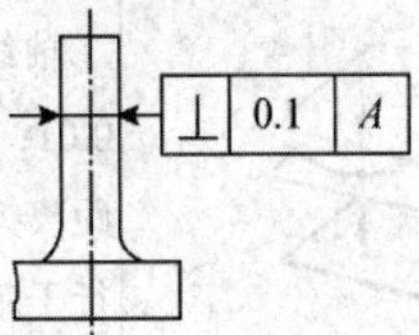 ⊥ 0.2 A ⊥ 0.1 A	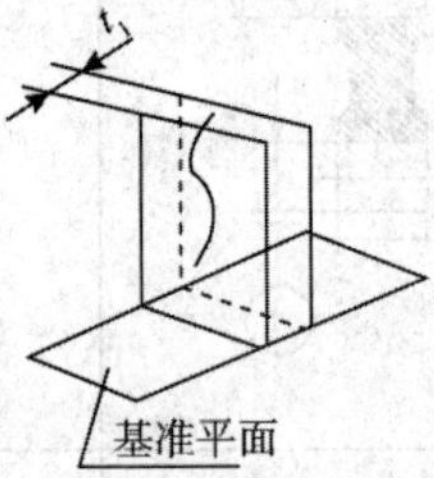 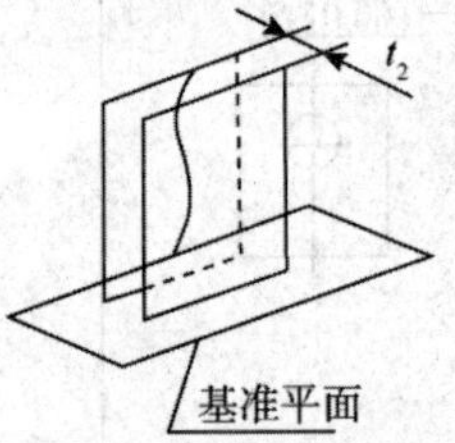 t_1 基准平面 t_2 基准平面	轴线的垂直度公差分别为 0.2 和 0.1；被测轴线必须位于距离分别为公差值 0.2 和 0.1 的互相垂直且垂直于基准平面的两平行平面之间
	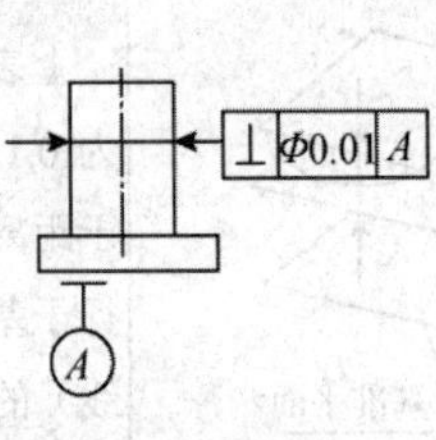 ⊥ ϕ0.01 A	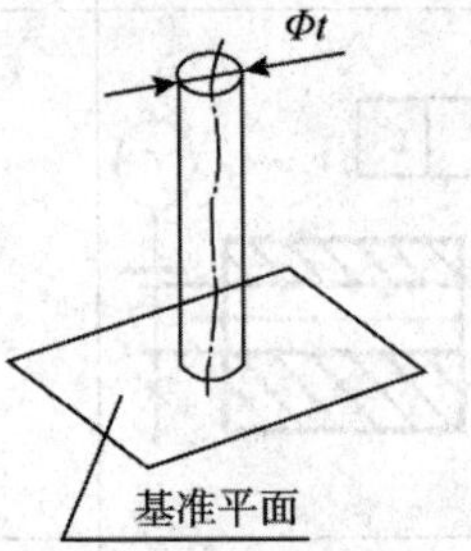 Φt 基准平面	轴线的垂直度公差为 ϕ0.01；被测轴线必须位于直径为公差值 ϕ0.01 且垂直于基准面 *A*（基准平面）的圆柱面内
b （面对线）	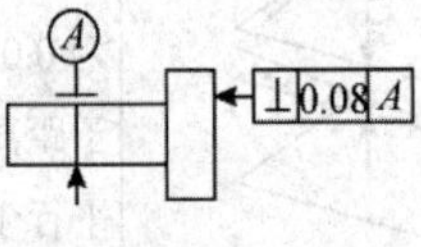 ⊥ 0.08 A	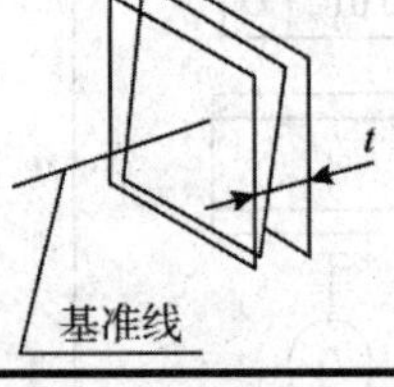 *t* 基准线	右端面的垂直度公差为 0.08；被测面必须位于距离为公差值 0.08 且垂直于基准线 *A* 的两平行平面之间

（续表）

符号	标注示例	公差带图	识读与解释
b （面对面）	⊥ 0.08 A	基准平面	右平面的垂直度公差为 0.08；被测面必须位于距离为公差值 0.08 且垂直于基准平面 *A* 的两平行平面之间
a （线对线）	∠ 0.08 A-B　60°	基准线 被测线和基准线在同一平面内	轴线的倾斜度公差为 0.08；被测轴线必须位于距离为公差值 0.08 且与 *A*—*B* 公共基准线成一理论正确角度的两平行平面之间
	∠ 0.08 A-B　60°	基准轴线 被测线和基准线不在同一平 面内	轴线的倾斜度公差为 0.08；被测轴线投影到包含基准轴线的平面上，它必须位于距离为公差值 0.08 并与 *A*、*B* 公共基准线成理论正确角度 60°的两平行平面之间
a （线对面）	∠ 0.08 A　60°	基准平面	轴线的倾斜度公差为 0.08；被测轴线必须位于距离为公差值 0.08 且与基准面 *A* 成理论正确角度 60°的两平行平面之间
	∠ φ0.1 A B　60°	B基准平面　A基准平面	轴线的倾斜度公差为 ϕ0.1；被测轴线必须位于直径为公差值 ϕ0.1 的圆柱面公差带内，该公差带的轴线应与基准表面 *A* 成理论正确角度 60°且平行于基准平面 *B*

（续表）

符号	标注示例	公差带图	识读与解释
a（面对线）	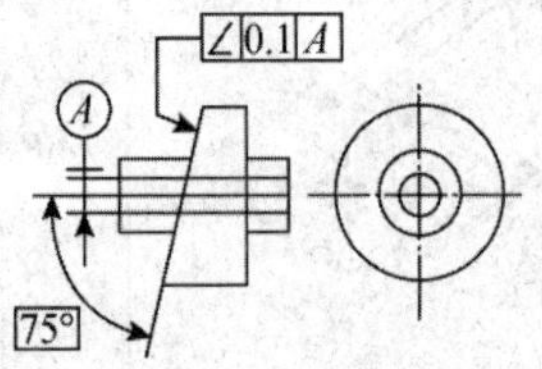 ∠0.1 A；75°	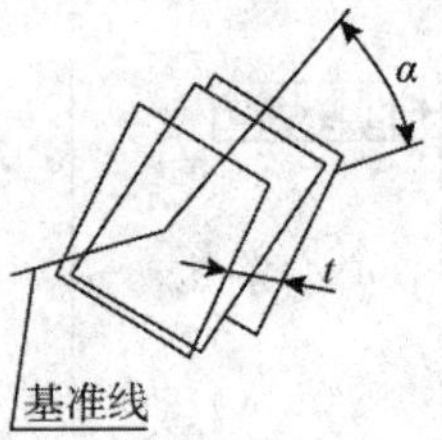 α；t；基准线	被测表面的倾斜度公差为0.1；被测表面必须位于距离为公差值0.1且与基准线A成理论正确角度 75°的两平行平面之间
a（面对面）	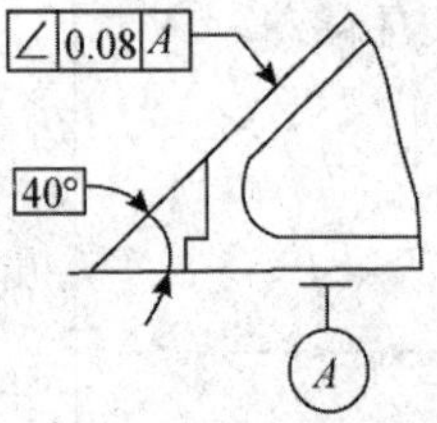 ∠0.08 A；40°	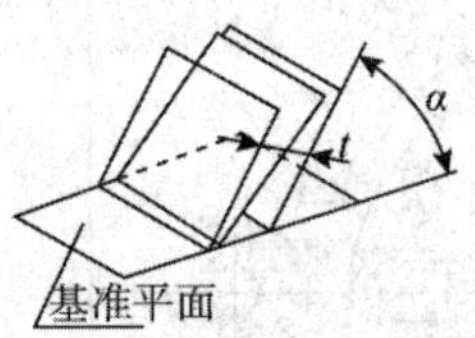 α；t；基准平面	被测表面的倾斜度公差为 0.08；被测表面必须位于距离为公差值 0.08 且与基准面A成理论正确角度40°的两平行平面之间

（4）位置公差带。位置公差是被测要素相对基准要素在位置上的允许变动量。位置公差带示例、标注和解释如表 6-2-5 所示。

表 6-2-5　位置公差带的定义、标注和解释

符号	标注示例	公差带图	识读与解释
j（点的位置度公差）	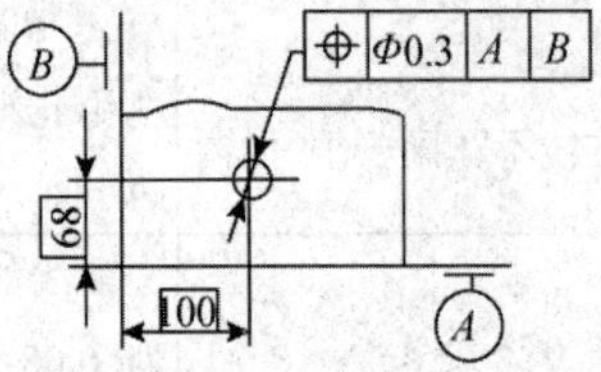 ⌖ Φ0.3 A B；68；100	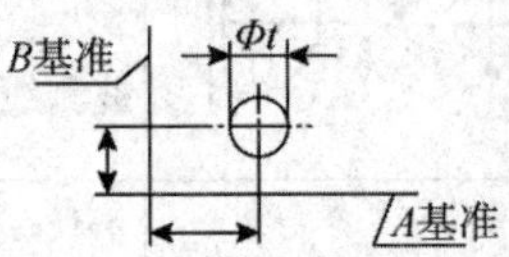 B基准；Φt；A基准	两中心线交点的位置度公差为 ϕ0.3；两中心线的交点必须位于直径为公差值 0.3 的圆内，该圆的圆心位于相对基准A和B的理论正确尺寸所确定的点的理想位置上
	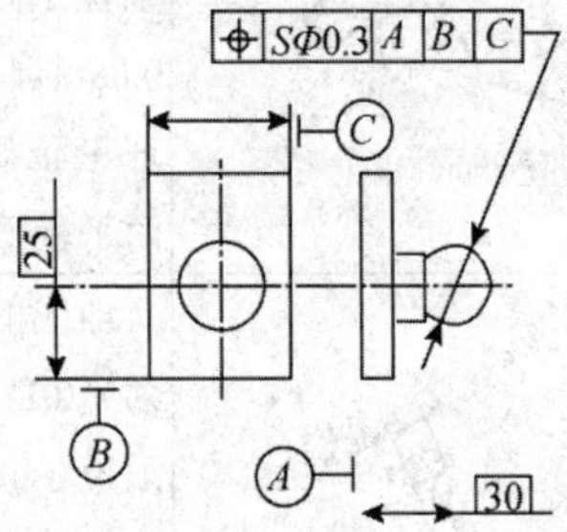 ⌖ SΦ0.3 A B C；25；30	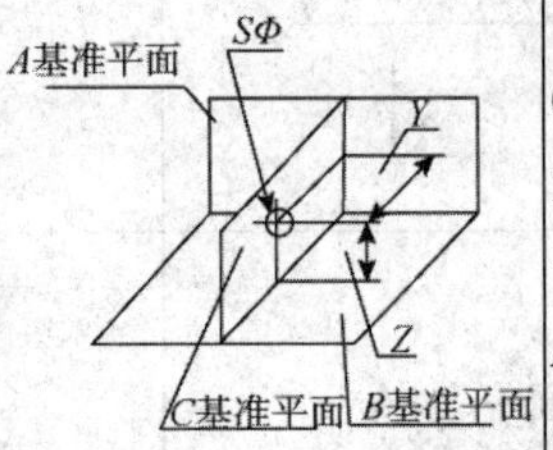 A基准平面；SΦ；Y；Z；C基准平面；B基准平面	球心的位置度公差为 ϕ0.3；被测球的球心必须位于直径为公差值 0.3 的球内，该球的球心位于相对基准A、B、C的理论正确尺寸所确定的理想位置上
j（线的位置度公差）	⌖ 0.05 A；8；8；20	t；$\frac{t}{2}$；$\frac{t}{2}$；A基准	每根刻线的位置度公差为0.05；每根刻线的中心线须位于距离为公差值 0.05 且相对于基准A的理论正确尺寸所确定的理想位置对称的两平行直线 之间

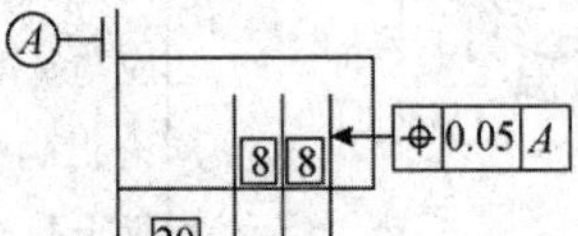

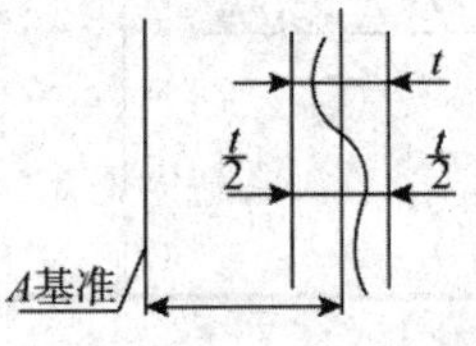

（续表）

符号	标注示例	公差带图	识读与解释
	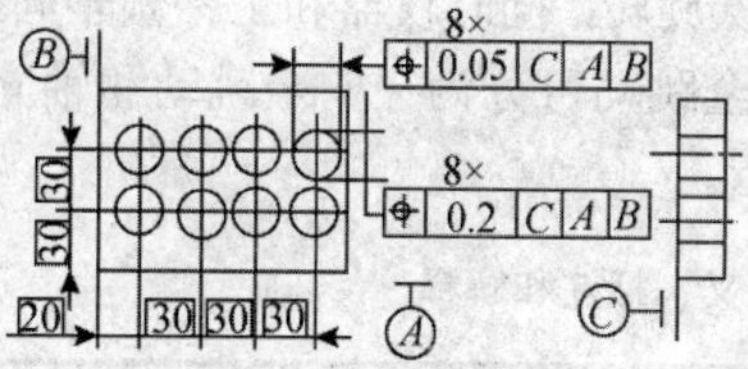	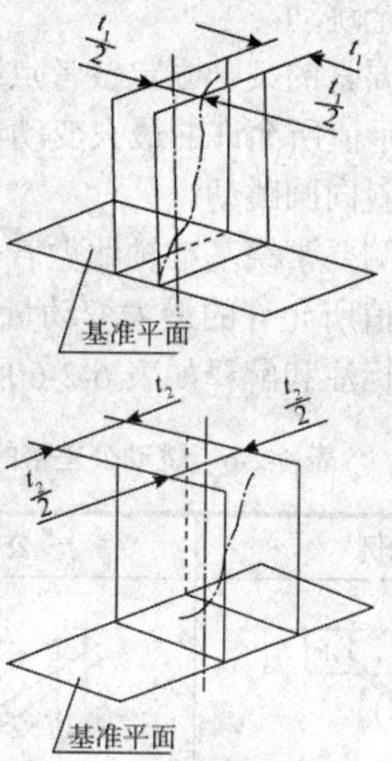	轴线的位置度公差为0.05和0.2；各个被测孔的轴线必须分别位于两对互相垂直的距离为公差值0.05和0.2，由相对于*C*、*A*、*B*基准表面理论正确尺寸所确定的理想位置对称配置的两平行平面之间
j（平面或中心平面的位置度公差）	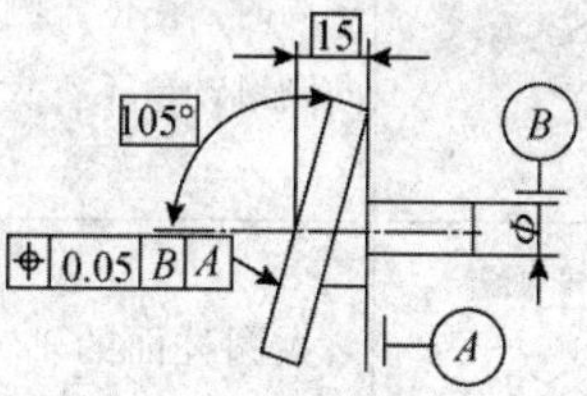	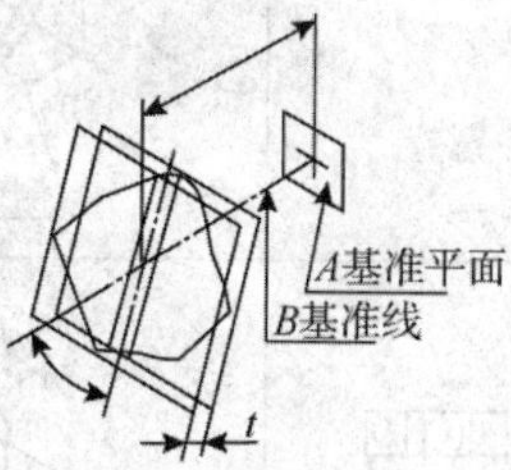	被测表面的位置度公差为0.05；被测表面必须位于距离为公差值0.05，由以相对于基准线*B*和基准表面*A*的理论正确尺寸所确定的理想位置对称配置的两平行平面之间
r（点的同心度公差）	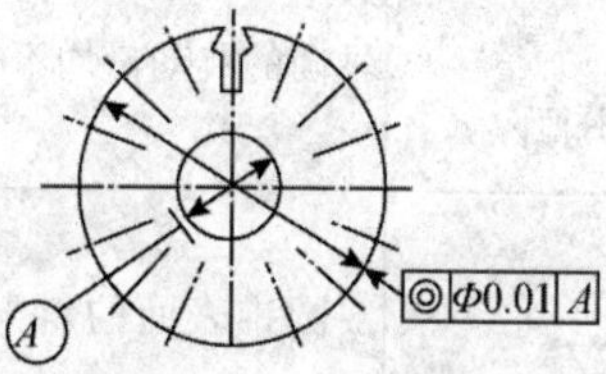		大圆圆心的位置度公差为ϕ0.01；大圆的圆心必须位于直径为公差值0.01且与基准圆心同心的圆内
r（轴线的同轴度公差）	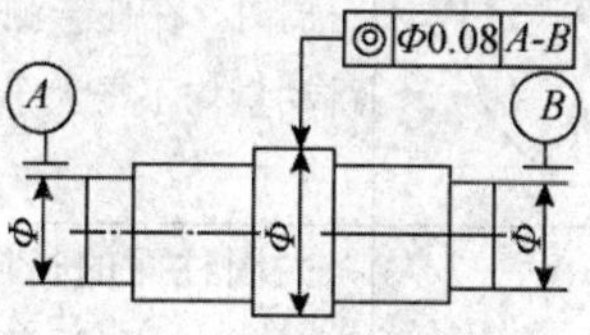	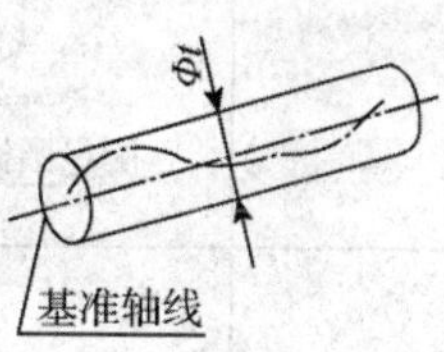	大圆柱轴线的同轴度公差为ϕ0.08；大圆柱面的实际中心线必须位于直径为公差值0.08且以基准线*A*—*B*为轴线的圆柱面内
i	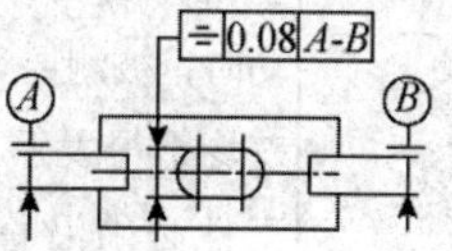	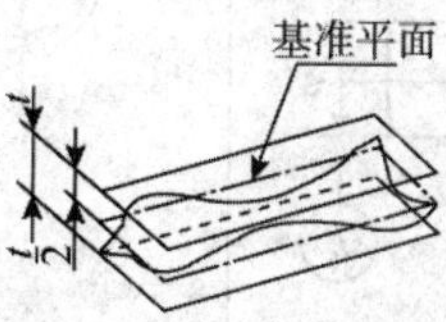	被测中心平面的对称度公差为0.08；被测中心平面必须位于距离为公差值0.08且相对于公共基准中心平面*A*—*B*对称配置的两平行平面之间

（5）跳动公差带。跳动公差是以测量方法定义的公差项目，跳动公差的被测要素是圆柱面、端面和圆锥面等组成要素，基准要素为轴线。根据测量仪器和被测工件是否有相对移动，分为圆跳动和全跳动。

圆跳动公差是被测要素的某一固定参考点绕基准轴线旋转一周（零件和测量仪器间无轴向位移）时，指示器示值所允许的最大变动量。根据测量位置的不同，圆跳动分为径向圆跳动、轴向圆跳动和斜向圆跳动。

全跳动公差是指被测要素绕基准轴线做若干次旋转，同时仪器和工件做轴向或径向的相对移动时，指示器示值所允许的最大变动量。全跳动可分为径向全跳动和轴向全跳动。

跳动公差带示例、标注和解释如表 6-2-6 所示。

表 6-2-6 跳动公差带的定义、标注和解释

符号	标注示例	公差带图	识读与解释
h （径向）	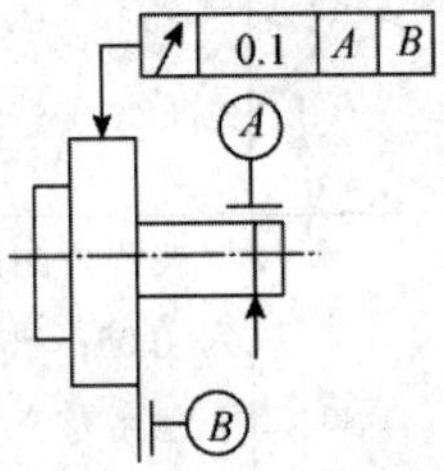 0.1 A B A B	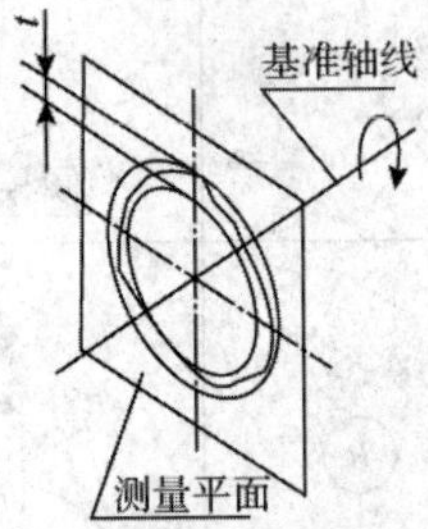 t 基准轴线 测量平面	大圆柱面的径向圆跳动公差为 0.1；当被测要素围绕基准线 A 并同时受基准表面 B 的约束旋转一周时，在任一测量平面内的径向圆跳动量不得大于 0.1
（轴向）	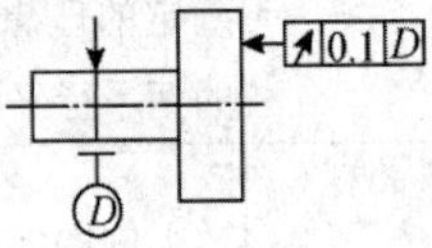 0.1 D D	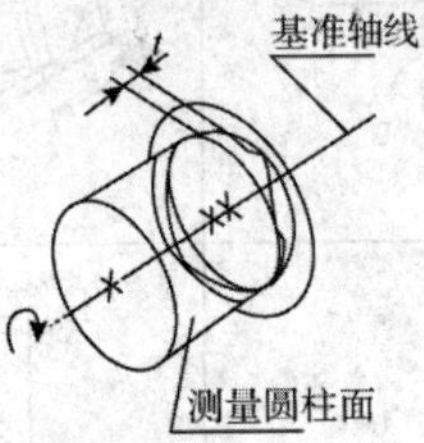 t 基准轴线 测量圆柱面	大圆柱面的轴向圆跳动公差为 0.1；被测面围绕基准线 D 旋转一周时，在任意测量圆柱面内轴向的跳动量均不得大于 0.1
h （斜向）	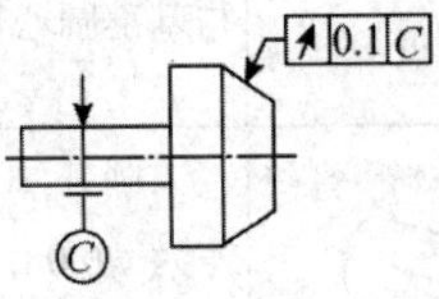 0.1 C C	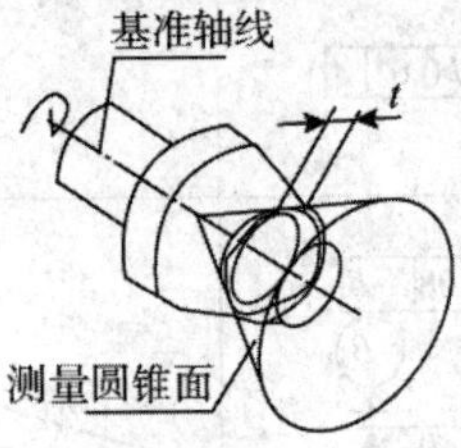 基准轴线 t 测量圆锥面	圆锥表面的斜向圆跳动公差为 0.1；被测面绕基准线 C 旋转一周时，在任一测量圆锥面上的跳动量均不得大于 0.1
t （径向）	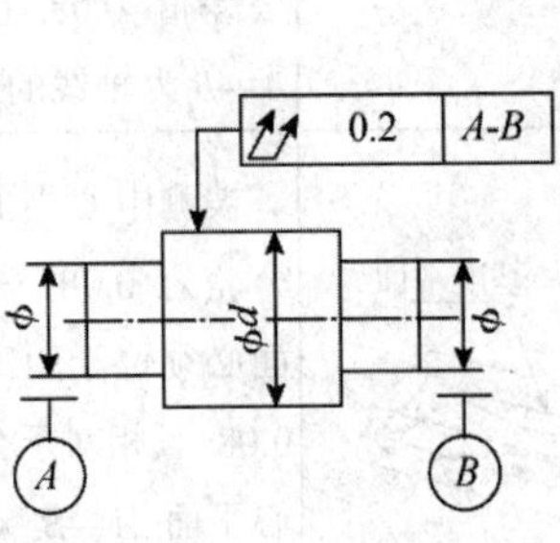 0.2 A-B ϕ ϕd ϕ A B	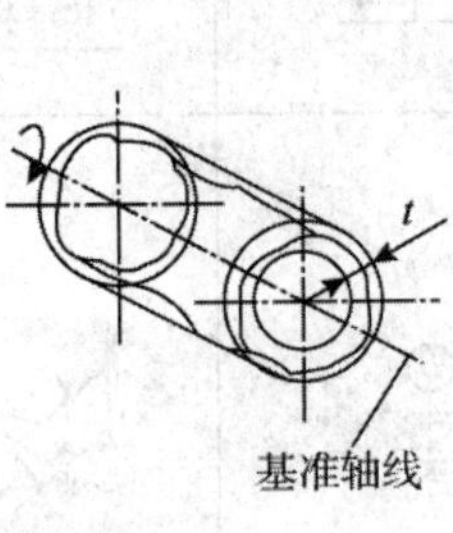 t 基准轴线	大圆柱面的径向全跳动公差为 0.2；被测要素围绕公共基准线 $A—B$ 作若干次旋转，并在测量仪器与工件间同时作轴向移动时，被测要素上各点间的示值差均不得大于 0.1。测量仪器或工件必须沿着基准轴线方向并相对于共共基准轴线 $A—B$ 移动

（续表）

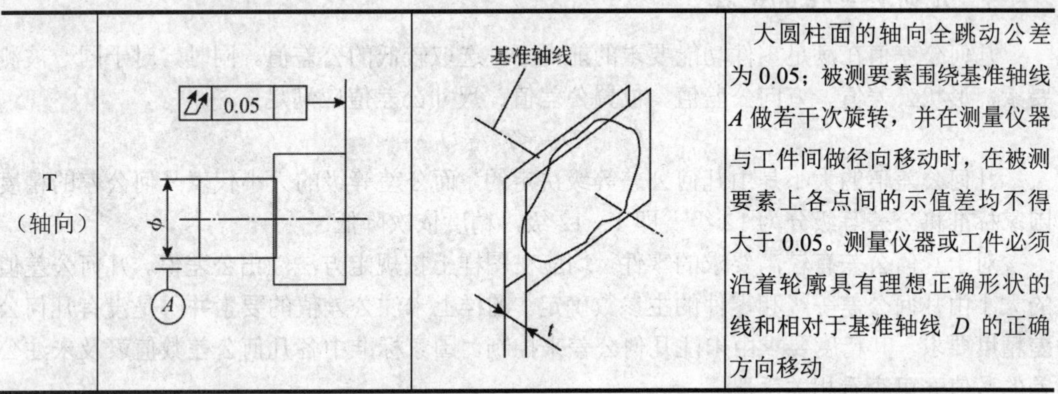

T（轴向）			大圆柱面的轴向全跳动公差为 0.05；被测要素围绕基准轴线 *A* 做若干次旋转，并在测量仪器与工件间做径向移动时，在被测要素上各点间的示值差均不得大于 0.05。测量仪器或工件必须沿着轮廓具有理想正确形状的线和相对于基准轴线 *D* 的正确方向移动

四、几何公差的选择

几何误差对零部件的加工和使用性能有很大的影响。因此，正确合理地选择几何公差对保证零件的使用要求以及提高经济效益都十分重要。几何公差的选择步骤是：先确定公差项目，然后确定该项目的公差值。在确定位置公差时，还应确定基准要素。

1. 几何公差项目的选择

形位公差特征项目的选择从以下几个方面考虑：

①零件的几何特征。零件的几何特征不同，会产生不同的形位误差。例如，对圆柱形零件，可选择圆度、圆柱度、轴心线直线度及素线的直线度等；平面零件可选平面度；阶梯轴、孔可选择同轴度等。

②零件的功能要求。根据零件的不同功能要求，给出不同的形位公差项目。例如，圆柱形零件，当仅需要顺利装配时,可选轴心线的直线度；如果孔、轴之间有相对运动，应均匀接触，或为了保证密封性，应选择圆柱度以综合控制圆度、素线直线度和轴线直线度。

③检测的方便性。确定形位公差特征项目时，考虑到检测的方便性与经济性。例如，对轴类零件，可以用径向全跳动综合控制圆柱度、同轴度；用端面全跳动代替端面对轴线的垂直度，因为跳动误差检测方便，又能较好地控制相应的形位误差。

总的来说，在满足功能要求的前提下，尽量减少项目，以获得较好的经济效益。

2. 基准要素的选择

选择基准时，应根据设计要求，兼顾基准统一原则和结构特征，一般从以下几方面来考虑：

- 根据实际要素的功能要求及要素间的几何关系来选择基准；
- 从装配关系考虑，应选择零件相互配合、相互接触的表面作为基准，以保证零件的正确装配；
- 从加工和测量角度考虑，应选择加工比较精确的表面、工夹量具中的定位表面作为基准，并尽量统一装配、加工和检测基准。

当被测要素需要采用多基准定位时，可选用组合基准或三面体系；还应从被测要素的使用要求出发，考虑基准要素的顺序。

3. 几何公差值的选择

几何公差值在满足零件功能要求的前提下，选取较低的公差值。同时，对于同一被测要素，形状公差值、方向公差值、位置公差值、尺寸公差值应满足：

$$T_{形状}<T_{方向}<T_{位置}<T_{尺寸}$$

几何公差值的大小是由几何公差等级决定的，而公差等级的大小代表几何公差的精度。国家标准将公差等级分为12级，即1～12级，精度依次降低。

对于几何公差有较高要求的零件，均应在图样上按规定方法注出公差值。几何公差值的大小由几何公差等级和零件的主参数确定。图样上未注公差值的要素并不是没有几何公差精度要求，其精度要求由未注几何公差来控制。国家标准中各几何公差数值表及未注公差的数值表可查看相关手册。

任务三　表面粗糙度

【知识目标】

- 理解表面粗糙度相关概念，以及对性能的影响；
- 掌握表面粗糙度的选择，能够正确进行表面粗糙度的标注。

【知识点】

- 表面粗糙度相关概念；
- 表面粗糙度对性能的影响；
- 表面粗糙度的选择和标注。

【相关链接】

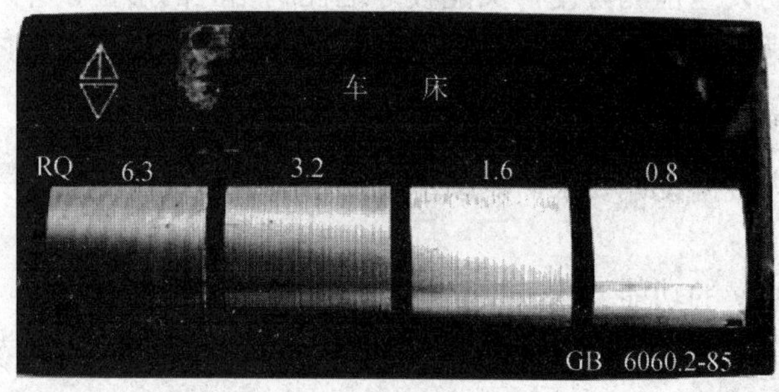

表面粗糙度，是指加工表面具有的较小间距和微小峰谷不平度。其两波峰或两波谷之间的距离（波距）很小（在1mm以下），用肉眼是难以区别的，因此它属于微观几何形状误差。如图是机车车辆厂车床加工时的粗糙度参照标准样块。

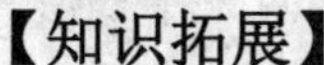

【知识拓展】

一、表面粗糙度的基本知识

1. 表面粗糙度的概念

机械加工后的零件，或者用其他方法获得的零件表面，在它们的加工表面都会留下凹凸不平的痕迹，出现交错起伏的峰谷想象。粗加工后的零件表面，能够用肉眼看到这些微观几何形状，而经过精加工的零件表面，用放大镜或者显微镜也能够观察到。

- 被加工零件表面上的微观几何形状误差与零件的配合性质、抗腐蚀性、耐磨性、抗疲劳强度均有密切的关系，直接影响着机器的加工可靠性和使用寿命。
- 为了满足零件的使用性能要求和互换性要求，在机械零件的制造过程中除了对零件的尺寸精度和形位精度提出要求之外，还会对被加工零件表面的微观几何形状提出要求。
- 表面粗糙度是指微观状态下具有的较小间距和峰谷所组成的几何形状特征。如图6-3-1所示。

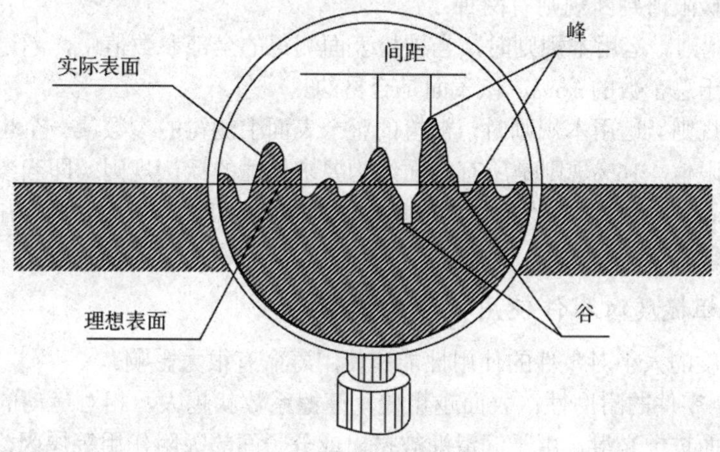

图 6-3-1　表面粗糙度

在机械加工过程中，由于机床、工件和刀具系统的振动，在工件表面所形成的比表面粗糙度大得多的表面不平度，称为表面波纹度。零件的表面波纹度是影响零件使用寿命和引起振动的重要因素。零件表面轮廓要求越高，其加工成本也越高。因此，应在满足零件表面功能的前提下，合理选用表面轮廓参数。

2. 表面轮廓参数种类

表面轮廓参数分为以下三种：

- R 轮廓——表面粗糙度参数；
- P 轮廓——表面波纹度参数；
- W 轮廓——原始轮廓参数。

我国最常用的表面结构评定参数 R_a 和 R_z。

- R_a——算术平均偏差，是指在一个取样长度内，纵坐标值 z 绝对值的算术平均值。
- R_z——轮廓最大高度，是指在一个取样长度内，最大轮廓峰高和最大轮廓谷深之和的高度。

3. 有关检验规范的基本术语

检验评定表面结构参数值必须在特定条件下进行。国家标准规定，图样中注写参数代号及其数值要求的同时，还应明确其检验规范。有关检验规范方面的基本术语有取样长度、评定长度、滤波器和传输带及极限值判断规则。

默认传输带的截止波长值为 λ_c=0.8mm(长波滤波器)和 λ_s=0.0025mm（短波滤波器）。

以表面粗糙度高度参数的测量为例，由于表面轮廓的不规则性，测量结果与测量段的长度密切相关，当测量段过短，各处的测量结果会产生很大差异，但当测量段过长，则测得的高度值中将不可避免地包含了波纹度的幅值。因此，在 x 轴上选取一段适当长度进行测量，这段长度称为评定长度。当参数代号后未注明时，评定长度默认为五个取样长度，否则应注明个数。例如：R_a0.4、R_a3 0.8、R_z1 3.2 分别表示评定长度为五个（默认）、三个、一个取样长度。

完工零件的表面按检验规范测得轮廓参数值后，需与图样上给定的极限比较，以判定其是否合格。极限值判断规则有两种：

- 16%规则。运用本规则时，当被检表面测得的全部参数值中，超过极限值的个数不多于总个数的 16%，该表面是合格的。
- 最大规则。运用本规则时，被检的整个表面上测得的参数值一个也不应超过给定的极限值。16%规则是所有表面结构要求标注的默认规则。即当参数代号后未注写“max”字样时，均默认为应用 16%规则（R_a0.8），反之，则应用最大规则（如 R_{amax}0.8）。

4. 表面粗糙度对零件使用性能的影响

表面粗糙度的大小对零件的使用性能和使用寿命有很大影响。

（1）影响零件的耐磨性：表面越粗糙，摩擦系数就越大，相对运动的表面磨损得越快。然而，表面过于光滑，由于润滑油被挤出或分子间的吸附作用等原因，也会使摩擦阻力增大并加速磨损。

（2）影响配合性质的稳定性：零件表面的粗糙度对各类配合均有较大的影响。对于间隙配合，两个表面粗糙的零件在相对运动时会迅速磨损，造成间隙增大，影响配合性质；对于过盈配合，在装配时表面上微观凸峰极易被挤平，产生塑性变形，使装配后的实际有效过盈减小，降低联接强度；对于过渡配合，因多用压力及锤敲装配，表面粗糙度也会使配合变松。

（3）影响疲劳强度：承受交变载荷作用的零件的失效多数是由于表面产生疲劳裂纹造成的。疲劳裂纹主要是由于表面微观峰谷的波谷所造成的应力集中引起的。零件表面越粗糙，波谷越深，应力集中就越严重。因此，表面粗糙度影响零件的抗疲劳强度。

（4）影响抗腐蚀性：粗糙表面的微观凹谷处易存积腐蚀性物质，久而久之，这些腐蚀性物质就会渗入到金属内层，造成表面锈蚀。此外，表面粗糙度对接触刚度、密封性、产品外观、表面光学性能、导电导热性能以及表面结合的胶合强度等都有很大影响。所以，

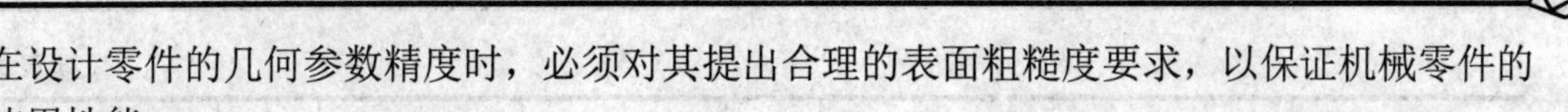

在设计零件的几何参数精度时，必须对其提出合理的表面粗糙度要求，以保证机械零件的使用性能。

二、表面粗糙度的选择和标注

1. 表面粗糙度的选择

零件表面粗糙度的选择，既要满足零件表面的功能要求，同时也要考虑经济的合理性，具体选择时可参照一些经验证的实例，用类比法来确定。一般选择的原则如下：

- 在满足功能要求的情况下，尽量选用较大的表面粗糙度参数值，以降低生产成本。
- 同一零件上，工作表面的粗糙度参数值应小于非工作表面的粗糙度参数值。
- 摩擦表面的粗糙度值应小于非摩擦表面；滚动摩擦表面的粗糙度值应小于滑动摩擦表面；运动速度高、单位面积压力大的表面粗糙度值应小于运动速度低、单位压力小的表面。
- 受循环载荷的表面及容易引起应力集中的表面（如圆角、沟槽），表面粗糙度参数值要小。

表面粗糙度与加工方法密切相关，通常根据加工方法，可以判断所加工零件零件的表面粗糙度 R_a 值的大致范围。各类加工方法对应的表面粗糙度 R_a 如表 6-3-1 所示。

表 6-3-1　各类加工方法对应的表面粗糙度

R_a/μm 加工方法	50	25	12.5	6.3	3.2	1.6	0.80	0.40	0.20	0.10	0.05	0.025	0.012
气割	…	—	…										
锯		…	—	—	—	—	…						
刨		…	—	—	—	…	…						
钻			…	—	—	…							
电火花			…	—	—	…							
铣		…	…	—	—	—	…	…					
拉削				…	—	—	…						
铰				…	—	—	…						
车		…	…	—	—	—	—	…	…	…			
磨削				…	…	—	—	—	…	…	…		
镗						…	—	—	—	…	…		
研磨							…	—	—	…	…	…	…
抛光							…	—	—	—	…	…	…
超精加工							…	…	—	—	…	…	…
砂型铸造	…	—	…										
热滚压	…	—	…										
锻		…	—	—	…								
熔模铸造				…	—	…							

（续表）

R_a/μm 加工方法	50	25	12.5	6.3	3.2	1.6	0.80	0.40	0.20	0.10	0.05	0.025	0.012
挤压			…	…	—	—	…						
冷压压延				…	—	—	…	…					
压力铸造					…	—	…						

注：“—”常用，“…”不常用。

2. 表面粗糙度的标注

（1）表面粗糙度符号。根据对表面结构的要求不同，表面粗糙度符号可由几种不同的形式，各种表面结构的图形符号及其意义如表 6-3-2 所示。

表 6-3-2　表面粗糙度符号及其意义

符号	意义及说明
	基本符号，表示表面可用任何方法获得。当不加注粗糙度参数或有关说明(如表面处理、局部热处理状况)时，仅适用于简化代号标注
	基本符号加一短线，表示表面是用去除材料的方法获得。例如车、铣、钻、磨等
	基本符号加一个小圆，表示表面是用不去除材料的方法获得。例如铸造、锻造、冲压变形等
	在上述三个符号的长边加一横线，用于对表面结构有补充说明要求的标注
	在上述三个符号上均加一圆圈，用于表示视图上封闭轮廓的各表面有相同的结构要求

（2）表面粗糙度代号。在表面粗糙度符号上，标出表面粗糙度参数值及有关的规定项目后，组成表面粗糙度代号，如图 6-3-2 所示。

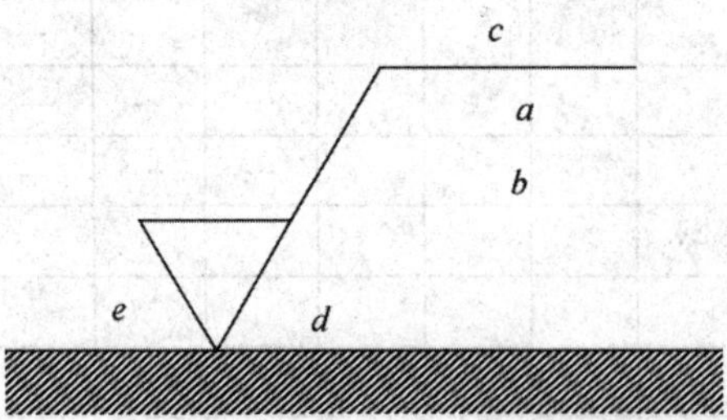

图 6-3-2　表面粗糙度各项参数注写说明

①注写表面粗糙度高度参数的代号及其数值（μm）取样长度（mm）；

②有两个或多个高度参数要求，注写其代号及其数值；

③注写加工方法，表面处理或其他加工工艺要求等；

④注写所要求的表面纹理和纹理方向；

⑤注写所要求的加工余量（m）。

表面粗糙度高度参数值标注示例如表 6-3-3 所示。

表 6-3-3　表面粗糙度高度参数注写示例及其说明

序号	代号	含义说明
1	Rz 0.4	表示不允许去除材料，单向上限值，默认传输带，R 轮廓，表面粗糙度的最大高度 0.4μm，评定长度为五个取样长度（默认），“16%规则”（默认）
2	Rz max 0.2	表示去除材料，单向上限值，默认传输带，R 轮廓，表面粗糙度最大高度的最大值 0.2μm，评定长度为五个取样长度（默认），“最大规则”
3	U Ra max 3.2 L Rz 0.8	表示不允许去除材料，双向极限值，两极限值均使用默认传输带，R 轮廓，上限值：算术平均偏差 3.2μm，评定长度为五个取样长度（默认），“最大规则”，下限值：算术平均偏差 0.8μm，评定长度为五个取样长度（默认），“16%规则”（默认）

附表A

基本尺寸≤500mm 轴的基本偏差数值（摘自 GB/T 1800.3—1998）　　单位：m

基本尺寸/㎜		基本偏差数值																														
		上偏差 *es*												下偏差 *ei*																		
		所有标准公差等级												IT5和IT6	IT7	IT8	IT4~IT7	≤IT3 >IT7	所有标准公差等级													
大于	至	a	b	c	cd	d	e	ef	f	fg	g	h	js	j			k		m	n	p	r	s	t	u	v	x	y	z	za	zb	zc
—	3	-270	-140	-60	-34	-20	-14	-10	-6	-4	-2	0	偏差等于±IT_n/2，式中ITn是IT数值	-2	-4	-6	0	0	+2	+4	+6	+10	+14		+18		+20		+26	+32	+40	+60
3	6	-270	-140	-70	-46	-30	-20	-14	-10	-6	-4	0		-2	-4		+1	0	+4	+8	+12	+15	+19		+23		+28		+35	+42	+50	+80
6	10	-280	-150	-80	-56	-40	-25	-18	-13	-8	-5	0		-2	-5		+1	0	+6	+10	+15	+19	+23		+28		+34		+42	+52	+67	+97
10	14	-290	-150	-95		-50	-32		-16		-6	0		-3	-6		+1	0	+7	+12	+18	+23	+28		+33		+40		+50	+64	+90	+130
14	18																									+39	+45		+60	+77	+108	+150
18	24	-300	-160	-110		-65	-40		-20		-7	0		-4	-8		+2	0	+8	+15	+22	+28	+35		+41	+47	+54	+63	+73	+98	+136	+188
24	30																							+41	+48	+55	+64	+75	+88	+118	+160	+218
30	40	-310	-170	-120		-80	-50		-25		-9	0		-5	-10		+2	0	+9	+17	+26	+34	+43	+48	+60	+68	+80	+94	+112	+148	+200	+274
40	50	-320	-180	-130																				+54	+70	+81	+97	+114	+136	+180	+242	+325
50	65	-340	-190	-140		-100	-60		-30		-10	0		-7	-12		+2	0	+11	+20	+32	+41	+53	+66	+87	+102	+122	+144	+172	+226	+300	+405
65	80	-360	-200	-150																		+43	+59	+75	+102	+120	+146	+174	+210	+274	+360	+480

80	100	-380	-220	-170		-120	-72		-36		-12	0		-9	-15		+3	0	+13	+23	+37	+51	+71	+91	+124	+146	+178	+214	+258	+335	+445	+585
100	120	-410	-240	-180																		+54	+79	+104	+144	+172	+210	+254	+310	+400	+525	+690
120	140	-460	-260	-200		-145	-85		-43		-14	0		-11	-18		+3	0	+15	+27	+43	+63	+92	+122	+170	+202	+248	+300	+365	+470	+620	+800
140	160	-520	-280	-210																		+65	+100	+134	+190	+228	+280	+340	+415	+535	+700	+900
160	180	-580	-310	-230																		+68	+108	+146	+210	+252	+310	+380	+465	+600	+780	+1000
180	200	-660	-340	-240		-170	-100		-50		-15	0		-13	-21		+4	0	+17	+31	+50	+77	+122	+166	+236	+284	+350	+425	+520	+670	+880	+1150
200	225	-740	-380	-260																		+80	+130	+180	+258	+310	+385	+470	+575	+740	+960	+1250
225	250	-820	-420	-280																		+84	+140	+196	+284	+340	+425	+520	+640	+820	+1050	+1350
250	280	-920	-480	-300		-190	-110		-56		-17	0		-16	-26		+4	0	+20	+34	+56	+94	+158	+218	+315	+385	+475	+580	+710	+920	+1200	+1550
280	315	-1050	-540	-330																		+98	+170	+240	+350	+425	+525	+650	+790	+1000	+1300	+1700
315	355	-1200	-600	-360		-210	-125		-62		-18	0		-18	-28		+4	0	+21	+37	+62	+108	+190	+268	+390	+475	+590	+730	+900	+1150	+1500	+1900
355	400	-1350	-680	-400																		+114	+208	+294	+435	+530	+660	+820	+1000	+1300	+1650	+2100
400	450	-1500	-760	-440		-230	-135		-68		-20	0		-20	-32		+5	0	+23	+40	+68	+126	+232	+330	+490	+595	+740	+920	+1100	+1450	+1850	+2400
450	500	-1650	-840	-480																		+132	+252	+360	+540	+660	+820	+1000	+1250	+1600	+2100	+2600

注：①基本尺寸小于或等于 1mm 时，基本偏差 a 和 b 均不采用；

②公差带 js7~js11，若 IT_n 数值是奇数，则取偏差=$\pm\frac{IT_n-1}{2}$。

附表B

基本尺寸≤500mm 孔的基本偏差数值（摘自 GB/T 1800.3—1998）　　单位：m

基本尺寸/mm		基本偏差数值																																		Δ值					
		下偏差 *EI*												上偏差 *ES*																											
		所有标准公差等级												IT6	IT7	IT8	≤IT8	>IT8	≤IT8	>IT8	≤IT8	>IT8	≤IT7	标准公差等级大于 IT7												标准公差等级					
大于	至	A	B	C	CD	D	E	EF	F	FG	G	H	JS	J			K		M		N		P至ZC	P	R	S	T	U	V	X	Y	Z	ZA	ZB	ZC	IT3	IT4	IT5	IT6	IT7	IT8
—	3	+270	+140	+60	+34	+20	+14	+10	+6	+4	+2	0	偏差等于±IT*n*/2，式中IT*n*是IT数值	+2	+4	+6	0	0	2	-2	-4	-4	在大于IT7的相应数值上增加一个Δ值	-6	-10	-14		-18		-20		-26	-32	-40	-60	0	0	0	0	0	0
3	6	+270	+140	+70	+46	+30	+20	+14	+10	+6	+4	0		+5	+6	+10	-1+Δ		-4+Δ	-4	-8+Δ	0		-12	-15	-19		-23		-28		-35	-42	-50	-80	1	1.5	1	3	4	6
6	10	+280	+150	+80	+56	+40	+25	+18	+13	+8	+5	0		+5	+8	+12	-1+Δ		-6+Δ	-6	-10+Δ	0		-15	-19	-23		-28		-34		-42	-52	-67	-97	1	1.5	2	3	6	7
10	14	+290	+150	+95		+50	+32		+16		+6	0		+6	+10	+15	-1+Δ		-7+Δ	-7	-12+Δ	0		-18	-23	-28		-33		-40		-50	-64	-90	-130	1	2	3	3	7	9
14	18																												-39	-45		-60	-77	-108	-150						
18	24	+300	+160	+110		+65	+40		+20		+7	0		+8	+12	+20	-2+Δ		-8+Δ	-8	-15+Δ	0		-22	-28	-35		-41	-47	-54	-63	-73	-98	-136	-188	1.5	2	3	4	8	12
24	30																										-41	-48	-55	-64	-75	-88	-118	-160	-218						
30	40	+310	+170	+120		+80	+50		+25		+9	0		+10	+14	+24	-2+Δ		-9+Δ	-9	-17+Δ	0		-26	-34	-43	-48	-60	-68	-80	-94	-112	-148	-200	-274	1.5	3	4	5	9	14
40	50	+320	+180	+130																							-54	-70	-81	-97	-114	-136	-180	-242	-325						
50	65	+340	+190	+140		+100	+60		+30		+10	0		+13	+18	+28	-2+Δ		-11+Δ	-11	-20+Δ	0		-32	-41	-53	-66	-87	-102	-122	-144	-172	-226	-300	-405	2	3	5	6	11	16
65	80	+360	+200	+150																					-43	-59	-75	-102	-120	-146	-174	-210	-274	-360	-480						
80	100	+380	+220	+170		+120	+72		+36		+12	0		+16	+22	+34	-3+Δ		-13+Δ	-13	-23+Δ	0		-37	-51	-71	-91	-124	-146	-178	-214	-258	-335	-445	-585	2	4	5	7	13	19

100	120	+410	+240	+180																					-54	-79	-104	-144	-172	-210	-254	-310	-400	-525	-690						
120	140	+460	+260	+200		+145	+85		+43		+14	0		+18	+26	+41	-3+Δ		-15+Δ	-15	-27+Δ	0		-43	-63	-92	-122	-170	-202	-248	-300	-365	-470	-620	-800	3	4	6	7	15	23
140	160	+520	+280	+210																					-65	-100	-134	-190	-228	-280	-340	-415	-535	-700	-900						
160	180	+580	+310	+230																					-68	-108	-146	-210	-252	-310	-380	-465	-600	-780	-1000						
180	200	+660	+310	+240		+170	+100		+50		+15	0		+22	+30	+47	-4+Δ		-17+Δ	-17	-31+Δ	0		-50	-77	-122	-166	-236	-284	-350	-425	-520	-670	-880	-1150	3	4	6	9	17	26
200	225	+740	+380	+260																					-80	-130	-180	-258	-310	-385	-470	-575	-740	-960	-1250						
225	250	+820	+420	+280																					-84	-140	-196	-284	-340	-425	-520	-640	-820	-1050	-1350						
250	280	+920	+480	+300		+190	+110		+56		+17	0		+25	+36	+55	-4+Δ		-20+Δ	-20	-34+Δ	0		-56	-94	-158	-218	-315	-385	-475	-580	-710	-920	-1200	-1550	4	4	7	9	20	29
280	315	+1050	+540	+330																					-98	-170	-240	-350	-425	-525	-650	-790	-1000	-1300	-1700						
315	355	+1200	+600	+360		+210	+125		+62		+18	0		+29	+39	+60	-4+Δ		-21+Δ	-21	-37+Δ	0		-62	-108	-190	-268	-390	-475	-590	-730	-900	-1150	-1500	-1900	4	5	7	11	21	32
355	400	+1350	+680	+400																					-114	-208	-294	-435	-530	-660	-820	-1000	-1300	-1650	-2100						
400	450	+1500	+760	+440		+230	+135		+68		+20	0		+33	+43	+66	-5+Δ		-23+Δ	-23	-40+Δ	0		-68	-126	-232	-330	-490	-595	-740	-920	-1100	-1450	-1850	-2400	5	5	7	13	23	34
450	500	+1650	+840	+480																					-132	-252	-360	-540	-660	-820	-1000	-1250	-1600	-2100	-2600						

注：①1mm 以下各级 A 和 B 均不采用；

②标准公差≤IT8 级的 K、M、N 及≤IT7 级的 P 到 ZC 时，从表的右侧选取Δ值。例：在 18mm～30mm 之间的 P7，Δ=8m，因此 ES=－22+8=－14。

参考文献

[1] 李世维．机械基础[M]．北京：高等教育出版社，2001．

[2] 夏策芳．苏理中.机械基础[M]．北京：中国铁道出版社，2011．

[3] 廖念钊．互换性与技术测量[M]．北京：中国质检出版社，2012．

[4] 施红英．机械基础[M]．武汉：武汉大学出版社，2010．

[5] 鲁宝安．陈友伟.机械基础知识与技术[M]．武汉：武汉理工大学出版社，2010．

[6] 康一．机械基础[M]．北京：机械工业出版社，2014．

[7] 刘小兰，陈淑英、周彦云．机械加工基础[M]．北京：化学工业出版社，2015．